JN205002

農工調和の地方田園都市

企業城下町山形県長井市の中小企業と農業

関 満博

新評論

はじめに

東北・山形新幹線で東京から福島を経て赤湯（南陽市）に着き、フラワー長井線に乗って約30分、私が初めて長井駅に着いたのは24年前の1994年10月1日、アジア経営学会の報告のためであった。会場はハイマンタスホテル（現タスパークホテル）の中にあった。人口3万人の地方小都市にこれほどの施設があることに驚いた。実は長井のことは全く知らなかったのだが、「ハイマン電子」のことは聞いていた。1980年代の第2次ベンチャーブームの頃、地方ベンチャーの星といわれていた。ハイマンタスホテルは、そのハイマン電子を中心に、山形県、長井市、長井商工会議所等との共同事業で地域振興の拠点施設として1988年1月1日に開設されたものであった。

翌1995年1月12日、長井市役所の遠藤健司氏（当時企画係長）と横山照康氏（企画課付、山形県出向）が大学を訪れてきた。長井は戦後、東芝系コンデンサ大手のマルコン電子の企業城下町として歩んできたが、将来に懸念が残る。今後、新たな産業振興を推進したいが、その手伝いをして欲しいというのであった。全国各地には鉄鋼、造船、自動車などの企業城下町があり、私はその産業集積に深い関心を抱いていた。だが、農山村地域をベースにする地方小都市の電子部品メーカーによる企業城下町のことを初めて認識させられ、豪雪の2月17日に改めて訪れた。そこから、今日まで36回の長井訪問を数えている。

長井の現場を重ね、歴史資料、統計等を眺めていると、長井の歴史は産業化の歴史であることがわかる。藩政時代は産業振興に熱心に取り組んだ米沢（上杉）藩の一角にあり、養蚕、生糸、織物生産を拡げ、明治のかなり早い時期に器械製糸工場をいくつも立ち上げている。早くも1920（大正9）年には製糸大手のグンゼを誘致、1942（昭和17）年には10万坪の用地を無償提供し、東芝系のコンデンサ・メーカーであるマルコン電子を誘致している。戦後は高度成長期の前の頃までは苦しんだが、TVが普及する1960年代以降は、マルコン電子が大発展し、その企業城下町を形成していった。東北内陸の農山村、繊維地帯から一気に電子部品を軸にする近代工業都市へと変貌したのであった。

長井訪問の初期の頃、市役所で市内製造業のリストを眺めていると、能率機械製作所の名前が目に飛び込んできた。能率機械製作所とは東京の下町（江戸川区）にあり、世界的なプレス機械メーカーであることは承知していた。東北に工場を出したことは、「町工場」研究の先達である森清氏（1933～2018年）から聞いていた。それが長井であることを、その時初めて知った。

1995年7月26日に訪れると、意外な話となった。能率機械製作所ほどの企業でも東京では人が集まらず、たまたま採用した長井工業高校の卒業生が優秀であり、以後、毎年採用を重ねてきたが、いずれも長男であることから、20代の終わりの頃になると帰郷していった。ならば、長井に工場を出すことにし、1989年に進出、将来的には、生産部門は全て長井に移行させるというのであった。工業高校生が都会の優れた中小企業を背負って帰って来たということだろう。ここから、地方産業振興、企業誘致のポイントは「人材立地」という仮説を立てることになった。

その後、長井の製造業企業の大半を訪れることになり、誘致企業、地元から立ち上がってきた中小企業をベースにする地方の機械工業化についての新たな知見を得ることができた。東北内陸の閉塞された地方小都市、水田の中に農家が点在する散居村（長井は富山県礪波、島根県斐川［現出雲市］と共に日本の三大散居村といわれている）とされる農山村地域で、小規模ながらも興味深い機械金属工業集積が形成されていたのであった。

マルコン電子は1995年4月にコンデンサ大手の日本ケミコンに譲渡されていった。当時は、日本の電子部品産業は一斉にアジア、中国への生産移管に踏み出していた時期であり、国内のコンデンサ工場の買収は意外な思いがした。そして、最盛期にはグループ全体で従業員約2000人とされたマルコン電子は、現在、ケミコン山形長井工場となり、従業員は約230人に縮小していった。また、マルコン電子関連のハイマン電子も最盛期にはグループ企業を含めて約1000人とされていたのだが、1990年代初めに失速し、2002年9月に民事再生申請を提出、2003年3月には電子部品商社大手の加賀電子に譲渡され、現在は約140人に縮小している。かつてのベンチャーの星も失墜していったのであった。

近代工業が発達し、雇用機会の豊富な地方都市の場合、農家は兼業、共働きが基本になり、農業は機械化の体系が形成されている水稲栽培に傾斜していく。長井はまさにその典型であり、農地の中に占める田の比率は91.3%にもなる（全国平均は54.4%）。当時、長井の農家1戸あたり平均1.11 haとされた狭隘な農地は休日に水稲栽培されていたのであった。この仕組みは長井の人びとを出稼ぎから解放し、経済的な豊かさを形成した。私はこのようなスタイルを地方都市の「幸せモデル」と定式化している。水力発電をベースに近代工業化が推進された富山県西部の高岡から礪波平野、戦後、企業誘致により東北きっての工業集積地を形成した岩手県北上市などは、その典型といえる。

だが、その後の企業城下町の盟主の事業縮小は、長井に深い影を落としていく。日本の地方都市の多くは経済の高度成長期に入り、薪炭、石炭から石油へのエネルギー転換が始まる1960年の頃から大都市への人口移動により人口減少局面に入っている。遅いところでも1980年から人口減少過程に入っている。このような中で、1990年代前半頃までの四半世紀、人口を安定させている希有な地方小都市とされた長井は、その後、一気に急激な人口減少に直面していく。改めて地域の産業振興、就業の場の形成が問われているのである。

この間、兼業農家の高齢化、離農が始まり、農業部門は大規模受託経営、また、一定規模の専業農家による水稲と果樹、畜産などの複合経営に転換していく。兼業に支えられてきた日本の零細農業が、ここにきて戦後の農地解放以来の構造転換の時を迎えているのだが、長井はその先端にあるようにみえる。

このように、農業地帯として歩んできた地方小都市が近代工業化に成功、水稲との兼業の可能性を生み出し、経済的な豊かさを体現してきたのだが、基幹企業の縮小、譲渡などにより、状況は大きく変わりつつある。それは地方小都市、企業城下町だけの問題ではなく、失われた20年といわれる日本の産業経済に共通するものでもあろう。長井は地方小都市で電子部品メーカーによる圧倒的な企業城下町を形成、そして、この20年、その縮小に直面しながら、新たな局面を切り拓こうとしているのである。

本書は、このような長井を焦点に、基盤となる中小企業による機械金属工業集積と地域農業に注目、今後の地域産業集積のあり方、農業構造のあり方を意識し、質の高い未来指向型の農工のバランスのとれた持続可能な地域産業構造の形成、農商工のバランスのとれた田園都市に向かう「長井モデル」の研究ということになる。

この長井の産業研究調査を思い立ったのは2017年の2月。2011年3月11日の東日本大震災の際に岩手県釜石市で被災し、その後の5年間ほどは被災地の産業復興に関わることを意識し、他の地域への訪問は控えていた。久しぶりに上京してきた横山照康氏と面談すると、この5〜6年の間に人口減少、基幹の製造業の構造変化が読み取れた。

日本の地方小都市の産業展開の一つの典型と思えた企業城下町長井のこれまで、現在、そして未来を論じていくことは、日本の地方小都市のこれからにも重要な意味があると考え、地域産業振興の「長井モデル」研究を重ねることにした。また、これまでの長井の産業、企業との交流の中で、ここが古希を迎える私の最後の機会と考えた。2017年4月12日を皮切りに、2018年5月18日までの1年1カ月ほどの間に、長井の製造業、農業などの約70事業所を訪問した。何度も訪問している企業から、初めて訪れる農家等、いずれも新たな時代を意識し、興味深い取組みを重ねていることに感銘を受けた。製造業の経営者も農業に携わる人びとも、新たな可能性を語ってくれた。日本の地方小都市の未来は、このような人びとにかかっている。そのような認識を得る日々であった。

なお、本書を公刊するにあたっては、実に多くの方々のお世話になっている。本書に登場していただいた企業、農家の方々に加え、内谷重治長井市長、遠藤健司副市長、谷澤秀一産業参事、横山照康産業活力推進課長、佐藤裕子補佐、福田裕行主査、横山幸明係長、梅津裕佑主任にはたいへんにお世話になった。ここで、深く感謝を申し上げたい。

また、いつものように、編集の労をとっていただいた新評論の山田洋氏、吉住亜矢さんに、深くお礼を申し上げたい。まことに、ありがとうございました。

2018年8月3日

関　満博

目 次

農工調和の地方田園都市

――企業城下町山形県長井市の中小企業と農業――

関　満博

第1章　長井の産業経済の歩み

――近世～戦後の長井市成立まで

長井は12世紀、源頼朝氏の家臣大江時広氏（後に姓を長井に改称）が西置賜の地頭となり、領地を「長井の庄」と称したあたりから歴史に登場する。その後、現在の長井市の中央地区にある宮（宮村）に門前市が立ち、商業都市としての歩みを始めていった。後にみるように、長井の歴史は産業化の歴史でもあり、17世紀以降は最上川舟運の最上流の船着場として、特に米沢藩の前衛として物流・商業都市化を進めていく。また、米沢藩は産業振興に意欲的であり、江戸中期からは養蚕、生糸、織物などを推進していくが、長井がその一つの有力な拠点となっていく。舟運による物流・商業都市化に加え、江戸後期以降は工業（繊維産業）地域としての色合いも濃いものにしていった。

明治に入ってからは、福島から奥羽山脈を越えて秋田に向かう奥羽本線が開通し、物流における軌道交通の時代が始まるが、近くに赤湯駅が開業する明治後期の1900（明治33）年までは、長井は山形県南部、置賜地域の物流の拠点を形成していた。

ただし、舟運から鉄道輸送への物流手段の劇的な変化の中で、長井は次第に置き去りにされ、山形新幹線（福島～山形間、1992年7月1日開業、新庄までは1999年12月4日開業）の開業にあたっては在来線の奥羽本線を利用したため、長井は蚊帳の外に置かれた。近隣では赤湯駅が新幹線利用可能な駅になっていった。その赤湯駅からは第3セクターのフラワー長井線が長井を経由して白鷹町の荒砥駅まで走っているが、現在では朝夕の高校生の通学がメインの路線となっている。さらに、長井は山形県の市の中で、唯一高速道路が通らない。近代交通網からは閉ざされた地域となった。

このような事情の中で、長井は戦前期においてすでに有力企業の誘致を実現させるなど、条件不利な地方小都市、中山間地域の中で、積極果敢な近代工業化に踏み出していく。特に、戦前期に進出し、その後の長井の50年をリードした東芝系のマルコン電子の存在は圧倒的に大きく、戦後の高度成長期の頃から、バブル経済崩壊の1990年代の初めの頃にかけて、長井はマルコン電子の企業城下町として歩んできた。全国の人口3〜5万人の小都市の多くは、戦後の高度成長期の頃に電子関連の有力企業を誘致し企業城下町を形成していく場合が多いが、長井は戦前期という早い時期であり、全国のそうした動きの先駆けであったことが注目される。そして、このマルコン電子に触発され、戦後には多くの中小企業が立ち上がり、また、有力な中小企業を呼び込んで長井は興味深い産業集積を形成していくのであった。

さらに、近代工業化の推進は地域農業に重大な影響を与えていく。長井は最上川の氾濫原に拡がる沖積平野の優れた水稲地帯であり、稲作の優越的な地方小都市であった。だが、その後の近代工業の拡がりは就業機会を拡大させ、農業の従業者を引きつけ、農業は兼業、そして水稲栽培に傾斜するという、日本の戦後の近代工業化と農業をめぐる典型的な歩みを示していく。長井の農村の人びとは出稼ぎから解放され、夫婦で近代工場に勤め、兼業化し、農業は水稲に傾斜していく。そして、農業外所得が大きなものになり、農業は次第に補助的なものになっていった。このような仕組みは、農村地帯に新たな所得稼得機会を与え、閉塞された地方小都市、中山間の農業地域に新たな豊かさをもたらしたであろう。

だが、1990年代の中頃以降、電子部品企業は一斉にアジア、中国への移管を進め、全国の電子部品系の企業城下町は深刻な事態を迎えていく。電子部品企業による企業城下町を形成した長井においてこそ、そのような動きが顕著な形で起こり、新たな対応を余儀なくされていく。1990年代半ばからすでに四半世紀を重ね、近代工業の縮小（就業機会の減少）、農業従業者の減少などが進み、地域の工業から農業に至るまで新たな時代状況を受け止めたあり方が求められてきている。

このような点を意識しながら、本書の序章ともなるこの第1章では、長井の地域的、自然的、そして、精神的な背景となっている長井の近世以来の産業化の取組みをみていくことにする。長井の地域産業化は戦後に急に起こったのではなく、上杉氏以来の長い歴史を重ねてきたのであり、現在の大きな転換期においても、その精神を受け継ぎ次に向かおうとしているのである。

1. 農村商業都市の形成（近世）

関が原の戦い後、1601（慶長6）年、上杉藩は会津時代の120万石から、米沢を中心とする置賜、信夫（福島県）、伊達（福島県）の30万石に減封され、1664（寛文4）年にはさらに置賜15万石に減封されていく。8分の1の規模にされたということであろう。

このような事態の中で、米沢（上杉）藩は、独自的な産業政策を推進していった。水稲、養蚕、織物などを振興させ、最上川の舟運を使って日本海に面する酒田とのルートを切り拓き、北前船により京坂、江戸市場に物産を送り出していった。近年は、新幹線駅、高速道路のインターチェンジ、空港といった近代交通の拠点というべきところとその周辺の経済活動の活発化が顕著にみられる。ただし、それらがなかった時代には、陸上の馬車等に加え、大量交通手段としては舟運がその役割を担っていた。そのような事情の中で、米沢藩は最上川の舟運の発展のために一部は最上川の河床の開削を行ない、長井の地を最上川最上流の船着場としていった。このことが、その後の長井の地域産業経済発展、農村商業都市化に重大な役割を演じていくことになる。

(1) 米沢（上杉）藩の舟運の拠点

戦国時代を通じて越後を領有していた上杉氏は、豊臣時代の1598（慶長3）年に会津に領地替えしている。会津4郡、仙道7郡、佐渡3郡、置賜郡、庄内3郡に拡がる120万石の巨大な領地であった。だが、1600（慶長5）年の関が原の戦いの際には、西軍の石田三成氏にくみした上杉景勝氏は京都に召喚され、所領を削られ、置賜・信夫・伊達の3郡30万石となり、居城も若松から米沢に移された。それ以前の米沢には伊達氏がおり、伊達政宗氏は米沢で生まれている。以後、1872（明治4）年の廃藩置県に至る約270年間、途中の1664（寛文4）年にさらに15万石を削られるなどもあったが、上杉氏は一貫して米沢城を居城にし、置賜郡を領有してきたのであった[1)]。

図 1—1　上杉氏の所領変遷図

1. 越後時代

～1598（慶長 3）年

2. 会津時代

1598～1601（慶長 6）年

3. 米沢時代（1）

1601～1664（寛文 4）年

4. 米沢時代（2）

1664～1866（慶応 2）年

出所：長井市史編纂委員会編『長井市史第二巻（近世編）』1982 年、2 ページ

内陸の 30 万石の藩に縮小したにも関わらず、120 万石時代の家臣をそのまま抱えていたために財政が逼迫していた米沢藩にとって、江戸、上方への米、その他の特産物の移出は最大の課題であった。当初、米沢藩は板谷街道越えの陸送で福島に出て、阿武隈川の舟運を利用し、その太平洋側の河口の荒浜（現亘理町）に至り、そこから海運で銚子、江戸に運んでいた[2)]。

江戸時代初期の頃の日本全体の物流は、東日本の場合、酒田港を中心に、東廻りの津軽海峡から太平洋に出て、銚子、江戸に行くものと、西廻りとして、酒田港から出発して福井の敦賀で陸揚げし、陸送、ないし琵琶湖経由で京都、淀川、大坂に向かうものがあった。その後、西廻りが主流になり（北前船）、酒田から下関、瀬戸内をたどり大坂と、さらに熊野灘を経由して江戸に向かう形が主流になっていく。安全性が高く、コスト的にも安価になっていった。

図1—2　米沢藩領図

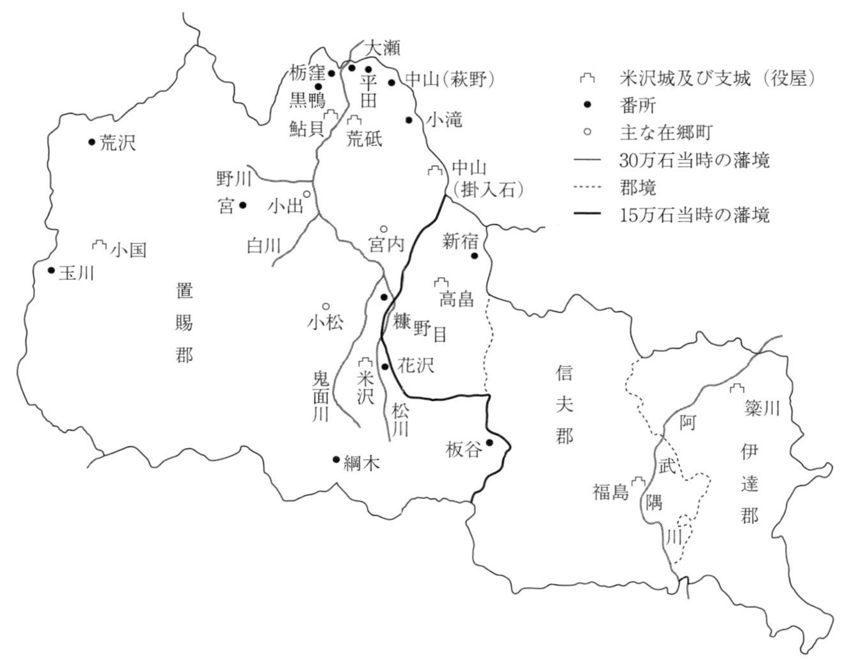

資料：藩政史研究会編『藩制成立史の綜合研究 米沢藩』吉川弘文館、1963年
出所：長井市史編纂委員会編『長井市史第二巻（近世編）』1982年、2ページ

▶最上川の河床を開削し、長井〜酒田間の舟運を通す

その頃、米沢藩は米穀を米沢から上山ないし山形まで馬で陸送し、そこから最上川の舟運に依存し酒田まで運ぶという形をとっていた。陸送分のコストは大きなものであった。このような事態に対し、1692（元禄5）年、最上川の荒砥と最上領長崎（現中山町）間の河床の開削を行なうための川筋普請願いを江戸幕府に提出、繊維原料の青苧（あおそ）[3]の独占商人であった4代目西村久左衛門氏と西村成正氏に請け負わせ、河床の開削工事を行なっていく。渇水期の1693（元禄6）年6月に工事を開始、1694（元禄7）年9月に工事を完了させている。工事費は1万7000両に上った。これにより、長井の中心地である宮の船着場から酒田までの舟運が可能になった。なお、このルートでは左沢より上流の五

開削された最上川、白鷹町黒滝付近

百川峡流までは人夫による曳き船であった。

この通船により、現在の長井市の中心である旧宮村、旧小出村のあたりは、商人町として発展し、米沢藩の物資の集散地となっていく。当時の米沢からの輸送物資のメインは米穀、材木、蠟、青苧であり、京坂からの帰り荷は、塩、砂糖、古着、⿱集魚（いさば）物（魚商）、鉄などであった。そして、江戸末期の1855（安政2）年に発行された東国地方商人を紹介する『東講商人鑑』では、長井の商人35人が掲載されている。そして、「繰綿・絹糸・真綿・青苧などの国産の衣服原料と、太物や古手類といった輸入衣料の商人が大多数を占め、外には金物・小間物・乾物・塩・茶・⿱集魚など、生活必需品の輸入販売の商人達であり、郷土の名産としては、米沢第一の銘酒と賞された鈴木兵弥・八嶋権六・菅与五兵エの三軒より成る泉村の酒造家と、五十川村の茶師平吹市之承家で製する国主御用の銘茶が載せられている。また、旅籠屋としては、小出にある浪花講・東講定宿の和泉屋元助と、宮十日町の諸国商人宿会津屋仁兵エがあり、茶⿱集魚問屋は小出の日野屋与四郎と宮十日町の鍵五風間五右エ門の両家に限られていた[4)]」という記述がある。江戸中期以降、東北内陸の小都市ながらも、長井は最上川最上流の舟運の拠点として、また、米沢藩の産業経済の前衛として、農村商業都市として際立った発展を遂げていったのであった。

表1―1　長井22カ村の村勢（江戸後期［1770～1802］）

村名	反別改め年次	田（町）	畑（町）	計（町）	高（石）	反当（俵）	戸数（戸）	戸当（町）	人口（人）	戸当（人）	男（人）	女（人）	馬（頭）	牛（頭）
勧進代	1789（寛政 1）	170.7	33.2	203.9	2,685	3.3	92	2.2	434	4.7	222	212	47	
草岡	1802（享和 2）	171.1	55.8	226.9	2,855	3.1	108	2.1	633	5.9	332	301	52	
川原沢	1776（安永 5）	94.5	20.9	115.4	1,585	3.4	54	2.1	300	5.6	153	147	27	
寺泉	1799（寛政10）	318.7	75.7	399.4	5,257	3.3	172	2.3	925	5.4	493	432	95	3
白兎	1800（寛政11）	92.7	35.9	128.6	1,594	3.9	58	2.2	307	5.3	150	157	39	
五十川	1775（安永 4）	152.4	77.1	229.2	2,834	3.1	186	1.2	1,015	5.5	525	490	64	8
成田	1788（天明 8）	160.0	39.7	199.7	2,636	3.3	143	1.4	783	5.5	401	382	57	
森	1788（天明 8）	24.9	20.7	45.6	499	2.7	60	0.7	320	5.3	166	154	30	
平山	1773（安永 2）	190.1	32.1	222.2	2,727	3.1	118	1.9	752	6.4	388	364	71	3
九之本	1801（寛政12）	360.9	51.2	412.1	5,315	3.2	89	4.6	464	5.2	235	229	114	1
宮	1772（安永 1）	120.9	34.7	155.6	1,918	3.1	241	0.6	1,244	5.2	639	585	20	
小出	1772（安永 1）	132.0	50.7	182.7	2,157	3.0	307	0.6	1,715	5.6	874	683	42	1
今泉	1773（安永 2）	117.2	26.5	143.7	1,902	3.3	70	2.1	390	5.6	209	180	34	9
歌丸	1770（明和 7）	174.4	22.4	196.8	2,736	3.5	108	1.8	554	5.1	286	268	57	12
河井	1771（明和 8）	40.0	16.3	56.3	703	3.1	30	1.9	146	4.9	82	64	12	
泉	1770（明和 7）	87.6	9.5	97.1	1,254	3.2	57	1.7	360	6.3	194	166	33	
時庭	1773（安永 2）	179.0	13.7	192.7	2,563	3.3	93	2.1	507	5.5	255	252	74	3
大石	1794（寛政 6）	44.4	38.3	82.7	955	2.9	86	1.0	412	4.8	207	205	28	
上伊佐沢	1794（寛政 6）	55.8	62.5	118.3	1,348	2.8	87	1.4	506	5.8	265	241	32	
中伊佐沢	1794（寛政 6）	29.2	19.8	49.0	593	3.0	23	2.1	132	5.7	73	59	12	
下伊佐沢	1794（寛政 6）	29.8	27.8	57.6	681	3.0	42	1.4	246	5.9	121	124	16	
芦沢	1794（寛政 6）	33.4	26.3	59.7	702	2.9	39	1.5	229	5.9	109	120	35	
合計		2779.7	790.8	3770.5	45,499	3.2	2263	1.6	11,875	5.2	6,379	5,496	991	40
入百姓							119		529		275	254	18	1

注：反別改めは、1770（明和7）～1802（享和2）年に行われた。
　　高（石）は、米に換算されている。換算の方式は不明。
　　本表では、1石を150 kg、1俵を60 kgで換算。
　　宮、小出は市街地であり、非農業の人口が多い。
資料：『置賜村反別』（1770［明和7］～1802［享和2］年）を一部修正
出所：長井市史編纂委員会編『長井市史第2巻（近世編）』1982年、151ページ

（2）農業、養蚕、織物業の推進

日本の政治経済、農業の中で「米」は特別な位置にあり、特に江戸時代の頃までは経済力を示す指標としても用いられていた。大名の格付け、経済力は「万石」と表現されていた。「120万石から15万石」へといった言い方がされてきた。豊臣秀吉氏の時代に「検地」が行なわれ、農業、特に農地と稲作の実

態が把握され、財源の基本は「米」となっていく。その後、江戸期に入ってから何度かの「反別改め」が行なわれている。時間が経つに従い、面積、収量などが不明確になり、それを正し、財源基盤の確認が行なわれていった。こうしたことは全国で行なわれているのだが、現在、全国の統一的な統計としてそれを利用することは難しい。

長井に関しては、江戸後期の1770（明和7）年から1802（享和2）年の約30年をかけて旧村別の「反別改め」が行なわれている。22村について、田、畑の面積、石高、戸数、人口（男女別）、家畜（馬、牛）が把握されている[5)]。時間の幅が30年ほどあるが、長井の基本的な地域経済構造、農業構造を知る上での貴重なデータとなっている。ここでは、表1―1の興味深い点を指摘していく。

▶江戸期の米の反当たり収量は３俵前後

現在の長井市をみると、旧長井町（1989［明治22］年、宮村と小出村が合併して成立したところから始まる。当時、町名は長井郷にちなんで長井町とされた）を中心に、最上川の西側は広大な沖積平野が拡がっている。さらに、沖積平野の先には南北に展開する朝日連峰の前衛の山々が屏風状に立ちはだかり、そこから東に流れる沢筋が扇状地を作り、全体が東の最上川に向かって傾斜する緩い河岸段丘を形成している。このあたりは水稲栽培の適地であり、典型的な水稲地帯を形成している。さらに、山裾のあたりはやや傾斜があり、扇状地であることから桑の木の栽培に適していたことをしのばせる。

他方、最上川の右岸のエリアは伊佐沢地区であり、全体が山間地域であり、細い沢筋を形成し、水稲栽培の適地は少ない。現在ではリンゴ、ブドウ等の果樹栽培が盛んだが、少し前までは冷害に悩むなど、長井の中では条件不利地域を形成していた。

また、表1―1に関しては、面積は田と畑に大別され、石高（玄米換算されていた）については水稲とそれ以外の作物が一括して掲載されている。江戸期の資料の多くは、米を基本にその他の作物を米に換算して表示している場合が少なくない。この表1―1もそのようになっている。また、幾つかの実証研究では[6]、江戸期の1反（約1000 m^2）当りの米の収量（反収）は3〜4俵（1俵＝60 kg）とされている。この収量はほぼ昭和戦前期まであまり変わらなかったが、戦後になると品種改良、農薬、肥料の投下、機械の投入、圃場の整備等によって飛躍的に改善され、最近の反収は全国的に10俵ほどになっている。江戸期に比べ約3倍ということであろう。

▶田が4分の3。農家当りの面積は1.6 ha、反当たり収量は3.0俵

長井22カ村の耕地面積は3770.5町、うち田の面積は2779.7町と73.7%とほぼ4分の3を占め、畑は790.8町と26.3%であった。後の第2章の表2―13で示すが、長井の現在（2015年）の耕地面積の構成比は田：畑＝91.3：8.5であるのだが、戦後間もない1960年では75.2：24.8であった。その頃までは、江戸期とあまり変わらないことが指摘される。1970年前後から、長井の産業構造は大きく変わり、一気に農業は水稲に傾斜していった。

表1―1の全体の石高は4万5499石であり、農家数2263で割ると、1戸当りの生産量（石高）は20.1石であった。なお、平均の反収は3.0俵となる。1農家当りの耕地面積は1.6町、農家1戸あたりの人口は5.2人であった。なお、22カ村の人口の男女比は53.7：46.3と男性が上回っている。現代日本では女性の方が多いのだが、江戸期の長井では男性が相対的に多いという構図になっていた。これも全国的な傾向である。また、現在の置賜地域では食肉用の黒毛和牛の米沢牛の飼養が盛んだが、表1―1では、農耕用の馬991頭、牛40等の計1031頭が確認される。1農家当りに直すと0.46頭となる。牛馬を保有している農家は半数以下となろう。農耕用の牛馬については、相対的なものだが、東日本は馬の比重が高く、西日本では牛が目立っていた。現在の長井では人びとのソウルフードとして、さらに、B級グルメとして馬肉のチャーシューを乗せた長井ラーメン（馬肉ラーメン）が定着しているが、このような江戸期における農耕馬の拡がりがベースになっているように思う。

この22村の中で、表1―1の下の5村（大石、上伊佐沢、中伊佐沢、下伊佐沢、芦沢）は最上川右岸の山間地域であり、その他の17村が左岸の沖積平野に拡がっている。この両者は明らかに田：畑の比重が異なっている。伊佐沢地区の場合はほぼ半数が畑（上伊佐沢では52.8%が畑）であるのに対し、左岸のエリアは畑の比重が20〜30%である。比較的大きな面積を抱える九之本（畑の面積は12.4%）、歌丸（11.4%）あたりは畑の面積は10%強であり、泉（9.8%）、時庭（7.1%）と10%を切っていた。

1戸当りの耕地面積については、22カ村平均では1.6町だが、市街地である宮、小出は商家などの非農業の部分も相対的に多く[7]、平均的には0.6町であった。最大は九之本の4.6町であった。

以上のように、江戸期の長井の農業の基本構造は、最上川を境に、左岸の沖積平野は田が中心、右岸の伊佐沢地区は畑の比重が半分程度という対照的な構図になっていた。全体的には小規模零細な水稲主体の農業が拡がっていたことがわかる。

▶江戸期における養蚕と織物業の発展

置賜地域では江戸初期の頃から桑の栽培が始まっていく。特に、長井の北に位置する五十川、成田、小出、宮で盛んになり、長井の南部の歌丸、今泉、河井、さらに伊佐沢地区は少なかった。そして、次第に桑の栽培から養蚕に進み、農家は生糸、真綿を生産していく。江戸後期には生糸、真綿生産が米沢藩最大の産業となっていく。この外に長井では青苧の栽培も活発であり、生糸、真綿は上方に、青苧は越後縮の原料として越後方面に移出されていった。

当時、1反の田で水稲を栽培すると3俵前後の米が採れるが、収益は6〜7貫文であった。だが、桑畑化し200貫匁の桑を植えると収益は倍以上の15貫文とされ、下長井では田から桑畑への転換が進んでいった[8]。ただし、1833（天保4）年の天保大飢饉以後は、米沢藩は水稲を優先させ、桑畑化を禁止している。

当初は織物材料の生糸、真綿、青苧の生産が行なわれていたのだが、1776（安永5）年、米沢藩は越後から縮師を招き、米沢城下の寺町に工場を設置、縮織（麻、青苧）の生産を開始している。このあたりが置賜地方の織物の開始ということになろう。ただし、当時は庶民の衣服が麻から暖かい木綿に大きく変わる時代であり、麻、青苧を原料とする縮織はあまり成功しなかった。その後、1791（寛政3）年には寛政の改革が始まり、米沢藩は織物の振興を図り、北関東の板締絣の技術を導入、横絣から経横の総絣の紬織へと進化させ、文化年間（1804〜1818年）の頃には置賜郡一帯の農家の副業（農間（のうま）余業、農間副業ともいう）として大きく拡がっていった[9]。なお、当時の米沢藩は上杉鷹山公（1751〜1822年）の時代であり、下級武士の家庭内職として奨励、京都、小千谷などから技術者を招聘、さらに、江戸、京都、大坂などへの販路拡大に努めたとされている。

この間の事情を『米沢織物史』は以下のように述べている。「藩が主導して養蚕を進め、生糸と絹織物の生産に力を入れていた時、養蚕地帯の下長井方面に新たな紬布の生産が起こっていた。……文化年中（1804〜1818年）五十川……に一浮浪者が来て、横飛白（横絣……）の織り方を伝えた。これが紬絣のはじまりで、その後、成田村の飯沢半右エ門は、下総結城に行って紬の織り方を覚えて、それを村々の農民に伝えた。藩ではこの紬織物を文政11年（1828）、米沢大町の渡部伊右衛門、小出村横山幸太郎、荒砥大貫吉左衛門の三人を紬問屋に指定し、この三人に売買の権利を与えた。これら紬問屋に属する仲買人が、村々を廻って農家で生産した紬を買い集めていった[10]」。

このような江戸後期における農村地域の産業化は、「農間余業」「農間副業」といわれるが、関東から東北南部にかけて一斉に拡がっていった。背景には、江戸中期以降の農業改革（農法の改善、農機具の普及、新田開発等）により農業生産性が向上し、農民に時間的余裕を与えたことが大きい。特に、農家の女性は地元の繊維材料などをベースに家庭での織物生産に向かっていった。これが関東から南東北にかけての織物地場産業の成立を促し、これらのエリアの農村は一気に豊かになっていった[11]。

先の『米沢織物史』では、江戸時代末期の文政年間（1818〜1830年）の成田村の様子を描いた長沼牛翁『牛の涎』から、「家は掘立て柱で、石の上に柱を建てる家は一軒もなかったのに、五十年のうちに家作が立派になって、今文政二年となって掘立柱の家は一軒もない[12]」と引用している。江戸末期以降、長井の地域に織物地場産業が果たした役割は極めて大きなものであった。

▶その後の長井紬

農村の副業としてスタートした長井の織物業は、紬糸を用い、越後縮みの絣柄等に影響を受け簡単な絣柄の織物を作っていたようだが、明治中期以降、本格的に北関東の絣技術（板締）を導入し、紬絣（琉球絣に似ていたことから、「米琉（よねりゅう）」といわれた）の領域に向かっていった。この板締とは、絣柄を分解し、板に溝を彫り、糸を巻き付け、重ねて圧迫し、染料をかけていく。圧迫された部分は染まらずに残っていく。横絣の場合は、横糸分のみ。経横絣の場合は、横糸、縦糸のいずれにも同じ加工を加える。そして、まだらに染まった糸を経に張り、柄を合わせて横糸を飛ばして絣柄を形成していく。絣柄の形成には多様な方式があるのだが、板締絣染色はやや量産の考え方が横たわっている。現在、日本の中でこの板締絣染色を一定規模で維持しているのは東京郊外の武蔵村山市に展開する村山大島紬（村山織物協同組合組合員18名）だけであろう[13)]。

江戸末期においては、農村の副業として織物が西置賜地域全域に拡がり、また、市街地の下級武士層にも拡がったとされるが、全貌は明らかではない。1900（明治33）年に重要物産同業組合法が制定され、1902（明治35）年12月に西置賜郡紬織物同業組合が認可されている。

なお、先の板締絣については、長井紬織物協同組合の『三十年の歩み』（1985年）の中で、1905（明治38）年には「板締器大いに広まり、はじめて板締器製造業（板大工）が現れた」と記されている。その後、1925（大正14）年には「このころ置賜織物同業組合の組合員の数は4000を超えた。組合設立以来の最大数になる[14)]」と記されている。また、長井紬生産のピークは1921（大正10）年とされ、生産量は21万8000余反、製造業（機屋）は3517、撚糸業84、染色業114、絣板製造業4を数えていた。だが、この年をピークにその後は激減し、1931（昭和6）年にはピーク時の生産額の21%水準にまで縮小していった。

この大正年間が日本の織物地場産業の産業革命期であり、桐生、足利、八王子などの関東の有力な産地は電線（動力線）の敷設、力織機の導入、工場制への転換を成し遂げ、低価格の大衆着である銘仙などに展開し、生産力を飛躍的に拡大させたのだが、手作業中心の板締絣、紬にこだわっていた長井の織物業は一気に競争力を失っていくのであった。

戦時中の1941（昭和16）年には置賜織物同業組合は解散し、戦後の中小企業協同組合法（1949年）により、1953年には新たに長井紬織物工業協同組合を組織していった。組合員の範囲は長井市、白鷹町であり、組合員数は24名、製品のほとんどは米沢の買継商によってさばかれていった。かつての数千の農家の副業によって成立していた長井紬は、戦後は一定の生産力を備える機屋（製造業）によって構成されるものに変わっていった。

この長井紬は1978年度に山形県による「産地診断」を受けている。その報告書によると[15]、組合員は26名（長井市24、米沢市1、白鷹町1）、業種別には製織21、染色捺染2、撚糸2、販売1であった。全従業員は308人（内工場内従業員139人）、織機台数374台（工場内168台、出機206台）と報告されている。農家の副業の名残の出機が200カ所前後（ほぼ1家庭1台）組織されていることがわかる。この間、1976年3月、米沢市、長井市、白鷹町の三産地で織られる紬が「置賜（おいたま）紬」として国の伝統的工芸品の指定を受けている。なお、2018年現在、長井紬を生産している長井の事業者は小松織物、齋藤織物、長岡織物工房、渡源の4事業者にしかすぎない。

この長井紬の近代以降の足取りについては、絣という手作業の比重が高い織物に展開し、全国的に高まった大正時代の力織機化、工場生産化の流れに対応しなかったこと、さらに、全国の他の織物（和装着尺）産地の衰退の主要な原因でもあったのだが、戦後の着物離れに対して次への展開を見出すことができなかったことが現状を招いている[16]。現在では地域産業というよりは、「伝統的な工芸品」として保存されている状況といえそうである。

ただ一つ、戦後、数千の農家の副業が一気に消えていくが、長井の場合はマルコン電子という誘致企業がその受け皿となっていったことが指摘される。織物製造に携わっていた女性たちが、コンデンサ生産の製造現場に吸引されていったのであった。

2. 昭和戦前期に有力企業を誘致

米沢藩の前衛として最上川最上流の舟運の拠点、物流拠点であることを背景に、水稲と養蚕、織物業の振興を軸にしてきた長井は、明治中期以降の舟運から軌道交通への転換の中で、その優位性を失っていく。東北の軌道交通の第2の幹線とされた奥羽本線からは外れ、第2次大戦後も新幹線、高速道路網からも外れていった。

このように、水稲と養蚕、織物で来た長井は、明治の中期以降、物流拠点としての意義を失い、産地間競争における基幹の織物業の衰退などにも直面していった。さらに、1934（昭和9）年には大きな凶作飢饉にも見舞われている。そのような事態に対し、長井市は戦前の早い時期から企業誘致に取組み、戦前〜戦後を通じて興味深い歩みを重ねていった。

（1）物流の拠点性喪失、1934年には冷害

江戸中期以降における日本の物流の幹線は北前船に代表される舟運であったのだが、明治に入ると鉄道建設が進められていく。東北の場合は、上野〜青森間の東北本線が最大の幹線であり、1883（明治16）年に上野〜浦和間が開業、その後、1887（明治20）年に福島〜仙台間が開業、そして、1891（明治24）年に青森までの全線が開通している。この東北本線敷設の頃から、奥羽山脈の西側を南北に走る奥羽本線の計画が浮上し、1890（明治23）年の国会で福島〜米沢〜山形〜新庄〜秋田の計画が決定された。長井の近くでは赤湯駅が1900（明治33）年に開業、山形県北の新庄駅が開業するのは1903（明治36）年のことであった。それから約90年を経て、1992年7月には、この奥羽本線の福島〜山形間は軌道の幅を拡げて東北新幹線の福島駅から直接乗入れ可能な山形新幹線が開業した。さらに、新庄までは1999年12月に延伸された。その中で、長井の近くでは南陽市の赤湯駅が新幹線の停車する駅となった。

先の奥羽本線計画に対し、西置賜郡では1912（明治45）年、西置賜郡軽便鉄道期成同盟会を結成、請願書を衆貴両院に提出している。結果、1914（大正

表1―2　1934年「昭和9年凶作飢饉」の長井周辺の状況

町村	反収	kgに換算	俵に換算
東根村	1石3斗5合5升	203.3	3.4
荒砥村	1石0斗5升4合	158.1	2.6
長井村	8斗8升2合	132.3	2.2
長井町	8斗7升5合	131.3	2.2
豊田村	8斗5升3合	128.0	2.1
白鷹村	7斗9升5合	119.3	2.0
伊佐沢村	3斗5升6合	54.4	0.9
平野村	3斗0升6合	45.9	0.8

注：1升を1.5 kgで換算。60 kgが1俵。
伊佐沢村では収穫ゼロの田もあった。
出所：長井市史編纂委員会編『長井市史第3巻（近現代編）』1982年、821ページ

3）年に赤湯～長井間が開業、1923（大正12）年には白鷹町の荒砥まで延伸されていった。だが、その後、山形新幹線開業の4年前の1988年10月には、赤字路線であることからJR東日本から第3セクターの山形鉄道に運営が移管され、路線名はフラワー長井線に変更になった。延長距離は30.5 km、17駅を擁し、2018年7月現在、1日12往復、そのうち10本は山形新幹線に接続している。長井～赤湯間は約35分、新幹線の赤湯～東京間は約2時間20分である。ただし、長井の人で東京を往復する場合、フラワー長井線に乗る人は極めて少ない。朝夕の高校生が主体になっている。長井は新幹線の赤湯から、鉄道、クルマのいずれでも約30分の距離に置かれることになった。

高速道路もほぼ同様であり、長井市は山形県の市の中で唯一高速道路が通らない市となった。最も近いインターチェンジは東北中央自動車道の南陽高畠であり、長井からは30分の距離にある。このように、かつての舟運の時代には南東北の物流拠点の一つを形成していた長井は、明治以降、軌道交通、高速道路といった新たな大量輸送手段からは遠ざかってしまっているのである。

▶1934年の「昭和9年凶作飢饉」、戦後の農地解放

江戸期の歴史的大飢饉としては、1755（宝暦5）年の宝暦大飢饉、1783（天明3）年の天明大飢饉、1833（天保4）年の天保大飢饉が三大大飢饉とされて

伊佐沢村の掲示物

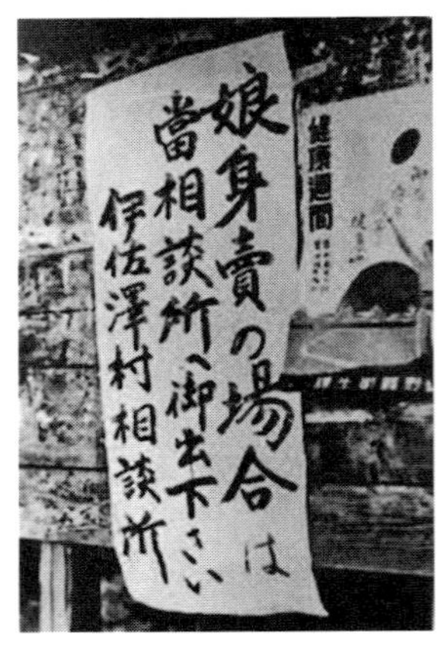

出所：竹田市太郎『続長井夜話』長井「本の会」、1985 年

いるが、「昭和 9 年凶作飢饉」がそれに次ぐ凶作として知られる。表 1―2 は 1934（昭和 9）年の長井周辺の村の反収を示したものである。先の表 1―1 では、江戸後期の長井の各村の反収を示したが、そこでは平均的に 3.0 俵（約 180 kg）と示されていた。

表 1―2 によると、東根村（現在は白鷹町の一部）の場合の反収 203.3 kg（3.4 俵）を示している。ほぼ平年並みであったが、その北の荒砥村になると 158.1 kg（2.6 俵）と江戸末期の長井の平均の約 12% 減、長井村と長井町は 132 kg（2.2 俵）前後と約 27% 減、そして、伊佐沢村は 54.4 kg（0.9 俵）と平均の 70% 減、平野村は 45.9 kg（0.8 俵）と約 75% 減となった。伊佐沢村と平野村は反収 1 俵（60 kg）にも満たない状況であり、山間地の条件不利地域である伊佐沢村では収穫ゼロの農家もあったとされる。そのような事情の中で、伊佐沢村では相談所を設け、「娘身売の場合は、当相談所へ御出下さい」の掲示を掲げていた。高校の歴史教科書（山川出版社）に掲載された「娘売ります」の掲示の写真は伊佐沢村の出来事であったとされている。なお、江戸時代の三大大飢饉の際には餓死者が多数出たとされるが、昭和 9 年凶作飢饉の場合には餓死者はゼロと報告されている。戦前までの日本の条件不利の農村地帯は、

江戸期に比べては改善されたものの、そのような厳しい状況に置かれていたのであった。

なお、戦前における農村は地主小作制の中にあり、多くの農民は土地を持たない小作の立場にあった。特に小作が増えたのは、明治10年代の紙幣整理によるデフレの頃と昭和初期（1927〜1930年）の大恐慌の頃であり、多くの農民は農地を手放し、小作になっていった。そして、（不在）地主と小作の問題は、日本の戦前までの農業問題の最重要なテーマであった。戦後、日本を占領統治したGHQは、日本の民主化を意識して「戦後の三大改革」を実行していく。農地解放、財閥解体、労働基本権の確立の三つであった。特に、農地解放については、幾つかの調整はあったものの、1946年10月21日の第2次農地改革により、以下のように決定され、実行されていった。

① 全ての不在地主、在村の不耕地地主は、内地（本州以南）1町、北海道4町以上の分。

② 自作地、小作地合わせて3町（北海道は12町）を超える分の小作地。

以上は政府が公定価格で強制的に買い上げ、旧小作人に売り渡す。30年以内の年賦であり、年利は3分2厘とされた。そして、この農地解放により、本州以南では基本的には3町以上の農地を保有する農家はなくなった。日本の農家は小規模零細性が基本とされていった。このことが、戦後の農業、そして、工業化に与えた影響は極めて大きい。後に詳述するが、長井の場合には戦後は近代工業化が基調にあり、農村から大量の労働力を調達していったが、一つは先に指摘した織物業（農間余業）から農村女性労働力の吸収を進め、そして、もう一つ、冬季には出稼ぎを不可欠とされていた男性労働力をも零細な農業から離脱させ、近代工業のサイドが吸引しながら、農業を兼業、水稲に傾斜させていったのであった。

このような現象は全日本的なものなのだが、人口3万人規模の地方小都市の長井の場合、戦後の近代工業化のボリュームは大きく、農業は一気に兼業となり、そして水稲化を促していく。それは、零細農家を冬季の出稼ぎから解放し、新たな就業機会、稼得機会を与えるものであった。長井は戦後の全国の地方経済の最先端を歩んでいったのである。

(2) 有力企業の誘致と農村工業都市への展開
――グンゼとマルコン電子の進出

長井は江戸期における農業、養蚕、織物と地域の産業振興に意欲的に取り組んできたが、明治以降も近代技術の導入に積極的であり、明治初期の頃の器械製糸工場の設立、さらに、昭和戦前にはその後の長井の基幹企業になっていくコンデンサ工場の誘致にも成功していく。

▶1879（明治 12）年には長井の製糸工場は 9 軒

日本の近代工業化の嚆矢となるのは、1872（明治 5）年、群馬県富岡に展開された器械製糸法の富岡製糸場の設置とされているが、この富岡製糸場に刺激されて、日本の各地で近代製糸工場が次々に設立されていった。特に、米沢周辺は活発であり、早くも 1973（明治 6）年には、新潟県人の渡部利八氏によって、米沢に器械製糸工場が建設されている。長井においても早く、1875（明治 8）年には佐々木宇右衛門氏が成田に器械製糸工場を設立している。その後も続々と製糸工場が開設されていった。

1879（明治 12）年の『山形県統計書』によれば、山形県には製糸工場が 37 工場あり、そのうちの 29 工場が置賜地域、さらに現在の長井市の範囲に入る村々で 9 工場が確認される[17)]。長井、及び置賜の人びとの進取の取組みが注目される。

表 1―3 によれば、9 工場は中心部の宮村や小出村、成田村ばかりでなく、郊外の勧進代村、白兎村、時庭村にまで拡がっている。そして、この 1879（明治 12）年という早い時期に、9 工場、従業員総数 248 人、最大の成田村の佐々木宇右衛門氏の工場は 80 人を数えていた。佐々木氏の工場は当時の西置賜地域の最大の従業員規模の工場の一つではないかと思う。当時は電気が通っていない時代であり、動力は水車、人力であった。長井に電灯が点ったのは 1914（大正 3）年とされている。

表 1—3　1879（明治 12）年の長井の製糸工場

事業主	住所	動力	男工（人）	女工（人）	計（人）	製造高（斤）
佐々木宇右衛門	成田村	水車	15	65	80	2,300
菅与一	泉村	水車	5	18	23	225
菅与五郎	小出村	水車	2	36	38	475
金田銀右衛門	勧進代村	水車	3	29	32	375
渡部源内	宮村	人力	6	18	24	169
金田紋右衛門	勧進代村	水車	2	18	20	250
多田野松右衛門	時庭村	水車	2	15	17	100
高橋門左衛門	白兎村	水車	1	6	7	100
沼沢与次兵衛	五十川村	人力	1	6	7	20

注：『山形県統計表』1879（明治 12）年
出所：長井市史編纂委員会編『長井市史第 3 巻（近現代編）』1982 年、651～652 ページ

▶1920（大正 9）年／郡是長井工場設立

日本の地方経済には「長（おさ）」というべき人が登場して、地方の産業振興に大きな役割を演じていくことが少なくない。明治期における長井ではそのような人物が何人か登場してきた。その代表格は川村利兵衛氏（1838［天保 9］～1905［明治 38］年）であろう[18)]。赤湯生まれの川村氏は 1860（万延元）年に生糸商で地主であった川村家に養子で入る。川村家は 1872（明治 5）年の小出の大火に際し、金 3000 円と米 200 石を罹災者に提供するなどの貢献をしている。そして、早くも 1874（明治 7）年には製糸工場を建設、1876（明治 9）年には福島から坐繰器械を買入れ、技術者を招き、生糸の品質と製糸能率の向上に努めている。

1877（明治 10）年、洪水のために工場を失うが、翌 1878（明治 11）年には置賜郡内の有志を誘い、11 の製糸工場を建設、技術指導にもあたっている。1884（明治 17）年には蚕糸業先進地を視察し、改良坐繰工場を 19 カ所設置、その生糸生産量は 5000 斤あまり、女工 255 人とされていた。1887（明治 20）年には資本金 1 万 5000 円で蒸気機関による器械製糸 44 釜の羽陽軒川村製糸工場を設立、生糸生産量 1300 斤、男工 12 人、女工 75 人を雇用していた。さらに、1900（明治 33）年には製糸器械 16 台を備える私立製糸講習所を設立、熟練女工 850 人を養成している。

1905（明治 38）年、川村氏が病没した後には、長沼惣右衛門氏（現酒造業

表1—4　郡是長井工場の状況

年度	設備釜数	従業員数	購繭数量	生産高
1921	320	—	105,528〆	12,236〆
1925	372	667	174,761	20,098
1930	523	822	271,394	31,006
1935	505	1,021	341,622	41,914
1940	460	741	357,044	41,493
1945	(274)	—	—	—
1950	306	424	148,887	17,936
1955	320	339	141,972	23,379

注：—は不明
資料：郡是製糸（株）『郡是製糸株式会社六十年史』
出所：長井市史編纂委員会編『長井市史第三巻（近現代編）』1982年、660ページ

の長沼合名会社の創始者）が引き継ぎ、羽陽軒川村製糸工場を長井製糸工場と改称、従業員96人で承継していった。この長井製糸工場については、その後、幾つかの変遷を経て、地方進出を計画していた郡是（グンゼ）製糸の注目するところとなり、1920（大正8）年、買収していくことになる[19]。買収時の敷地は4500坪であったが、買収直後に隣地約1万坪を買収、拡大していった。このようにして、長井には製糸業の有力企業の進出が開始された。

▶1970年代中頃に、製糸からメリヤス肌着縫製に転換

表1—4によると、郡是製糸設立直後の1921（大正10）年には、設備釜数は320基であったが、1935（昭和10）年には505基に拡大、従業員1021人、生産高もピークに達している。戦前期には長井の最大の工場であった。だが、戦後は縮小過程に入り、1955年には320釜、従業員339人、生産高もピーク時の半分程度に縮小している。日本の生糸、絹織物業は和装需要が減少する1960年代中頃を最後に急速に縮小していったが、郡是長井工場もその例にもれず、1976年には製糸工場からメリヤス肌着の縫製工場に転換していったのであった。

この郡是製糸（現グンゼ）は1896（明治29）年に京都で創業、戦前の1937（昭和12）年末で全国に36工場を展開、1万0469釜を擁していた。創業者の

波多野鶴吉氏は「事業は人なり。人を愛するは人を教うるより大なるはなし」を信念とし、創業時から工場内での工女の教育に意を尽くしていた。「表から見れば工場、裏から見れば学校」という評価をされていた。昭和初期から長井工場においても、小学校高等科女子学年担当教師と工場側との懇談会を開催、郡是の教育方針について理解を求め、工場の案内などを実施している。1930（昭和5）年の大恐慌の頃は「町の女学校進学よりも、郡是の女子工採用の方が難しい」とされ、郡是を勤め上げた女子は、結婚問題でも「文句はない」と評されていたのであった。

地域の「長」によって早い時期にスタートした製糸工場は、その後、郡是の工場となり、一時期は1000人を超える雇用を生み出し、地域の産業経済に大きな役割を演じていた。1970年代に入る頃になると、製糸の時代は終わり、長井工場はメリヤス肌着の縫製工場に転換し、現在に至っている。その現状は、後の章でみていくことにする。また、この長井の場合、東北地方全体でみられたことだが、1970年代の初めにメリヤス肌着の工場がいくつか進出してきた。だが、それらは全て1990年代の中頃以降に撤退していく。グンゼ長井工場（現長井アパレル）だけは現在も維持されているのである。

▶東芝系企業の誘致に成功

先にみたように、長井は旧長井町（宮、小出）のあたりは商業化が進み、広大な郊外は水稲を軸にする農業地域として歩んできた。さらに、明治以降は製糸業と長井紬といった繊維産業が基幹産業となっていたのだが、1927（昭和2）年の金融恐慌、1929（昭和4）年のニューヨーク株式市場の大暴落等により、農産物、繊維製品などの暴落が続き、農民の生活が脅かされ、さらに、1934（昭和9）年の「昭和9年凶作飢饉」により山形県、長井は未曾有の困難に陥っていく。

また、昭和初期には、産業組合運動が全国的に盛んになり、長井にも産業組合が進出、町民の生活物資を提供することになり、町の商店は大きな打撃をこうむる。このような事情の中で、かつての農村商業都市からの飛躍の課題として、近代工業の誘致、農村工業都市化が強く意識されていった。

その頃、東芝系の東京電気（東京芝浦電気の前身）の傍系会社である日本電興が1935（昭和10）年、南小国村玉川の水利権を獲得し、水力発電所建設のための測量に入っていく。この事業は東芝研究所の電気化学製品の研究成果を事業化しようというものであり、大量の電力が必要となることから自前の水力発電所を建設するものであった。このような工場進出にあたり事前に自前の水力発電所を設置するというのは当時一般的に行なわれていた。茨城県日立市の日立製作所、宮崎県延岡市の旭化成などがよく知られている。さらに、東芝は小国に工場建設の動きをみせていた。これに対し、長井町会議員の上村辰五郎氏等が反応し、長井への工場誘致に踏み出していく[20]。

1937（昭和12）年1月の長井町議会において「東京電気株式会社山形工場建設に関する意思表示」を提示、「工場誘致委員会」を発足させ、日本電興との交渉に入っていった。一部町民や議会の中には「投機的で危険、道路等の生活基盤整備も不十分」との反対意見があったものの、町議会は「将来に極めて重大な意味があり、少なからぬ負担はあるが、忍ぶべき」としていった。

1937（昭和12）年8月には、長井町工場誘致委員会と日本電興が工場建設用地10万坪無償提供契約を締結している。この議決に際し、当時の長井町長の横沢仲右衛門氏の名義で、以下のような理由が掲げられていた。

「本町は置賜平野に於ける有数の都市にして、交通運輸の便宜しく、又官公署所在し、教育、通信、金融機関完備し、地方文化並に物資集散の中心地たり。然るに最近農山村の著しき不況と経済機構の変遷とに依り、町勢発展上、殆んど窮極の状態にあるは、斉しく一般の痛嘆する所なり。然るに今回、日本電興株式会社に於て、本郡南小国村玉川の渓流に発電所を建設し、其の電力を使用する工場を本郡に建設せられんとの計画なり。而して本工場は、相当大規模の模様なるを以て事業開始の暁には、物資の需要供給夥しく、従って工場所在地の発展は想像に難からざるを以て、本町の振興を期する為め、本契約をなし、該工場を速かに本町に建設せしめんとす」。

そして、契約事項（全文6条）としては以下が記されていた。

① 町が日本電興㈱に対して10万坪の工場用地を無償提供する。

② 町が取り付け道路を整備する。

③ 契約成立から5年以内に工場建設に着手する。

④ 日本電興㈱は長井町の好意に対して1万円を寄付する。

⑤ 不用な土地が生じた場合は町に返還する（1951年頃、約8万坪が返却された）

⑥ 日本電興㈱はいつでも東京電気㈱と交替してこの契約を更新できる。

同時に、長井町議会は5カ年計画で工場建設用地の買収と造成を行なうことを可決、5カ年で総額10万0777円を計上している。この金額は1937年度の長井町一般会計予算11万6800円にほぼ相当する額であった。なお、10万坪の地主は約100人を数えていた。

この契約を受けて、1941（昭和16）年11月、東京芝浦電気㈱が「マツダ支社長井工場」を設立、あやめ公園の隅にあった民家を借りて、電解コンデンサの試作を開始している。さらに、1942（昭和17）年3月には工場敷地約9900 m^2 の造成工事を完了させ、1942（昭和17）年8月には工場が完成、9月には東京芝浦電気㈱マツダ支社長井工場（東芝長井工場）が本格的に操業を開始していった。なお、戦時中には1944年4月に軍需工場の指定を受け、全従業員が徴用となり、長井工場は東北風203工場と改名され、さらに、その後、扶蓉203工場と改名されている[21)]。

また、戦時中には従来の電解コンデンサの外に東芝小向工場（川崎市）で生産していた紙コンデンサを長井に疎開させることになり、機械設備の移設、1944（昭和19）年8月からはパラフィンを使用した軍需用の紙コンデンサの本格生産に入っていったのであった。

3. 農村商業都市から農村工業都市へ
——新たな長井市の成立

戦時中から戦後にかけては食料基地でもあり、穏やかな農村地帯でもあった東北内陸の長井は戦時疎開の人びとや戦後の引揚者が集まり、1940年の人口3万2182人（国勢調査）が1947年には3万8025人へと5843人の増加を示した。その後は次第に減少し、1970年の3万3211人のあたりで安定していった。そ

図1―3　1954年の町村合併で形成された長井市

資料：長井市

して、1970年から1990年までの20年間、長井市は3万3000人台を維持し、全国の地方小都市が人口減少に直面している中で、人口を維持する稀有の地域として注目されていた。それには、後にみるように、企業進出に加え、長井の地元から独立創業が続くなど、近代工業を軸にする産業の活発化が指摘される。

▶1954年／新生長井市の成立

日本の市町村という基礎自治体では、明治以降、何度かの大規模な合併が行なわれている。第1回目が「明治の大合併」といわれるもので、1878（明治11）年の郡区町村編成法の制定、及び、1888（明治21）年の市制及び町村制公布により、小学校区をイメージして300〜500戸を標準とする合併が推進された。1888（明治21）には7万1314を数えた市町村は、1889（明治22）年には約5分の1の1万5820へと減少した。長井の場合は、1889（明治22）年に宮村と小出村が合併し長井町となった。

第2回目は「昭和の大合併」といわれるもので、1953年の町村合併促進法により新制中学校1校を目安に人口8000人規模をイメージして推進された。

この時は1953年に9868とされた市町村は1961年までに3472に減少した。長井の場合は、1954年11月15日に、長井町、長井村、西根村、平野村、豊田村、伊佐沢村の1町5村が合併し、現在の長井市となった。

第3回目が「平成の大合併」といわれるものであり、1995年の地方分権一括法により、2000年までに1000市町村が目指されたが、1999年末の3232市町村は2016年10月までに1718市町村に減少している。長井市の場合は、西置賜地域1市3町（長井市、白鷹町、飯豊（いいで）町、小国町)、置賜公立病院組合を構成する2市2町（南陽市、長井市、飯豊町、白鷹町)、さらに、任意の合併協議会まで結成した置賜地域合併検討協議会2市1町（米沢市、長井市、川西町）と幾つかの模索が重ねられたのだが、いずれも不調に終わった。

昭和の大合併による新生長井市は、面積214.67㎢、合併前の国勢調査人口（1950年）は3万7429人であった。なお、1950年の旧町村の面積、人口は、長井町（9.47㎢、1万3440人)、長井村（16.95㎢、5649人)、西根村（97.10㎢、6492人)、平野村（56.83㎢、3776人)、豊田村（13.74㎢、5101人)、伊佐沢村（21.16㎢、2972人）であった。これらの旧町村は合併以降、それぞれ、中央地区、致芳地区、西根地区、平野地区、伊佐沢地区、豊田地区と呼ばれるようになった。

また、合併前の町村名が、長井町と長井村であったことから、長井町の部分は中央地区となり、長井村の部分は致芳地区とされた。明治の大合併の際、1889（明治22）年、現在の致芳地区を構成する成田村、森村、五十川村、白兎村の4村が合併して長井村になっていた。1886（明治19）年の小学校令の公布以降、各地で小学校の設置が始まるが、設置の場所と寄付金の分担の問題で、旧村間でトラブルが起こり、当時の山形県知事馬渕鋭太郎氏により裁定が下り、「和致芳」の揮亳を与えられた。「和して芳しきを致す」という意味であった。これにより、小学校の名称は致芳小学校となった。そして、新市になる際、旧長井村は地区名を致芳地区としている。

▶農業と工業の調和ある農工一体の田園都市を目指す

長井市が誕生した1954年は、地域の長年の悲願であった山形県野川総合開

図1—4　山形県と長井市の位置図

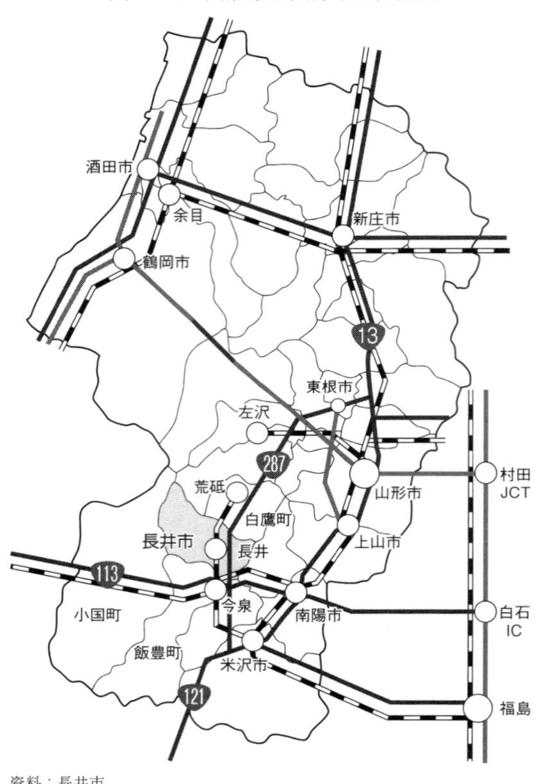

資料：長井市

発事業の第1期工事の管野ダム（補助的多目的ダム。治水、かんがい、水力発電。2011年に下流に長井ダムが竣工し、水没、廃止されている）が完成した年であり、引き続き、木地山ダム、野川かんぱい事業、圃場整備事業が目白押しであり、長井市は田園都市を目指し、農業を中心にする産業の総合的な発展のための基盤作りに向かっていった[22)]。

そして、市制15年を経て、1970年を基準年、1979年を目標年次とする『長井市総合計画』を策定している。この中で重要施策として、以下の四つが掲げられていく。

図１―５　長井市中心部と周辺地図

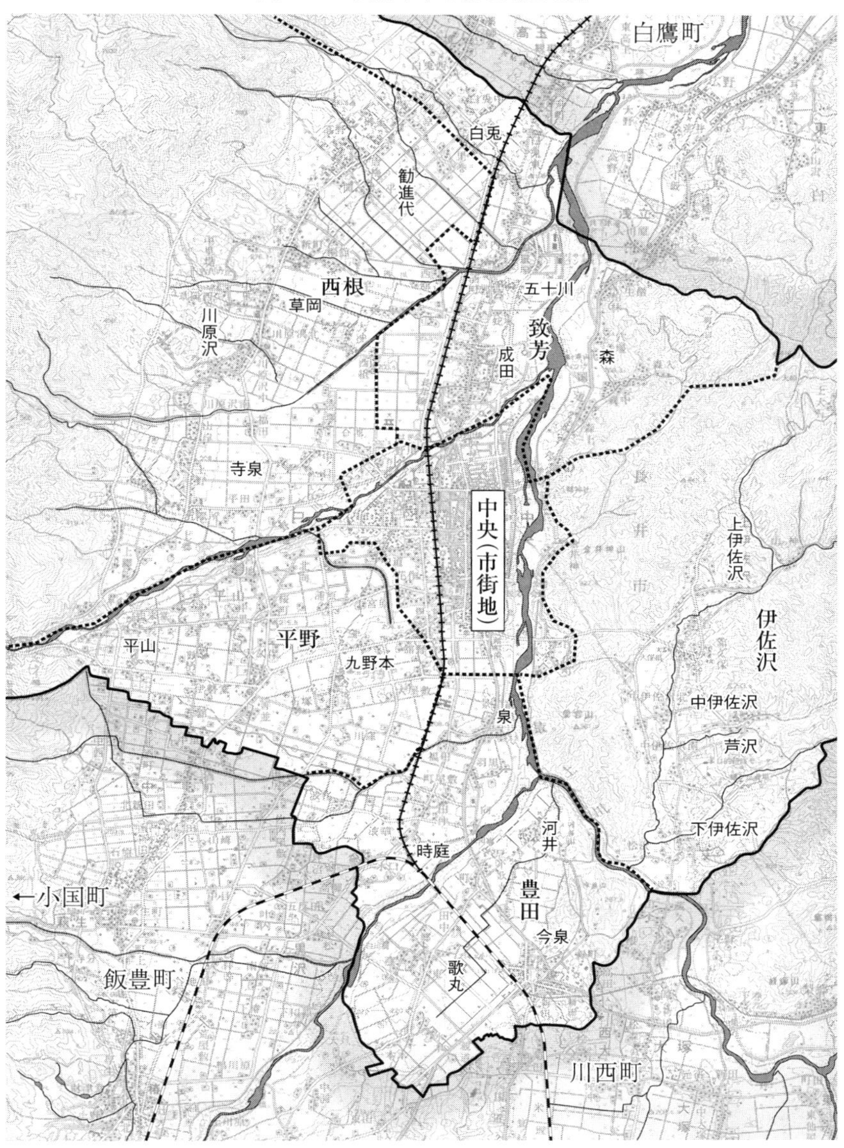

資料：長井市

① 近代都市の実現を期し市民生活の向上のために、下水道事業や市民会館などの建設
② 産業発展のために既存企業の協業化、複合経営、企業誘致の推進
③ 社会福祉、教育の向上のために、乳児施設や小中学校などの整備
④ 行政効率向上のために行政機構の整備と広域行政の推進

以上の精神を受け継ぎながら、その後、1978年に昭和75（2000）年を目標にする「長井市基本構想」に改訂し、「水と緑と花のながい・活力とやすらぎのまち」を将来の目標に設定していった。

このような基本計画、基本構想に基づき、長井市は「農業を基本とする田園都市から、農業と工業の調和のある農工一体の発展」に向かっていくのであった。1972年には農村地域工業導入促進法に基づく農工団地の指定（致芳地区の成田北工業団地）を行ない、企業誘致も積極的に行なわれていった。

▶1970年代までの有力企業、誘致企業

企業誘致、進出については、後の第2章、第5章で詳細に扱うが、新市成立後の20年ほどの間にも目立った成果が上がっている。表1―5はその概要だが、1981年当時に把握されていた長井の有力企業、誘致企業が示されている。

表1―5の上段にある「従業員100人以上の事業所」は全体で7企業、最大はマルコン電子の967人であり、2番目にマルコン電子の関連企業として地元で生まれたハイマン電子（520人）がある。戦前に進出していたグンゼはかつての製糸からメリヤス肌着の縫製に転じていた。ハイマン電子以外の6企業は誘致企業であった。この7社で従業員2371人が雇用されていた。人口3万人の市とすればかなりのものといえる。なお、第3章で詳述するが、ハイマン電子は1980年代の第2次ベンチャーブームの頃は、地方ベンチャーの星といわれていたのだが、その後、経営が傾き、2003年には加賀マイクロソリューションに事業譲渡されている。

表1―5の下段は1970年代までの長井への進出企業の一覧（24社）である。現実にはもっと多いのであろうが、1981年段階で把握できたものである。このあたりの把握は実はかなり難しい。例えば、ハヤマ繊維、長井メリヤス、勧

表1―5　1981年の長井市の主要企業

事業所名	所在地	設立年月	従業員数(人)	主要生産品
従業員100人以上の事業所（従業員数の多い順）				
マルコン電子㈱	宮	1942年	967	電解コンデンサ、紙コンデンサ
ハイマン電子㈱	時庭	1965年 7 月	520	カメラ組立、電解コンデンサ、その他
長井グンゼ㈱	小出	1920年	220	グンゼメリヤス肌着縫製
協同薬品工業㈱	小出	1947年 4 月	207	家庭薬・日用品・食品
東輝電気工業㈱長井工場	成田	1966年 4 月	188	照明器具・一般球・投光球・特殊
旭電機㈱長井工場	今泉	1967年 4 月	143	ダブルトーショナルダンパー・半導体用スペンサー
長井メリヤス㈱	歌丸	1973年 8 月	126	メリヤス肌着縫製
誘致または進出企業一覧（進出の早い順）				
長井グンゼ㈱	小出	1920年	220	グンゼメリヤス肌着縫製
マルコン電子㈱	宮	1942年	967	電解コンデンサ、紙コンデンサ
協同薬品工業㈱	小出	1947年 4 月	207	家庭薬・日用品・食品
東輝電気工業㈱長井工場	成田	1966年 4 月	188	照明器具・一般球・投光球・特殊
旭電機㈱長井工場	今泉	1967年 4 月	・143	ダブルトーショナルダンパー・半導体用スペンサー
ぶんぶく㈱長井工場	宮	1969年10月	・27	塵取・蓮の実（如雨露の口金）
東金工業㈱山形工場	平山	1970年 6 月	・27	白熱灯照明器具
クープ社㈱	小出	1971年 6 月	67	レベルメータ・その他
トップパーツ㈱	時庭	1971年11月	・31	電解コンデンサ端子・丸棒・ケース
世田谷工業㈱山形製作所	上伊佐沢	1971年		カメラ部品
丸秀㈱長井工場	成田	1972年 8 月	・73	トラック・トラクタ・ブルドーザ部品
山形クランプ工業㈱	成田	1972年 8 月	・25	仮設機械（各種クランプ）
ハヤマ繊維㈱	宮字堀端	1973年 3 月	28	プリーツスカート・タイトスカート
山形テック㈱	小出	1973年 3 月	89	プッシュスイッチ
長井メリヤス㈱	歌丸	1973年 8 月	126	メリヤス肌着縫製
勧進代ファッション㈱	勧進代	1973年 8 月	53	メリヤス肌着縫製
九野本ファッション㈱	九野本	1973年 8 月	85	メリヤス肌着縫製
東洋変圧器㈱	成田	1973年 8 月	・63	電気溶接機・コードリール・その他
光洋精機㈱山形工場	九野本	1973年 8 月	・58	カメラ部品
山形ハネダコンクリート㈱	上伊佐沢	1973年11月	・31	鉄筋コンクリート水路・ヒューム管
東亜電子光学㈱山形工場	小出	1974年 1 月	83	カメラ基盤組立・その他
サンリット工業㈱	今泉	1974年 3 月	・58	アルミケース・アルミスラブ
カワイ化工㈱	宮	1976年 7 月	84	ボールペン部品加工、サインペン組立
東芝管球器材㈱長井工場	成田	1977年12月	・15	自動車球用部品・サークライン用口金

注：従業員数の左の「・」は、男性が女性を上回る事業所。
　　網かけは、閉鎖事業所。
資料：西置賜地方事務所、1981年調べ、に若干追加
出所：長井市史編纂委員会編『長井市史第3巻（近現代編）』1982年、1159～1160ページ

進代ファッション、九野本ファッションといった縫製企業は、1970年前後に大量に地方進出したのだが、1990年代の中頃に撤退している。現在では忘れ去られ、ほとんどその影もない[23)]。繊維関連進出企業で現在も長井に残っている企業は長井グンゼ以外にない。

また、進出24社のうち、ほぼ半数の11社が男性主体の企業であることも興味深い。比較的規模の大きい上段の7社は女性主体企業である。長井は長い間にわたって女性主体の企業中心に動いていたのだが、1970年を前後する頃から男性主体の企業が目立ってきた。この点は、現在も続いているようにみえる。バランスの取れた地域産業を目指す上で、注目すべき点であろう。それは、兼業化を促し、農家の男性に新たな就業機会、稼得機会を与えることにより、長井の地域産業社会に重大な影響を与えていった。だが、進出24社のうち、現在残っているのは13社と54.2%とほぼ半数となる。当時の進出企業の多くは安価で豊富な労働力を目指していた場合が多く、その後の事情の変化により撤退していく場合も少なくなかった。

受け入れた側からすると、進出企業、地元企業のいずれについても、密接な関係を築いて、事業が継続できるための環境づくり、協力が必要であろう。誘致の際の協力に加え、その後の事業展開にも深い関心を寄せ、多様な支援を重ねていくことが地域産業振興政策の大きな課題になっているのである。

いずれにおいても、長井の新市成立以降、主要な課題の一つであった「企業誘致」「農工調和」は一定の成果を上げてきた。だが、第2章以降でみるように、1985年のプラザ合意以降、日本産業の置かれる構造は劇的に変化している。大きな構造条件変化としては、対外的にはアジア、中国の登場というグローバルな動き、国内的には成熟化、全般的な市場縮小、人口減少、少子高齢化が指摘される。これらの地域産業、中小企業をめぐる構造条件変化をどのように受け止め、次に向かっていくのかが問われている。それは、個別産業、企業の問題だけではなく、地域に重大な影響を与えていくことはいうまでもない。

江戸期の米沢藩による農業、養蚕振興、明治以降の製糸業、織物業の振興、そして、戦前期における有力企業の誘致、戦後から高度成長期の頃の企業城下町の形成、新たな企業誘致といった興味深い足取りを重ねてきた長井は、1990

年代以降の新たな構造条件の下で、次の課題に向かうことを求められているのである。

1） この間の事情は、長井市史編纂委員会編『長井市史第2巻（近世編）』1982年、を参照した。
2） 江戸期の物流と米沢藩の取組みについては、前掲書、を参照した。
3）青苧は「からむし」ともいうイラクサ科の多年草、茎を水に浸し、皮を剝ぎ、蒸して晒す。縮織の原料として用いられる。米沢周辺では上杉藩の時代以前から栽培され、藩の専売品とされていた。
4） 前掲書、563ページ。
5） 前掲書、151ページ。
6） 例えば、岡山県津山市郊外の山間地域である旧阿波村を分析した、関満博「人口減少、高齢化が進む中国山地の合併旧村（前篇）（後篇）」『日経研月報』第459号、第460号、2016年9月、10月、を参照されたい。
7） 中心市街地を形成した宮村は、元禄年間（1688〜1704年）の頃までに、村内に十日町、川原町、坊中、新町、大町、新屋敷の6町が成立、舟運開始後には舟町を形成、そして、江戸後期には田端（末広町）、横町、水上が開かれた。さらに、この頃には越後入百姓により、宮原、中道の開拓が進められた。小出村は、元禄の頃までに桐町、本町、大巻、新館の4町が成立、その後、片田、川原、四ツ谷が形成された（前掲『長井市史第2巻（近世篇）』546〜550ページ）。
8） 前掲書、590ページ。
9） 前掲書、603〜607ページ。
10） 『米沢織物史』米沢織物協同組合連合会、1980年、137〜138ページ。
11） このような関東地域の織物地場産業の歩みについては、青梅織物業を扱った、関満博『地域経済と地場産業——青梅機業の発展構造分析』新評論、1984年、八王子織物業を扱った、同『伝統的地場産業の研究——八王子機業の発展構造分析』中央大学出版部、1985年、を参照されたい。
12） 前掲『米沢織物史』139ページ。
13） 板締絣染色、及び、村山大島紬については、村山織物同業組合『村山織物誌』1939年、東京都商工指導所『業種別診断報告書（村山織物業）』1976年、関満博「都市化の進展と伝統産業の生産構造変化——村山織物業の研究」（『経済研究』成城大学、第57号、1977年3月)、村山織物協同組合『村山織物史』1982年、を参照されたい。なお、村山織物業の場合は、大正年間に伊勢崎から技術者を招聘して板締絣染色法を学び、定着させている。

14) 長井紬織物協同組合の『三十年の歩み』1985年、16ページ。

15) この産地診断の報告書の主要部分は、前掲書、111〜123ページに収録されている。

16) 1980頃までの和装織物と全国の織物産地の事情は、同志社大学人文科学研究所編『和装織物業の研究』ミネルヴァ書房、1982年、を参照されたい。

17) 長井市史編纂委員会編『長井市史第3巻(近現代編)』1982年、651〜652ページ。

18) 前掲書、653〜655ページ。

19) 前掲書、659〜662ページ。

20) この間の事情は、前掲書、664〜669ページ。及び、『長井市議会全員協議会資料』2002年12月13日。

21) このあたりの事情は、マルコン電子株式会社『MARCON 50th　わが社の歩み』1992年、による。

22) 新たな長井市の取組みは、前掲『長井市史第3巻(近現代編)』1033〜1034ページ。

23) アパレルをめぐる状況は、関満博「中小企業の競争力㊤——新領域開き承継・起業を促せ」(『日本経済新聞』経済教室、2018年3月2日)を参照されたい。

第2章 現代長井市の産業経済の輪郭

戦前期にグンゼ、マルコン電子といった有力企業の誘致に成功した長井は、戦後の高度経済成長期の頃には、急成長を遂げたマルコン電子を中心とする企業城下町を形成していく。人口3万人強の地方小都市でマルコン電子関連約2000人、また、そこから生まれたハイマン電子関連で約1000人、この二つの企業グループで一時期（1980年頃）は約3000人という人口の約10%を雇用するほどのものになっていった。

後の表2―3によると、1965年から1990年にかけて、第2次産業従業者は3777人から8003人へと2倍以上になっている。産業別構成比でも、この間、第2次産業従業者は22.0%から44.1%へと拡大している。表2―5でみても、製造業の出荷額等は1966年の50億円から1990年には980億円へと約25年で約20倍に拡大していった。マルコン電子を軸にした電子部品産業が牽引する企業城下町が形成されていったのである。

他方、農業（第1次産業）部門の従業者は、1950年の1万1627人（構成比66.1%）から、1990年には2586人（14.3%）へと4分の1以下に減少している。農業から製造業への転換が一気に進んだことがわかる。東北内陸の小都市である長井市は、高度経済成長期に、農業から製造業へ、そして、特にマルコン電子という電解コンデンサ生産企業の企業城下町として未曾有の展開を示していったのであった。

だが、1990年頃を転換点として、日本の電子部品産業はアジア、中国への生産移管を進めていく。当然、一時代を築いたマルコン電子、ハイマン電子への影響も大きく、1990年代半ばから2000年代初めにかけて大きな構造転換を余儀なくされていく。1995年にはマルコン電子はコンデンサ大手の日本ケミコンに譲渡され、ハイマン電子は2003年に電子部品・機器商社大手の加賀電子グループに譲渡されていく。まさに、日本産業の大きな構造転換を象徴する動きが長井を焦点に起こったということであろう。

それから20年、企業城下町を象徴していた二大企業は大きく縮小、後退し、長井の産業構造は大きく変わっていった。かつての製糸のグンゼ、電解コンデンサのマルコン電子、ハイマン電子といった大量の女性を動員する女性主体の事業から、現在は機械金属系の中小企業による男性主体の企業が目立つようになってきた。それも誘致企業ばかりでなく、地元中小企業からの独立創業による場合も少なくない。長井は地方小都市としては、企業誘致の成果も大きく、また、地元からの独立創業も目立つ地域なのであった。

そして、このような製造業をめぐる大きな構造変化は農業にも重大な影響を与えていく。かつてのマルコン電子等に勤め、農業は兼業、休日の水稲栽培というスタイルから、農業従事者の減少、小規模農業生産の限界、兼業の場合の転作への対応の難しさ等から、近年、専業農家（集団）による大規模受託の形が増加し、長井農業は水稲を中心にした大規模受託と、もう一方で、小規模ながらも果樹、花卉栽培等の専業化が進みつつある。戦後の日本、特に長井において顕著にみられた兼業、水稲化は現在、大きな転機に直面している。それは日本の農業、地域産業構造に大きな変革をもたらすであろう。そうした動きの先端に長井が位置付いているようにみえる。

このような点を受け止めながら、この章では多様な統計資料を用いて、長井が向かっている地域産業の現状と将来をみていくことにする。

1．長井、西置賜の人口減少は大きい

日本の人口は、戦前期の1940（昭和15）年は7308万人（国勢調査）であったのだが、戦後の1950年には8320万人に増加、その後の経済の高度成長の波に乗りながら増加を続け、1970年には1億人を超える1億0372万人に達し、2010年には1億2806万人となった。この2010年がピークであり、2015年には1億2709万人と2010年比べて約97万人の減少（0.8%減）になり、今後も減少が続くことが予想されている。

ただし、地方圏の人口減少はさらに早い時期から始まっている。特に、北海

表 2—1　山形県と置賜地域の人口推移

区分	人口（人）							減少率（%）
	1980	1990	1995	2000	2005	2010	2015	80/15
山形県	1,251,917	1,258,390	1,256,958	1,244,147	1,216,181	1,168,924	1,123,891	−10.2
置賜地域	253,916	253,362	250,816	246,684	238,788	226,989	214,975	−15.3
米沢市	92,823	94,760	95,592	95,396	93,178	89,401	85,953	−7.4
南陽市	36,682	36,977	36,810	36,191	35,190	33,658	32,285	−12.0
高畠町	27,440	27,510	26,964	26,807	26,026	25,025	23,882	−13.0
川西町	22,423	21,548	20,764	19,688	18,769	17,313	15,751	−29.8
長井市	33,286	33,260	32,727	31,987	30,929	29,473	27,757	−16.6
小国町	12,221	11,315	10,715	10,262	9,742	8,862	7,868	−35.6
白鷹町	18,821	18,112	17,706	17,149	16,331	15,314	14,175	−24.7
飯豊町	10,220	9,880	9,538	9,204	8,623	7,943	7,304	−28.5

資料：『国勢調査』

道の産炭地、中国山地、沖縄本島北部の山原（やんばる）などの薪炭産地などは石油へのエネルギー転換により、1960 年代の 10 年間で人口を 3 分の 2 に減らしているところも少なくない[1)]。地方圏の全体的な傾向としては、全国に比べて約 20 年早い 1990 年のあたりがピークであり、そこから一気に人口減少が進んでいる。

ここでは、産業との関連を意識しながら、長井の人口動向をみていく。

（1）急角度な人口減少が進む西置賜

表 2—1 は、山形県と置賜地域の市町の人口動向（国勢調査）を 1980 年から 2015 年までをみたものである。現在の山形県の人口は約 110 万人強。置賜地域はその約 20% 弱の人口規模であり、2015 年は全体で 21 万 4975 人であった。この置賜地域は、米沢市、南陽市、高畠町、川西町から構成される東置賜郡と、長井市、小国町、白鷹町、飯豊（いいで）町から構成される西置賜郡に分かれる。いずれもかつては米沢藩の中にあった。このような地域は戦時中には疎開者、戦後直後は大陸等からの引揚者の受け皿となり人口が増加するが、1960 年頃には落ち着いていく。その落ち着いた段階での置賜地域の人口のピークは 1980 年であり、25 万 3916 人を数えていた。そして、1980 年から 2015 年という 35 年の間に 15.3% 減少している。これは同期間の山形県全体の 10.2% 減をかなり上回る。山形県の中でも置賜地域は人口減少地域ということになろう。

置賜地域8市町の中で、人口のピークが早い時期の1980年であるのは、西置賜の4市町と川西町であった。米沢市に接する川西町は東置賜郡の範囲なのだが、長井市の東南に接しており、長井経済社会圏との関係も深い。この川西町を含めて置賜地域の中でも長井市を中心にした地域が早い時期から人口減少に直面している。1980年から2015年の間では、このエリアの人口減少率は高く、最大は小国町の35.6％減、以下、川西町29.8％減、飯豊町28.5％減、白鷹町24.7％減と3町が20％減を超えており、中心都市の長井市も16.6％減を数えていた。山形新幹線沿いの米沢市、高畠町、南陽市は相対的に人口減少の度合いが低い。

▶長井市のダム効果が薄れる

特に、西置賜及び川西町の人口減少は2000年以降顕著に進んでいる。この5市町の人口は2000年の8万8290人から2015年は7万2855人と1万5435人の減少（17.5％減）となった。5年おきにみていくと、2000～2005年は3896人減（4.4％減）、2005～2010年は5489人減（6.5％減）、2010～2015年は6050人減（7.7％減）と、絶対数、減少率共に年々高まっている。人口7万人規模の地方都市の場合、全国的にみると、近年は年間1000人前後の減少が一般的にみられるが、西置賜ではそれを上回るスピードで減少が進んでいる。

この点、長井市はどうか。長井市の場合は、1970年の3万3211人から1995年の3万2727人までの25年間、ほとんど人口が変わらなかったことで注目されていたのだが、地域工業が縮小局面に入った2000年代以降、一気に人口減少過程に入ってきた。2000～2005年は1059人の減少（3.3％減）、2005～2010年は1456人減（4.7％減）、2010～2015年は1716人減（5.8％減）と5年毎の減少数、減少率は上がっている。かつての近代工業化をベースにしていた人口安定の構図が、2000年以降、一気に崩れたということであろう。

一つの経済社会圏域の場合、郊外の人口減少が進んでも、その流出を中心都市が受け止める「ダム機能」を果たしていくことがよくみられるのだが、2000年代以降、西置賜の場合、長井市の人口保持力が薄れ、ダムが決壊したような状況になっていることが指摘される。

表2―2　長井市の地区別（旧町村）人口推移

区分	人口（人）			地区別（旧町村別）						世帯数	高齢化率
	総数	男	女	中央	致芳	西根	平野	伊佐沢	豊田	（世帯）	（%）
1920	26,797	13,440	13,357	7,905	4,576	4,924	2,951	2,525	3,916	4,709	
1930	31,359	15,569	15,790	10,677	4,930	5,357	3,276	2,666	4,453	5,335	
1940	32,182	15,735	16,447	11,617	4,915	5,368	3,248	2,592	4,442	5,533	
1947	38,025	18,001	20,024	13,934	5,762	6,466	3,785	3,078	5,000	―	
1950	37,429	17,926	19,503	13,440	5,649	6,492	3,776	2,972	5,101	6,609	
1955	36,569	17,434	19135	13,443	5,260	6,414	3,629	2,934	4,889	6,702	
1960	36,211	17,295	18,916	14,294	4,911	5,982	3,833	2,506	4,685	7,342	
1965	34,024	16,157	17,867	14,509	4,430	5,372	3,055	2,236	4,422	7,568	
1970	33,211	15,881	17,340	15,220	4,178	4,921	2,787	1,975	4,140	7,977	
1975	33,023	15,939	17,084	15,516	4,088	4,719	2,718	1,849	4,133	8,206	
1980	33,286	16,147	17,139	15,813	4,038	4,772	2,703	1,788	4,172	8,568	12.8
1985	33,490	16,189	17,301	15,403	4,462	4,815	2,774	1,770	4,266	8,645	14.2
1990	33,260	16,102	17,158	15,170	4,527	4,732	2,841	1,749	4,241	8,785	17.5
1995	32,727	15,876	16,851	15,087	4,476	4,469	2,789	1,656	4,250	9,058	20.9
2000	31,987	15,536	16,451	14,706	4,303	4,295	2,867	1,611	4,205	9,347	25.2
2005	30,929	14,966	15,963	14,157	4,011	4,257	2,815	1,494	4,205	9,481	27.4
2010	29,473	14,211	15,262	13,532	3,882	3,796	2,819	1,393	4,051	9,269	29.7
2015	27,757	13,360	14,397	12,881	3,657	3,408	2,736	1,263	3,812	9,109	32.9
60/10	−18.6			−5.3	−21.0	−36.5	−26.5	−48.4	−13.5		
60/15	−23.3			−9.9	−25.5	−43.0	−28.6	−49.6	−18.6		

資料：表2―1と同じ

今後の人口動態を予測することは難しいが、人口を落ち着かせる最大の要素として地域産業の振興、雇用の受け皿の確保が重要性を帯びている。人口3万人の場合、18歳人口（人口の0.9%程度）は300人弱、この若者たちの80〜90%は都会に向かう。彼らの就業の場があること、あるいは、彼らがいったん都会に向かっても、いずれ戻れるような受け皿、産業化が求められていこう。付加価値の高い、雇用吸収力に優れる産業化が求められる。

▶長井市内も郊外の旧村は人口激減

表2―2は、長井市内の地区別（旧町村別）の人口推移をみたものである。ここから幾つかの点が指摘される。

戦前期は、1920（大正9）年から1940（昭和15）年まで人口がゆるやかに増加し、1940年には3万2182人を数えていた。戦後の1970〜1990年頃の人口水準にほぼ達していた。ただし、江戸時代以来の男性が相対的に多いという構図は1920年でも変わらず、1930（昭和5）年になってようやく男女比が逆転し、女性が多くなっていく。また、世帯当りの人口は、1920〜1940年においても約5.8人を数えるなど、江戸時代とあまり変わらなかった。戦後になってから世帯人口は減少し始め、2015年には3.0人にまでなっている。2015年の全国の世帯人口は2.4人であり、長井市はやや高めであろう。なお、2015年で最小は東京都の1.99だが、全国的にみると、福井県（2.77）と山形県（2.76）が高い。

戦時中から戦後まもなくにかけては、戦時疎開、大陸等からの引揚者が多く、長井市は6000人前後を受け入れていたようである。中央地区で約2300人、郊外の旧村部も各500〜900人を受け入れていた。表2―2の範囲（1920〜2015年）では、旧村の人口規模は1947〜1950年頃が最大であった。その後、1965年頃にはやや落ち着いていく。戦後の高度成長期以降については、人口のピークを示すのが、中央地区は1980年、西根地区、豊田地区は1985年、致芳地区、平野地区は1990年であった。この点、伊佐沢地区は1947年をピークに一貫して減少している。

長井市全体では、人口の減少率は、1960〜2010年では18.6%減、1960〜2015年では23.3%だが、地区別にみると、1960〜2015年で、伊佐沢地区は49.6%減とほぼ半減している。その他では、西根地区43.6%減、平野地区28.6%減、致芳地区25.5%減、豊田地区18.6%減、中央地区9.9%減となった。長井市街地に対して、東の伊佐沢地区、西の外れの西根地区の人口減少が著しいことがわかる。そして、少し前までは郊外の人口減少が目立ったが、長井市の場合、比較的人口を維持していた中央地区が2000年頃から急速に人口を減らしていることが気にかかる。

人口減少地域では、高齢化も進み、商店、ガソリンスタンドなどが閉店し、買い物弱者問題などが起こっていく場合が少なくない。それは、人口減少、高齢化が先行している郊外ばかりではなく、市街地でも深く進行している場合があり、産業政策の側は、人びとの暮らしを守るための産業化も視野に入れてい

表 2—3　長井市の人口、就業者数の推移

区分	人口（人）	就業者（人）	就業者（%）	第 1 次産業就業者（人）	第 1 次産業就業者（%）	第 2 次産業就業者（人）	第 2 次産業就業者（%）	第 3 次産業就業者（人）	第 3 次産業就業者（%）	分類不能（人）
1920	26,797	14,577	54.4	9,769	67.0	2,316	15.9	2,101	14.4	391
1925	29,188									
1930	31,359	14,277	45.5	8,829	61.8	2,550	17.9	2,773	19.4	125
1935	32,847									
1940	32,182									
1947	38,025									
1950	37,429	17,580	47.0	11,627	66.1	2,235	12.7	3,708	21.1	10
1955	36,535	17,692	48.4	10,748	60.8	2,428	13.7	4,516	25.5	0
1960	36,211	18,394	50.8	9,184	49.9	4,071	22.1	5,139	27.9	0
1965	34,024	17,149	50.4	7,988	46.5	3,777	22.0	5,375	31.3	9
1970	33,221	18,181	54.7	6,768	37.2	5,042	27.7	6,365	35.0	6
1975	33,023	16,945	51.3	4,890	28.9	5,520	32.6	6,523	38.5	12
1985	33,490	17,802	53.2	3,173	17.8	7,478	42.0	7,142	40.1	9
1990	33,260	18,142	54.5	2,586	14.3	8,003	44.1	7,542	41.6	11
1995	32,327	17,481	54.1	1,846	10.7	7,718	44.2	7,883	45.1	16
2000	31,987	17,110	53.5	1,631	9.5	7,377	43.1	8,102	47.4	0
2005	30,929	15,889	51.4	1,451	9.1	6,425	40.4	7,983	50.2	30
2010	29,473	14,605	49.6	1,157	7.9	5,780	39.6	7,648	52.4	20
2015	27,757	13,919	50.1	1,007	7.2	5,215	37.5	7,384	53.0	313

参考　全国 単位：千人、%

区分	人口	就業者	%	第 1 次	%	第 2 次	%	第 3 次	%	分類不能
2015	127,095	58,919	46.7	2,222	3.8	13,912	23.6	39,615	67.2	

資料：表 2—1 と同じ

く必要があろう。

(2) マルコン以後、市内従業者は激減

表 2—3 は、国勢調査による産業別就業者数の推移を示している。就業者数は人口に大きく規定され、また、人口は就業機会によっても規定されていく。人口に対する就業者の割合は、長井の場合、50% 前後を推移してきた。戦前期の 1920（大正 9）年は 54.4% と統計がとられてからの最大の数字を示したが、世界恐慌の頃の 1930（昭和 5）年は農業従業者が減り、45.5% と最低値であった。戦後の高度成長期には 50% 強を続けており、1970 年 54.7%、1990 年 54.5% と高水準を示していた。2000 年代以降は漸減し、2015 年は 50.1% とな

っている。それでも、全国平均の46.7％よりもかなり高い。

産業別にみると、一貫して第1次産業従業者は減少し、構成比も劇的に小さくなっている。1950年において1万1627人、構成比66.1％と全従業者の約3分の2を占めていたのだが、毎年、激減、2015年は1950年の10分の1以下の1007人となり、構成比は7.2％まで低下した。それでも、全国平均3.8％に比べると高い。これらの離農した人びとは第2次、第3次産業に吸収されていった。

この間、長井の場合は第2次産業の拡大が注目される。戦前期の1920（大正9）年の頃は製糸業、織物業が盛んであり、郡是も進出してきた。1930（昭和5）年には第2次産業従業者2550人のうち郡是だけで822人（32.2％）も雇用していたことが報告されている。戦後についてはマルコン電子の存在が大きい。マルコン電子の従業員数は、1950年の約80人から、1955年約210人、1960年約690人、そして、1970年には約1450人とピークになり、1980年約950人、1990年約960人と推移していった。表2—3もマルコン電子の歩みと比例し、第2次産業従業者が1970年から急拡大している。1980年以降のマルコン電子本体は950〜960人前後で推移していくが、マルコン電子から派生して生まれたハイマン電子等の拡大も大きく、最盛期の1980年頃にはマルコン電子グループとハイマン電子グループで約3000人を雇用していた。長井経済のピーク時の1990年には、長井市の第2次産業の従業者は8003人を数え、産業別構成比では44.1％に達していたのであった。

▶ 1990年前後を転機に大きな構造変化に向かう

バブル経済が崩壊する1990年代初め以降は、マルコン電子、ハイマン電子共に下降線を示し、2015年現在では第2次産業従業者は5215人（構成比37.5％）、1990年に比べて2788人の減少、減少率は34.8％を示した。ピーク時の3分の2水準になった。それでも、長井の第2次産業従業者比率は全国の23.6％に比べて13.9ポイントも高い。いまだ第2次産業の優越的な都市ということになろう。この間、第3次産業従業者は徐々に増え続け、2015年には7384人と全従業者の半数を超える53.0％（全国は67.2％）となった。

1950年から2015年までの65年間を振り返ると、1990年までの40年間はマルコン電子を軸にする電子部品産業が牽引し、農業部門から大量の就業者を引き寄せてきた時期であり、1990年からの25年間は、第2次産業部門が縮小し、第3次産業部門の比重が拡大しているものの、全体は縮小していることがわかる。

この点、第3次産業部門は1950年の3708人（構成比21,1%）から、2000年には8012人（47.4%）へとほぼ倍増し、その後は漸減、そして、2015年には7384人（53.0%）となっている。第3次産業部門だけでは、第2次産業部門からの約2800人にも上る離職者を受け止めることはできなかった。それは、一面では雇用吸収力のある第3次産業が育っていないことも意味しよう。近代工業の質的側面の充実に加え、第3次産業の質的高度化も長井の産業をみていく場合のもう一つの課題となる。

また、第1次産業部門については後に詳述するが、ここに来て、転作（大豆等）と水稲を焦点とする大規模受託と、もう一つ、リンゴ、ブドウ等の果樹等の専業化が進み、零細、兼業、水稲を主体としていた長井農業は劇的に変わりつつある。長井の農業は限られた専業の事業者を軸に新たな色合いを帯びてきつつあることが指摘される。

2. 機械金属工業が優越する長井市の産業

最上川上流域の盆地、沖積平野に江戸期には物流拠点、農業（水稲）、養蚕、織物を発達させた長井は、明治以降は製糸業に新たな活路を見出していった。そして、郡是を昭和戦前に誘致し、さらに、最上川支流の水資源開発による水力発電と新たな近代産業の誘致にも向かっていった。戦中、戦後直後は疎開、大陸等からの引揚者の受け皿となり、1960年代に入る頃から、戦前に誘致したマルコン電子の事業が軌道に乗り、その企業城下町、そして、新たな近代工業都市へと向かっていった。

電解コンデンサのマルコン電子は高度経済成長期にはラジオ、TV等の市場の拡大の中で、一気に事業規模を拡大していった。その少し前の1955年の工業統計によると、長井の製造業事業所数は138、うち機械金属工業は12事業所にしかすぎなかった。それが1950年代の末の頃からマルコン電子の拡大に歩調を合わせ、その部品加工・組立等を目指して製糸、織物、醤油醸造などの在来的な事業分野から機械金属工業に転換する事業者を生み出していく。1960年代に入る頃には、長井は一気に機械金属工業の優越する都市に変貌していった。そして、1970年代以降は、企業誘致が進み、地場からの独立創業者も目立っていった。このような事情は、第3〜6章で詳述する。

他方、1960年代から1990年までの長井の産業経済をリードしたマルコン電子は、1990年代の中頃にはコンデンサ有力企業の日本ケミコンに売却され、事業規模を著しく縮小させていく。「電子立国日本」の象徴であった電子産業の多くはアジア、中国に移管され、国内は大きく縮小していく。このような事態の中で、残された中小企業は質的な高度化を意識し、新たな可能性に向かいつつある。この節では、長井市の基幹的な産業になっている機械金属工業を焦点に、多方面から統計的な分析を重ねていく。かつての基幹のマルコン電子の縮小により、長井市全体の製造品出荷額等は半減したものの、中小機械金属工業は新たな色合いを帯びているのである。

(1) 1990年をピークに製造業の規模は約半分

表2—4は、事業所統計調査、経済センサス（事業所統計調査の後継、2009年以降）による長井市の全事業所の1991年から2014年までの事業所、従業者の状況である。この調査は人口における国勢調査に相当する。現在の日本では、事業所に関して、この調査より包括的なものは存在しない。

長井市全体の事業所数は1991年の2201から、調査の度に減少し、2014年には1647事業所と、23年間で554事業所の減少、減少率は25.2%であった。実は、この1991年は日本の事業所数がピークを迎えた年であり、以後、趨勢的に減少している。日本全国をみれば、事業所数は、1991年の約655万から2014年には約535万に減少、減少率は18.5%となっている。長井は全国に比べて減少率は6.7ポイントほど高い。従業者数についても、1991年の1万7437人から2014年には1万2810人へと4626人の減少、減少率は事業所数の

表2―4　長井市の事業所、従業者の推移

区分	1991 事業所（件）	1991 従業者（人）	2001 事業所（件）	2001 従業者（人）	2009 事業所（件）	2009 従業者（人）	2014 事業所（件）	2014 従業者（人）
長井市	2,201	17,437	1,988	14,011	1,831	13,309	1,647	12,810
農林漁業	6	53	4	74	20	279	18	257
鉱業	6	81	4	60	1	7	―	―
建設業	324	2,165	288	1,983	235	1,359	205	1,216
製造業	351	7,015	262	5,094	221	4,044	215	3,962
電気・ガス等	4	85	2	49	2	44	3	48
情報通信業	x	x	x	x	10	75	8	59
運輸業・郵便業	47	580	31	373	29	360	25	248
卸売・小売業	853	3,639	776	3,598	492	2,989	396	2,418
宿泊業・飲食サービス業	x	x	x	x	216	903	200	852
金融・保険業	36	408	35	362	32	288	32	303
不動産業・物品賃貸業	39	63	45	88	63	144	64	180
学術研究・専門・技術サービス業	x	x	x	x	58	198	49	252
生活関連サービス業・娯楽業	x	x	x	x	192	513	168	375
教育・学習支援業	x	x	x	x	53	254	49	305
医療・福祉	x	x	x	x	85	1,219	99	1,663
複合サービス事業	x	x	x	x	14	110	13	233
サービス業（他に分類されない）	535	3,348	541	2,330	108	533	103	439

注：『事業所・企業統計』と『経済センサス』では、事業区分が変更になっている。「運輸・通信業」が「情報通信業」と「運輸業・郵便業」に、「卸売・小売業、飲食業」が「卸売・小売業」と「宿泊業、飲食サービス業」に分かれ、「サービス業」が「学術研究・専門・技術サービス業」以下に細分化された。
資料：2001年までは『事業所・企業統計』、2009年以降は『経済センサス』

減少にほぼ匹敵する26.5％であった。

▶製造業、卸売・小売業の縮小、医療・福祉分野の拡大

1991年段階で事業所数の最も多い業種は卸売・小売業であり、853事業所を数え、従業者数は第2位の3639人であった。製造業は事業所数では2番目の351事業所であったが、従業者数は第1位の7015人と、長井市の全産業従業者数の40.2％を占めた。2014年になると、卸売・小売業は事業所数で396と1991年に比べ457事業所の減少、減少率は53.6％を数えた。従業者数も2014年は2418人と1221人の減少、減少率は33.6％となった。卸売・小売業の1

事業所の従業者規模はこの間、4.3 人から 6.1 人へと拡大している。小規模零細な商店等が消え去り、ロードサイドの大型店等が増えている事情がうかがえる。

製造業の 2014 年の事業所数は 215 であり、1991 年に比べ 146 事業所減となり、減少率は 41.6%、従業者数は 3962 人と 3323 人の減少、減少率は 47.4%であった。従業者数は半減に近い状況となった。先の卸売・小売業とは逆に、大規模事業所の縮小、閉鎖が進んでいった。

なお、事業所統計調査、経済センサスの場合、サービス経済の拡大を受けて、2009 年調査から特にサービス系について業種の再編が行なわれている。そのため、サービス業については 2009 年を基点とする比較しかしにくい。表 2―4 の「金融・保険業」以下を眺めると、2009 年と 2014 年の間で事業所が増えているのは、「医療・福祉」の 85 事業所から 99 事業所への 14 事業所増、「不動産業・物品賃貸業」の 63 事業所から 64 事業所への 1 事業所しか見当たらない。従業者でみると、この間増加しているのは「医療・福祉」(444 人増)、「複合サービス事業」(123 人増)、「学術研究・専門・技術サービス業」(54 人増)、「教育・学習支援業」(51 人増)、「不動産業・物品賃貸業」(36 人増)、「金融・保険業」(15 人増) である。「医療・福祉」が突出して高いことがわかる。

これは全国的な傾向であり、2009 年から 2014 年というわずか 5 年間で、「医療・福祉」の事業所数は 34 万 4071 から 41 万 8640 へと 7 万 4569 事業所も増えた (21.7% 増)、従業者は 562 万 9966 人から 719 万 1248 人と 156 万 1282 人増 (27.7%) となった。減少を深めている製造業の事業所数は 2014 年 48 万 7061 人であり、この勢いでいけば、これからの 5 年前後で事業所数は製造業と医療・福祉が逆転する可能性も出てきている。この「医療・福祉」、特に介護系のケアマネージャー、訪問介護、デイサービス等の事業所の増加が著しい[2)]。高齢化の進展の中で、日本は製造業の国から「医療・福祉」、特に福祉・介護の国に移行しつつあるのかも知れない。現状の枠組みの中での福祉、介護系事業は介護保険制度、補助金による部分が大きく、新しい価値を生み出し、外からも外貨 (所得) を得るといった産業としての性格は乏しい。雇用吸収力、付加価値生産性等、産業としてのあり方が問われていこう。現状の長井

表 2—5　長井市工業の事業所、従業者、出荷額等の推移

区分	事業所数		従業者数		製造品出荷額等		付加価値額		付加価値率	1人当り粗付加価値額	
	（件）	増減	（人）	増減	（億円）	増減	（億円）	増減	（%）	（万円）	増減
1966	110	55.3	3,772	58.2	50	5.1	24	4.7	48.0	63	8.0
1971	128	64.3	4,368	67.5	125	12.8	55	10.8	44.0	125	15.8
1975	161	80.9	4,922	76.0	214	21.8	108	21.1	50.5	221	28.0
1980	174	87.4	5,376	83.0	474	48.4	225	44.0	47.5	419	53.1
1985	188	94.5	6,291	97.2	726	74.1	373	73.0	51.4	594	75.3
1990	199	100.0	6,474	100.0	980	100.0	511	100.0	52.1	789	100.0
1995	189	95.0	6,005	92.8	908	92.7	499	97.7	55.0	832	105.4
2000	171	85.9	5,019	77.5	913	93.2	426	83.4	46.7	850	107.7
2005	154	77.4	4,293	66.3	586	59.8	295	57.7	50.3	688	87.2
2006	150	75.4	4,231	66.4	596	60.8	284	55.6	47.7	671	85.0
2007	140	70.4	4,357	67.3	630	64.3	288	56.4	45.7	661	83.8
2008	134	67.3	4,168	64.4	640	65.3	281	55.0	43.9	674	85.4
2009	128	64.3	3,941	60.9	447	45.6	213	41.7	47.7	541	68.6
2010	123	61.8	3,909	60.4	542	55.3	254	49.7	46.9	651	82.5
2011	130	65.3	4,124	63.7	514	52.4	248	48.5	48.2	603	76.4
2012	124	62.3	3,793	58.6	468	47.8	228	44.6	48.7	601	76.2
2013	119	59.8	3,612	55.8	464	47.3	229	44.8	49.4	633	80.2
2014	117	58.8	3,633	56.1	471	48.1	229	44.8	48.6	630	79.8

注：従業者 4 人以上の統計。
　　1965 年、1970 年統計は欠如。代わりに、1966 年、1971 年を利用した。
　　付加価値率は、付加価値額 ÷ 製造品出荷額等。
資料：『工業統計』

の場合、製造業と医療・福祉では、製造業の事業所数、従業者数が倍以上の規模になっているが、少子化、高齢化からすると、今後の動きが注目される。

▶製造業の動向——出荷額等が半減

表 2—5 の工業統計は、従業者 4 人以上規模の長井の製造業の基本表である。工業統計の場合、全数調査は時々（不定期）であり、経年比較などをするときには、この 4 人以上規模統計を用いることになる。先の表 2—4 の事業所統計（2014 年）では、長井の製造業事業所数は 215、従業者数は 3962 人とあった。この点、同時期の 4 人以上を集計した工業統計は、それぞれ 117 事業所、従業者 3633 人であった。事業所数の集計は 54.4% と半分強だが、従業者数では 91.7% を占める。また、工業統計の全数調査の際の出荷額等をみると、従業者

3人以下の事業所の構成比は3〜5%程度であることが知られている。このような事情から、経済的な意味では4人以上統計で大筋は理解されていくことになる。なお、工業統計は事業所統計の名簿をベースに調査していることから少しのタイムラグがあり、その間の退出、創業が十分に把握されないため、事業所統計（経済センサス）よりも事業所の補足率は若干低めに出てくることに注意が必要である。

表2―5によると、長井市の製造業が一番活発であったのは1990年となろう。事業所数（199）、従業者数（6474人）、出荷額等（980億円）、付加価値額（511億円）といった主要指標でいずれも最大の数字を上げている。経済力全体を現す出荷額等をみると、1966年は50億円であったが、1971年から1990年までの5年刻みでほぼ倍々の歩みをみせている。付加価値額もほぼそのような動きになっていた。だが、1990年を頂点として、いずれの指標もほぼ一貫して低下し、2014年には事業所数（117）、従業者数（3633人）、出荷額（471億円）、付加価値額（229億円）とピーク時のほぼ半分の規模に縮小していった。特に、出荷額の980億円から471億円への低下と、従業員数の減少は、マルコン電子グループの売上額、従業員数がそのまま消えていったことを意味する。それだけ、マルコン電子は長井の製造業において大きな意味をもっていたのであった。

また、表2―5で注目すべきは、付加価値率（付加価値額 ÷ 製造品出荷額）と従業者1人当りの粗付加価値額であろう。長井の製造業の1990年の頃の付加価値率は52.1%を占めていたのだが、年々低下し、2014年には48.6%となっている。また、1人当りの付加価値額はピーク時の1990年から2000年の頃までは800万円前後を計上していたのだが、リーマンショック（2008年）、東日本大震災（2011年）を経た2011年以降は4分の3の600万円台に低下している。このような傾向は実は全国的なものなのだが、付加価値の大きさに貢献してきた大企業がみえなくなり、中小企業主体の地域の産業集積からすると、この付加価値をめぐる議論は新たな意味を帯びてこよう。地域に豊かさをもたらすものとして、付加価値の上昇は不可欠である。今後の地域産業のあり方、中小企業のあり方の議論の中で、付加価値を高めていくための取組みは大きな

表2—6　長井市工業の事業所、従業者、出荷額等（2014）

区分	事業所数		従業者数		製造品出荷額等		粗付加価値額		1人当り粗付加価値額
	（件）	（%）	（人）	（%）	（100万円）	（%）	（100万円）	（%）	（万円）
山形県	2,634		98,434		2,608,074		882,099		896
置賜地域	709		26,058		817,582		244,176		937
長井市	117	100.0	3,633	100.0	47,068	100.0	22,862	100.0	629
食料品	15	12.8	149	4.1	1,700	3.6	638	2.8	428
飲料・たばこ	3	2.6	33	0.9	321	0.7	208	0.9	630
繊維工業	7	6.0	149	4.1	438	0.9	285	1.2	191
木材・木製品	—	—	—	—	—	—	—	—	—
家具・装備品	3	2.6	157	4.3	809	1.7	483	2.1	308
パルプ・紙	2	1.7	52	1.4	x	x	x	x	x
印刷	3	2.6	29	0.8	193	0.4	101	0.4	348
化学工業	—	—	—	—	—	—	—	—	—
石油・石炭	—	—	—	—	—	—	—	—	—
プラスチック製品	4	3.4	160	4.4	1,611	3.4	816	3.6	510
ゴム製品	—	—	—	—	—	—	—	—	—
なめし革・毛皮	—	—	—	—	—	—	—	—	—
窯業・土石	4	3.4	59	1.6	1,072	2.3	451	2.0	764
鉄鋼	2	1.7	226	6.2	x	x	x	x	x
非鉄金属	2	1.7	143	3.9	x	x	x	x	x
金属製品	18	15.4	452	12.4	6,954	14.8	2,596	11.8	574
はん用機械	1	0.9	9	0.2	x	x	x	x	x
生産用機械	19	16.2	395	10.9	4,149	8.8	2,202	9.6	557
業務用機械	6	5.1	464	12.8	2,063	4.4	1,687	7.4	364
電子部品	7	6.0	467	12.9	7,158	15.2	4,126	18.0	884
電気機械	5	4.3	109	3.0	1,829	3.9	678	3.0	622
情報通信機械	3	2.6	282	7.8	x	x	x	x	x
輸送用機械	9	7.7	265	7.3	4,471	9.5	1,793	7.8	677
その他	4	3.4	33	0.9	x	x	x	x	x
機械金属系10業種	72	61.5	2,812	77.4					

注：従業者4人以上の統計。
資料：表2—5と同じ

課題になるであろう。

▶山形県全体、置賜地域全体に比べて出荷額、従業者数の減少が目立つ

表2—6（2014年）、表2—7（1995年）のほぼ20年の間を示す二つの工業統計表を眺めると、この間の長井市工業の変化が読み取れる。まず、山形県につ

表2―7　長井市工業の事業所、従業者、出荷額等（1995）

区分	事業所数		従業者数		製造品出荷額等		粗付加価値額		1人当り粗付加価値額
	（件）	（%）	（人）	（%）	（100万円）	（%）	（100万円）	（%）	（万円）
山形県	4,719		143,236		2,621,416		1,058,579		739
置賜地域	1,192		38,011		855,836		308,798		812
長井市	189	100.0	6,005	100.0	90,826	100.0	49,949	100.0	832
食料品	34	18.0	311	5.2	2,574	2.8	1,271	2.5	409
飲料・たばこ	3	1.6	23	0.4	255	0.3	168	0.3	730
繊維工業	3	1.6	22	0.4	134	0.1	72	0.1	327
衣服	15	7.9	433	7.2	1,818	2.0	1,174	2.4	271
木材・木製品	1	0.5	x	x	x	x	x	x	x
家具・装備品	2	1.1	x	x	x	x	x	x	x
パルプ・紙	4	2.1	112	1.9	1,699	1.9	901	1.8	804
印刷	5	2.6	49	0.8	382	0.4	280	0.6	571
化学工業	2	1.1	x	x	x	x	x	x	x
石油・石炭	—	—	—	—	—	—	—	—	—
プラスチック製品	3	1.6	121	2.0	1,689	1.9	758	1.5	626
ゴム製品	2	1.1	x	x	x	x	x	x	x
なめし革・毛皮	—	—	—	—	—	—	—	—	—
窯業・土石	10	5.3	142	2.4	1,688	1.9	1,004	2.0	707
鉄鋼	2	1.1	x	x	x	x	x	x	x
非鉄金属	2	1.1	x	x	x	x	x	x	x
金属製品	14	7.4	487	8.1	7,787	8.6	3,324	6.7	683
一般機械	23	12.2	395	6.6	5,689	6.3	3,061	6.1	775
電気機械	40	21.2	2,194	36.5	43,936	48.4	26,081	52.2	1,189
輸送用機械	4	2.1	128	2.1	1,859	2.0	1,086	2.2	848
精密機械	15	7.9	550	9.2	9,318	10.3	3,471	6.9	631
その他	5	2.6	143	2.4	935	1.0	662	1.3	463
機械金属系7業種	100	52.9	x	x	x	x	x	x	x

注：従業者4人以上の統計。
資料：表2―5と同じ

いてみると、1995年当時4719事業所、従業者14万3236人、出荷額等2兆6214億1600万円であったが、2014年は2634事業所、従業者9万8434人、出荷額等2兆6080億7400万円となった。それぞれ44.2%減、31.3%減、0.5%減であった。事業所数は半減に近く、従業者数は約3分の2に減少しているが、出荷額等はほぼ維持できている。中小企業が減少し、大手が残り、生産額を高めている事情が読み取れる。

置賜地域については、1995年当時は1192事業所（山形県全体の中の構成比25.3%）、従業者3万8011人（26.5%）、出荷額等8558億3600万円（32.6%）であったが、2014年には709事業所（26.9%）、従業者2万6058人（26.5%）、出荷額等8175億8200万円（31.3%）となった。それぞれ40.5%減、31.4%減、4.5%減であった。2015年の国勢調査人口の山形県に対する置賜地域の人口は19.1%ということからすると、工業都市米沢を中心とする置賜地域は山形県の中で製造業が優越的な地域であることがわかる。

長井市については、1995年当時は189事業所、従業者6005人、出荷額等908億2600万円であったが、2014年になると、117事業所、従業者3633人、出荷額等470億6800万円に減少している。この間の減少率は、それぞれ38.1%減、39.5%減、48.2%減となった。山形県全体、置賜地域全体に比べ、いずれも減少率が高く、特に、出荷額等の減少が目立つ。マルコン電子の縮小が直接的に長井市の工業統計、特に出荷額、従業者数に大きな影響を与えている。

また、従業者1人当りの付加価値額をみると、山形県は1995年739万円から2014年には896万円に上昇、置賜地域も、812万円から937万円に上昇しているが、長井市はこの間、832万円から629万円に減少している。1995年段階では、長井市の従業者1人当りの付加価値額は、山形県、置賜地域のいずれをも上回っていたのだが、現状は山形県平均の70.2%、置賜地域平均の67.1%水準に低迷している。これも、相対的に付加価値の高かったマルコン電子の縮小が大きく影響している。

▶機械金属工業は製造業事業所の60%、従業者の77%

表2―6、7は産業分類中分類で表記してあるが、幾つかの興味深い点が指摘される。

1995年で目立つのは、事業所数で電気機械（40事業所、構成比21.2%）、機械金属7業種（100事業所、52.9%）であり、その他には繊維、衣服（18事業所、9.5%）であろう。従業者数においても、電気機械（2194人、36.5%）、繊維、衣服（455人、7.6%）を占め、出荷額等では、電気機械（439億3600万円、48.4%）がほぼ半数を占めていた。また、繊維、衣服（19億5200万円、2.1%）であった。そして、付加価値においても、粗付加価値額は電気機械（260億8100万円、52.2%）が半数を超え、従業者1人当りの付加価値額は1189万円を示していた。逆に、繊維、衣服の従業者1人当りの付加価値額は274万円に過ぎなかった。圧倒的にマルコン電子を中心とする電気機械産業が優越していたことが実感される。

ところが、マルコン電子が日本ケミコンに買収され、事業を縮小している現在、事情が相当に変わっている。なお、この間、工業統計の産業中分類で分類が幾つか変更になっている。特に、機械金属系業種が細分化されたことに注意が必要である。表2—6の2014年の工業統計によると、従来の長井の基幹産業であった電気機械を示す電子部品、電気機械は、事業所数（12、構成比10.3%）、従業者数（576人、15.9%）、出荷額等（89億8700万円、19.1%）へと、いずれも激減している。1995年に比べると、従業者数で1619人減、減少率73.7%であり、出荷額は349億4900万円の減、減少率は79.5%に達している。日本の産業構造の転換を典型的に示している。マルコン電子の時代、電気機械の時代はこの20年の間に遠い過去のものとなっているのであろう。

この2014年統計で目立つのは、電気機械の凋落に加え、繊維工業の縮小（事業所数が18から7へ、従業者数455人から149人、出荷額等が19億5200万円から4億3800万円へ減少）が指摘され、逆にわずかに増加基調にあるのは輸送用機械とかつての一般機械（現はん用機械、生産用機械、業務用機械）であろう。輸送用機械は1995年段階では、事業所数4（構成比2.1%）、従業者数128人（2.1%）、出荷額等18億5900万円（10.3%）であったが、2014年には、事業所数9（構成比7.7%）、従業者数265人（9.%）、出荷額等44億7100万円（9.5%）となっている。また、かつての一般機械も善戦している。

これらの結果、マルコン電子、電気機械分野は縮小しているものの、もう一つの基幹産業であった繊維工業がさらに縮小し、結果的に、長井の製造業に占める機械金属10業種は、事業所数72（構成比61.5%）、従業者数2812人（77.4%）を占めているのである。出荷額等は秘匿となっているが、機械金属工業は実質的には80%前後であると推測される。長井はやはり機械金属工業が圧倒的に優越する地域産業構造を形成しているのであった。

(2) 企業誘致と中小企業の独立創業

先の表2―5によると、1966年段階の製造業の事業所は110、従業者数は3772人、出荷額等は50億円であったが、この1960年代の中頃から一気に近代工業化が進んでいく。先にみたように、基幹企業であったマルコン電子も、従業員数は1955年の約210人から一気に増加し、1960年約690人、1970年にはピークの約1450人を記録していく。その1960年代の中頃から、長井の企業誘致は進み、さらに、地元の人びとによる新規創業も活発化していった。

▶長井市の企業誘致の展開

表2―8は、現在確認できる長井の誘致企業の一覧である。これ以外にもあると思われるが、撤退した企業の実態はあまりよくわからない。そうした点も考慮しながら、表2―8を眺めると、以下のような点が指摘される。

戦前期には郡是（現長井アパレル）と東芝長井工場（その後のマルコン電子）が誘致されているが、戦後期は1946年の全国製薬（現協同薬品）を皮切りに、現在までに47事業所が誘致され、あるいは進出している。時期的にみると、1960年代が3事業所、1970年代が20事業所、1980年代8事業所、1990年代2事業所、2000年代が6事業所、2010年代が4事業所ということになる。また、この進出に対し、撤退ないし閉鎖した誘致・進出事業所は20事業所を数える。戦後進出の事業所の撤退率は44.4％に上る。特に、1970年代に進出してきた女性主体の安価で豊富な労働力を求めてきた繊維、日用品関連部門の撤退が目立つ。例えば、1973年に一斉に進出してきた長井メリヤス等の繊維関連の4社はいずれも1990年代の後半には撤退している。

この点、1980年代以降に進出してきた事業所の中で、撤退は19事業所中6事業所である。この6事業所のうち2事業所はマルコン電子関連、3企業は光学部品関連で2009年に倒産したマーク（第5章1―⑷）関連企業であった。その他の進出事業所は、近年、事業基盤を固め、安定的な事業展開となっている場合が少なくない。喧騒の1970年代、そして、1990年代中頃以降のマルコ

表2—8　長井市の誘致企業

区分	立地年	形態	備考
①長井アパレル	1920	現法	群是製糸長井工場として出発。現メリヤス肌着製造
②マルコン電子	1942	現法	1995年、日本ケミコン資本。現在ケミコン山形
③協同薬品工業	1946	本社	全国製薬東北工場として設立。家庭置薬
④飯窪製作所	1948	本社	川崎から進出し、マルコン電子の設備関係を担う。
⑤東芝ライテック	1966	現法	東輝電機として設立、電球生産、2013年撤退
⑥古河電工パワーシステムズ	1967		2012年、元旭電機長井工場
⑦ぶんぶく長井工場	1969		文化塵取り等、2010年撤退
⑧山形日信電子	1970	現法○	日本信号グループ
⑨東金工業山形工場	1970	○	本社品川区、東芝ライテックに納品
⑩ティーエヌアイ工業	1971	現法○	世田谷工業が栃木ニコン資本に。カメラ交換レンズ
⑪トップパーツ	1971	新設	富士工業（長野県）、マルコン電子の共同出資会社
⑫大木プレス山形工場	1972		撤退（内容不明）
⑬丸秀	1972	○	本社大田区、トラック、バス部品
⑭トーヨウ電気山形工場	1973		撤退（内容不明）
⑮光洋精機	1973	○	本社品川区、半導体関連機械加工
⑯長井メリヤス	1973	現法	アツギに吸収。1998年閉鎖
⑰勧進代ファッション	1973	現法	アツギ系。1990年代後半に閉鎖
⑱九野本ファッション	1973	現法	1990年代後半に閉鎖
⑲ハヤマ繊維	1973	現法	1990年代後半に閉鎖
⑳オーキ精機	1973	現法	1979年頃閉鎖
㉑サンリット工業	1974	新設	三協製作所、ハイマン電子の共同出資会社
㉒カスヤ精工山形工場	1974		本社千葉県袖ケ浦市、自動車エンジン部品
㉓ HOYAPENTAXライフケア事業部山形事業所	1974		東亜電子光学がHOYA資本に。内視鏡組立
㉔マーク長井工場	1976		光学部品生産、2009年閉鎖
㉕カワイ化工	1976		本社大田区、表面処理
㉖東芝照明プレシジョン	1977	現法	樹脂成形部品、2010年撤退
㉗サンユー技研	1978	現法○	三友産業（横浜市）から
㉘三協製作所	1982	○	本社江戸川区、アルミ冷間鍛造部品
㉙興栄電気産業	1982	本社○	管型ヒューズ
㉚ YDK	1985		マルコン電子の2次展開（箔工場）。2001年廃業
㉛山形精密鋳造	1986	現法○	ロストワックス鋳造。2014年、日之出水道機器資本に。
㉜ハヤタ製作所	1987		本社白鷹町、山形カシオに納品
㉝アサヒ電子	1988	現法○	ミユキ精機（本社米沢市）
㉞能率機械製作所長井工場	1989	○	本社千葉県浦安市、2016年、長井第2工場建設
㉟白鷹電子	1989		閉鎖（年不明）
㊱オプテス	1991	現法	マークの2次展開、2001年マークに吸収
㊲山形マルコン	1995	現法	マルコン電子の2次展開、2001年廃業
㊳熊田製作所山形工場	2001		本社葛飾区、三協製作所の後加工（切削）で進出

㊴加賀マイクロソリューション山形事業所	2003		加賀電子関連、ハイマン電子跡に進出。リサイクルPC等
㊵ケミコン山形	2004	現法	マルコン電子を改変、改名
㊶ケーディ技研	2007	現法○	1997年白鷹町で創業、プレス金型製造
㊷環境彩エン	2007	現法○	マークから分社、植物工場、イチゴ苗栽培。2010年閉鎖
㊸中興マーク	2009	現法○	マークを中興精密が買収。2011年廃業
㊹鈴木酒造店長井蔵	2011	現法○	東日本大震災津波で被災。福島県浪江町から進出
㊺精工社製作所長井工場	2011		本社川口市、発電機・ダム用サイレン製造
㊻青山工業長井工場	2015		本社村上市、航空機関連部品（ギャレー）
㊼やまがたウッドチップセンター	2017	新設	関西系企業の資本、木質チップの生産

注：形態の項目の○は当該企業にとっての唯一の生産拠点。なお、海外に工場を展開している企業としては、サンリット工業（タイ）、三協製作所（タイ）、トップパーツ（タイ、中国）がある。
網かけは、撤退、ないし閉鎖。

ン電子をめぐる事業縮小の時代を過ぎ、やや落ち着いた環境になっているようにもみえる。

また、誘致企業、進出企業という場合、幾つかの形態がある。東京などに本社を置く現地事業所（地方工場）、現地法人化した事業所（本社を設置）、中央の本社にとっての唯一の事業所、複数の地方事業所のうちの1事業所、完全に本社も移転してきた事業所などがあろう。表2―8の範囲でみると、47事業所のうち本社ごと進出してきた事業所は3件（協同薬品工業、飯窪製作所、興栄電気産業）、地元企業との合弁などによる新設の現地法人化したものが3事業所（トップパーツ、サンリット工業、やまがたウッドチップセンター）、普通に現地法人化しているところが20事業所前後、地方工場のスタイルが16事業所前後ということになろう。

いずれにおいても、長井の場合には、1970年代の頃までは女性主体の安価で豊富な労働力を求める繊維、日用品関連の企業進出が多かったのだが、その後は、東京の大田区をはじめとする京浜地区のレベルの高い男性主体の機械金属工業のモノづくりの基盤技術部門に関わる中小企業の進出が目立つ。また、これらの場合、京浜地区は本社、総務、営業部門となり、生産の現場は長井に移管されている場合が少なくない。さらに、これらは女性主体の繊維やマルコン電子と異なり、従業員規模はさほど大きなものではない。技術指向の強い中小企業ということになる。長井は当初の女性主体で大量の従業員を動員するという産業展開から、技術レベルの高い中小企業群が集積するという新たな工業集積に向かいつつあるようにみえる[3)]。このような点を受け止めた新たな産業集積に向かっていくことが、長井の当面する大きな課題となろう。地方における未来型集積の可能性が問われているのであろう。

▶創業が活発な長井の中小企業

表2―9は、現在把握可能な長井市の機械金属関連企業（一部、機械金属関連以外を含む）の創業、進出、閉鎖（廃業、撤退等）、出身（出自）等、主要製品、所在地等をまとめたものである。戦後だけでも70年以上が経過している現在、把握できないものも少なくない。表2―9が当面、利用できる唯一の資料であろう。ここには136事業所が掲載されている。地場から生まれた企業が89事業所（構成比65.4％）、誘致・進出が47事業所（34.6％）を数える。そして、この136事業所のうち現存している事業所は97事業所（71.3％）、閉鎖（廃業、撤退等）39事業所（28.7％）となる。誘致・進出事業所で閉鎖されたところ20事業所（43.5％）、地場企業で閉鎖されたところは19事業所（21.3％）であった。相対的には、進出企業の閉鎖、撤退が地場独立企業を上回っている。進出企業の中でも女性主体の安くて豊富な労働力を求めてきた事業所の閉鎖、撤退が目立つ。日本の製造業事業所は1986年の約87万事業所から2016年には約45万事業所にほぼ半減したが（経済センサス）、長井では70％強の事業所が維持、承継されていることになる。

なお、誘致・進出には幾つかの形態があるが、長井の場合はシンプルな誘致・進出は39事業所、地元企業と他地域の企業の合弁によるものが3企業（トップパーツ、サンリット工業、やまがたウッドチップセンター）、進出企業の2次展開が4事業所（YDK［マルコン電子から］、オプテス［マークから］、山形マルコン［マルコン電子から］、環境彩エン［マークから］）がある。

長井市の機械金属関連部門等の事業所年代別の創業、進出の状況は、以下の通りである。

戦前（終戦前）　　　4事業所（進出2、地場2）
1940年代（終戦後）　3事業所（進出2、地場1）

表2—9　長井工業の創業年等

創業	市外	廃業	事業所名	出身（由来等）	主要製品	所在地（長井市）
1900頃			丸八鉄工所	鍛冶屋	製缶・溶接	九野本
1920	進出		郡是（現長井アパレル）	製糸	メリヤス肌着の縫製	本町
1942	進出	2005	マルコン電子	東芝	各種コンデンサ	幸町
1942			長井製作所	マルコン電子の下請	金属プレス加工	四ツ谷
1946			寺嶋製作所		研磨、省力化機械	本町
1946	進出		全国製薬（現協同薬品）		家庭薬	本町
1948	進出	1974頃	飯窪製作所	川崎から	省力機械、同部品	宮
1953			四釜金属工業		金属プレス加工	泉
1960			朝日金属工業	木村プレス工業	精密プレス（電子部品）	平山
1961			東北金属工業		精密鈑金	芦沢
1961			四釜製作所	部品加工から	省力機械、同部品	成田
1963			丸勝鉄工所		建築金物（鈑金）	館町
1963			ハヤマ工業	マルコン電子	建築金物（鈑金）	泉
1964		2013	齋藤金型製作所	川崎電気（南陽市）	金型、プラスチック成形	成田
1965		2003	ハイマン電子	地元3社+マルコン電子	電子機器の受託加工・組立	高野
1966	進出	2013	東芝ライテック長井工場	東芝	電球製造	成田
1967	進出		旭電機（現古河電工パワーシステムズ）	創業者の夫人が白鷹出身	送配電金物	今泉
1967			ウメツ電子工業	マルコン電子	医療部品組立	上伊佐沢
1967			浅野製作所		切削（送電線クランプ）	成田
1969			昌和製作所	墨田区技術者と創業	金属プレス（絞り）	九野本
1969		2013	エー・エム・シー	マルコン電子	金属プレス	舟場
1969	進出	2010	ぶんぶく長井工場		文化塵取り等	宮
1970	進出		山形日信電子	日本信号	信号機器	草岡
1970	進出		東金工業山形工場	東芝ライテック関係	照明器具製造	平山
1970	進出		世田谷工業（現ティーエヌアイ工業長井工場）		カメラ用望遠レンズフレーム	上伊佐沢

1970		年不明	米製置賜製作所			
1970		年不明	長井電子機器			
1970			椎名製作所	菅原精密工業（白鷹町）	ダイキャスト（電子、自動車）	草岡
1971	合弁		トップパーツ	マルコン電子と富士工業（長野県）の合弁	電解コンデンサ端子製造	時庭
1971			山口製作所	部品加工から	専用機製造、部品加工	舟場
1972			松木工業	南陽市企業	鈑金（配電盤カバー）	森
1972			齋藤製作所	齋藤金型製作所	金型製造（プレス）	草岡
1972		1981	山形クランプ工業			
1972	進出	1981	大木プレス山形工場			
1972	進出	1974	カスヤ精工			
1973	進出		丸秀	大田区から進出	金属プレス（自動車部品）	成田
1973	進出		光洋精機山形工場	大田区から進出	精密機械加工（光学部品）	九野本
1973		2013	山佐建機		ショットブラスト	上伊佐沢
1973			山形テック	五十鈴建材（長井市）	航空機ギャレー部品組立	屋城
1973			草岡製作所		部品組立（電子部品）	草岡
1973			飯沢製作所	椎名製作所	ダイキャスト（電子、自動車）	草岡
1973	進出	年不明	トーヨー電気山形工場			
1973		年不明	東陽工業			
1973	進出	1998	長井メリヤス	アツギに吸収	メリヤス肌着縫製	歌丸
1973	進出	年不明	勧進代ファッション	アツギ系	メリヤス肌着縫製	勧進代
1973	進出	年不明	九野本ファッション		メリヤス	九野本
1973	進出	年不明	ハヤマ繊維		スカート縫製	葉山
1973	進出	1979頃	オーキ精機			成田
1973			吉田製作所	部品加工から	製造装置製造	寺泉
1974			坂工業	飯窪製作所	製造装置製造	九野本
1974	合弁		サンリット工業	三協製作所とハイマン電子の合弁	冷間鍛造（電子部品）	今泉
1974			四釜溶接		鈑金（金属加工機械フレーム）	平山
1974	進出		東亜電子光学（現HOYA-PENTAXライフケア事業部）	旭光学工業	電子回路基盤設計製作	日の出

1975		年不明	鈴木製作所	飯窪製作所	金属部品加工（省力機械）	幸町
1975			小松製作所	旭電機	金属部品加工	今泉
1975			片倉製作所	菅原精密工業（白鷹町）	金属部品加工	平山
1976	進出	2009	マーク長井工場	塩尻市から進出	レンズ・プリズム	東町
1976	進出		カワイ化工	大田区から進出	表面処理	成田
1976		年不明	クープ社			
1976			フューメック	マルコン電子、ハイメカ	省力機械設計製作	九野本
1977			石田機械	マルコン電子	専用装置設計製作	平山
1977			鳥取工業	米沢企業、朝日金属関連	金属プレス、溶接	歌丸
1977			ミクロ金型	齋藤金型製作所	プラスチック成形金型製造	東五十川
1977			髙橋製作所	旭電機	金属部品加工、治具製造	平山
1977	進出	2010	東芝照明プレシジョン山形工場	東芝関連、丸秀に土地売却	照明器具	成田
1978	進出		サンユー技研	横浜から	省力機械設計製作	成田
1978			カトウ製作所	マルコン電子	電子部品組立	中道
1979			三浦エンジニアリング	飯窪製作所、坂工業	製造装置製造、精密鈑金	成田
1980			スズキ鈑金		精密鈑金（機械カバー）	五十川
1980			丸正産業		精密鈑金（製造装置カバー）	寺泉
1980			長井工機	マルコン電子	金属部品加工（省力機械）	泉
1980			ササキ	ハヤタ製作所（白鷹町）	電子部品組立	泉
1980			田代製作所	ニクニ（白鷹町）	光学・電子部品組立	五十川
1982	進出		三協製作所山形工場	江戸川区から進出	冷間鍛造（電子、自動車部品）	今泉
1982	進出		興栄電気産業	東京から進出	製品組立（管型ヒューズ）	九野本
1982			青木工業	坂工業	コンベア、製缶	寺泉
1983			長井技研	長野から進出	精密鈑金（精密機械部品）	九野本
1983			白川金型製作所	齋藤金型製作所	金型製造（プラスチック成形）	時庭
1984			テクノ・モリオカ	東亜電子光学	電子機器、純粋装置等	成田
1984		年不明	セナガ工業	光洋精機	金属部品加工（光学機器）	平山
1985			つちばん			平山
1985			テラシマ電子	寺嶋製作所	部品組立（カメラ、モーター）	本町
1985	2次展開	2001	YDK	マルコン電子成田工場	コンデンサアルミ箔	成田

1986			東北モールド設計	オーキ精機	金型製造（プラスチック成形）	新町
1986	進出		山形精密鋳造	2014, 日の出水道に売却	ロストワックス鋳造	成田
1986			ミヤビ電子	東亜電子光学	光学用プリント基板組立	平山
1986		年不明	長井ハイテク			
1986			エル・トップ	アルファ（長井）を EBO	プラスチック成形（コネクタ）	九野本
1987			鈴木製作所	上村電子（白鷹町）	金型製造（プラスチック成形）	大町
1987	進出		ハヤタ製作所長井工場	白鷹町から進出	製品組立（携帯、時計）	緑町
1987		2015？	共和精工	四釜製作所	金属部品加工（省力機械）	今泉
1988			リョーワ	川西町の企業	部品組立（信号機用プリント基板）	平山
1988			峯電子企画	シャープ広重三重（津市）	電子部品、自動車部品組立	五十川
1988			井上精工		機械部品加工、組立	屋城町
1988			丸和工機	四釜製作所	金属部品加工	成田
1988	進出		アサヒ電子	ミユキ精機（米沢市）	部品組立（光学部品）	上伊佐沢
1988			大賢ハーネス		ワイヤーハーネス組立	寺泉
1989	進出		能率機械製作所長井工場	江戸川区から進出	金属プレス機械製造	成田
1989	進出	年不明	白鷹電子長井工場	ハイマン電子		
1990			コマツ精機	丸秀	製造装置製造、金属部品加工	泉
1990			サンリット化成	ハイマン電子	プラスチック成形（自動車部品）	時庭
1990			ケイテック	四釜製作所	精密金型（プラスチック成形）	横町
1990			エヌ・エム・ティ	ハイマン電子	省力機械電気配線関係	九野本
1990		年不明	コマキ製作所		金属部品加工	森
1990		年不明	立花精機	光洋精機	金属部品加工（光学機器）	九野本
1990			三立	ハイマン電子	製品組立（電子部品、流し台）	成田
1990		年不明	トップメディカル			
1991			エムワイテクノ	四釜製作所	製造装置部品	緑
1991			ウルテック	マルコン電子	省力機械設計製作	時庭
1991			技研フジヨシ	マルコンデンソー（飯豊町）	搬送装置製造	舟場
1991		年不明	エム・ピー・エムハヤマ	マルコン電子	部品組立（送配電金物）	川原沢
1991	2次	2001	オプテス	マークの2次展開、吸収		東町
1992			サンワ精工	多勢丸中製作所（南陽市）	部品組立（カメラ、文具）	九野本

1994			中口製作所	松木工業	鈑金（製造装置架台）	勧進代
1994			ファースト・メカ	フューメック	製造装置製造	九野本
1995	2次	2001	山形マルコン	マルコン電子	各種コンデンサ	幸町
1998			赤間製作所	丸秀	スポット溶接（自動車部品）	平山
1999			鈴木製作所		金型製造（プレス）	九野本
2000			長谷川工業	光洋精機	金属部品加工	寺泉
2000			白斗機械	丸秀	金属部品加工	白兎
2001	進出		熊田製作所山形工場	三協製作所関連	金属部品加工（電子、自動車）	歌丸
2002			スズプラ	エル・トップ	プラスチック成形（コネクタ）	今泉
2003	進出		加賀マイクロソリューション山形事業所	ハイマン電子、加賀電子	製品組立、リサイクル等	時庭
2004	進出		ケミコン山形	日本ケミコン、名称変更	各種コンデンサ、バリスタ	幸町
2007	進出		ケーディ技研	白鷹町から進出	金型製造（プレス）	白兎
2007	2次	2010	環境彩エン	マークから分社	植物工場	時庭
2008			美山塗装	山口製作所	塗装（自動機架台等）	九野本
2009	進出	2011	中興マーク	中興精密（中国）が買収	レンズ製造	時庭
2010			佐藤機工	光洋精機	金属部品加工（光学）	平山
2011			JIN 製作所	フューメック	省力機械部品製造	九野本
2011	進出		鈴木酒造店	福島県浪江町、震災移転	酒造	四ツ谷
2012	進出		精工社製作所長井工場	川口市から進出	サイレン、発電機製造	成田
2013			エスケイ・ドリーム	レペック（飯豊町）	金属部品加工	成田
2014		2016	アイテクノス	米沢市から、高畠町に転出		今泉
2014	進出		青山工業長井工場	村上市から進出	航空機ギャレー	九野本
2017	進出		やまがたウッドチップセンター	長井グリーンパワー	木質バイオマスチップ製造	寺泉

注：①長井市役所が把握している 136 事業所。その他に創業、廃業していった事業所も少なくない。
②網かけは廃業、閉鎖、転出等の事業所。
資料：長井市、その他

1950年代　　　　　　1事業所（地場1）
1960年代　　　　　14事業所（進出3、地場11）
1970年代　　　　　46事業所（進出20、地場26）
1980年代　　　　　31事業所（進出8、地場23）
1990年代　　　　　19事業所（進出2、地場17）
2000年代　　　　　10事業所（進出6、地場4）
2010年代　　　　　　8事業所（進出4、地場4）

これによると、企業進出は1970年代から80年代に活発であったことがわかる。また、地場企業の独立創業は、1960年代に11社、70年代26社、80年代23社、90年代17社とかなり活発に推移した。さらに、2000年代以降については、全国的に特に機械金属系の独立創業は皆無に等しいとされるのだが、長井では、2000年代4社、2010年代4社を数えていることは注目に値する。2000年代以降、全国の工業都市でこれほど機械金属系の独立創業の実績のあるところは見当たらない。

また、表2—9で、独立創業の地場企業89事業所のうち、地元の独立元の企業のわかっているところが45事業所あるが、最大がマルコン電子（電解コンデンサ、10社）、以下、ハイマン電子（組立、4社）、光洋精機（機械加工、4社）、四釜製作所（機械加工、鈑金加工、組立、4社）、齋藤金型製作所（金型、プラスチック成形、3社）、飯窪製作所（機械加工、3社）、丸秀（プレス、3社）、旭電機（組立、現古河電工パワーシステムズ、2社）、東亜電子光学（組立、2社）、フューメック（機械設計、専用機製作、2社）などであり、白鷹町、飯豊町、南陽市、米沢市といった近隣の企業から独立して長井で創業しているところが9社を数えている。実際にはこれよりもかなり多いものと思われるが、記録の残っているものだけでも、これだけの独立創業が重ねられている。

このように、戦前進出のマルコン電子から始まった長井の近代工業化は、特に、1970年代以降活発化し、マルコン電子の拡大に加え、企業の誘致・進出、地場からの独立創業を促していった。振り返ってみるならば、米沢藩の頃の農業、養蚕、織物振興、明治初めの製糸工場の建設、地域全体に拡げた農間余業の長井紬、さらには戦前のグンゼ、マルコン電子の誘致と重ね、その後の戦後の高度成長期にはマルコン電子関連の発展に加え、京浜地区からの機械金属系中小企業の誘致と重ねてきた。そして、それに刺激されて多くの中小企業が独立創業に踏み出していった。

言葉を換えれば、「長井の歴史は、産業化の歴史、産業転換の歴史」ともいうことができる。そして、1990 年代以降は、長井の 50 年をリードしてきたマルコン電子の時代が終わり、次の時代に向けての取組みが課題とされている。その方向をどのように見出していくのか、長井は大きな転換点に差しかかっているのである。

(3) 長井北工業団地
——長井市唯一の工業団地

長井は戦前期にグンゼ、マルコン電子を誘致しているが、その場合、市街地の外れのあたりの広大な土地を提供してきた。マルコン電子は現在の社屋から長井工業高校のあたりまでの 10 万坪の土地が提供されていった。だが、その後、長井市は企業誘致、地場企業の独立創業・拡大のための工業団地を計画的に整備したことはない。長井市郊外は優良農地が拡がっており、農業振興地域（農振）の規制がかかっている場合が多く、工業団地整備がしにくい環境にあった。

なお、農振とは、市町村の農業振興整備計画によって、農業を推進することが必要と定められた地域であり、食料自給のために特に水田の非農地転用は厳しく規制されている。仮に、農地以外の用途で利用する場合は、市町村が農業振興整備計画を変更することにより、当該農地が農用地域から除外され、その後に農地転用許可（農転）を取得しなければならない。その場合は農林水産大臣（原則として 4 ha を超える場合）、都道府県知事（4 ha 以下の場合）の許可が必要になる。

このような事情の中で、長井市においては過去に工業団地計画があったものの、ここまで実現されていない。そのような中で、長井市街地の北に接する致芳地区の成田に自然発生的に工業団地が形成されていった。

表 2—10　長井北工業団地会形成の経緯

1969	成田地区野川北側下流に工業用地の指定を受ける【名称：成田工業団地】 東輝電気長井工場（現東芝ライテック長井工場）、協同食品工業、東洋変圧器長井工場（後に撤退）の3社が創業
1971	工業用地の範囲を拡大【名称：成田北工業団地】。成田北工業団地の指定 企業誘致と併せて市街地・住宅街から産業騒音の公害問題になりつつあった鉄工所・プレス製造業種等の郊外移転の対応策として指定
1972	北工業団地に、誘致企業の大木プレス（後にオーキ精工に社名変更）、丸秀長井工場の2社と山形クランプ工業、カスヤ精工の計4社が創業
1974	カスヤ精工撤退 長井市土地開発公社を窓口に成田北工業団地の分譲が開始し、市内の対象企業（鉄工所・プレス製造業種等）は土地取得へ対応
1977	四釜製作所、誘致企業の東芝管球器材長井工場（現東芝照明プレシジョン長井工場）の2社創業 工業団地内の環境整備促進のために【長井北団地工業会】を組織 四釜製作所、東芝管球器材長井工場、丸秀長井工場、山形クランプ工業の4社と用地取得の寺嶋製作所、浅野製作所、広谷鉄工所、ぶんぶく長井工場、平鉄工所、菊地鉄工所の6社、計10社で構成。平鉄工所と菊地鉄工所は後に撤退し脱会
1981	山形クランプ工業倒産。跡地を齋藤金型製作所が購入し創業する。オーキ精工が撤退。跡地をハイマンパーツが購入し創業。新たに、サンユー技研、加藤紙器成田工場が創業 各社とも長井北団地工業会へ入会し、会員13社
1984	加藤紙器成田工場が北団地工業会を脱会。新たに、朝日紙業社、大沼製作所が入会し会員14社
1985	大沼製作所が北団地工業会脱会。会員数13社
1986	長井西置賜車検センター、カワイ化工長井成田工場が創業し、工業会へ入会する。会員数15社
1988	成田工業団地と成田北工業団地が合併し【長井北工業団地】となる
～1990	エム・シー・エル山形（現山形精密鋳造）、マルコン電子成田工場（現YDK㈱）、平野屋、テクノ電子（現テクノ・モリオカ）、長井ハイテク、能率機械製作所長井工場、三浦エンジニアリング、エレックトップメディカル、やまぜんが創業 工業会も団地内入居企業一丸となり環境面での整備促進を図るために、名称を【長井北工業団地会】とし、新たに創業した企業7社と旧成田工業団地に立地していた東芝ライテック長井工場、協同食品工業の2社が入会し、新たなスタートを切る。会員数は22社
1991	平野屋、葉山建設が入会し、会員数24社
1994	要望活動（県議宛） 1）工業団地への取り付け道路不備を解決 2）成田地区一般道路の歩行者通行危険の解消

	3）団地内交通危険個所不備の解消
1995	要望活動（市長・会議所会頭宛） 1）市行政施策の位置付けで、長期的計画（ビジョン）の策定 2）工業団地及び周辺環境の整備 ①緑地の具現化整備 ②上下水道水路の段階的整備 ③団地区画整理の整備 ④周辺環境の段階的整備
1996	請願書提出（市議会議長宛） 1）工業団地上下水道・水路の早期整備 2）工業団地消火栓設備の早期整備 3）工業団地内緑地の具現化 4）区画整理の段階的整備 5）団地内道路の冬期間除雪管理の徹底
1997	請願書提出（県議会議員宛）「あかしあ橋」早期完成について
1998	長井ハイテクが団地会を脱会。会員数 23 社
2000	山形マルコンが団地会を脱会。会員数 22 社 要望活動（市長宛） 1）工業団地内中心部を横断する南北道路拡幅及び歩道整備促進 2）工業団地内西側の緑地帯の早期整備着手 3）工業専用団地としての機能を果たすために、団地内未開発地の整備 環境保全事業の一環として「クリーンアップ作戦」を開始 「あかしあ橋」の全面開通を控え団地内の環境整備・
2001	ユア・カンパニーが団地会へ入会 8 月に「あかしあ橋」開通 YDK が団地会を脱会。会員数 22 社
2002	広谷鉄工所が廃業し工場を丸秀に賃貸し脱会。東芝照明プレシジョン長井工場が撤退し退会。協同食品工業が脱会。会員数 19 社
2003	やまぜんが入会。三立が入会。ダイナム山形長井店が入会。会員数 22 社
2007	ローソン長井成田店が入会。会員数 23 社
2008	山口製作所が東芝プレシジョン跡地工場を取得し、山口製作所成田工場として創業 本会の名称（長井北工業団地会）を「あかしあ産業団地会」と改正
2010	6 月　不慮の火災にて、四釜製作所工場消失。
2011	共和精工（山口製作所）が加入。会員数 24 社 12 月、ぶんぶく山形工場撤退につき脱会。会員数 23 社
2012	4 月　精工社製作所長井工場操業（旧東洋変圧器跡地）
2013	3 月末で東芝ライテック工場撤退につき脱会。会員数 22 社 森岡会長が退任し、新会長に小川章（山形精密鋳造）氏が就任

	11月　斎藤金型倒産し、脱会。会員数21社 12月末　朝日紙業社が会社整理し脱会。会員数20社
2014	2月17日、山形精密鋳造で1階から火災発生し、工場南側2階事務所類焼。8月、山形精密鋳造がぶんぶく工場跡地を取得し操業開始
2015	12月　山口製作所成田工場閉鎖発表。3月31日を持って脱会。会員数19社
2016	4月　精工社製作所長井工場が加入。会員数20社 斎藤金型跡地を山形新興が落札
2017	小川会長が退任し、新会長に四釜雅之氏が就任。 丸秀が東芝プレシジョン跡地工場を取得

資料：長井市

▶長井北工業団地の成り立ちと現在

現在の長井北工業団地のあたりは最上川とその支流である野川に接する地域であり、開発以前は田等の農地であった。この団地エリアの中に最初に進出してきたのは、1969年の東輝電機（その後の東芝ライテック）であった。その後、このエリアは農村地域工業促進法区域に指定されるが、指定後に最初に進出してきたのは、東京大田区のプレスの丸秀であり、当時は田であった現在地を取得、1972年、自ら造成して進出している。この長井北工業団地のあたりは1969年に工場適地とされていた。ただし、区画整理等の基盤整備が行なわれた経緯はない。自然発生的に企業進出が進み、工業団地化したというのが実態である。現在の都市計画上の用途地域は工業専用地域・工業地域（工業団地を南北に貫通する道路の東側が工業専用地域、西側が工業地域）とされている。

面積は45.7 ha、長井市街地までクルマで2〜3分の利便性の高い工業団地となった。ただし、以上のような経緯から、団地立地企業による任意の親睦団体の「あかしあ産業団地会」はあるものの、管理組合等は作られていない。道路整備、上下水道整備などのインフラ整備については、必要に応じて行なわれてきたが、計画的に整備された形跡はない。

現在立地している企業は、図2―1に示すようにテクノ・モリオカ以下、21社、22事業所である。この45年ほどの間に入れ替え等が起こり、複数の区画を保有している企業もある。丸秀は現在5区画に拡大、山形精密鋳造も2区画を展開している。このような拡大指向の企業も立地しているが、有力企業の廃

図 2—1　長井北工業団地

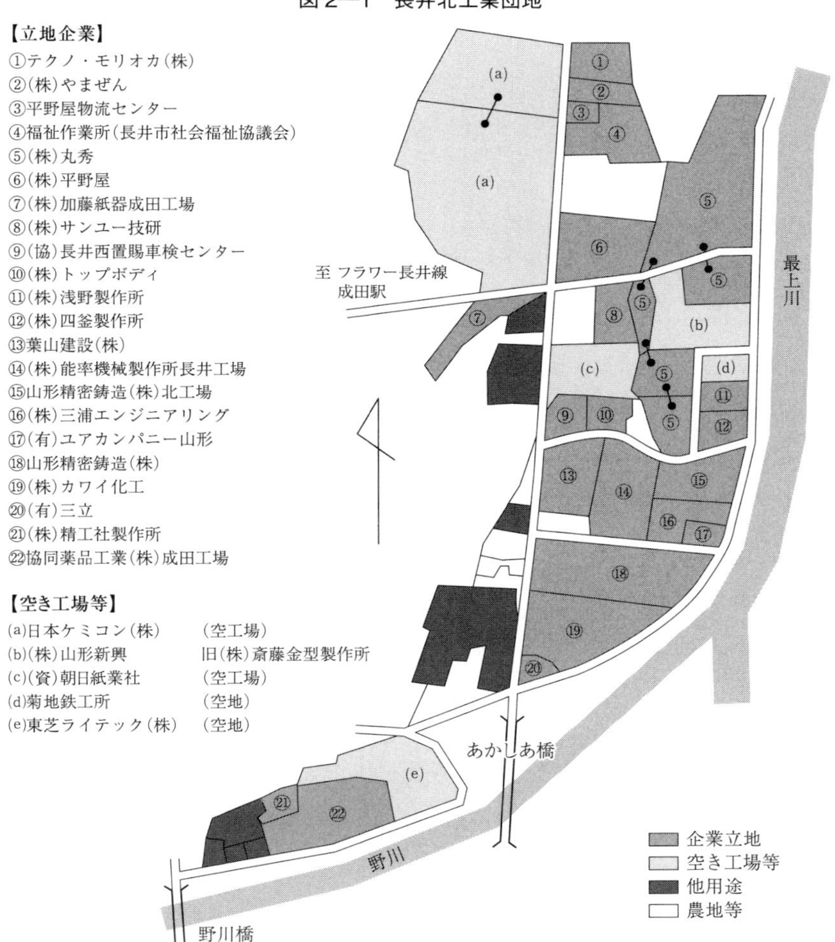

資料：長井市

業、撤退もある。大型の区画としては日本ケミコン（5.3 ha)、東芝ライテック(2.0 ha）が空いており、また、最近では、2010 年に閉鎖されたぶんぶく長井工場は団地内の山形精密鋳造が取得、さらに、2013 年に倒産した齋藤金型製作所の区画は山形新興が取得している（2018 年 6 月現在未利用)。日本ケミコン、東芝ライテックの所有地は、企業進出・拡大用地が乏しい長井にとっては貴重なものとなろう。

都市計画上の用途地域が工業専用地域・工業地域であることから、倉庫、物流部門の進出の余地はあるが、機械金属工業を軸にさらに集積の度合いを高めていくためには今後の進出企業には十分に目配りしていく必要がありそうである。

▶今後の工業団地建設の課題

優良農地が多く、工場立地余地の少ない長井市の場合、長井北工業団地の存在は重要であり、幾つかの大型の空き地もあるが、近年の動向をみると、市内企業の拡大の受け皿が乏しく、隣の飯豊町の工業団地（東山工業団地、29.1 ha）に進出していく場合も少なくない（サンリット工業、トップパーツ）。それは西置賜地域全体にとっては好ましいことでもあるが、長井市の地域経営とっては可能性の幅を狭めている。長井市は産業振興、工業振興に意欲的であることを示す意味からも、新たな計画的な工業団地形成は今後の一つの課題となろう。

2018 年度からの減反政策の廃止以降、水稲至上主義の農業のあり方も変わり、農地の利用の仕方も大きく変わっていくことが予想される。生産性の低い農地の集約、転用なども課題となろう。長井市内の中小企業の中には発展的に拡大に向かっている部分も少なくない。そして、長井の特徴になっている機械金属系中小企業の集積に目を向け、新たな誘致、独立創業、拡大を視野に入れて、その充実は地域政策の大きなテーマになりうる。その受け皿としての利便性の高い工業団地の形成が求められているように思う。

（4）地元製造業に人材を送り出してきた長井工業高等学校 ——人材立地時代の人材育成

全国に工業高校、商業高校、農業高校、水産高校等の専門高校があるが、それらは地元の産業界に人材を供給する役割を担ってきた。ただし、近年、少子化の中で定員割れを起こしている場合も少なくない。また、統廃合も一部で推

長井工業高校／長工生よ、地域を潤す源流となれ！

進されている。長井市には1962年設立の県立長井工業高等学校がある。以前から置賜地域の工業高校としては米沢工業高校（1897［明治30］年設立）があったのだが、戦後のベビーブーム世代の受け皿として、さらに、近代工業化が進む長井の人材供給の担い手として長井工業高校が設置されていった。

その後、少子化に伴い、1990年代の中頃には米沢工業高校への統合の動きが出てきたのだが、地元産業界、行政、市民等の反対運動により、統合は見送られ、さらに、2001年には校舎の新築、学科の再編を行ない新たに甦えってきた[4)]。その際、高校と産業界、行政との交流、連携が深まり、厚生労働省の技能検定への取組みが開始され、注目すべき成果を上げてきた。また、長井工業高校は地元置賜から山形県の範囲の地元就職も多く、産業界にとって重要な教育機関とされてきた。それでも少子化の影響は大きく、近年、定員割れが続き、2013年には4科体制から3科体制への縮小を余儀なくされている。そのような中で、2017年には官民あげての「長井市ものづくり人材育成推進協議会」が設立され、長井工業高校の機能強化に向けた取組みが開始されている。

▶長井工業高校の歩み

長井工業高校の設立は1962年、全日制機械科50人、電気科50人、定時制

機械科30人、合わせて定員130人でスタートした。この1960年代初めの時期は戦後生まれのベビーブーム世代が高校進学となり、各地で高校が大量に設置されていった。そのような時代的要請から生まれた長井工業高校の、その後の歩みは以下の通りである。

1966年　全日制機械科90人、電子科90人、化学工学科45人と定員225人となった

1979年　定時制募集停止

1998年　化学工学科募集停止
労働省認定技能検定（3級）に山形県内で初めて合格

2000年　機械科、電子科の募集を停止し、新たに機械システム科40人、電子システム科40人、環境システム科40人、福祉情報科40人、4科体制、合計定員160人となる

2001年　本校舎（4階建）完成

2002年　長井工業高校生が、フラワー長井線「あやめ公園駅」の待合室を建設

2005年　生徒・職員の手作りのあやめ公園駅駐輪場を寄贈

2007年　長井駅の美化活動、あやめ公園駅舎及び駐輪場建設に対し、生徒会に国土交通大臣表彰

2012年　厚労省技能検定、2級6人、3級61人合格

2013年　平成24年度ジュニアマイスター、ゴールド22人、シルバー17人

機械システム科の機械設備

福祉生産システム科の実習

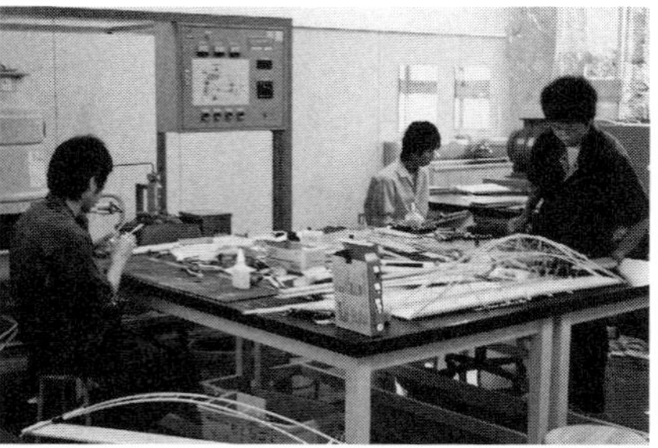

表2—11　長井工業高校の進路状況／2018年3月

区分			機械システム科 男(40)	機械システム科 女(0)	電子システム科 男(19)	電子システム科 女(3)	福祉生産システム科 男(6)	福祉生産システム科 女(16)	合計 男(65)	合計 女(19)	合計 計(84)
就職	県内	長井	4		4	3	1		9	3	12
		白鷹	3						3		3
		飯豊	1		2			1	3	1	4
		小国									
		米沢	2		2		1	2	5	2	7
		川西	1					1	1	1	2
		南陽	1				1		2		2
		高畠	4					2	4	2	6
		山形・他	2		1				3		3
		未定									
		小計	18		9	3	3	6	30	9	39
	県外		3		3			2	6	2	8
	公務員				1		1		2		2
	縁故										
	就職計		21		13	3	4	8	38	11	49
進学		大学	5		3			1	8	1	9
		短大					1	1	1	1	2
		職業訓練校	11		1				12		12
		専門学校等	3		2		1	6	6	6	12
		未定									
		進学計	19		6		2	8	27	8	35
合計			40		19	3	6	16	65	19	84

資料：長井工業高校

受賞

環境システム科、福祉情報システム科を募集停止し、新たに福祉生産システム科40人を設置。定員120人となる

2017年　本校2階の一部に米沢養護学校西置賜校開校

▶卒業生の進路状況

全国的にみると、工業高校の県内就職は50%前後とされているのだが、近代工業化が進んでいることを背景に、長井工業高校の卒業生は、2000年代中頃は就職者の約90%は県内就職であった。その後、やや減少気味だが、それでも2018年3月の卒業生の80%は県内就職であった。

校内に掲示されている技能検定の成果

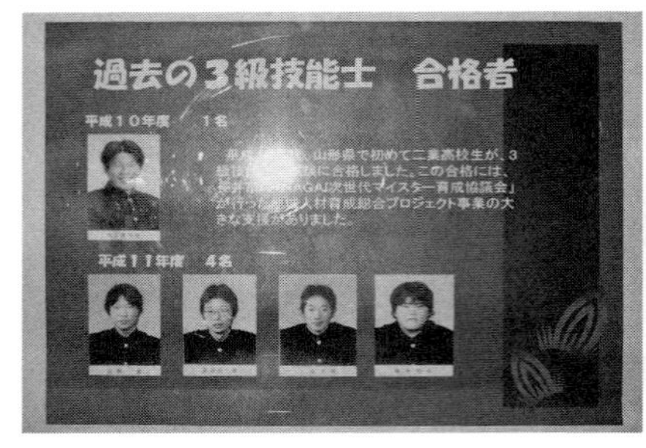

長工生が作ったあやめ公園駅の待合室

2000年代中頃は定員を充足していたが、2010年代に入る頃から定員割れとなりはじめ、定員120人に対して、近年は90人前後で推移している。2018年3月の卒業生84人のうち、就職は49人（58.3%）、進学35人（41.7%）であった。就職の地域別状況は、長井市12人（24.5%）、西置賜の範囲で19人（38.8%）、山形県の範囲で39人（80.0%）であった。過去3年ほどの西置賜の主要就職先は、マルコンデンソー（飯豊町、7人）、ケミコン山形（6人）、加賀マイクロソリューション（6人）、丸秀（5人）、山形日信電子（4人）、古河電工パワーシステムズ（3人）、サンリット工業（3人）、トップパーツ（飯豊町、2人）などであった。

2018年3月卒業生の進学は35人、うち大学9人、短大2人であった。過去3年間に進学した大学は、千葉工業大学6人、日本大学3人、東北芸術工科大学2人、東北公益文科大学2人、以下、長岡造形大学、大阪工業大学、成安造形大学、八戸工業大学、ものつくり大学、麗澤大学、日本工業大学、神奈川工科大学、石巻専修大学へ各1人ずつ進学している。

▶技能検定で目覚ましい成果

米沢工業高校への統合を免れ、さらに、新校舎建設と進んだ長井工業高校をめぐり、長井の産業界は多様な支援を重ねていく。特に、官民上げて設立したNAGAI次世代マイスター育成協議会（1998年設立）は地域人材育成総合プロジェクト事業を展開、長井工業高校生に対して、厚生省（現厚生労働省）の技

表2—12　長井工業高校の技能検定合格者数の推移

区分	普通旋盤3級	普通旋盤2級	普通フライス盤3級	マシニング3級	機械検査3級	電子機器組立3級	電子機器組立2級	電機系保全3級	商品装飾展示3級	商品装飾展示2級	シーケンス制御3級	シーケンス制御2級	テクニカルCAD3級	建築配管3級	建築配管2級	建築大工3級	建築大工2級	計
1998	1																	1
1999	2		2															4
2000	3																	3
2001	1																	1
2002	4		2															6
2003	5		1											4				10
2004	6		2			5								11				24
2005	5					4					1			12	5			27
2006	6		2			6					5			11	7	5		42
2007	4		1	4							7			9	7	4		36
2008	5		1	1		2					12			9	6	5		41
2009	7	1	1	7		8					12			12	3	3		47
2010	6		2	4	5	1					4	1		8	2	9		36
2011	5	2	3	6	14	5					13			9	4	7	1	64
2012	10	1	5	9	16	4					9			6	5	11		67
2013	8		1	7	9	4		3			13	1		7	3	8		56
2014	4		1	6	12	8	1	3								1		31
2015	2			7	13	19			3		6		3					51
2016	5		1		6	12			6		3		5	1				47
2017				2	7	21			12	1	4		8	2	1			58
計	89	4	25	53	82	99	1	6	21	1	89	2	16	101	43	53	1	656

資料：長井工業高校

能検定受検のサポートを重ねていく。特に、長期休暇の際には、生徒を預かり、加工技術を伝えていった。

その結果、1998年には山形県で初めての3級合格者（普通旋盤）を生み出した。これは画期的なことであり、校内ばかりか産業界も沸き立った。その後、合格者は鰻登りとなり、2012年には67人を数えるまでに至った。その間、3級合格者ばかりでなく、2009年以降、建築配管で2級を大量に出すに至り、機械系でも2009年に普通旋盤2級合格者を出し、電子機器組立でも2014年に2級合格者を出すに至っている。1998年の初めての合格から20年、累計で656人を重ねてきた。校内では「2年生で3級、3年生で2級」が意識されているのである。

このような技能検定に加え、長井工業高校生の活動は拡がりをみせ、学校の近く（約180 m）を走るフラワー長井線のあやめ公園駅の待合室（2002年）、駐輪場（2005年）の設計施工まで行なうなど、その活動は全国からも注目され、2007年には国土交通大臣から表彰を受けている。このような盛り上がりから、2000年代の長井工業高校は「行きたい高校」となり、定員の充足、技能検定への参加、その他の課外活動も積極化していったのであった。

▶長井工業高校に期待されるもの

だが、その後、少子化を背景に定員割れを起こしている。さらに、2013年には環境システム科と福祉情報科が事実上統合され、福祉生産システム科となり、4科体制（定員160人）から3科体制（定員120人）に削減された。

このような状況に対し、長井工業高校の再活性化、長井の地域産業の活性化を意識し、2017年には長井の官民の総力を上げて「長井市ものづくり人材育成推進協議会」が結成されている。当面、協議会が目指すのは、長井工業高校に2年制の専攻科（短大扱いになる）を設置することであり、協議が重ねられている。近くでは米沢工業高校、岩手県北上市の黒沢尻工業高校ではすでに専攻科が設置され、関係者から高く評価されている。長井工業高校も生徒に新たな希望を抱けるような専攻科の設置は悲願となってきた。その実現が期待される。

人口２万7000人の地方小都市の長井は、戦後、近代工業都市としての足取りを重ねてきた。そして、小規模とはいえ、機械金属工業において興味深い集積を形成してきた。日本でもトップレベルの技術を備える中小企業を生み出し、また、機械技術の全てが必要とされる専用機メーカーを大量に生み出している。さらに、全国的に新規創業がほとんどないとされる2000年代以降も８社の機械金属系企業の独立創業を重ねている。長井の機械金属工業は充実の度合いを高め、さらに、若い人材を必要としている。地域産業の充実、企業誘致などにおいて、「人材立地」は最大の要件になりつつあり、長井工業高校に期待される点は極めて大きい。

3. 水稲に傾斜してきた長井の農業

最上川の沖積平野、盆地に良質な水稲地帯を形成してきた長井は、江戸期には水稲に加え、桑の栽培、養蚕、さらに農間余業による織物生産に展開し、豊かな地域経済社会を形成してきた。明治期に入ると当時の先端技術である器械製糸に積極的に取組み、さらに、圏域全体に農間余業の長井紬を拡げていった。一時期（1925［大正14］年頃）は圏域全体に4000ほどの織物生産の農間余業を拡げていた。近代に入るこのような時期に、産業化のうねりを形成してきたことの意味は大きい。人びとに起業精神を植えつけたであろう。

この長井が農業の優越的な状況から工業、製造業が圧倒的な位置を占めていくのは、戦前に誘致したマルコン電子が戦後の高度成長期に見事に開花していったあたりからであり、1960年代の中頃から、長井は一気に製造業、近代工業が基幹の企業城下町を形成していく。そのプロセスの中で、農業から多くの人びとが製造業に吸収されていった。振り返るまでもなく、戦後の日本農業は農地解放以来、極めて狭隘な農地に閉じ込められていたのだが、工業化はその人びとに新たな就業機会、稼得機会を与えていった。長井の農家の兼業化が一気に進むのであった。

その場合、兼業農家の農業は水稲に傾斜していく。特に、戦後の農業周辺の技術革新の中で、水稲栽培の機械化の体系が高度に形成されていったことが、兼業、水稲化を促していく。各農家は1〜2haほどの狭隘な農地に対して、田植機、トラクタ、コンバインといった戦後日本の農業技術の粋を投入し、工場勤務をメインとし、農業は水稲に向かい、事実上、農業が補助的な意味を帯びていった。このような動きは全日本的なものであるが、近代工業が意外な発展を示した長井において、最も先鋭的に進められることになった。

だが、1990年頃を境に、それまでの長井を牽引していた近代工業の部門が縮小の兆しをみせ始め、農工のバランスが崩れていく。さらに、長期にわたって近代工業が主軸の展開を重ねたため、農業従事者の激減を促し、それに高齢化、担い手不足が加わり、かつての小規模零細農業が拡がるという形はとれなくなってきた。長井の現状では専業を維持してきた限られた農家（集団）が、実質的に離農した大多数の兼業農家の農地を引き受けていくという形をとらざるをえなくなっている。

そこに、意欲的な専業農家（集団）による新たな大規模受託経営が拡がっていく。他方、伊佐沢地区のような山間地の条件不利の地域では、狭隘な農地でも付加価値が期待できるリンゴ、ブドウ等の果樹や花卉・花木栽培に転じていく場合もみられる。現在の長井の農業をめぐる基本的な構図は、担い手が劇的に減少していく中で、残った専業の人びとによって、転作、水稲の大規模受託への展開、小規模のまま果樹栽培などに向かう農家という二つのスタイル、あるいは、一定規模の専業農家で水稲を基礎にし、畜産等の複合経営に向かうものを含めて三つのスタイルに収斂しつつあるようにみえる。戦後の50年を支えたマルコン電子を中心にする近代工業の発展、そして、その後の縮小の中で、長井の農業は大きな転機を迎えているのである。

（1）農地の91％が田、農家数は激減

表2—13は、全国と長井市の農地面積の推移をみたものである。1960年の全国の田畑の面積は6071千haであったのだが、その後、一貫して減少し、2015年には4496千haと1575千haの減少、減少率は25.9％となった。この間、田は3381千ha（構成比55.7％）から2446千ha（54.4％）へと935千haの減少、減少率は27.6％であり、畑は2690千haから2050千haへと640

表 2―13　全国と長井市の農地面積の推移

全国（面積は 1000 ha）											
年	田畑計	田	（%）	畑	（%）	普通畑	（%）	樹園地	（%）	牧草地	（%）
1960	6,071	3,381	55.7	2,690	44.3						
1970	5,796	3,415	58.9	2,381	41.1	1,495	62.8	600	25.2	285	12.0
1980	5,461	3,055	55.9	2,406	44.1	1,239	51.5	587	24.4	580	24.1
1990	5,243	2,846	54.3	2,397	45.7	1,275	53.2	475	19.8	646	27.0
1995	5,038	2,745	54.5	2,293	45.5	1,225	53.4	407	17.7	660	28.8
2000	4,830	2,641	54.7	2,189	45.3	1,188	54.3	356	16.3	644	29.4
2005	4,692	2,556	54.5	2,136	45.5	1,173	54.9	332	15.5	630	29.5
2010	4,593	2,496	54.3	2,097	45.7	1,169	55.7	310	14.8	616	29.4
2015	4,496	2,446	54.4	2,050	45.6						
長井市（面積は ha）											
年	田畑計	田	（%）	畑	（%）	普通畑	（%）	樹園地	（%）	牧草地	（%）
1960	3,870	2,910	75.2	961	24.8	475	49.4	485	50.5	1	0.1
1970	4,010	3,430	85.5	580	14.5	224	38.6	336	57.9	20	3.4
1980	3,820	3,290	86.1	533	14.0	213	40.0	292	54.8	28	5.3
1990	3,570	3,120	87.4	454	12.7	210	46.3	212	46.7	32	7.0
1995	3,450	3,060	88.7	389	11.3	209	53.7	154	39.6	26	6.7
2000	3,290	2,970	90.3	317	9.6	184	58.0	113	35.6	20	6.3
2005	3,210	2,920	91.0	286	8.9	168	58.7	98	34.3	20	7.0
2010	3,200	2,930	91.6	275	8.6						
2015	3,100	2,830	91.3	264	8.5						

資料：『全国及び長井市耕地統計』

千 ha の減少、23.8% の減少であった。この 55 年間で日本の田畑は 25% 前後の減少となっている。また、全国の畑については、普通畑が 1970 年には 1495 千 ha（畑の中の構成比 62.8%）から 2010 年には 1169 千 ha（55.7%）へと 326 千 ha の減少、減少率は 21.8% であり、樹園地は 600 千 ha（25.2%）から 310 千 ha（14.8%）へと 290 千 ha の減少、減少率は 48.3% とほぼ半減した。全国的に、桑畑の減少が大きく影響している。

他方、牧草地は 285 千 ha から 616 千 ha へと 331 千 ha の増加、増加率は 216.1% と倍増以上となった。日本全体では、この間に田畑は 4 分の 3 に、そして、樹園地は半減、そして、牧草地が倍増という構図になっている。手間のかかる樹園地の減少は高齢化、担い手不足がいわれ、手間のかからない牧草地の増大は人手不足対応、さらに、近年の需要先の畜産の拡大が指摘されている。

事実、全国の農業産出額 8 兆 4280 億円（2014 年）の中で、最大を示すのは畜産の 2 兆 9200 億円であり全体の 35.5% を占め、かつての基幹であった米は 1 兆 4400 億円となり、その比重は 17.1% に減少しているのである。

▶田が維持され、畑、樹園地が減少

以上のような全国の農地の状況に対し、長井市はどうか。1960 年の長井市の田畑の面積は 3870 ha であったのだが、その後、一貫して減少し、2015 年には 3100 ha と 770 ha の減少、減少率は 19.9% となった。全国の減少ぶりに比べかなり穏やかであった。この間、田は 2910 ha（構成比 75.2%）から 2830 ha（91.3%）へと 80 ha の減少、減少率は 2.7% であり、畑は 961 ha から 264 ha へと 697 ha の減少、72.5% の減少であった。田はかなりの程度維持されたが、畑の減少は際立っていた。工業化が進むと農業から工業への労働力移動が進み、残された農業は水稲に傾斜するが、まさに長井はそのような構図にあった。地域の農地の 90% 以上が田になっている地域としては日本海側最大の近代工業都市を形成した富山県西部が知られるが、その中心都市の高岡市の場合もやはり、農地面積に占める田の比重は 91% を超えている[5)]。

また、長井市の畑については、普通畑が 1960 年には 475 ha（畑の中の構成比 49.4%）から 2005 年には 168 ha（58.7%）へと 307 ha の減少、減少率は 64.6% であった。畑は劇的に減少したということであろう。この間、樹園地も 485 ha（50.5%）から 98 ha（34.3%）へと 387 ha の減少、減少率は 79.8% とほぼ 5 分の 1 水準となった。この樹園地については、桑畑の廃止が大きく影響を与えている。他方、牧草地は 1 ha から 2005 年には 20 ha へと 19 ha の増加、増加率は 20 倍を示した。長井をはじめとする置賜地域の場合、近年、米沢牛の産地となり、牧草需要が大きいことが影響している。全体的な傾向として、長井の農業は、畑、樹園地が激減し、田が維持され、さらに、牧草が増加しているということになる。近代工業化が進んだ地域の典型的な農業構造が形成されていった。

表2—14　長井市の年次別農家数

区分	総農家数（戸）	自給的農家数（戸）	販売農家（戸）				総農家数に対する割合（%）		
			販売農家数	専業農家数	兼業農家数		専業農家数	兼業農家数	
					第1種	第2種		第1種	第2種
1979	2,998	—	—	126	1,226	1,646	4.2	40.9	54.9
1980	2,925	—	—	114	1,143	1,668	3.9	39.1	57.0
1982	2,762	—	—	121	996	1,645	4.4	36.1	59.5
1985	2,653	—	—	115	903	1,635	4.3	34.0	61.7
1987	2,575	—	—	127	726	1,722	4.9	28.2	66.9
1990	2,408	—	—	115	576	1,717	4.8	23.9	71.3
1992	2,255	—	—	108	466	1,681	4.8	20.7	74.5
1995	2,118	—	—	132	436	1,550	6.2	20.6	73.2
1997	1,984	—	—	141	365	1,478	7.1	18.4	74.5
2000	1,882	353	1,529	102	276	1,151	5.4	14.7	61.2
2005	1,628	362	1,266	128	277	861	7.9	17.0	52.9
2010	1,410	412	998	148	193	657	10.5	13.7	46.6
2015	1,217	417	800	179	148	473	14.7	12.2	38.9

注：販売農家：耕地面積が30a以上又は農産物販売金額50万円以上の農家。
　　自給的農家：経営耕地面積が30a未満又は農産物販売金額50万円未満の農家。
資料：山形県企画振興部『山形県の農業』

▶長井市の農家の状況

近年、日本の農家数が激減している。1970年前後には約600万戸とされたのだが、1995年（農業センサス）には約344万戸、2015年には約133万戸となった。1970年に比べて約470万戸の減少、減少率は約78%、1995年と2015年の20年ほどの間でも211万戸の減少、減少率は61.3%となっている。この点、表2—14によると、長井市は1979年の2998戸から、1995年2118戸、2015年1217戸と推移してきた。1979年と2015年を比較すると1781戸の減少、減少率は59.4%、1995年と2015年を比較すると901戸の減少、減少率は42.5%となった。全国の減少ぶりと比べると少し緩いが、それでも相当な減少であることが指摘される。

表2—14で注目すべきは、1980年代に第2種兼業農家が増加、1700戸程度に達し、農家戸数の70%程度を占めていたことが注目される。1990年代に入り、第2種兼業農家の絶対数が減少に向かうが、その頃までは長井の近代工業化により兼業機会が豊富であったことが指摘される。ところが、2000年代に

表 2―15　長井市地区別農家数の推移

地区別	2000		2005	2010	2015		2015-2000	
	戸数（戸）	構成比（%）	戸数（戸）	戸数（戸）	戸数（戸）	構成比（%）	減少数（戸）	減少率（%）
長井市	1,882	100.0	1,628	1,410	1,217	100.0	665	35.3
中央地区	160	8.5	123	109	103	8.5	57	35.6
致芳地区	335	17.8	286	233	201	16.5	134	40.0
西根地区	525	27.9	463	421	355	29.2	170	32.4
平野地区	308	16.4	279	241	205	16.8	103	33.4
伊佐沢地区	212	11.3	185	170	152	12.5	60	28.3
豊田地区	342	18.2	292	236	201	16.5	141	41.2

資料：表 2―14 と同じ

入ると第 2 種兼業農家の数は激減していく。2015 年にはピーク時の 1987 年の 1722 戸から 473 戸に減少、減少率は 72.5% に達した。ほぼ 4 分の 1 水準となった。農家が減少し、さらに、長井に就業の場が乏しくなったということであろう。

他方、専業農家は 1992 年には 108 戸（構成比 4.8%）とボトムになるが、その後じわじわと増加し、2015 年には 179 戸（14.7%）となった。近代工業からの定年帰農が増え（形式上専業農家）、また、兼業の多くは離農していったことを示している。表 2―14 では、専業農家だからといって生計が成り立つほどの農地を所有しているかどうかはわからない。定年帰農の多くは零細規模の水稲中心の農業であることが指摘される。

表 2―15 は、長井市の地区別の農家戸数を示している（2015 年）。市内 7 地区のうち農家戸数が多いのは、西根地区であり 355 戸を数える。ただし、2000 年に比べると 170 戸の減少、減少率は 32.4% を数えている。2000 年から 2015 年の 15 年間で、長井全体の農家数は 35.3% 減となったが、最大の減少率を示したのが豊田地区（41.2%）であり、以下、致芳地区（40.0%）、中央地区（35.6%）、平野地区（33.4%）、伊佐沢地区（28.3%）であった。

地区によって多少のバラツキはあるものの、15 年でほぼ 3 分の 1 の農家が退出していったことになる。また、後の表 2―17 によると、2015 年の長井市の農業経営体数は 826 と報告されており、農家 1217 戸のうち約 400 戸は多様な事情から委託に出しており、自身は営農していない可能性が高い。2015 年

表2—16　長井市地目別経営耕地面積の推移

区分	総面積	田		稲を作った田		稲以外を作った田		畑		樹園地	
		面積	%	面積	%	面積	%	面積	%	面積	%
1992	3,207.9	2,872.0	89.5	2,464.3	76.8	396.1	12.3	187.7	5.9	148.2	4.6
1995	3,104.5	2,789.5	89.9	2,616.9	84.3	159.0	5.1	208.0	6.7	107.0	3.4
1997	3,045.8	2,764.7	90.8	2,304.1	75.6	303.4	10.0	195.8	6.4	85.3	2.8
2000	2,985.8	2,733.0	91.5	2,057.1	68.9	497.7	16.7	179.0	6.0	73.8	2.5
2005	2,816.8	2,630.1	93.4	1,929.3	68.5	645.2	22.9	138.4	4.9	48.3	1.7
2010	2,761.6	2,579.3	93.4	1,803.8	65.3	725.1	26.3	134.3	4.9	48.0	1.7
2015	2,968.0	2,772.3	93.4	1,960.3	66.0	780.3	26.3	154.3	5.2	41.3	1.4

注：単位＝ha
　　樹園地については、1992年には桑園が56.2 haを占めていたが、2000年には0になっている。
資料：表2—14と同じ

には1217戸に減少した長井の農家戸数の内側には、生産委託、専業農家（集団）による大規模受託や小規模な果樹、花卉栽培、畜産、さらに、零細規模の定年帰農の専業農家など、多様なあり方が内包されているのである[6)]。

（2）長井農業の基本構図
——水稲ベースの大規模化、複合経営と、果樹の専業に展開

全国的に農家戸数が激減している中で、長井も農家戸数の減少が著しい。そのような農家戸数の減少が重なっていくと、農業構造が大きく変化していく。農家1戸あたりの農地の面積は増大し、農業の形も異なってこよう。かつてのように小規模、兼業、水稲化といったことばかりではなく、専業化と生産委託などが拡がっていくであろう。さらに、転作のあり方、園芸、果樹、花卉、畜産業への展開など、小規模、兼業、水稲化に特色づけられてきた戦後の日本の農業は、現在、大きな転換点にある。

▶田の比重が高まり、1経営体あたりの面積が拡大傾向

表2—16は山形県の統計であり、長井市の地目別経営耕地面積の推移を示している。先の農地面積を扱った表2—13の結果に比べてやや少なめに出ている。この表2—16によると、長井市の経営耕地の総面積は1992年の3207.9 haから

表 2―17　長井市経営耕地別経営体数

区分	計	経営耕地なし	0.3 ha未満	0.3–0.5 ha	0.5–1.0 ha	1.0–1.5 ha	1.5–2.0 ha	2.0–3.0 ha	3.0–5.0 ha	5.0 ha以上
2010	1,037	23	17	101	211	169	102	151	139	124
2015	826	6	9	60	149	116	111	116	123	136

注：単位：経営体
農業経営体とは、農産物の生産を行なうか又は委託を受けて農作業を行なう者（面積・頭数要件あり）。
資料：表 2―14 と同じ

2015 年は 2968.0 ha へと 239.9 ha の減少、減少率は 7.5% であった。この中で、田の面積は 1992 年の 2872.0 ha から 2015 年には 2772.3 ha へと 99.7 ha の減少であるが、この間、耕地面積に対する田の構成比は 89.5% から 93.4% へと増加している。

また、畑や樹園地は減少傾向にある。畑はこの間、187.7 ha（構成比 5.9%）から 154.3 ha（5.2%）へ減少、樹園地は 148.2 ha（4.6%）から 41.3 ha（1.4%）へと 106.9 ha も減少している。特に、樹園地については、1992 年には桑園が 56.2 ha を占めていたのだが、2000 年にはゼロになっている。また、転作に関しては稲以外の作物を作った田の面積として出ている。1992 年には 396.1 ha と耕地面積全体の 12.3% であったのだが、2015 年には 780.3 ha と 26.3% を占めるものになってきた。

1992 年以降といえば、長井の基幹産業であった電子部品のアジア展開が加速し、マルコン電子、ハイマン電子などの長井の看板企業が低迷感を深め始めていく時期である。以後、長井の雇用環境は厳しくなっていくのだが、農業においては田の比重が高まっていくのであった。先に「兼業化が水稲化を促す」と定式化したが、表 2―16 の 1992 年以降の田の相対的な増加は、定年帰農、高齢帰農で田以外にできない場合、あるいは、高齢化による野菜栽培等の困難などが背景にあるものとみられる。「兼業化が水稲化を促す」段階から、1992 年以降は、高齢化が野菜栽培を困難にし、小規模水稲栽培に従事したり、あるいは、転作、水稲の委託生産などが増大していったことをうかがわせる。

表 2―17 は、長井市の経営耕地別の経営体数を示している。この経営体とは

「農業の生産を行なうか又は委託を受けて農作業を行なう者」と定義される。長井の経営体数は2010年には1037であったが、2015年には826に減少している。この2010年と2015年の耕地面積を比較すると、1.5 ha以下は減少、1.5 ha以上がやや増加し、5 ha以上は124から136経営体に増大していることがわかる。

この点、長井の1農家当りの耕地面積は1975年には1.11 haであったのだが、1990年には1.48 ha、2000年1.74 ha、そして、2015年には2.55 haに増大していることが興味深い。近年、全国的に離農する農家が多く、農地の賃貸、売却が進み、1戸当りの耕地面積は拡大傾向にあるが、戦後の農地解放以後、1.1〜1.2 haで推移していた本州以南の耕地面積は、ここに来て一気に拡大傾向にある。長井の耕地面積もほぼ同様の流れの中にあるといってよい。

表2—17では面積区分の最大が「5.0 ha以上」でくくられているが、後の第7章でみるように、実際には専業農家集団が法人化し、100 ha規模になっている場合もある。個別の家族経営の専業農家が耕作可能な面積は水稲を基礎にする場合は20 ha程度とされており、長井においても20 ha規模の耕作面積を抱える専業農家が拡がりつつある。また、農業法人による大規模受託経営の場合は、50〜100 haは少なくない。こうした点からすると、長井市に限らず全国的に、表2—17の面積区分は、「5.0 ha以上」が最大では実態が伝わりにくくなってきた。「10 ha以上」「20 ha以上」「50 ha以上」、さらに「100 ha以上」の区分が必要になってきているように思う。

▶長井の農作物と転作作物

耕地面積の90％以上が田とされる長井、転作分を除けば、水稲以外の作物の種類は非常に少ない。表2—18は2015年の長井市の家族経営の経営体（779）についての農作物、面積を地区別に示したものである。長井市農業の2015年の経営体数は表2—17によると826とされていることから、47経営体は家族規模を超えている大規模受託、集落営農などであろう。長井市全体の耕地面積は2968 haであり、家族経営の経営体の面積は1899 haであることからすると、799の経営体は1経営体当り2.4 haということになる。逆に、47の大

表2―18　長井市地区別作物別経営体数及び面積（2015）

区分	作付総数	稲	麦類	雑穀	いも類	豆類	工芸農作物	野菜類	花き類・花木	果樹	その他
経営体数（経営体）											
長井市	779	739	1	55	28	127	11	181	23	88	42
中央地区	49	48	―	1	5	10	―	12	3	2	2
致芳地区	84	82	―	4	6	21	2	23	1	5	2
西根地区	222	214	1	41	2	30	3	38	7	19	4
平野地区	160	155	―	4	1	29	―	32	7	9	23
伊佐沢地区	100	84	―	1	11	3	6	48	4	44	5
豊田地区	164	156	―	4	3	34	―	28	1	9	6
面積（ha）											
長井市	1,899	1,627	x	28	x	101	4	43	20	37	37
中央地区	x	61	―	x	―	4	―	4	1	x	x
致芳地区	x	155	―	2	―	9	x	3	x	x	x
西根地区	x	548	x	22	x	35	x	7	10	4	1
平野地区	x	369	―	x	x	19	―	8	8	3	12
伊佐沢地区	x	91	―	x	1	―	3	14	x	27	7
豊田地区	x	403	―	1	x	33	―	6	x	2	9

注：この数値は農業経営体（家族経営）のものである。
資料：表2―14と同じ

規模経営体の1経営体当りの面積は22.7 haということになる。現状ではこのような二極構造が形成されつつある。なお、大規模受託の経営体の場合、転作受託から始まる場合が多いが、長井の現状では転作4分の1、水稲4分の3程度のバランスが少なくない。

表2―18は家族経営規模の場合を示しているが、この場合には、栽培面積規模では稲1627 haと85.7％を占めていた。豆類は101 ha（5.3％）、野菜類43 ha（2.3％）、果樹37 ha（1.9％）などとなっている。圧倒的に稲が多く、野菜類が少ない。地区別でみると、西根地区（35 ha）、豊田地区（33 ha）では豆類が相対的に多く、伊佐沢地区（27 ha）では果樹、西根地区（10 ha）では花き類・花木が多い。

経営体数でみると、稲を作付けしているところは739経営体と全体の94.8％を占め、逆に稲を作付けしていない経営体は40経営体（5.2％）ということになる。これらは伊佐沢地区の果樹農家の場合が多いであろう。なお、比較的果

表 2—19　長井市作物別転作面積の推移

区分	2011		2012		2013		2014		2015	
	ha	%	ha	%	ha	%	ha	%	ha	%
大豆	368.2	37.6	357.4	37.2	356.4	38.6	432.6	43.7	353.5	32.1
飼料作物	163.1	16.7	162.2	16.9	169.2	18.3	174.7	17.6	178.5	16.2
そば	75.5	7.7	77.0	8.0	59.7	6.5	62.3	6.3	67.4	6.1
加工用米・備蓄米・新規需要米	136.1	13.9	133.5	13.9	112.0	12.1	193.2	19.5	270.4	24.6
野菜	92.4	9.4	97.6	10.2	104.5	11.3	102.2	10.3	108.8	9.9
花き・花木	16.8	1.7	13.7	1.4	13.7	1.5	14.9	1.5	14.1	1.3
果樹	23.5	2.4	21.2	2.2	21.0	2.3	20.0	2.0	19.0	1.7
その他	103.9	10.6	97.2	10.1	88.0	9.5	80.3	8.1	88.1	8.0
合計	979.5	100.0	959.8	100.0	924.5	100.0	990.2	100.0	1,099.8	100.0

単位：ha、%
資料：長井市農林課

樹の多い西根の場合は、水稲と果樹の複合経営となっている。

平均 2.4 ha の農地で稲栽培の面積の比重が 85%（平均 2 ha）となると、稲の生産量は約 200 俵となる。栽培法や栽培品種にもよるが、JA 渡しの米の粗収入は 250 万円前後となろう。ここから、種苗代、肥料代、機械の償却費等が差し引かれていくことになる。そして、残りの 15% の農地に何かを栽培し（畜産もある）、いくばくかの収入を得ていくことになる。これが長井の家族経営の経営体の平均的な姿である。

表 2—19 は減反に伴う転作の状況を示している。表 2—19 は 2011 年から 2015 年までを示しているが、全体的には大豆が 30% 超と最大であり、他で目立つのは加工用米・備蓄米・新規需要米であり、作付面積が 2011 年の 136.1 ha（構成比 13.9%）から 2015 年は 270.4 ha（24.6%）に拡大している。その他としては飼料作物 178.5 ha（2015 年、16.2%）、野菜 108.8 ha（9.9%）などとなっていた。2018 年度からは減反政策がなくなり、転作作物についての補助制度の行方も不明である。今後は、各経営体が独自の判断で栽培作物を考えていく時代になりそうである。

表 2—20 は、長井市の畜産の状況である。長井は米沢牛の産地でもあり、2015 年には肉用牛の飼養経営体が 37 戸を数え、飼養頭数も 1073 頭となった。1 経営体当り 29 頭となる。年間ほぼ 500 頭が市場に出されていくことになる。

表2—20　長井市家畜等を販売目的で飼育している経営体（2015）

区分	乳用牛		肉用牛		豚		採卵鶏	
	飼養経営体数	飼養頭数	飼養経営体数	飼養頭数	飼養経営体数	飼養頭数	飼養経営体数	飼養羽数
長井市	11	465	37	1,073	2	x	3	4,100
中央地区	2	x	3	x	—	—	2	x
致芳地区	3	79	3	x	1	x	—	—
西根地区	1	x	5	128	—	—	1	x
平野地区	3	80	11	x	1	x	—	—
伊佐沢地区	—	—	7	221	—	—	—	—
豊田地区	2	x	8	x	—	—	—	—

注：単位＝経営体、頭、羽
資料：表2—14と同じ

乳用牛の飼養経営体は11戸、飼養頭数は465頭、1経営体当り42.2頭となった。家族経営で40頭の乳用牛を飼養すると、ほぼ専業の形となり、水稲、野菜等の栽培は自家用レベルに限定されるであろう。豚の飼養農家は2軒、採卵鶏の飼養経営体は3軒、飼養羽数は約4100羽であった。

長井は水稲が優先される農業地域であるが、市場で評価の高い米沢牛の産地の一角でもあり、意欲的に肉用牛の飼養に取り組んでいる経営体も少なくない。ただし、近年、子牛価格が急騰し、事業採算性を圧迫している。国内市場はやや縮小気味だが、全国には数千頭を飼養する大規模経営体も登場し、また、海外からの要請も大きい。小規模畜産家をベースにする米沢牛の場合、市場の動向に攪乱されることなく、品質の向上、ブランドの維持・発展を指向していくことが求められよう。

以上のように、長井の農業は特に戦後の近代工業化の中で、兼業、水稲化が基本にあり、一部（伊佐沢地区、西根地区）に果樹栽培が行なわれ、米沢牛の飼養もみられる。ただし、近年、近代工業の部分が縮小し、質的な転換も予想される。そのような中で、兼業できた多くの小規模農家は高齢化等により、農業から退出していく場合が少なくない。今後は、後の章でみるように、水稲は大規模受託がメインとなり、小規模の専業農家は園芸、果樹、花卉、畜産などで付加価値の高い経営に向かう事が予想される。兼業、水稲できた長井の農業は、大きな転換点に立っているといえそうである。

4. 農工のバランスのとれた田園都市に向かう

長井は江戸時代には米沢藩の前衛として物流拠点、農村商業都市を形成、併せて、養蚕、農間余業の織物業を展開、そして、明治以降は器械製糸、長井紬などを広く展開する産業都市としての歩みを重ねていった。その後、物流が舟運から鉄道に転換していく時期に、早くも郡是、マルコン電子といった有力企業の誘致に成功、第2次大戦後の高度経済成長期にはコンデンサ生産のマルコン電子が急拡大を遂げ、一気に企業城下町、農村近代工業都市に転換していった。

この間、広範に拡がる農村地域は、近代工業に対する労働供給を担っていった。この点、地域サイドからすると新たな就業機会、稼得機会となり、長井の農村の人びとは農業から新たな製造業に大きく移動し、豊かな農村工業都市を形成していったことを意味する。1970年から1990年という日本の地方圏の人口減少が進む時期にも、人口が3万3000人前後と安定した状況を築き、世間から注目されていたのであった。

だが、その後、1990年代に入ると、基幹のマルコン電子等の電気機械・電子部品の領域がアジア、中国への移管となり、一気にそれらが縮小していく。製造品出荷額等はほぼ半分に減少となり、就業機会も大きく縮小していった。1990年代の中頃からここまでのほぼ20年、現象的にはそのような状況が続いている。

この間、小規模、兼業、水稲に特色づけられた農業部門も大きく変化していく。高齢化、担い手不足、離農が重なり、他方で、製造業が受け皿としての機能を脆弱化させている中で、1995年頃から急激な人口減少過程に入っていった。だが、このような縮小過程は全国の地方、及び地方小都市が共通して直面している状況であり、そのような中でどのようなあり方を目指すかが問われている。むしろ、長井が直面している状況は全国の地方小都市が直面している問題を先鋭的に示しているといってよい。長井の取組みは全国の地方小都市の先端にあたるものであり、その取組みは各地に重大な示唆を与えるものとなろう。

長井のこの20年の苦しみの中で、新たにみえてきたことは、一つに、大型の企業誘致などは現実的ではなく、レベルの高い機械系中小企業による高度な技術集積構造を形成していくことであり、他方で、事業的な可能性の期待できる新たな農業の形成であるように思う。

機械系中小企業の集積については、マルコン電子以来のレベルの高い部品加工、専用機製作、そして、中小企業の独立創業が重なっていることが注目される。これらについては後の章で詳述していくが、全国的にも例がない形で進んでいる。特に、機械工業集積の総合的な力がないと存在しえない専用機メーカーが人口3万人弱の内陸の地方小都市に十数社存在していること、また、この新規創業の乏しい時代に機械金属系中小企業の独立創業が観察されることは、長井の中小企業集積、機械金属工業集積の実力と可能性を示しているようにみえる。さらに、これらの意欲的な中小企業にはほぼ確実に後継者がいることも注目される。彼らは技術を高度化し、特色のある事業体に向かうことが強く意識している。あたかも、ヨーロッパによくみられる環境の良い農山村地帯に高いレベルの世界的な中小機械工業が点在するという新たな時代が到来しつつあるように思う。ここから世界に向けた取組みを重ねていくことが期待される。

他方、戦後、小規模、兼業、水稲化に特色づけられてきた日本の農業は、大きな転換期を迎えているが、この長井においては、専業農家（集団）による大規模受託、リンゴ、ブドウ等の小規模ながらも付加価値の高い専業的な果樹栽培という二つの方向に新たな可能性がみえ始めていることが注目される。長い間の近代工業化による豊富な就業機会により、小規模、兼業、水稲の可能性が乏しいことが痛感され、離農も進み、ここに来て一気に大規模受託、果樹専業などの可能性が鮮明化してきた。それらは戦後から50年ほどの間当然とされていた小規模、兼業、水稲の限界が痛感され、事業としての農業が強く意識されてきたことを意味する。こうした領域に踏み込んでいる農家には明らかに後継者もいる。彼らは長井の農業に新たな可能性を見出しているのであろう。

このように、1990年代の中頃から続いている縮小の中で、新たな方向もみえ始め、若者たちがそうした方向に向けて取組み始めている。それは、縮小し、方向もみえない全国の地方小都市の産業化のあり方に新たな可能性を示すことになろう。そのような点を意識しながら、以下に続く各章では、長井の中小企業、農家の新たな取組みに注目し、今後の可能性をみていくことにしたい。それは、東北内陸の小都市が、新たな時代の豊かな「農工のバランスのとれた田園都市」に向かうことを意味しているように思う。

1） このような問題については、関満博『中山間地域の「買い物弱者」を支える――移動販売・買い物代行・送迎バス・店舗設置』新評論、2015 年、を参照されたい。

2） 日本の事業所、製造業事業所の減少の意味については、関満博『日本の中小企業――少子高齢化時代の起業・経営・承継』中公新書、2017 年、を参照されたい。

3） 京浜地区の産業集積、技術集積については、関満博・加藤秀雄『現代日本の中小機械工業――ナショナル・テクノポリスの形成』新評論、1990 年、関満博『フルセット型産業構造を超えて――アジア新時代のなかの日本産業』中公新書、1993 年、同『空洞化を超えて――技術と地域の再構築』日本経済新聞社、1997 年、同『現場発ニッポン空洞化を超えて』日経ビジネス人文庫、2003 年、を参照されたい。

4） この間の事情については、本書補論 2 を参照されたい。

5） 日本海側最大の近代工業地域を形成した富山県西部の高岡市周辺の近代工業化と農業の状況については、関満博「『富山型』集落営農の展開――礪波平野と近代工業都市高岡の兼業農業地帯」（『明星大学経済学研究紀要』第 48 巻第 2 号、2016 年 12 月）、また、東北の中小都市で、戦後、最も近代工業化に成功したとされる北上市については、関満博『「地域創生」時代の中小都市の挑戦――産業集積の先駆モデル・岩手県北上市の現場から』新評論、2017 年、を参照されたい。

6） 農家の定義は実に難しい。家業としてみた場合、専業と兼業があり、経営計画が認定されていると認定農業者となる。また、経営体という言葉もあり、ここには他人の土地を受託で耕作している農家も含む。さらに、認定農業者であっても兼業農家の場合があり、専業農家でも耕作委託に出している場合もある。農業センサス等の統計からは、それらの実態は把握できない。

第3章 マルコン電子と関連地元中小企業

――地域産業、中小企業に広範な影響を与える

戦前に誘致され、戦時中は軍需工場として歩んだ東芝長井工場は、戦後、東京電器として復活し、当初、苦難の時期を重ねたが、1950年代のラジオの本格放送、1955年のTV放送開始により一気に電子部品の市場が拡大、1960年以降、急速な発展を示していく。1950年の約80人の従業員から、1960年は約690人、1970年は約1450人と拡大、関連企業を含めると約2000人（ハイマン電子グループを含めると約3000人）へと拡大していった。当時の人口約3万3000人の地方小都市の長井にとっては圧倒的な存在であり、長井はマルコン電子による企業城下町を形成していった。

このような企業城下町について、私はかつて以下のように定義している。

「全国には企業城下町といわれるところが広く存在している。鉄鋼の室蘭（新日鐵）、釜石（新日鐵）、広畑（新日鐵）、福山（NKK）、造船の相生（IHI）、因島（日立造船）、玉野（三井造船）、佐世保（SSK）、さらに、自動車の豊田（トヨタ自動車）、広島（マツダ）、石炭化学コンビナートの大牟田（三井グループ）、電機の日立（日立製作所）、化学の延岡（旭化成）などはその典型的なものとして知られてきた。そして、これらのいずれも、広大な土地、優れた港湾、あるいは先行産業の存在を前提に巨大な工場が建設され、それを中心に市街地を形成していった点で共通する。景観的にも実質的にも特定巨大工場が中心になり、地域の政治、経済、社会、文化が特殊な形で編成されていったのである。むしろ、ごく最近までは、特定大企業を頂点として、地域の全ての要素が垂直的に統合されていることにより、効率的かつ巨大な生産力を形成し、地域は繁栄に酔いしれていた。巨大製鉄所などを基幹とする企業城下町の場合、小中学校の校歌に『煙たなびく』あり様が、いかにも誇らしげに詠み込まれていたのであった[1)]」

以上のような鉄鋼、造船等の古典的ともいうべき企業城下町が全国に広くみ

られるが、もう一つ、戦前、戦中の疎開、また、戦後の高度成長期の頃に電気機械、電子部品の増産の必要性から地方への工場進出が進み、あるいは誘致され、新たな企業城下町が形成されていったことも興味深い。長井はその典型的なものの一つであり、全国的にみると、由利本荘市（TDK）、米沢市（NEC）、大崎市（アルプス電気）、諫早市（SONY）、霧島市（京セラ）などが知られる。その他にも、小さな地方都市に電子部品系の企業が進出し、新たな企業城下町を形成していったのであった。戦後の高度経済成長期に賑やかな動きをみせた地方小都市の多くは、電子部品系の工場進出を背景に新たな企業城下町を形成している場合が少なくない。そして、その多くは1990年代中頃以降、アジア、中国への生産移管により、新たな問題に直面することになっていった[2)]。長井はそのようなケースの典型というべきであろう。

このような新たな電子部品系の地方小都市に形成された企業城下町の場合、鉄鋼、造船、自動車などのような巨大な敷地面積を占めることはなく、高密度な労働集約的な工場となるため、景観的にはそれほど圧倒的というものではない。だが、地域の人びとの意識はその企業向かい、関連中小企業が生まれ、その特定企業の動向が地域に重大な影響を与えていく点では変わりはない。戦後に典型的に発展した地方小都市の企業城下町化の意味するものが、長井に深く投影されている。この章では、戦後のマルコン電子の歩みとその関連で生まれた中小企業に注目し、地方小都市が形成した電子部品系企業城下町の意味をみていくことにする。

1．企業城下町形成と地域産業

先の第１章、第２章でみたように、長井の歴史は産業化の歩みであった。藩政時代の養蚕、生糸、織物業の振興、明治初期の器械製糸の取組み、農間余業としての長井紬の拡がり、戦前期におけるグンゼとマルコン電子の誘致と、常に時代の先端に立ち、産業化を推進してきた。そして、戦後の高度経済成長期には誘致したマルコン電子がブレークし、企業城下町として繁栄を謳歌することができた。先人の取組みが地域の人びとに豊かさを提供してきたのであろう。

そして、特に、戦後のマルコン電子による企業城下町の形成は、長井の地域産業に重大な影響を及ぼしていくことになる。それは特に、以下の二つの点で注目されよう。

第1は、地域の農業に与えた点である。マルコン電子グループ、ハイマン電子グループによる約3000人の雇用に加え、周辺に中小企業が成立し、多様な就業機会をもたらすことになった。戦後まもなくの頃の長井の農村は農業と農間余業の長井紬生産が主流であったのだが、長井紬は次第に競争力を失っていった。新たな現金獲得の機会が必要になっていた。この点、新たな登場したマルコン電子をはじめとする近代工業は、人びとを出稼ぎから解放し、多様な就業機会を提供していった。農家の人びとは近代工業に吸いよせられていったのであった。

その場合、平均1.11 haとされた零細な農地は、一気に水稲に向かっていった。現在では農地の91％以上が田になっている。夫婦共に工場で働き、休日に水稲に向かうという兼業が一般化していった。また、有力な企業に勤めていれば、一定の所得に加え厚生年金も受け取ることができる。マルコン電子による企業城下町の形成は、農業に重大な影響を与え、農家の人びとを経済的に豊かなものにしていったのであった。これは長井における「幸せモデル」ということができる。反面、長井では水稲以外の野菜などの生産は脆弱なものになっていったことも指摘される。

第2は、人びとの事業意識が高まり、独立創業が活発化したという点である。マルコン電子が拡大していく中で、地元に部品加工等の可能性が拡がり、また、省力化、自動化の要請の中で機械設備を生産する専用機メーカーの登場を促していった。そして、一つの成功は周囲を刺激し、新たな中小企業の登場を呼び起こしていった。これが、地域の起業精神ということになる。東北地方の閉塞した内陸の小都市で、興味深い現象が巻き起こっていたのであった。

このように、マルコン電子の発展は就業機会の提供、新規事業者の登場という地域産業活性化に重大な影響を与えていった。とりわけ農業に与えた影響は大きい。実質的には兼業、その後の離農を促し、転作、水稲を軸に大規模受託経営、複合経営の環境を作り出していったことも指摘される。いずれにおいても、マルコン電子による企業城下町の形成、そして、その後は長井の産業経済に重大な影響を及ぼしていったのであった。

この節では、マルコン電子による企業城下町形成の歩みと、その後の展開を振り返っておくことにしたい。

(1) マルコン電子の企業城下町を形成

戦時中には軍需工場として電解コンデンサ、軍需用の紙コンデンサを生産していたが、戦後は平和産業への転換を目指していく。戦後すぐの頃の市場はラジオ用だけであり、戦前に比べても極端に少量であったため、ハップ剤、電熱器、無酸ペースト、靴墨、石鹸、ローソク等を生産し糊口をしのいでいた[3)]。

▶戦後、東京電器を設立、長井町（市）も出資

この間、日本の戦後改革が始まりだし、全国で労働組合が結成されていくが、東芝長井工場においても、1946年2月に東芝長井工場労働組合が結成されている（1946年5月現在の組合員数は566名）。さらに、戦後改革のもう一つのテーマである財閥解体に関連して、過度経済力集中排除法（1947年12月）が施行され、指定された東芝は1949年8月、企業再建整備法に基づく整備計画

かつてのマルコン電子の正門

認可申請書を大蔵大臣に提出、同年12月に認可された。

東芝の再建計画の概要は以下の通り。

① 第二会社14社の設立

② 12工場の処分（11工場売却、1工場閉鎖）

③ 16億4200万円の増資により、新資本金26億円とし、旧債務の弁済にあてる

④ 以上の措置により、会社は存続する

このようなスキームの中で、東芝長井工場は第二会社として存続する以外の方策はなく、大幅な人員整理、経営の合理化を図ることになる。1950年2月、東芝長井工場は東芝より分離され、第二会社の東京電器株式会社として発足、再建に向かっていった。この東京電器の社名は、分離独立にあたり新たな社名を付けなければならず、東芝の前身の東京電気を意識して、蓄電器の「器」を用いたとされている。また、その後（1970年）に社名をマルコン電子に改称するが、この「マルコン」については、分離独立後の商品名に苦慮し、無線電信の実用化に貢献したノーベル物理学賞受賞者のイタリアのマルコニーにちなみ、コンデンサとの複合語として命名している。

このように1950年に東京電器がスタートしたものの、赤字経営が続き経営危機に直面する。銀行借入が不可能になり、電気代、税金等の全てが未納の状況が続き、社内の備品にも赤紙が貼られる状況に陥っていった。このような事態に対し、東京電器は従業員、町民、民間企業からの借入を行なうに加え、長井町にも財政支援を要請している。これに対し、長井町は1951年3月、東京電器の株式5000株（額面25万円）を取得している。自治体が民間に投資するわが国初のケースとなった。その後、7回にわたって増資が行なわれ、長井市は1979年段階では26万0868株（額面1304万3400円）を保有していった。持株比率は、東芝94.3%、長井市2.2%、その他の株主（35名）3.5%であった。なお、2005年のマルコン電子の解散時に赤字会社であったため、長井市保有の株の価値は消滅した。

表 3—1　マルコン電子の従業員、売上額推移

年	従業員数（人）	売上額（万円）
1950	約　80	—
1955	約 210	—
1960	約 690	約 140,000
1965	約 1,140	約 140,000
1970	約 1,450	約 650,000
1975	1,289	1,042,000
1980	950	1,792,000
1985	953	2,336,000
1990	966	2,697,000

注：売上額のピークは 1984 年の 2,724,000 万円。
資料：マルコン電子株式会社『MARCON50th わが社の歩み』1992 年

▶1960 年代から急成長を遂げる

戦後、東京電器の名称で再発足したマルコン電子は、当初、苦難の中で人員整理等を重ね、実質的なスタートとなる 1950 年には従業員は約 80 人に減少していた。そして、1951 年にはラジオの本格放送が開始され、ラジオ受信機の需要拡大を促し、日本の電子工業は完全に立ち直り、また、1950 年 6 月には朝鮮動乱が勃発、日本経済は朝鮮特需により大きく復活していった。そして、1955 年には TV 放送が開始され、一気に電子部品の市場は拡大していった。1960 年代は TV の普及により、コンデンサ事業は発展軌道に乗っていったのであった。

マルコン電子についてみると、1960 年固体タンタルコンデンサ生産開始、1965 年厚膜集積回路（MC—PACK：Marcon Miniature Circuit Package）製造開始、1971 年バリスタ量産試作開始、1972 年高圧直流フィルムコンデンサ生産開始、1977 年樹脂ディップ型フィルムコンデンサ量産開始、1982 年高周波用 MPP コンデンサ量産開始、チップ型タンタル固体電解コンデンサを製品化、1983 年自動車用低圧高エネルギー耐量バリスタを製品化、1984 年積層フィルムコンデンサ製品化など、次々と新製品を世に送り出してきた。

この間の従業員数、売上額の推移を示す表 3—1 によると、その躍進ぶりがよくわかる。戦後の人員整理により、事実上の発足となった 1950 年は約 80 人、

1960年代に入ってから急速な成長軌道に乗り、従業員数は1970年にピークの約1450人に達した。その後は自動化、省力化等にも取り組み、1980年以降は従業員950人前後で推移していった。この間、売上額は急激に拡大、1970年の約65億円から、1980年には約179億円と10年でほぼ3倍増となり、1984年にはピークの約272億円を記録している。この他に関連のグループ企業もあり、ピーク時のグループ全体の従業員数は約2000人（ハイマン電子グループを含めると約3000人）となっていった。売上額もグループ全体で400億円前後に達していたのであった。

▶幅広く関連企業を展開

以上のような歩みの中で、マルコン電子は実に多くの関連企業を設立している。主な関連企業をあげると、朝日金属工業（1970年設立、本書第3章2—⑴）、川西電子（1967年、現ケミコン山形米沢工場、本書第3章1—⑵）、国見電子（1969年、現在も東芝資本の国見メディアデバイス［福島県国見町］、各種モジュール開発）、ハイマン電子（1972年、本書第3章2—⑶）、マルコンデンソー（1974年、飯豊町、デンソー、アンデン、日本ケミコンの合弁。2018年6月にデンソー山形に）、ハイマンパーツ（1981年、2001年廃業）、日重マルコン岩手工場（1986年、現ケミコン岩手和賀工場[4)]）などがある。

これらの中で、長井地区で健在なのは、縮小してはいるが、旧マルコン電子を引き継ぐケミコン山形、独立系となった朝日金属工業、川西電子を引き継ぐケミコン山形米沢工場（川西町）、そして、デンソー山形（飯豊町）であり、ハイマン電子は2003年に加賀電子グループに譲渡されている。

▶1995年前後の事情

1995年4月に、マルコン電子が日本ケミコンに買収されることになったが、その前後の事情は以下のようなものであった。

1995年当時の年の売上額規模は約250億円、従業員は約860人（男性485人、女性377人）であった。日本にはコンデンサの有力メーカーが多いが、当時のライバルは日本ケミコン、ニチコン、松下電器（現パナソニック）、エル

図3—1　マルコン電子グループの関連図

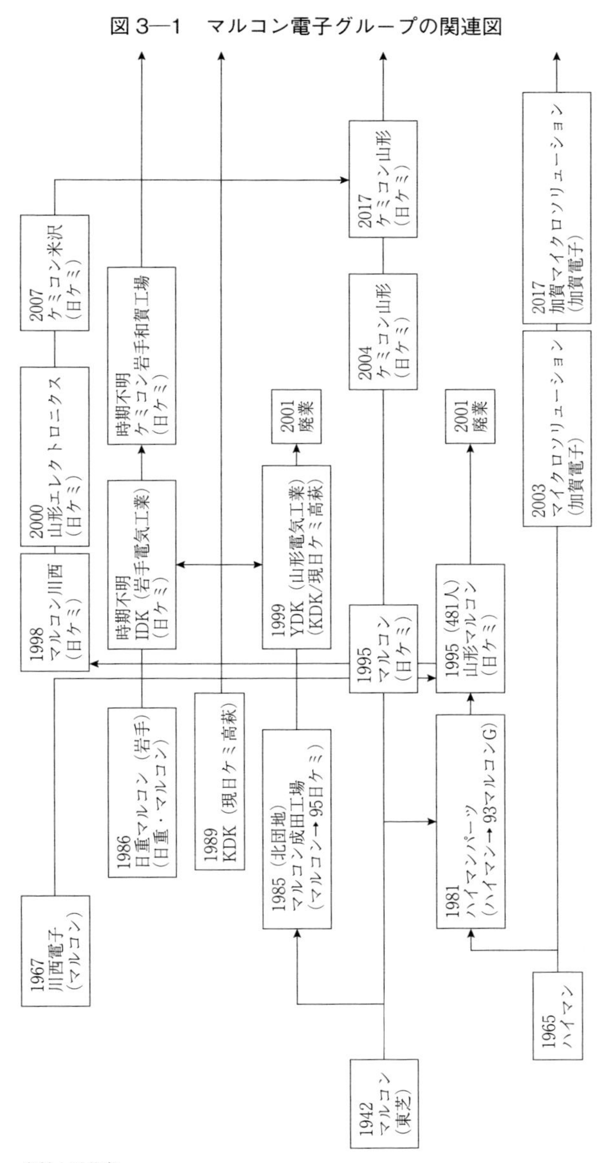

資料：長井市

ナーの4社であり、マルコン電子を含めた5社が有力企業とされていた。当時のマルコン電子の製品構成は、アルミ電解コンデンサ（売上額の構成比54.6%）、フィルムコンデンサ（14.2%）、固定バリスタ（5.5%）、固定積層セラミックコンデンサ（4.8%）、固定タンタルコンデンサ（7.7%）、その他13.2%であった。当時、すでにアルミ電解コンデンサは競争力を失いつつあり、海外に移管され始めていた。その後は固定コンデンサを主力としていくことになっていた。

グループ企業は、川西電子が従業員205人、小型アルミ電解コンデンサ生産に従事していたが、海外移管が課題とされつつあった。ハイマンパーツは従業員228人で小型アルミ電解コンデンサの生産であり、川西電子と状況は同じであった。また、海外は1974年に韓国で大韓マルコンをスタートさせていたが、韓国の人件費の上昇、労働争議の過激化等により、1985年頃には撤退している。これに対し、マレーシアでは1984年に東芝エレクトロニクスマレーシアのコンデンサ部門を分離独立させ、マルコン電子100%出資の東芝キャパシタ・マレーシア（TCM）を設立している。このTCMがマルコン電子の海外拠点とされていた。1995年段階では、TCMは従業員527人、小型アルミ電解コンデンサを生産している。この進出は東芝サイドの要請に加え、マルコン電子自体の海外展開の必要性によっていた。このTCMの販売先は主としてアメリカであった。このTCMは、現在、ケミコン（マレーシア）となっている。

このような事情の中で、1995年4月にマルコン電子は日本ケミコンに譲渡された。当時、日本ケミコンは固定コンデンサを保有しておらず、買収の最大のポイントはその点にあったとされる。1995年2月21日の『山形新聞』の報道は、地元に大きな衝撃を与えたのであった。

以上のように、戦前期に長井に進出し、戦後の高度成長期に躍進を遂げたマルコン電子の存在感は大きく、長井地区の電子部品産業化に重大な影響を及ぼし、関連を含めて従業員3000人規模となっていった。この1970年代から1990年代初めにかけての時期は、長井はマルコン電子が圧倒的な影響力を及ぼす企業城下町として歩んできたのであった。だが、日本の電子部品産業は1990年代に入ると一気にアジア、中国への移管を進め、それらに依存していた地域に重大な影響を与えていく。長井の場合は、この間、東芝資本のマルコン電子はコンデンサ大手の日本ケミコンに譲渡され、規模的には4分の1程度に縮小、企業城下町の時代を終わらせていったのであった。

(2) 中央地区幸町／1995年、東芝がマルコン電子を日本ケミコンに譲渡
——アルミ電解コンデンサは統合され、セラミック、フィルムが残る（ケミコン山形）

戦前から、戦後、そして、1990年頃までの長井は、先にみたマルコン電子の企業城下町としての歩みであった。そのマルコン電子が1995年4月、親会社の東芝から日本ケミコンに譲渡されるという知らせは、長井を震撼させた。実は、私はこの前後から長井に入っている。長井市が私を招聘したのは、この譲渡により長井の産業経済が大きく揺り動かされるのではないか、今後の長井の産業経済をどのようにしていくべきかが問われていたことに関わる。当初、日本ケミコン側は「リストラはしない」と明言していたのであったが、すでに、2001年9月、当時の正社員516人に対して、180人ほどの希望退職を募集している。

なお、マルコン電子時代で最も従業員数が多かったのは、1970年頃であり、本体だけで約1450人を数え、関連企業を含めると2000人を超えていた。その後、1977年頃までは1200人体制、そして、私が訪問した1995年7月現在は、マルコン電子本体だけで約860人（男性485人、女性377人）、関連の川西電子（川西町、205人）、ハイマンパーツ（長井市成田、228人）、素材供給の日

ケミコン山形の本部（旧マルコン電子）

ケミコン山形の製品群

重マルコン（北上市、36 人）で約 470 人、グループ全体で約 1330 人を数えていた。なお、1980 年代以降は、女性中心の労働集約的な形から自動機等を大量に投入し、男性主体の企業へ転身していったことも興味深い。

日本の電子部品業界をめぐる状況は 1990 年代中頃を境に激変していく。大半の領域はアジア、中国に移管されていく。電子部品企業をベースに成り立っていた全国の小さな企業城下町は大きく揺り動かされていくのであった。

▶マルコン電子以来の２社が合併してケミコン山形となる

マルコン電子時代については、先の 1—（1）で詳述したことから、ここでは日本ケミコンに譲渡されて以降の状況をみていく。

日本ケミコンがマルコン電子に関心を寄せたのは、セラミック系、フィルム系の固定コンデンサが充実していたことによるとされる。合わせて、日本ケミコンとしては出遅れていた ASEAN について、マルコン電子がマレーシアに工場（TCM）を有していることが魅力的に映ったようであった。

なお、現在のケミコン山形は、2017 年 4 月、旧マルコン電子と旧川西電子が合併して成立している。マルコン電子は 1995 年の日本ケミコンへの譲渡後、2004 年にケミコン山形に名称を変更、また川西電子は 1995 年の譲渡後、2000 年には山形エレクトロニクスを設立、さらに、2007 年にはケミコン米沢に社名を変更していた、そして、2017 年 4 月、ケミコン山形とケミコン米沢が合併し、それぞれケミコン山形長井工場、ケミコン山形米沢工場となった。長井工場は車載向けが中心、米沢工場は主として半導体、建機向けとされていた。

▶日本ケミコンの中におけるケミコン山形の位置

ケミコン山形の製品は大きく固定デバイスと DL キャパシタ（電気二重層キャパシタ）であり、日本ケミコン全体の売上額の 7% 程度の比重であるが、固定デバイスは国内市場の 60%、海外市場の 40% を握っている。期待されている DL キャパシタはケミコン山形独自のものである。

日本ケミコンとは日本を代表するコンデンサ・メーカーの一つであり、2017 年 3 月期の売上額は 1163 億円、従業員は連結で 6849 人、単独で 1009 人を数える。国内には岩手（北上市）、宮城（大崎市）、福島（矢吹町、喜多方市）、茨城（高萩市）、新潟（聖籠町）に工場を展開、海外工場もアメリカ（2工場）、韓国、台湾、中国（青島、無錫、東莞）、マレーシア、インドネシアに展開している。なお、インドネシア工場はケミコン山形をマザー工場とするバリスタの量産工場とされていた。

2017年末の長井工場の従業員は234人（男性152人、女性82人）、米沢工場は170人（男性109人、女性61人）、計404人（男性261人、女性143人）と、女性主体の企業として歩んできたマルコン電子〜ケミコン山形は、いつの間にか自動機等が優越する男性主体の工場に変わっていたのであった。なお、長井工場の敷地は5haと広大なものであり、建物は3万9600 m^2 もある。この中には、長井工場の機能の他に、日本ケミコン本体の製品開発部門が100人ほど常駐していた。長井工場の敷地の中に約350人が勤務していることになる。

ケミコン山形が次世代技術として期待しているのはDLキャパシタ。このDLキャパシタは従来の電池の問題点を大きく改善するものとして注目され、車載用として採用されていくことを期待していた。従来の電池は「貯蔵できるエネルギーは多いものの、一度に出し入れできるエネルギーは少ない」。これに対しDLキャパシタは「貯蔵できるエネルギーは少ないものの、一度に出し入れできるエネルギーは多い」。例えば、自動車に採用された場合、減速時のエネルギーを瞬時に大量に蓄え、素早く取り出して電装部品の駆動電力に使用。実用走行時で約10％の燃費改善効果が見込まれるとしていた。

クルマ関係に多用される

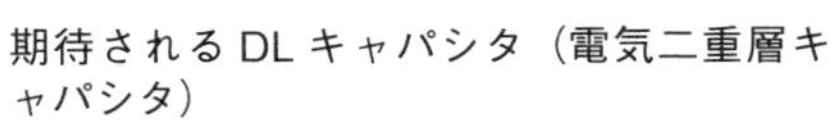
期待されるDLキャパシタ（電気二重層キャパシタ）

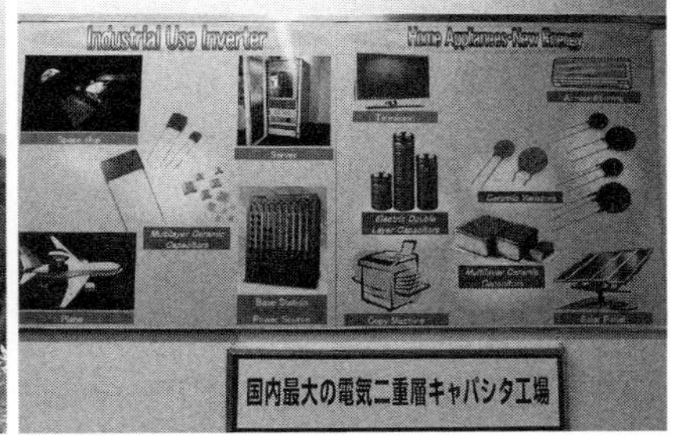

▶地域のリーディング企業として

このように、マルコン電子が東芝から日本ケミコンに譲渡されて20年強、女性主体の企業から男性主体の企業への転身、固定デバイスとDLキャパシタへの展開等、国内で電子部品、コンデンサ・メーカーが生き残っていくための取組みが重ねられている。かつてのマルコン電子グループ全体で約2000人といわれた時代からすると、ほぼ6分の1規模に縮小した。このことにより、地域経済に対する影響力は低下しているが、世界の先端で競争している企業として、地域に与える影響は少なくない。

現在の長井工場の従業員は234人。この20数年の間に定年退職者も少なくなかったであろうが、旧マルコン電子時代から継続して働いている人が、現在、約150人とされていた。かつてほどではないが、地域の雇用に対する比重も大きい。今後、長井の産業の置かれている意味も大きく変わっていく。その変化の方向を受け止めながら地域のリーディング企業として、新たな可能性に向かっていくことが期待される。

2. マルコン電子関連中小企業の展開とその後

特定企業が発展し、企業城下町を形成していくと、特定企業と深い関わりをもつ多様な関連中小企業が生まれてくる。その場合、在来の中小企業が特定企業に歩み寄り、一部の生産の代替、部品加工、機械設備の提供、メンテナンス対応などに踏み出すケースがみられる。もう一つは、特定企業の要請により、既存中小企業が応えていく場合、あるいは、在来中小企業と特定企業が共同出資などにより新たな受け皿企業を作っていく場合がみられる。また、特定企業の子会社が形成されていく場合などもある。さらに、特定企業に資材、多様な役務を提供する中小企業も拡がっていくであろう。企業城下町の形成過程では、実に多様な機能が生み出され、拡がっていくのである。

長井における、マルコン電子による出資子会社としては、朝日金属工業（1960年)、川西電子（1967年)、東根電子（1967年)、国見電子（1969年)、マルコンデンソー（1974年）があり、ハイマン電子（1965年)、トップパーツ

(1971年)、ハイマンパーツ（1981年）にもマルコン電子は出資していく。また、地元の既存企業に声かけして協力工場としていったものとしては、長井製作所、木村プレス工業、寺嶋製作所、浅野製作所、竹田製作所、斎藤製作所があり、これら7社は1962年に長井電器部品工業協同組合を結成していった。さらに、これらのうちから、竹田製作所、浅野製作所、斎藤製作所の3社は1965年に合併しハイマン電子を設立している。

マルコン電子の機械設備を支えるものとしては、初期には川崎から進出してきた飯窪製作所（1948年）が知られるが、その後はマルコン電子から独立した専用機メーカーとしてハイメカ（1970年、米沢市)、石田機械（1977年)、フューメック（1980年)、ウルテック（1991年）などがある。その他、マルコン電子から独立した部品関連の中小企業としては、ハヤマ工業（1963年)、ウメツ電子工業（1967年)、エー・エム・シー（1969年)、カトウ製作所（1978年)、長井工機（1980年)、エム・ピー・エム・ハヤマ（1991年）などがある。このように、マルコン電子の発展の中で、独立創業も活発であり、地域に多様な中小企業を成立させていった。

だが、マルコン電子は、1995年に日本ケミコンに譲渡された後は縮小傾向を深め、地域における影響力を低下させていった。それに伴い、関連中小企業も大きく揺り動かされていく。仕事量が減少し、個々の関連中小企業は何らかの対応を余儀なくされていくであろう。新しい受注先を探す、新たな領域の仕事を切り拓く、あるいは、縮小に身を委ねていく、さらに、閉鎖、譲渡などのケースもあろう。

この節では、それらの中から、新たな領域を切り拓き、独自の道を歩んでいる中小企業を3ケース（朝日金属工業、サンリット工業、トップパーツ)、新たな展開が課題にされている中小企業を1ケース（長井製作所)、そして、中央資本に譲渡されていったケース（ハイマン電子）の5ケースを採り上げ、企業城下町以降の関連中小企業の動きとあり方をみていくことにしたい。

（1）平野地区平山／マルコン電子の構内で生まれ、その後、MBO ——超小物精密プレスに向かう（朝日金属工業）

電子産業の発達にしたがい、モーターのコア、半導体用リードフレーム、電子機器用コネクタなどの小物金属部品の大量生産を必要としていった。そのためには、金型技術、プレス加工技術の進展が不可欠であったが、この領域は日本企業の得意とするところとなり、優れた金型メーカー、プレス加工企業を生み出していった。半導体用リードフレームの三井ハイテック（北九州市）、アピックヤマダ（千曲市）、エノモノ（相模原市）、キツダ（入間市、現日立金属）、後藤製作所（北上市）、また、コネクタの超小物金属部品加工に関連しては鈴木（須坂市）、エフビー（宮古市）、大村技研（横浜市）などが知られる。そして、長井にはこうした領域を担うものとして、朝日金属工業が存在している。

▶マルコン電子の構内で創業、その後幹部による MBO

朝日金属工業の創業は 1960 年、木村四郎氏が日の出町のリンゴ畑で創業し、その後、マルコン電子の敷地内に木村プレス工業を立ち上げたところから始まる。マルコン電子向けフィルムコンデンサのケース（箱）を折り曲げる仕事か

加藤雅浩氏

小物部品サンプル

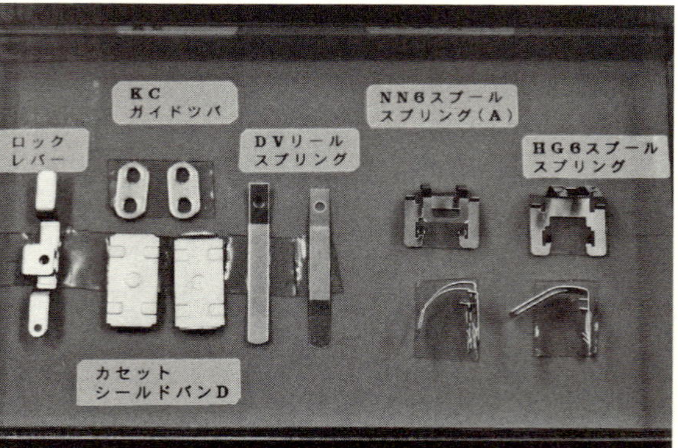

高速プレス職場

順送金型の組立・調整

らであった。1965年には社名を現在の朝日金属工業に変更している。当時の資本構成はほぼマルコン電子100%であった。だが、次第に事業が拡大し、1981年には現在地であるハイマン電子の関連会社であった長井興産の養鱒場を買取り、移転している。当時の従業員は約200人を数え、社長はマルコン電子から来ていた。

現社長の加藤雅浩氏（1965年生まれ）が入社した1983年の頃は、コンデンサ事業の再編の時期であり、朝日金属工業の従業員は28人に縮小していた。そして、1986年には、その後の事業展開の基礎となる超高速プレス専用工場を竣工させている。なお、この小物精密プレス部品への転換は1985年のことであり、日本航空電子の子会社として新庄に山形航空電子が設立され、県庁を通じて紹介されたことを契機としている。ここから、朝日金属工業は精密プレス金型製造、小物精密プレス部品生産の企業に向かっていった。それまでのマルコン電子関連とのコンデンサ関連とは別の世界に入っていくことになる。

私は1995年5月に朝日金属工業を訪れているが、当時はマルコン電子から引き継いだ日本ケミコンが筆頭株主（65%）であった。従業員65人、小物金属部品を月に3億5000万個を生産、月の売上額は1億円前後であった。また、当時の主要受注先は山形航空電子（コネクタ端子、新庄市）25%、トーキン（リレー部品、仙台市）15〜20%、日本ケミコン（コンデンサ部品、元マルコン電子）15%が主力であり、その他ではトップパーツ（電解コンデンサのキャップ、長井市）、富士工業（抵抗器端子、長野県蓑輪町）などがあった。その少し前の主力の一つであったソニーのカセットのシールド板はすでに終わっていた。それでも、現社長の加藤氏が入社した1983年から2008年のリーマンショックまでは赤字を計上したことはなかった。

この間、親会社のマルコン電子が1995年に日本ケミコンに譲渡され、仕事もコンデンサ関連が少なくなり、2005年には朝日金属工業の役員、幹部、OBたちで日本ケミコン保有の株式を買い取っている。いわば経営幹部による買収であるMBO（Management Buy Out）を実行している。現在の資本構成（資本金2000万円）は社長の加藤雅浩氏が筆頭株主で30％弱、その他の株は現役員（2人)、監査役、前社長、顧問、OB1人等から成っている。なお、前社長の横澤芳樹氏の代に関係者保有以外の株式は買い戻していた。創業50年で「地域の関係者みんなの企業」ということになった。

▶この場所で、基本プレスでいく

現在の主要機械設備は、設計・金型関係がCAD／CAM 6台、ワイヤー放電加工機2台、NCプロファイルグラインダー4台、平面研削盤7台、主力の高速プレス（25〜60トン、山田ドビー、日本電産キョーリ）51台（うち5台は独立していった鳥取工業［長井］に貸与)、自動巻取機24台、画像検査装置

小物順送プレスのサンプル

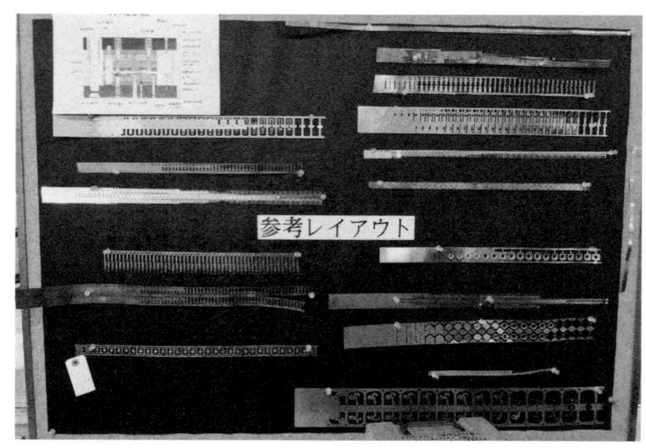

20台、さらに、測定機器としては、非接触3次元画像処理測定器（アメリカOGP社）1台、万能工具顕微鏡（トプコン）1台、精密万能投影機（ニコン、ミツトヨ）15台などから構成されている。近年の小物超精密プレス加工に従事している全国の有力企業とほぼ同様の機械設備構成であった。

2005年の新体制後すぐにリーマンショック、その後の東日本大震災と続き、受注量の減少に直面、特に、2010年から4年間は赤字に悩まされたが、2014年には回復している。この間、2006年にはマイクロコネクタの東北ヒロセ電機（宮古市）から打診があり、「航空電子の仕事ができるなら大丈夫」と評価され、取引が始まった。2017年現在の受注先は、山形航空電子が50%、東北ヒロセ電機13～14%、その他にトーキン、ソニー、アンデンがある。品物別ではコネクタ関係が80%、その他は特殊材のリレー部品などであった。朝日金属工業は当初のコンデンサ部品から、現在ではほぼ完全にコネクタ部品に転じていた。

現在の従業員は59人（女性20人）、金型関係は10人の構成であった。地元の長井工業高校の卒業生については、ほぼ毎年1人ずつ採用しており、全体で30人ほどが在籍している。コネクタの一般のものはすでに中国、アジアに移管されているが、金メッキするなどの特殊なもの、ピンのピッチの狭いもの（0.3 mm以下）は国内に残っている。さらに、今後については、「この場所で、基本プレスでいく」「センサに付いていくので、しばらくは続く」、そして、「自動車関連で、EV、自動運転用としての引き合いも多い」と語っていた。さらに、工場が手狭になり、どうするかが課題とされていた。

このように、地域の最有力企業の構内でコンデンサ部品の製造からスタートした朝日金属工業は、国内のコンデンサ市場が縮小する中で、幾つかの有力企業の紹介を受けながら超精密小物プレスのコネクタ部品に転換、2005年にはMBOにより新たな体制に変わり、コネクタを軸に今後の自動車のEV化、自動運転なども視野に入れているのであった。

(2) 豊田地区今泉／マルコン電子の協力工場として生まれ、その後、自立的展開——自動車関連のアルミ鍛造品とプラスチック成形品（サンリット工業）

戦後、マルコン電子が再開し、特に、1960年代のTVブームの時に大きく発展していくが、部品供給、組立能力が追いつかず、各方面に協力工場を求めていった。ハイマン電子や長井製作所、朝日金属工業、サンリット工業、トップパーツなどはその典型的なケースであろう。だが、その後、特にバブル経済崩壊以降の1990年代初頭の頃から、マルコン電子は失速し、1995年の日本ケミコンへの譲渡後、事業規模は一気に縮小していった。

そのような事態に対し、関連協力企業は大きく揺り動かされていく。マルコン電子の最大の協力企業であったハイマン電子は消滅し、むしろ、独自な方向を向いた朝日金属工業、サンリット工業、トップパーツは、その後、興味深い歩みを示していった。ここでは、地域にとっての新分野である自動車部品等に向かい一定の成果を上げているサンリット工業に注目していく。

なお、「サンリット」とは、三立主義が語源であり、Sun Lit（太陽に照らされた）という意味も込め、初代社長の竹田廣次氏が命名した。三立主義とは、「自立」「応立」「共立」を意味している。

▶マルコン電子の協力工場から、独自な方向に

1973年の第1次オイルショック時に、コンデンサの資材が入らなくなり、地元で供給する必要性が生じてきた。そのため、マルコン電子と関連会社であるハイマン電子に小物のアルミキャップを供給していた東京都江戸川区の三協製作所が、1974年、ハイマン電子との合弁でサンリット工業を設立している。当初は20数人でスタートし、コンデンサのアルミ・ケースを生産していった。1981年には樹脂加工品の分野にも進出し、自動車部品の生産を開始している。

私は1996年3月に、サンリット工業を訪問しているが、当時、従業員数は330人、年間売上額60億円を超える事業になっていた。事業領域はコンデンサケース、アルミの冷間鍛造（カーエアコン部品、ABS部品、HDD用スピンドルモーター部品等）、樹脂（クルマのドアバイザー、一般の照明用カバー、

インパクト加工品

冷間鍛造品

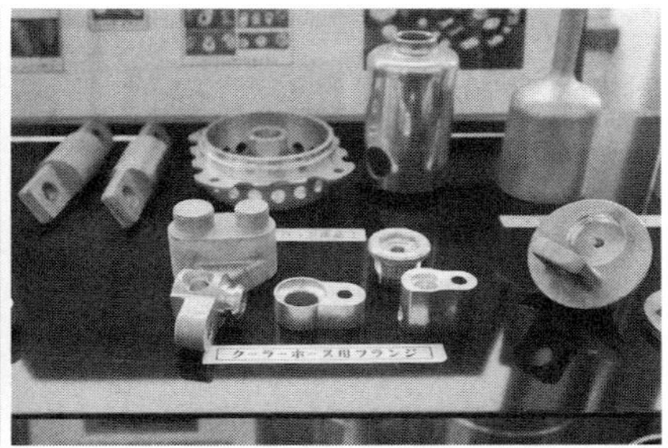

住宅関連等）であった。

この間、積極的な拡大、新規工場の設置を進めていた。1988年には隣の飯豊町にPC（プラスチック・ケース）工場を設置、1989年にはやはり飯豊町にAC（アルミ・ケース）工場を設置している。1997年には長井市時庭に切削工場を完成させている。さらに、2006年にはタイ工場、2012年にはトヨタ自動車東日本を意識し、宮城県色麻町に射出成形工場を設置している。

これらを含めて、各工場の概要は以下の通り。

今泉の本社工場は、生産機能を縮小し、現在では従業員約20人、クリナップのキッチンの引き出しの把手をアルミの押出しで成形している。これらはいわき市のクリナップに納入される。なお、社員の20人の他に、構内外注として三立から25人ほどを入れていた。この三立の構内外注は、PC工場15人、さらに、関連企業のサンリット化成にも入っていた。

時庭工場は80人、MC、NC旋盤を装備し、自動車向けの鍛造品の切削加工に従事している。また、20年ほど前にはHDDの部品の切削にも従事していたのだが、タイ工場に移管されていた。タイ工場は160人、日本人は出向の2人に加え、現地採用の2人から構成されていた。なお、HDD部品の40%程度は日本電産向けであり、その他の切削部品は自動車向けとされている。また、2006年にはHDD向け切削部品の生産のためにフイリピンに進出したのだが、競合他社に敗れて、2014年に撤退していた。

現在の主力となっている飯豊工場は、鍛造工場80人、創業以来の電解コン

HDD 部品、現在はタイに移管

自動車向けプラスチック成形品

デンサのケースを生産するAC工場55人、プラスチック成形（射出、真空）80人で構成されている。これらと間接部門を合わせ、サンリット工業の国内は350人体制となっている。

なお、2012年に宮城県色麻町に設置した工場は、トヨタ自動車東日本に納入するティア1の豊田合成向けである。

▶トヨタ関連に取組み、成果を上げる

主な受注先は、月商約7億円のうちトヨタのティア1のトヨタカスタマイジングデベロップメントが約1億1000万円（構成比20%）、豊田合成約1億円（約15%）、クリナップ約4000万円（約6%）が大きく、その他として日本電産、さらに、トヨタ系の小さなところが多い。アルミの鍛造品でスタートしたのだが、現在では樹脂の比重が50%を超えていた。受注先もトヨタ関係の比重が高まっていた。コンデンサ部品メーカーから、自動車部品メーカーに転換してきたということであろう。

なお、サンリット工業は、当初は、ハイマン電子と三協製作所の合弁でスタートしたのだが、現在では両者とも資本関係はない。むしろ、三協製作所とはライバル関係になっていた。現在の株主は現4代目社長の保科栄一氏が筆頭株主で約40%を保有している。その他としては得意先、仕入先、そして、投資育成会社であった。当初の株主は全て消え、新たなメンバーによる株式会社となっていた。

以上のように、設立当初のマルコン電子に部品を供給するというところから、現在ではトヨタ関連の自動車部品をメインとするものに変わり、資本構成も変わり、全く独自的な企業としての歩みを重ねている。トヨタ自動車東日本が拡大している現在、東北地方には大きなビジネスチャンスが到来していると思うのだが、在来の中小企業はなかなかトヨタ関連に近づいていない。そのような中で、トヨタ関連の仕事を拡大し、工場の力量を高めているサンリット工業の取組みはまことに興味深い。東北の在来の機械金属工業部門の新たな取組みとして注目していく必要がある。

(3) 豊田地区時庭／本社工場は飯豊町に移転、長井は技術センター ——マレーシア、中国にも展開（トップパーツ）

機械金属工業が優越的な長井の中小企業の中で、独自の技術領域、製品領域を切り拓き、アジア、中国に進出している中小企業が幾つか存在している。トップパーツはマレーシア（1994年）、中国蘇州（2001年）、三協製作所はタイ（2001年）、サンリット工業はタイ（2006年）、フイリピン（2008年進出、2014年撤退）に進出している。また、マークはシンガポール（1991年）、マレーシア（1994年）、台湾（1997年）、中国上海（2000年）、寧波（2003年）に進出していた。

飯豊町のトップパーツの本社工場

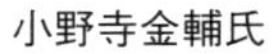

小野寺金輔氏

マークはすでに存在しないが、トップパーツと三協製作所、サンリット工業は、国内生産と海外生産を組み合わせ、独自的な展開となっている。トップパーツは長野県の中小企業の資本、三協製作所は東京の中小企業の長井工場、サンリット工業は、当初、ハイマン電子と三協製作所の合弁として出発したのだが、現在の資本は多様化している。

▶トップパーツの成立

1960年代に入るとカラーTVの市場が開ける。マルコン電子は以前からラジオ用コンデンサを生産していたのだが、白黒TV、カラーTVと続く中で、いくら作っても需要に追いつかない時代が続いていった。特に、カラーTVは白黒TVの3倍の量のコンデンサを使う。マルコン電子はコンデンサ部品の電極を東京方面から仕入れていた。他方、地元とすると、当時、女性向きの仕事は大量にあるものの、男性向きの職場が少ないことが指摘されていた。そのような事情の中で、マルコン電子の中に部品部門を作ったのだが、溶接が難しく、1年半ほどで停止していく。このような事態を受けて、マルコン電子関連の中小企業5社が500万円を出資し、1971年11月、トップパーツを設立している。初代社長には朝日金属工業の社長が就いた。

この間、長野県箕輪町の富士工業が東北進出の意向を示し、銀行を通じて打診があり、1973年2月、トップパーツに資本参加してきた。当時の富士工業社長の藤林又蔵氏は大学を出たばかりの長男の藤林一郎氏（現富士工業、トップパーツ社長）を長井に投入してくる。1974年には富士工業が土地700坪を購入し、藤林一郎氏に自由にやらせた。藤林氏は長井の銀行を回って5000万円を借り入れ、1974年には200坪の工場を建てていく。実質的に、ここからトップパーツが始まっていく。

作る製品は電解コンデンサの部品であるターミナルであり、当時、国内に40社ほどあったのだが、苛烈なコスト競争の領域であり、現在ではトップパーツと湖北工業（滋賀県長浜市）の2社しか残っていない。1個数銭の単位で取引されている。また、電子部品全般は台湾企業、韓国企業、中国企業が主流になってきたが、コンデンサはほとんど日本企業しか手掛けていない。特に、

アルミ電解コンデンサ用端子板と溶接端子

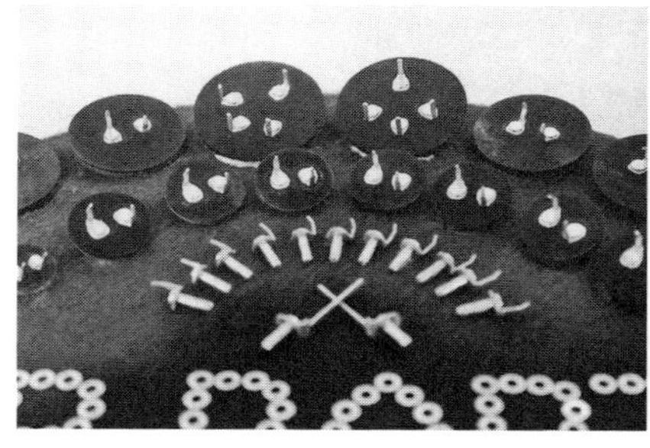

アルミ電解コンデンサ

アルミ箔の技術がそのような事情を招いている。日本ケミコン、ニチコン、ルビコン、マルコン電子（当時）、パナソニック、エルナーが代表的な企業であった。

▶国内の体制整備とアジア、中国展開

1990年代になると、コンデンサ・メーカーのアジア、中国展開が始まり、トップパーツは、1994年にマレーシア工場を設置している。2001年には中国蘇州市郊外の相城区に進出している。さらに、長井工場（土地3700坪）が手狭になり、市内に適当な移転用地がないため、隣の飯豊町の東山工業団地の土地7000坪を取得、2013年には移転している。なお、トップパーツの資本は、当初は富士工業に加え、長井の中小企業が持っていたのだが、現在では富士工業の藤林一郎氏が100％保有している。

現在、トップパーツの飯豊町への展開により、富士工業とトップパーツをめぐる構図は以下のようになっている。長野の富士工業は従業員約60人、トップパーツが開発した自動機等を投入し、コンデンサの端子（大物）、温度計のリード線等を製造している。飯豊町のトップパーツ本社工場は、ターミナル、リード線の量産工場であり、従業員約80人で構成されている。長井の旧トップパーツの本社工場は、富士工業の山形工場となり、従業員30人ほどでターミナル、リベット等の前工程を行なっている。さらに、長井工場は一部をトップパーツの技術センターとし、従業員20人ほどで自動機等の開発にあたっている。

また、マレーシア工場は組立だけであり、従業員は30人、日本人1人が駐在している。中国工場は120人規模であり、藤林社長の長男ともう1人の計2人の日本人が駐在している。富士工業・トップパーツ・グループは、大きく、長野の富士工業、飯豊町のトップパーツ、長井の富士工業山形工場、トップパーツの技術センター、そして、マレーシア、中国という構成になる。

マレーシア工場は当初からASEAN進出の日系コンデンサ・メーカーへの供給を意図していた。中国工場についても、当初は中国進出日系コンデンサ・メーカーにしか納めていなかったのだが、近年、中国メーカーから日系メーカー製部品への要求が強く、2016年から中国ローカル企業向け販売に踏み切っていた。当初は月500万個から始まり、年末には月1600万個にまで拡大し、2018年には中国向けは月2000万個が予想されている。マレーシアも月2000万個となっているのだが、日本国内は月1500個の横ばいのままで推移している。中国市場の拡大により、中国での設備投資が課題になってきているようであった。

▶世界のトップ・メーカーに

電解コンデンサ用のターミナル、端子という比較的単純と思われる部品を生産しているのだが、鉄とアルミの溶接が不可欠であり、この技術がトップパーツのコア技術となっている。この溶接の部分は飯豊町の本社工場でやっており、工場内には海外工場からの研修生も入れない。受注もユーザーサイドの設計を受けるが、OEM生産ではない。特殊技術が活かされる領域ということであろう。

ライバルは滋賀の湖北工業であったのだが、すでに差が出て、トップパーツは国内市場の70%を握っていた。海外のライバルは中国メーカーが1社、ヨーロッパにもある。トップパーツは国内1500万個、世界で5500万個を生産する世界のトップ・メーカーということになろう。

飯豊町の本社工場の工場長は執行役員の小野寺金輔氏（1955年生まれ）、地元の高校を卒業し府中の東芝学園に入り、その後、東芝に就職、鶴見工場で働いていた。結婚を契機に故郷の飯豊町に戻ることにし、地元の就職先としてマルコン電子、ハイマン電子、そして、トップパーツをイメージし、結果、1981年にトップパーツに入社した。マルコン電子、ハイマン電子は消え去ったが、トップパーツは大きく発展してきた。藤林社長は月に1回ほどしか来ない。長井からすこし離れた飯豊町の東山工業団地の中で、トップパーツは興味深い足取りを重ねているのであった。

(4) 中央地区四ツ谷／主力受注先を変えて、次に向かう
——製糸業からマルコン電子の協力企業として創業（長井製作所）

長年、特定企業の企業城下町として歩んできた地域には、その特定企業の協力企業として発展したものの、その後のその特定企業の縮小などにより大きく影響を受けていく場合も少なくない。長井の場合は、戦前期に進出してきた東芝系のマルコン電子の企業城下町として歩んできたのだが、1990年代に入る頃から日本の電子部品産業のアジア、中国進出、移管が進み、地域に出ていた仕事が減少していく。このような事態に対し、仕事を求めてアジア、中国に向かう中小企業は少なく、多くは国内で新たな受注先の掘り起こしにかかっていく。この失われた25年の間、地方の中小企業の多くは、このような取組みを余儀なくされていくのであった。

順送プレス部品

フィーダー付きプレス機

▶マルコン電子の協力企業として出発

長井市の市街地に展開する長井製作所、明治時代には製糸業を営んでおり、昭和戦前期の 1941 年 11 月、東京芝浦電気マツダ支社長井工場が設立されるが、それに際し、新規採用の従業員の社員教育の場として社屋が提供された。そして、東芝長井工場のスタートにあたり、1942 年 7 月、その第 1 号の協力企業として長井製作所が創設されている。軍需関係の通信機用コンデンサのケース関係の仕事から始まった。製糸工場をそのまま使っての創業であった。その製糸工場の一部は現在もリノベーションされて残っている。

戦後は 1949 年 8 月、過度経済力集中排除法により東京芝浦電気マツダ支社長井工場は東芝から分離され、その後、東芝資本のまま東京電器（マルコン電子）となっていく。マルコン電子のその後の事情は先の章でみたが、浮き沈みはありながらも、戦後のラジオ、TV の普及に伴い、電解コンデンサの市場は拡大、協力企業も大いに繁栄を謳歌することができた。長井製作所の場合も 1965 年の頃には従業員も 80 人を数えていた。当時はマルコン電子の協力会的なものとして長井電器部品工業協同組合が 1962 年に設立されていた。

このように、戦後 1960 年代までは長井ではマルコン電子の影響力が強かったのだが、1971 年のニクソンショック以降、地域の中小企業全体にマルコン電子への 1 社依存であることに不安が生じ、1972 年にはマルコン電子以外の

能率機械製の高速プレス

プレスライン

仕事も取ろうとして、長井機械工業協同組合（前身は1965年設立の長井機械工業会）が設立されていく。長井製作所を中心に14社で構成された。なお、この14社のうち、現在組合に残っているのは半数の7社（5社廃業）にとどまっている。

▶主力受注先が大きく変わる

マルコン電子以外を求めて各所を模索し、トーキンの仕事は取れたのだが、それでは足りなく、山形県の紹介から庄内地方の農機具関係に進出していく。精度は電子部品に比べて相当にラフなものであった。2代目社長の横山英二氏（1948年生まれ）は日本冶金に勤めていたのだが、1978年、30歳の時に帰郷し、入社する。農機具に進出したものの、1970年以降は減反政策となり、依存度80%にも達していた農機からの脱却を図っていく。この頃が、長井製作所の第2の転機となった。家業に入った横山氏の目には「特色のない会社」に映った。当時を振り返って、横山氏は「金型技術の高度化、加工の自動化、精度を上げることを目標にした」と語っている。

私は1995年と1997年と続けて長井製作所を訪問しているが、当時すでにマルコン電子の比重はほとんどゼロになり、農機具の比重もほとんどゼロになっていた。むしろ、和光電気（東芝ライテック系、飯豊町）の複写機電源シャーシケース、住宅関係照明シャーシケース、街灯の安定器ケースなどが主力であり、受注の30%を占めていた。2番目はホクサン（北広島市）のユニットバスの壁面溶接加工15%、3番目が箕岳工業（宮城県、NOKの子会社）10%、米沢NEC、トーキンなどであった。当時の売上額は5億円弱、従業員は33人であった。当時、横山氏は今後の方向として「現在の技術の高度化、自社製品を出したい」と語っていた。

それから20年、自社製品（技術）として取り組んできた順送金型の中でタッピングを行なうという技術は完成していた。この間、受注先は大きく変わり、それまでの主力であった東芝ライテック（2013年に廃業）系の仕事は世間の水銀灯からLEDへの転換によりゼロになり、現在ではオイルシールのNOK（福島、静岡、鳥取）向けの絞り、切削加工品が全体の70%を占めている。その他としてはバイメタルサーモスタットの日本ジー・ティー白鷹工場であり、絞り、タッピング加工を提供していた。現在の従業者数は11人に縮小していた。創業以来、マルコン電子、農機具、そして、東芝ライテック系と主力を変えてきたが、いずれも一つの時代を終えていった。

▶若い後継者への期待

このような状況の中で、子息の横山和彦氏（1976年生まれ）が15年前に家業に戻って来た。業務部（受注、発注）、環境管理部、営業課長を経て、2016年には専務取締役に就いていた。2018年に70歳になる横山英二氏は「2018年の株主総会で社長を交代する」と語っていたが、2018年6月、交代した。

次を担う横山和彦氏は「新分野をやりたい」としていた。長井製作所の歩みを振り返ると、当初の製糸業から、戦中からはコンデンサのケース、そして、農機具、さらに、照明器具関係と主力を変えてきた。特に戦後はプレス金型、プレス加工技術の高度化にも取り組んできた。プレスは量産の思想が強く、そうした部分の多くがアジア、中国に移管されている現在、国内で量を期待することは難しい。

既存企業が新分野を求めていく場合、大きく三つほどの方向があるように思

横山和彦氏（左）と横山英二氏

う。一つは、これまでの技術的蓄積をベースに、その延長上の方向に向かうこと、二つ目はこれまでの受注先、流通との関連で新規事業分野を模索すること、三つ目はこれまでの事業とはほとんど関わりのない世界で新たな可能性を求めることであろう。

こうした視点からすると、長井製作所の場合は、プレス金型、プレス加工の技術蓄積をより高めながらも、量産のプレスの常識を乗り越えた小ロット、多種少量の難しい仕事にチャレンジしていくこと、あるいは、現在の主力のNOKの仕事を深堀りし、または拡げ、新たな受注可能性を模索することが賢明であろう。バブル経済を経験していない世代の横山和彦氏が、新たな発想と取組みで、次の可能性に向かっていくことが期待される。

(5) 豊田地区時庭／マルコン電子協力企業として成立、その後、EMS企業に展開した80年代の地方ベンチャーの星
——台湾資本を入れ、その後、加賀電子グループへ（ハイマン電子）

私自身、1970年代から地域産業、中小企業の研究に従事しているが、1980年代の第2次ベンチャー・ブームの頃、地方発ベンチャーとしてハイマン電子のことを聞くことが多かった。当時、東北では米沢市のハイメカ工機（現ハイメカ）とタカハタ電子、そして長井市のハイマン電子と山形県の三つの企業が注目されていた。私が長井に入り始めたのが1994年10月、アジア経営学会の報告のためであった。その会場がハイマンタスホテル（現タスパークホテル）であった。聞くと、当時、長井商工会議所会頭のハイマン電子社長竹田廣次氏（1925年［大正14］年生まれ）を中心に山形県、長井市、長井商工会議所等が協力して建設したものであった。ハイマン電子の地域における影響力の強さを感じさせられた。なお、ハイマンとは、高い人間性を示している。また、タスとはTAS（Toward Arcadia Spiral）を意味しているが、これは、19世紀末に長井を訪れたイギリスの女性旅行家イザベラ・バードが置賜地域を「東洋のアルカディア（理想郷）」と称賛したことから命名された。

▶ハイマン電子の設立から営業権譲渡まで

ハイマン電子の設立は1965年7月、当時、経済の高度成長の中で特にTV等の家電製品の需要が拡大し、マルコン電子のコンデンサの供給力の拡大が意識された。このような事態に対して、マルコン電子側から地元産業界に電解コンデンサ製造の受け皿会社を作ることが求められ、地元の竹田製作所（醤油醸造業）、浅野製作所（グンゼの協力企業の製糸工場）、齋藤製作所（長井紬製造）の3社が1965年7月に合併してハイマン電子を成立させている。当初、マルコン電子は20%の資本を保有していたが、その後、50%に拡大している。当初から竹田廣次氏がハイマン電子の社長に就き、リーダー的な役割を演じていった。

当初は、マルコン電子の電解コンデンサの製造を担うものであったが、その後、一眼レフカメラとコンパクトカメラのキヤノンオートボーイの総組立（キヤノン）、PCの組立（IBMのAptiva）等の領域にまで入っていく。1980年前後から1990年頃までが最盛期であり、1980年にはハイマン電子だけで従業員520人、グループ全体では1000人を超えていた。設立以来の事業の歩みは以下のようなものであった。

1965年7月　ハイマン電子設立（電解コンデンサ製造）
1966年3月　電子回路組立事業開始
1968年3月　紙コンデンサ製造開始
1970年11月　本社・時庭工場竣工、操業開始
1971年12月　電算機用部品事業開始
1972年2月　ハイマン商事設立、小国電子設立
1976年3月　カメラ組立事業開始
1981年5月　白鷹電子設立
　　　　6月　ハイマンパーツ設立（1993年、マルコン電子資本に）
1982年4月　ハイマン・グループ協同組合設立
1984年5月　協同組合名をハイマン・ロンド協同組合に名称変更[5)]
1987年1月　ハイマン・アゴラ設立（ホテル、飲食業）
　　　　　　㈶若者定住促進センター設立（ホテル・飲食施設保有）

1988年3月　データ・ポイント設立（電算ソフト）
1997年5月　台湾の環隆電気（USI＝Universal Scientific Industrial）が資本参加
2002年9月　山形地方裁判所米沢支部に民事再生申し立て
2003年3月　加賀電子に営業権譲渡

▶バブル経済崩壊以降、急激に縮小

振り返ってみると、ハイマン電子のビジネスモデルは、1990年代以降、台湾資本よって中国で繰り広げられた半導体・電子部品、さらにPCや携帯端末等を対象にする大規模受託生産のOEM（Original Equipment Manufacturer）生産、あるいはEMS（Electronics Manufacturing Service）事業の先駆けともいえるものであった[6)]。そして、特に、電解コンデンサの受託先はマルコン電子であったが、次第にPC関係のIBM、そして、カメラ関係のキヤノンの比重が高いものになっていった。

このような事情の中で、マルコン電子のコンデンサ製造を安定化させていくために、1981年、ハイマン電子からハイマンパーツを分離独立させた。ハイマンパーツの資本はハイマン電子100％で出発したのだが、業務指導はマルコン電子が直接行なうという覚え書きが交わされていた。さらに、1993年にはマルコン電子とハイマン電子の間で株の交換が行なわれ、ハイマン電子の株をマルコン電子がハイマン電子に譲渡、逆に、ハイマンパーツの株をハイマン電子がマルコン電子に譲渡した。マルコン電子とハイマン電子が、それぞれの体制を明確にしたということであろう。その後、1995年には、マルコン電子傘下のハイマンパーツと川西電子が合併し、山形マルコンとなったが、2001年に閉鎖となった。なお、川西電子は、1998年、日本ケミコン資本のマルコン川西として復活し、現在ではケミコン山形の米沢工場となっている。

この間、EMS企業に展開したハイマン電子の売上額は、1965年の約2億6000万円から、1977年には27億4000万円、1987年93億7000万円、そして、1991年には102億4000万円とピークを迎えた。1991年の受注先別構成は、マルコン電子42億7200万円（構成比41.7％）、キヤノン35億3000万円

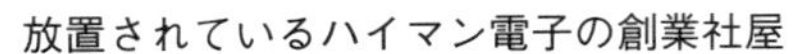
放置されているハイマン電子の創業社屋

(34.5%)、IBM21億1600万円（20.7%）とこの3社で96.8%を占めるものであった。だが、この1991年をピークに、売上額は釣瓶落としの状況となる。バブル経済崩壊直後の1993年には24億6200万円と、1991年の4分の1以下の水準に落ち込んだ。キヤノンの一眼レフカメラの組立は大分工場に集約され、さらに海外に移管され、キヤノンの売上額は1996年にはゼロになっていった。IBMのカード類も海外に移管されていった。

私は1997年8月にハイマン電子を訪れているが、面談した幹部は「1994〜1995年が特にひどかった。3カ月ほど一部に休業した。1991年には480人を数えた従業員もリストラにより、現在は200人前後に縮小している」と語っていた。また、私が訪れた1997年8月の直前の5月には、IBMを通じて知り合っていた台湾の環隆電気（USI）の資本8000万円ほどを入れ、資本金は1億8000万円になっていた。「海外の仕事を入れたい」と語っていた。

だが、この1990年代後半の時期は、半導体・電子部品、PCから携帯端末、さらにカメラなどまで、中国における台湾資本によるEMS生産が一気に拡がっていった時代であり、日本国内で対応していくことは難しくなっていった。日本国内におけるEMS生産は一つの時代を終えていたのである。2000年には清算の準備に入り、2002年9月には、山形地方裁判所米沢支部に民事再生申し立て、さらに、2003年3月には加賀電子に営業権譲渡していくことになる。当時、従業員は100人ほどに縮小していた。そして、この100人をベースに、マイクロソリューション（2017年12月から、加賀マイクロソリューションに名称変更）として新たなスタートを切っていったのである。

3. マルコン電子以降と同社が残したもの

かつてのマルコン電子全盛の頃の従業員数は、マルコン電子本体で約1450人、グループ企業を合わせる約2000人を数え、関連のハイマン電子本体で約520人、グループ全体で約1000人、全体で約3000人の従業員を抱えていた。だが、1990年代中盤以降、大きく縮小し、現在はマルコン電子の後継のケミコン山形長井工場は234人（その他に、日本ケミコンの開発部門が約100人常駐）、ハイマン電子を受け継いだ加賀マイクロソリューションは約140人、両者合わせても約470人ということになる。かつての6分の1ということになろう。この間、長井市の製造品出荷額等は、1990年の980億円から2014年には471億円へと半減した。従業者数もこの間、6474人から3633人と約44%の減少となった。このことが、1970年から1995年頃まで続いた人口約3万3000人で安定という構図を難しいものにしていった。実際、1995年以降の人口減少は凄まじい。このままでは、さらに人口減少が進んでいくことが懸念される。

今後、かつてのマルコン電子、ハイマン電子のような雇用吸収力のある企業を期待することは難しく、長井の基幹的部門である機械金属工業は大工場依存型ではなく、優れた中小企業による展開力に優れる集積を形成していくことが求められよう。このあたりが、マルコン電子以後の長井の製造業の基本的な方向であろう。

▶受注先の拡大の課題

その場合、まず必要なことは地域の仕事が減少していることに対し、新たな事業分野（技術、製品）に向かうこと、また、新たな受注先を確保していくことであろう。そのためには受注先の範囲を東日本から全国にまで拡げていく必要がある。また、業界的には東日本で拡大しつつある自動車関連、また、全国的に注目されている医療機械、理化学機械、食品加工機械といった発展性のある領域に向かっていくことが求められる。さらに、中長期には次世代産業とされる航空宇宙産業、新たな素材部門、自然エネルギー部門に向かうことも必要であろう。

その場合、長井の中小企業の個々の取組みも大事だが、長井の独特の中小企業集積の集団として取り組むことも求められる。全国的にみて、機械金属系企業は縮小の方向にあり、小さいとはいえ、長井の集積は希有なものでもある。そうした点を自覚しながら、幅広い受注のための活動をしていく必要があろう。東京ビッグサイトの機械要素展への出展、シンガポールの展示会、ヨーロッパ、アメリカの展示会にも関心を寄せる必要がある。海外からみれば、京浜地区も長井もそれほど変わらない。現実に、近年、各地で海外輸出に大きな成果をあげている鋳造などの機械金属系の中小企業は少なくないのである[7]。

▶新たな企業誘致の取組み

グンゼ、マルコン電子といった誘致企業により発展を示した長井の場合、1970年代からは京浜地区の優れた中小企業の誘致にも成功し、さらに、地元から優れた中小企業が生まれ、興味深い機械金属工業集積を形成してきた。今後、マルコン電子級の大規模な工場誘致は考えにくいが、中小規模の優れた中小企業の誘致の可能性はないわけではない。最大のポイントは人材を提供できるのかという点にある。長井工業高校をはじめとする近隣の専門高校に注目し、優れた人材を提供できる環境を整備していくことが必要であろう。

特に、中小企業の誘致に関しては、仕事を周辺に出せるタイプの企業、さらに、長井の機械金属工業集積を豊かなものにしていく多様な要素技術を供えた中小企業が期待される[8]。現在、かつてのような大工場を誘致するといったホームラン型の誘致は難しく、コツコツとバントヒットを重ねていくような企業誘致のあり方が問われているのである。広大に拡がる農山村地域に、優れた企業が点在、集積するというスイス、フランス、イタリアなどのヨーロッパ型の展開が期待される。

長井の場合は、すでに優れた中小企業の誘致に一定の成果を上げているのであり、そのような成果も広く伝えながら、新たな可能性に向かっていくことが求められる。

▶マルコン電子以降の農業の構図

企業城下町以後のテーマとして、非常に重要になってきていることの一つに、農業関連の問題がある。長井の一つの大きな特徴は、マルコン電子を軸にして近代工業化が進んだため、就業機会が拡がり、農業の兼業化を促した点が指摘される。近代工業部門に就業機会が拡がる限り、農村から人びとは工場に向かい、出稼ぎから解放され、農業は兼業となり、農地は水稲主体になっていく。収入の大半は近代工業部門であり、しかも共稼ぎとなる。この仕組みは、長井の人びとを経済的に豊かなものにしていった[9]。

だが、マルコン電子以降の時代となると、兼業機会は失われ、農業では食えず、若者を中心に人口の流失が続く。離農が増え、現在、長井の農業は水稲を中心にする大規模受託農業と一定規模の複合経営、そして、小規模な果樹栽培に収斂しつつある。これが、マルコン電子以降の長井農業の基本構図となろう。そして、この構図は就業機会を失う人びとを増加させていくことを意味する。

このような事態を回避し、人びとが長井で暮らせるような新たな産業化が求められている。農業に関していえば、6次産業化などにより多様な就業の場の創設などが焦点になろう。マルコン電子による企業城下町以降の長井は、基幹の機械金属工業に加え、農業部門にも大きな影響が及んでいるのである。

1）関満博・岡本博公編『挑戦する企業城下町——造船の岡山県玉野』新評論、2001年、1ページ。
2）このような事情については、河北新報社編『むらの工場——産業空洞化の中で』新評論、1997年、を参照されたい。
3）以下のマルコン電子の戦後の歩みについては、マルコン電子株式会社『MARCON50th わが社の歩み』1992年、を参照した。

4） ケミコン岩手和賀工場については、関満博『「地方創生」時代の中小都市の挑戦——産業集積の先駆モデル・岩手県北上市の現場から』新評論、2017年、第7章を参照されたい。

5） ハイマン・ロンド協同組合は、ハイマン電子、ハイマンパーツ、ハイマン商事、ハイマン・アゴラ（飲食）、白鷹電子、小国電子、長井興産（鱒の養殖）の7名で構成されていた。

6） 台湾資本によるEMS展開については、関満博編『台湾IT産業の中国長江デルタ集積』新評論、2005年、を参照されたい。

7） 例えば、埼玉県伊奈町のマテックエンジニアリング（従業員約40人）は、ステンレス鋳鋼の中小企業であり、製紙用リファイナープレートを製造しているが、その87%をヨーロッパを中心とした世界に輸出し、年々、その比率を高めている。また、真空減圧鋳造で金型などを製作する八王子市の栄鋳造所（約40人）は、5年ほど前にアメリカの展示会に出したところ大きな反響を得て、現在では80%がアメリカ輸出となっている。

8） 機械金属工業と要素技術については、関満博『現場発ニッポン空洞化を超えて』日経ビジネス人文庫、2003年、を参照されたい。

9） 近代工業の発展と地域農業の関係については、関満博「『富山型』集落営農モデルの展開——礪波平野と近代工業都市高岡の兼業農業地帯」（『明星大学経済学研究紀要』第48巻第2号、2016年12月）を参照されたい。

第4章　地域で生まれた機械金属関連中小企業

——新規創業が盛んな地域

長井が産業経済史の世界に登場してくるのは、約320年前の1694（元禄7）年の最上川の通船により、米沢藩の前衛としての物流拠点を形成する頃からであった。現在の長井市中央地区宮のあたりに船着場が設けられ、農村商業都市が形成されていく。江戸末期の1855（安政2）年の東国商人を紹介する『東講商人鑑』には、長井の商人35人が掲載されていた。東北内陸の小都市としては希有な例ではないかと思う。併せて、江戸末期の頃には、養蚕に加え農間余業としての織物生産が農村地域に広く展開していった。

明治期に入ると、日本に近代製糸工場が導入されてくるが、長井の人びとは早速反応し、1875（明治8）年には成田に器械製糸工場が建設されていく。1879（明治12）年には現在の長井市の範囲に器械製糸工場が9工場確認されている。江戸期を通じた産業都市形成により、一定の資本蓄積がなされ、そのような取組みを可能にしたのであろう。この間、農村地域全体に農間余業の織物業が普及、1925（大正14）年には生産農家は4000を数えたとされている。長井の範囲のほとんど全ての農家が織物生産に向かった様子がうかがえる。

だが、大正年間に生じた各地の織物業の電力、力織機導入、工場制生産といった産業革命の波に乗り遅れ、織物業は急速に縮小していくが、1920（大正8）年、製糸業の郡是を誘致し、戦間期の長井経済の基幹としていった。さらに、1930年代の世界的な大恐慌に直面、製糸業、織物業の将来を懸念し、1937（昭和12）年には10万坪の用地を無償提供し、東芝系企業（マルコン電子）の誘致に踏み切っていった。

戦後については、誘致されたマルコン電子が高度経済成長期に急拡大を示すが、長井の人びとは1960年代の初めから1970年代にかけて、一気に独立創業に踏み出していく。機械金属系業種の1950年代の創業は1件（四釜金属工業）にすぎなかったが、1960年代は11件、1970年代は25件に拡がっていった。

マルコン電子の発展、さらに世間の高度経済成長に呼応し、長井の人びとは大きく事業に踏み出していった。このような動きは1990年まで続き、1980年代は30件が創業している。その頃までの長井は新規の独立創業が地域的な雰囲気となっていたのであろう。A・マーシャルは、地域の産業集積を促す最大の要件として「地域的な雰囲気」を指摘しているが、1960年代から1990年の頃までの長井はそのような状況であったことがわかる。

だが、バブル経済崩壊後の1990年代は15件、2000年代4件、2010年代（2017年まで）4件と停滞している。1990年までの活発な創業と比べると2000年以降、長井の機械金属系部門の創業が停滞しているようにみえるが、全国的にみると、この間、新規の独立創業は皆無に近い。例えば、戦後、東北で目覚ましい近代工業都市形成に成功した岩手県北上市においても、わずか1件しか見当たらない[1)]。また、伝統的な機械金属工業都市として知られる北海道の室蘭市においても、この間の新規創業はわずか1件だけであった[2)]。さらに、全国的にみても数えるほどであった。この間の長井の8件の新規独立創業は、全日本的にみて、相当のものであったことが指摘される。

このような歴史的な動きをみる限り、長井は江戸時代中期に農村商業都市を形成、地域の事業感覚を鋭いものにし、地域全体として事業家意識の高い地域を形成してきたとして注目されるであろう。以下、本章では、戦後の独立創業の歩みを、草創期（1970年代まで）、絶頂期（1980～1990年代初め）、そして、2000年代以降の三つの時期に区分し、それぞれの特質を明らかにし、今後の可能性を論じていくことにする。

1. 草創期（1970年代まで）から歴史を重ねる

先の第2章の表2―9によると、機械金属系の戦前～戦後直後の独立創業企業の中で、現在にまで残っている企業は、丸八鉄工所（1900［明治33］年頃）、製糸工場からマルコン電子の協力企業に転じた長井製作所（1942［昭和17］年）、そして、寺嶋製作所（1946年）、四釜金属工業（1953年）の4社しかない。

だが、1960年代の高度経済成長期に入ると、一気に独立創業が活発化する。齋藤金型製作所の2代目社長であった齋藤豪盛氏（1936年生まれ）は、以下のように語っている。

「私が中学生になった頃（1948年頃）から世の中が変化してきた。まず、東京電器が東芝のコンデンサ部門として動き出した。……私の知る限り、片田地区に三信工業が生まれ、新町では四釜さんが旋盤1台で農機具の修理を始め、昔東芝におられた飯窪さんが東京電器の敷地内に飯窪製作所を開業、又、同じ東京からの引揚者だった友田さんが長井に初めてプレスの技術を持ち込んだ。友田さんの指導で、当時、日の出町のリンゴ畑の中で、朝日金属の前身である木村プレスが始まった。東芝のコンデンサが家電の普及に伴い大量生産になると、今の長井製作所が製糸業から転換、寺嶋さんも友田さんの指導で開業、それに東京電器の発展に因って飯窪製作所がその設備や機械関連を賄った[3)]」とされる。戦後の立ち上がりの頃の長井の工業界の動きが目に浮かぶ。

1960年代に入ってからは企業進出も開始される。1960年代の10年間の独立創業企業11件、進出企業3件、計14件の企業が活動をスタートさせている。そして、これら14件のうち、現在まで続いている企業は9社であった。地元企業としては、朝日金属工業（1960年）、東北金属工業（1961年）、四釜製作所（1961年）、丸勝鉄工所（1963年）、ハヤマ工業（1963年）、ウメツ電子工業（1967年）、浅野製作所（1967年）、昌和製作所（1969年）の8企業であり、進出企業は、旭電機（1967年、現古河電工パワーシステムズ）のみである。地元の独立創業企業としては、マルコン電子関連、建築金物、旭電機関連などが目立つ。

そして、1970年代に入ると、新規の独立創業は26社、進出企業は20社を数える。長井の機械金属工業集積が本格化し始めた時代ということになる。進出企業の多くはメリヤスなどの繊維系（4社）、カメラの組立関係（3社）など労働集約的な女性主体の企業が目立った。また、京浜地区の重量級の中小企業の進出も開始された（プレスの丸秀［1972年］、カメラの組立・部品加工の光洋精機［1973年］、メッキ・塗装・印刷のカワイ化工［1976年］、搬送機製造のサンユー技研［1978年］）。なお、この時期に進出してきた労働集約的、女性主体の中小企業の大半は1990年代中頃までに閉鎖、撤退している場合が多い。

1970年代までの地元の独立創業企業はいずれも40年以上の歴史を重ねており、2代目、3代目に継承され、事業基盤をしっかりさせ、長井機械金属工業集積の基盤を形成しているといってよい。戦前期からの製缶・溶接の丸八鉄工所、金型・プレスの長井製作所、戦後の精密研削の寺嶋製作所、金属プレス加工の四釜金属工業、省力機械製造・部品加工の四釜製作所、金型・プレス加工の昌和製作所、省力機械製造・部品加工の山口製作所、省力機械製造の坂工業、鈑金・溶接の四釜溶接、ダイキャストの椎名製作所、省力機械の石田機械などがその典型であろう。

ただし、この時期に独立創業した企業で、近年、閉鎖になった企業としてはハイマン電子（2003年）、齋藤金型製作所（2013年）があり、進出企業で閉鎖、撤退した企業としては、マルコン電子（2005年）、マーク（2009年）、東芝照明プレシジョン（2010年）、東芝ライテック（2013年）がある。比較的有力と思われていた企業の撤退が相次ぐ中で、残っている中小企業は独自の存立基盤と発展方向をみせているのである。

（1）平野地区九野本／5代目女性経営者が率いる長井で最も古い鉄工所
——土木金物から鉄骨、特殊溶接まで（丸八鉄工所）

全国の各地には早い時代から包丁、鍬、鎌、鍋などを製作する村の鍛冶屋が広く存在していた。現在、その多くは消滅したが、残り、発展していったところは新たな事業体になっている場合も少なくない。一つは、製缶・溶接を軸にする建設関連の鋼構造物工事業に向かい、もう一つに、鉄工所の形態を経て旋盤加工などの機械加工に向かう場合もある。鋼材の切断、溶接を基礎とするH鋼などの鋼構造物工事業、汎用旋盤などを軸にする鉄工所の多くは古くからの鍛冶屋出身である場合が少なくない。

▶街の金物屋、鉄工所として歩む

地方小都市の長井市の場合、昭和戦前から戦後にかけては、このような鍛冶屋が幾つかあったとみられるが、現在、その面影を残している代表的な中小企業が丸八鉄工所であろう。丸八鉄工所の会社案内には、架台、電力部品、タンク、製缶溶接、土木建築金物、鈑金加工、特殊溶接、鉄工一般と記されている。法人化したのは1974年だが、鍛冶屋としての出発は5代前の明治初期とされている。長井の機械金属関連企業の中では最も歴史のある中小企業とされる。㊇の屋号は鍛冶屋時代のものであり、高橋家が続けてきた。当初は包丁、鍬、鋤などの農機具を製造していた。法人化した頃から土木建築金物、建築用鉄骨などを手掛けていった。

1978年には電子機械関連の精密溶接、ステンレス、アルミニウム等の特殊材料の溶接を意識し、新たに溶接部門を設置している。その頃は、長井市内のプレス加工業者の長井製作所や送変電用金物の旭電機（現古河電工パワーシステムズ）あたりからの溶接仕事が多かった。また、用水路の水門などの土木建築金物の仕事も多かった。また、地域の人びとからの依頼により、事業所や家庭の車庫用鉄骨の製作などにも従事してきた。いわば、町の金物屋、鉄工所ということでもあろう。

▶製缶・溶接を軸に受注先の範囲は広い

当初は九野本の自宅の敷地の中で行なっていたが、手狭となり法人化した

5代目社長の松田眞知子さん

溶接作業

1974年に現在地に移転した。何回かの工場増築を重ね、現在の敷地面積は5234 m^2、建物面積は1656 m^2 となっている。1981年には鈑金部門を開始し、1984年には一般建設業の認可、鋼構造物工事業の認可も取得している。1988年には溶接ロボットも導入している。

丸八鉄工所の機械設備をみると、幾つかの特徴が認められる。シャーリング（2台）、プレスブレーキ（2台）、プレス（2台）、コーナーシャー、パイプベンダーなどの厚物金属板を切断、折り曲げする製缶用機械があり、さらに、マシニングセンタ（MC、滝沢）、フライス盤、旋盤（2台）、ボール盤（10台）、ボルトマシン・パイプネジ切機械といった切削系の工作機械が用意されている。そして、最大の特色となる溶接部門は、自動溶接機（3台）、ロボット溶接機（4台）、半自動溶接機（25台）、アーク溶接機（4台）、アルゴン溶接機（12台）、エンジン溶接機（3台）、スポット溶接機（2台）、自動円周溶接装置など、全体で50台を超えている。製缶・溶接を軸に一定の機械加工も行なえる体制になっていることがわかる。

年間の売上額は約2億2000万円。売上額の多いところは、最近の実績では、古河電工パワーシステムズ（約20%）、電力関連機器の三美テックス（大田区、15%）などであり、以下、依存率5%前後の受注先が拡がっていた。

▶機械で出来ない、手でしか出来ないところ

髙橋家の眞知子さんは、埼玉の企業に就職したのだが、その南陽工場に1年

プレス作業

仕上げのグラインダー作業

半在籍していた頃、父から「手伝って欲しい」との要請が入り、1976年に丸八鉄工所に入社している。その後、地元農家の松田家に嫁入りし、松田姓となった。連れ合いは山形大学の教員であったが、現在は定年退職している。眞知子さんは丸八鉄工所では長年、専務取締役として受注先の開拓等に努めてきた。4代目の父が高齢になったため、2004年10月に5代目として社長に就任している。機械金属関連企業の多い長井では、椎名製作所の荒川聰子さんと共に数少ない女性経営者とされる。

現在の従業員数は20人（女性4人、うち1人は現場）、松田さんの3人娘の長女が会社に入っていた。現場は60歳以上が6人、最年長は腕の良い75歳であった。10代が1人、20代3人、30代3人、40代2人、50代2人とバランスが取れているようにみえた。事務所にいる長女は20年ほど勤めている現場の若者と結婚した。後継も不安なしということであろう。良質な現場が拡がっていた。

会社案内には、「当社は鉄、ステンレス、アルミ等の溶接を得意としております」「短納期出荷・オーダーメイド加工に対応しております」と記されているように、機械金属加工の要素技術の中でも溶接を得意とし、多様な要請に応えられる形を形成していた。今後の課題についても、松田さんは「機械で出来ない、手でしか出来ないところを狙う」としていた。地方小都市としてはかなりの機械金属工業集積を形成している長井において、最も基礎的な事業部門であり、事業者ばかりでなく個人客の要請にまで応える興味深い事業体として歩んでいるのであった。

(2) 中央地区本町／精密研削と電子部品の検査に向かう
――規模を縮小させながら、専門化を進める（寺嶋製作所、テラシマ電子）

日本の機械金属工業は、国内の成熟化、市場縮小、海外展開などにより、大きな構造変化の時を迎えている。量産の領域は一気に減少し、デザイン・企画・開発といった川上の部門と、特殊で多種小量の加工、そして、川下の検査・サービスといった部門に傾斜しつつある。そのような流れの象徴的な歩みを重ねている中小企業が長井に存在している。

寺嶋宏武氏

精密研削加工のサンプル

▶精密研削の寺嶋製作所と組立のテラシマ電子

寺嶋製作所は戦時疎開工場に勤めていた先々代が、戦後すぐの1946年に独立創業している。当初は進駐軍の空き缶をもらってきて、下駄の鼻緒を止める「花型」をプレス加工するところから始めている。その後、マルコン電子のコンデンサの蓋のプレス、カシメ等の仕事に一時従事したが、1970年代の中頃から金型、治工具製作、さらに精密研削へと進んでいった。

1981年にはアルプス電気角田工場と直接取引となり、その頃から女性主体の組立の領域にも入っていった。1985年には組立部門を分社化し、テラシマ電子を設立している。この間、現在テラシマ電子が入っている本社は手狭になり、1982年には隣の白鷹町に白鷹工場を設置している。実質的に、長井の本町の工場がテラシマ電子、白鷹工場が寺嶋製作所ということになる。長井の本社と白鷹工場はクルマで15分ほどの距離であった。

私は1997年7月に寺嶋製作所、テラシマ電子を訪問しているが、当時は以下のような状況であった。

テラシマ電子は、当初、アルプス電気オンリーの形であり、女性中心の従業員120人規模で弱電の組立に従事していた。だが、バブル経済崩壊後の1993年3月、アルプス電気の仕事は一気にマレーシアと中国深圳に移管となり、ゼロになってしまった。人員削減を行ない、1997年の従業員は43人になってい

寺嶋製作所の精密研削作業

テラシマ電子の組立現場

た。新たな仕事としてニクニ白鷹のカメラ部品（水戸ニコン向け）やエスプレモ（山形市）の小型モーターの組立などに従事していた。当時の売上額は５億5000万円、付加価値は35％ほどであった。

寺嶋製作所は、1970年代からのユーザーである山形ミツミ（山形市）のオーディオ部品、ハイメカ（米沢）のコンデンサ組立機の部品、トータルサンドスタック（旧東京精研工業、大田区）の半導体の自動組立機などに従事していた。全体的に組立機の治具が主体であり、研磨が絡んだ仕事で、他で嫌がる仕事が多かった。1997年当時の従業員は27人、売上額は２億5000万円ほどであったが、大半は加工賃仕事であり、付加価値は80％ほどであった。

▶規模を縮小し、付加価値を取る

寺嶋製作所の３代目社長の寺嶋宏武氏（1963年生まれ）は小国町生まれ。長井高校を卒業後、仙台の体育大学に入り、体育の教師を目指していた。当時はスポーツクラブの勃興期であり、卒業の頃、キリンが仙台に進出、即戦力の体育指導員として迎えられた。その頃、高校のクラスメートと結婚、息子のいない義理の父から「戻ってくれないか」と誘いを受ける。モノづくりのことは全くわからず悩んだが、1989年には寺嶋製作所に入社していった4)。寺嶋宏武氏は2000年にはテラシマ電子社長、2008年には寺嶋製作所の社長に就任している。

現在の寺嶋製作所（白鷹工場）の従業員は13人、男性８人、女性５人であり、機械加工部門（研削中心）が9人、ハーネスのチューブカットが4人であった。受注先は、YKK（黒部市）が売上額の20％程度、ファスニングとサッシの自動機に入れる部品（焼入材）を手掛けていた。その他は、矢崎総業関連の日本連続端子（天童市）のハーネス自動機部品（20％）、ニクニ白鷹からのニコン向け液晶、ステッパーの製造装置の部品（10％）あたりであった。加工内容はフライス盤加工、焼入れ、平面研削加工という場合が多い。表面処理は丸和熱処理（山形市）、伊藤熱処理（山形市）、黒染、アルマイト加工、メッキは南陽プレーティング（南陽市）に出していた。年の売上額は8000万円前後であった。

現在のテラシマ電子の従業員は45人、女性が40人を占めていた。近くの家庭婦人が来ていた。パートタイマー13人、残りの人は時給制（8時間）の契約社員としていた。仕事の中心は日本連続端子の車載用ヒューズの組立検査、コネクタの検査などであった。年の売上額は1億5000万円前後であった。2008年のリーマンショック以後、定年者も多く、人員を減少させてきた。

このように、20年前に比べて、受注先も大きく変わり、全体的にコンパクトにして付加価値の高い仕事を取ることを目指しているようであった。

▶日本の製造業の役割の変化を受け止めて

日本の機械金属工業は、バブル経済崩壊、リーマンショックなどを契機に大きく変わってきた。量の出る低価格なものの大半はアジア、中国に移管され、国内は難度の高いもの、小ロットのものに限定されてきた。寺嶋製作所、テラシマ電子のこの20〜30年ほどの受注先、仕事の内容、そして、従業員規模、売上額をみていると、その間の事情がよくわかる。そして、今後、このような傾向はますます強くなっていくことが予想される。

1〜2個の仕事が多い精密研削の寺嶋製作所については、視野を全国、アジア、中国、世界にまで拡げていくことが求められよう。すでに、寺嶋製作所は新規に名古屋方面の顧客を獲得しつつあるが、ロットは1〜2個であり、開発部門から受けていた。これらの単価は良いとしていた。このような精密研削系の仕事は全国からアジア、世界にまで可能性があり、ヨーロッパあたりからも日本の中小企業への関心も深い。そのような取組みを進めていくことも必要であろう。

現在、検査が中心になっているテラシマ電子の場合は、今後、さらに仕事が出てくる可能性がある。現在の製造業においてはトレーサビリティ、検査の重要性は大きく高まっている。日本は、川上のデザイン・企画・開発と川下の検査・品質保証の領域に大きくシフトしつつある。そのような流れを受け止め、事業のあり方、受注先の模索を重ねていく必要がある。

いずれにおいても、バブル経済崩壊、リーマンショックを経た現在、日本の製造業の担う部分は大きく変わってきた。そのような流れを受け止めながら、新たな事業化を進めていくことが期待される。

(3) 平野地区九野本／プレスの深絞りを軸に、工房的な展開 ——墨田から疎開の技術者と創業(昌和製作所)

日本の各地には、精密なプレス金型を軸にする優れた機械金属加工業者が少なくない。長井市郊外の工場が点在する九野本の一角に、受注先からは「まるで工房」といわれ、難しいもの、他でできないものに意欲的に取り組み、興味深い成果を上げている中小企業があった。

昌和製作所の会社案内には、「プレス金型の設計・製造(単発・順送、加工材質：鉄鋼材・非鉄［アルミ・銅］)／プレス加工(15 t～80 t プレス能力にて可能なもの)／研究開発・設計試作請負(CAD・旋盤・フライス・ワイヤ放電など)／スポット溶接、銀ロー付け／ネジタップ加工及びカシメ／バレル研磨、3D プリンタによる ABS・PP 樹脂部品試作」と記されている。中小物を中心にしたかなり幅の広い加工を内部化していることが伝わってくる。

▶墨田からの疎開の深絞り技術者と創業

小関家は上杉藩士の家系、3代前の祖父の代の頃には地主であり、炭の山持ちとして優雅に暮らしていた。戦後になると炭は売れなくなった。特に、1960年に入った頃から、石炭、薪炭から石油へのエネルギー転換が起こり、石炭・薪炭関連業者は仕事を失っていく。

金型の調整

小関博資氏

その長井に、戦災で工場を焼失した東京墨田区の野田隆雄氏が疎開してきていた。シガレットライターで鍛えた深絞りの技術を持っていた。土地を有するものの技術がない小関家と元手のない野田氏が共同で事業を興すことになり、「みんなで唱和しましょう」ということで、「唱和」をもじり昌和製作所を現在地の九野本に設立している。長兄の小関助三郎氏が初代社長に就いた。1969年の頃であった。

戦後の1970年代は日本の電子産業の勃興期であり、深絞りの技術でカラーTV向け水晶振動子用のケースが飛ぶように売れた。ユーザーの明電舎（品川区）からは「墨田でやっていた野田氏なら間違いない」として採用されていった。だが、1980年代後半になると、水晶振動子の仕事は一気にマレーシアに移管されていった。この間、長井の幾つかの会社と協同組合を作り、民生用のクーラーの生産に入ったが、全く売れなかった。

売上額がゼロに近くなり、「なんとかしなければ」ということで走り回り、難しいものを積極的に受けていった。現在でも主力であるトプコン向け眼底カメラ部品である光学軸受け部品の「異方向穴抜き絞り加工」は、その時に生まれている。外側に向いた異方向の穴（6）をプレスで開けて絞るという不可能とされているものであった。このような特殊かつ難度の高いプレス加工、絞り加工が昌和製作所の大きな特徴になっている。

プレス機の近くに金型を置く

プレス職場

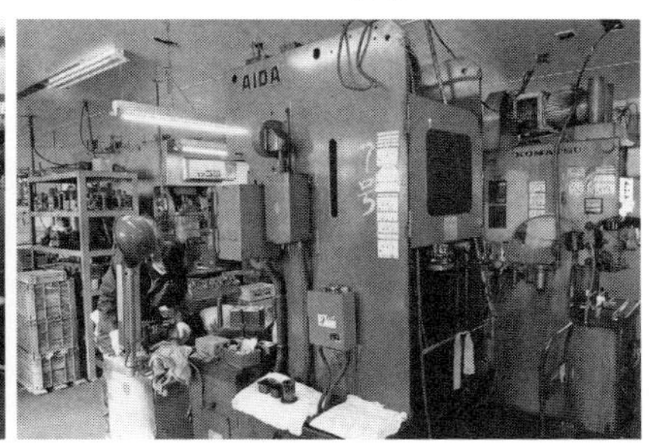

▶汎用機を軸に幅広い加工機能を備える

機械設備をみると、それほど先端的なものはないが、幅が広く、人間の技能による部分が大きいことが伝わってくる。CAD／CAM（2台）、ワイヤ放電加工機、放電加工機、縦フライス盤（2台）、汎用旋盤、平面研削盤、成形研削盤、タッピングマシン、シャーリング、プレス機（16台、15t〜80t、アイダ、アマダ）、スポット溶接機（2台）、バレル研磨機（3台）、熱処理用電気炉、3Dプリンタという構成であった。NC工作機械は置いてなく、汎用機を軸にする手作業主体のプレス金型、プレスの工房の雰囲気であった。従業者は役員を入れて16人、金属プレス作業一級技能士3人、プレス金型製作一級技能士1人を抱えていた。

2008年のリーマンショック以前の売上額は2億円を超えていたのだが、採算の取れないものは停止し、現在の売上額規模は1億6000万円前後となっていた。主力の受注先は配電盤、分電盤のかわでん（旧川崎電気）山形工場（南陽市）が30%。かわでんは学校、病院に強く、東日本大震災以降、置き換えが進んでおり、昌和製作所が担うのは小さな端子であり、仕事量は増加気味であった。2番目はトプコン山形（山形市）であり30年も続く眼底カメラの軸受け部品を生産、構成比25%前後であった。3番目は流体継手を軸にする日東工器（大田区）が25%であり、その他は地元のニクニ白鷹、サンリット工業、古河電工パワーシステムズなど10社ほどと取引していた。

この間、助三郎氏には子供がなく、1986年には2代目として13人兄弟の11

番目の小関東一氏（1913年生まれ）が社長に就き、東一氏の長男の小関博資氏（1966年生まれ）は、2009年に3代目社長に就いている。

▶置賜メディカルテクノ・ネットへの参加

山形県は2009年から、置賜地方のモノづくり企業と山形大学工学部（米沢市）が連携する医療産業集積を期待する「置賜メディカルテクノ・ネット」を推進している。置賜地方は3市（米沢市、南陽市、長井市）5町（高畠町、川西町、小国町、白鷹町、飯豊町）で構成され、山形新幹線赤湯駅を中心にほぼ20 km圏にモノづくり中小企業が集積している。このエリアの18のモノづくり中小企業が連携し、産学官の取組みとして開始されている。

基板実装・完成品組立はミユキ精機（米沢市）、サクサプレシジョン（米沢市）、タカハタ電子（米沢市）、切削加工が世田谷精機山形工場（米沢市）、岡村工機（米沢市）、広川製作所（米沢市）、サタケ製作所（飯豊町）、鈑金・プレス加工がザオウ製作所（上山市）、昌和製作所（長井市）、島津鈑金製作所（高畠町）、成形金型・成形加工がコアタック（米沢市）、サンリット化成（長井市）、エムジー山形工場（川西町）、鍛造加工がナショナル鍛工所（米沢市）、鋳造加工が椎名製作所（長井市）、表面処理がカワイ化工（長井市）、南陽プレイティング（南陽市）、ゴム加工が宮坂ゴム（米沢市）という構成であった。長井からは4社の参加となった。

機械金属関連事業分野で次世代型とされるのは、航空・宇宙、医療・福祉、ロボット、自然エネルギー関係といわれ、各地で産学官連携の取組みが開始されている。置賜地方では電子関係の事業が発展した経緯もあり、小物の精密なものを得意とする中小企業が少なくない。特に、長井は長年、マイクロマウスの全国大会の開催地として、中小企業から工業高校まで、そうした蓄積を重ね、近年は二足歩行ロボットの研究開発を重ねている。こうした蓄積を踏まえ、新たな可能性に向かっていくことの意義は大きい。

昌和製作所はこの置賜メディカルテクノ・ネットへの参加意識は高く、新たな事業分野としていくことが期待される。

（4）西根地区草岡／金型、ダイキャスト、機械加工、組立までの一貫生産
——HDD 部品から自動車部品に転換（椎名製作所）

金属の機械工業部品を製造する中小企業は数限りなく多い。その類別の仕方はいくつもあるが、一つに自動車部品、電気・電子部品に分けられることがある。そして、この二つは洋食と和食ほどに違うとされ、ほとんど別の世界を形成している場合が少なくない。例えば、電子部品を作っていた加工業が何かの事情で仕事がなくなり、自動車部品の領域に踏み込んでいこうとすると大きな障害があるとされる。

まず、量産の思想、それと安全性に関わる意識が問題にされる。金属の電子部品の場合の精度要求は厳しい。これに対し、自動車部品の場合は「人命」に直接関わる部分が多く、安全性が最大限問題にされる。東北地方の場合は、長期にわたって電子部品が主流であったが、その多くは海外移管され、現在ではむしろ自動車関連部門の可能性が拡がり始めている。そのような事情の中で、自動車関連への取組みが課題となってきた。早い時期からそれに応えている中小企業が長井に存在していた。

荒川聰子さん

椎名製作所の事務棟

▶弟の会社を引き継ぎ、電子部品から自動車部品へ

椎名製作所の創業は1970年、椎名惣一郎氏（故人）が、プレハブの工場で旋盤1台による単品加工として出発している。だが、単品加工では限界があり、1970年代末には量産に向かっていった。その頃、白鷹町に東京都練馬区から進出してきたダイキャストの菅原精密工業（現アーレスティ山形）と付き合い始め、当初はダイキャストの切削加工から入り、1983年にはアルミのダイキャスト加工にまで踏み込んでいった。特に、長野県駒ヶ根市の三協精機（現日本電産サンキョー）との取引が増え、HDD部品を月産60〜70万個も生産し、自社便で週1回駒ヶ根まで運んでいった。当時は駒ヶ根まで8時間ほどかかった。

私が初めて椎名製作所を訪れたのは1997年2月、創業者の椎名惣一郎氏はその2年前に他界され、社長には惣一郎氏の姉の荒川聰子さんが就いていた。1997年当時の従業員数は46〜47人、専務取締役には弟で次男の椎名惣治氏が就いていた。当時も現在と変わらず、荒川社長は内部、椎名専務は対外的な仕事と分担されていた。

その21年後の2018年5月、改めて椎名製作所を訪問した。荒川さんは「社長は2〜3年で交代するつもりだったが、四半世紀も続いた。自分は会社が好きだった」と語っていた。この20年を振り返ると、1990年代中頃、三協精機向けHHD用スピンドルモーターのダイキャスト製フレームの仕事は一気に中国移管されていった。そのため、ソニー、パナソニックの光ドライブや日立、三菱電機、NEC等のフロッピー関連にも取り組んだが、いずれも海外に移管されていった。さらに、2008年9月のリーマンショックの影響は相当に大きく、仕事は30%にまで減少していった。なお、この間、従業員は50人前後（男性30人、女性20人）とあまり変わっていない。その頃から、ダイキャスト製の自動車部品の領域に取り組み、菅原精密工業に鍛えられ、ダイキャストの自動車部品に転換し一気に復活していった。

▶次の5年で医療機器、モーターを視野に

椎名製作所の会社案内には、「当社は昭和45年、山形県長井市草岡にて初代

専用機による切削加工

加工サンプル

社長椎名惣一郎が１台の工作機械を導入し、“ものづくり”を始めたことにより創業しました。以来、源流主義の姿勢を貫き、昭和56年にダイカスト鋳造、平成２年に金型設計・製作とその領域を拡げ、現在は金型の設計・製作からダイカスト鋳造、機械加工、組立に至るまで自社で行なう、一貫生産システムを構築しております」と記してあった。

主要な機械設備は、MC 32台（新潟鐵工所、OKK、ブラザー、豊和工業、安田工業など）、NC 旋盤52台（森精機、マザック、ワシノ等）、ダイキャストマシン６台（東芝機械）、放電加工機３台（マキノ）、三次元測定器２台（ミツトヨ）等が装備されていた。また、４頭 MC は新潟鉄工所と椎名製作所の共同開発によるものであった。機械設備をみるだけでも、椎名製作所のモノづくりへの意欲を痛感させられる。

また、主要な取引先は、アーレスティ山形、カルソニックカンセイ山形、三光ダイカスト工業所（三島市）、住商メタレックス、ツインバード工業（燕市）、永田精機（本社東京、工場燕市）、三菱電機コミュニケーション・ネットワーク製作所といった全国区の企業に加え、地元の有力企業である三協製作所、サンリット工業からも受注していた。荒川さんは、「県外から仕事を取ってきて、市内企業に回す」としていた。かつての電子部品関係から、見事に自動車を中心とした領域に転換しているのであった。

荒川さんの次の課題は、自動車の EV 化がどう影響してくるかにあり、これからの５年間を大きな転機とみて、自動化を進め、さらに、医療機器やモーターに深い関心を寄せていた。HHD用スピンドルモーターのフレームといった量産の電子部品の領域から自動車部品に転じ、次の時代はEV関連、モーター、医療機器と見定めているのであった。

(5) 致芳地区長井北工業団地／戦時疎開から長井に定着、戦後に起業 ——2013年に自己破産、そして復活（齋藤金型製作所）

地方の産業都市には地域の産業、中小企業をリードしていく事業者が登場してくることが少なくない。周囲の中小企業の支援、受注先の斡旋、さらに外部から多様な仕事を持ってくるなど地域産業、中小企業に重要な役割を演じていく。長井市では齋藤金型製作所、及びその事実上の創業経営者（2代目）というべき齋藤豪盛氏が興味深い役割を演じてきた。戦後まもなくから1960年代に入る頃までは長井の地元に仕事がなく、東京方面からの仕事を持ち帰り、地域の中小企業に提供していった[5)]。

また、長井市は1980年代後半に山形精密鋳造、能率機械製作所という首都圏を代表する「小さな世界企業」の誘致を実現するが、当時長井商工会議所工業部会副部会長であった齋藤豪盛氏がその中心的な役割を演じていった。長井には特定領域で際立った中小企業が少なくないが、齋藤豪盛氏の「伊賀、甲賀の忍者部落のように、特色のある中小企業の集積を形成したい」とする思いが

齋藤豪盛氏

GE向けの自動車用電話端末

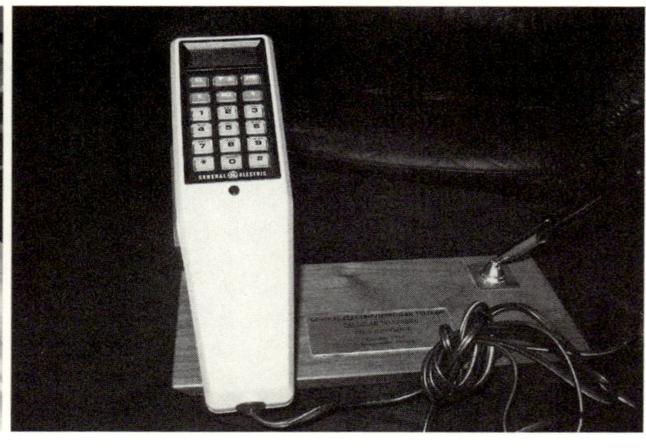

底流に流れているように思う。

▶戦前、前後の事情と齋藤金型製作所

齋藤豪盛氏の生まれは1936（昭和11）年、東急目蒲線の不動前のあたりで育っている。父の齋藤源覇氏は目黒不動尊の近くで不動工業所を経営、当時としては先端的なベークライトの金型を作っていた。戦時中、豪盛氏は学童疎開で福島県田村郡小野新町に縁故疎開をしている。また、不動工業所は軍の命令により企業合同となり、五反田の大崎製作所に吸収されていった。大崎製作所は東芝の仕事を中心にする金型工場であり、長野県坂城町、新潟県直江津市(現上越市)、山形県長井町に疎開工場を展開していた。当時、長井には東芝長井工場があった。東芝は黒電話機を長井工場で作ることになり、源覇氏が金型を作るために派遣された。ここが、齋藤家と長井のつながりのキッカケになっていった。当時、豪盛氏は小学校4年生、1941年、長井小学校に転校している。

戦後は食糧不足から東京に戻ることを断念し、一家で長井に残ることにした。戦後直ぐの頃の長井はマルコン電子がまだ本格化しておらず、疎開していた大崎製作所も引き揚げたことから、工業は皆無に等しかった。豪盛氏の父母は煎餅屋を始め、タガネによる金属彫刻技術で煎餅の金型などを作って糊口をしのいでいた。

▶米GEとの直貿で基礎を築く

豪盛氏が中学3年生の頃（1950年頃）になると、赤湯（南陽市）の川崎電気（現かわでん）から源覇氏に電気機器のベークライトの金型製作の要請が入り、川崎電気の構内外注として取組み始めた。1952年、豪盛氏は米沢工業高校機械科を受験して失敗、一年間の浪人時代に定時制に通いながら、父の友人であった飯窪製作所に入れてもらい、機械の掃除、旋盤加工等の下働きに従事していく。翌1953年に米沢工業高校機械科に入学し、1956年、卒業と同時に川崎電気に入社している。

当時はプラスチック原料や金型の技術が急速に進化していった時代であり、

1960年には修業のために東京の広田製作所（渋谷区）に入る。そこで初めて射出成形用金型を目にした。豪盛氏は1961年に帰郷、川崎電気の中の父の職場で働いた。その後、自宅の近くに建物を建て、1964年、数台の機械で創業している。この年が齋藤金型製作所の創業となる。なお、源覇氏は1969年、61歳で他界されている。

齋藤金型製作所、及び齋藤豪盛氏については、1971年の堀江青年のヨットによる太平洋横断に刺激され、1972年、1人でアメリカのケンタッキーにあるGEに乗り込み、仕事を取ってきたことが語り草になっている。GEからは「君は勇気がある」とされ、大型電子レンジの筐体の仕事を直接受けることに成功、その後も、GEからは自動車用電話機のケース等の金型を受注していった。1972年からの10年間ほどはGEが主力として動いていった[6)]。ただし、このGEの仕事は1980年代の円高により、韓国に移管されていった。なお、成形工場は24時間体制であり、住宅街では不都合になり、1982年には長井北工業団地に移転している。移転当初は従業員60人ほどであったが、日立系の日本サーボのステッピングモーターを手掛けた1980年代中頃には従業員180人を数えていた。ただし、それも1980年代後半にはシンガポールに移管されていった。

私が初めて齋藤金型製作所を訪問した1997年2月末の段階では、売上額約5億円、従業員50人、金型部門10人、成形部門35人の構成であった。主たる受注先はマルコン電子が20%、三菱電機グループ（太田市、鎌倉市、京都市、尼崎市）が40%、スガツネ（建築金物、千葉県山武市）が10%などの構成であった。1997年頃の受注品はPHS、携帯電話端末部品関係が多かった。

▶2代目から3代目への承継

齋藤豪盛氏、商工会議所工業部会副会長の頃、長井の将来を考え「伊賀、甲賀の忍者部落のように、長井を特殊技術集団にする」ことを思い立つ。首都圏の情報を収集し、特殊技術に優れる中小企業として高速プレス機械の能率機械（江戸川区）とロストワックス鋳造のMCL（横浜市）に注目する。それらに何度も訪れるうちに、優れた企業ながらも高齢化し、若い優秀な人材の確保に

齋藤輝彦氏

携帯電話のケース

苦しんでいることを知る。

齋藤氏は当時の長井市長、長井工業高校校長と語り合い、優秀な卒業生を集中的に送り込むことを考えつく。当時、すでに少子化が進んでおり、首都圏に送り込んだ長男たちはいずれ会社ごとUIターンしてくるという読みであった。実はターゲットとしてはもう1社あった。自動機メーカーの広洋自動機（江戸川区）であり、用地買収まで進んだのだが、不況、社内の混乱等により挫折した。地方小都市の長井に意外な企業が立地していた背景には、このような戦略的な取組みが隠されていたのであった。

2005年には豪盛氏も70歳、事業承継が進められていく。長男の輝彦氏（1964年生まれ）は子供の頃、自宅の隣が工場であり、現場で遊んで育った。根っからモノづくりが好きであり、高校も豪盛氏と同じ米沢工業高校に通った。高校卒業後、すぐに痛くない注射針で著名な東京墨田区の岡野工業の岡野雅行氏の下に修業に出された。父からは「考え方を学んでこい」といわれた。能率機械の寮に住みながら岡野氏の下に通った[7]。

この岡野氏のところは1年半ほど経験し、次に横浜のMCLに行かされた。当時はMCLの生産部門として長井に山形精密鋳造の建設が開始されていた。ただし、1年半後にはMCLは消滅、MCLでは受付の女性を射止め、24歳の時に夫人を連れて長井に帰っている。豪盛氏は相当の個性派。3代目の輝彦氏もひけをとらない個性派。2008年に社長を交代した。その頃からの若干の懸念は、かつての携帯電話端末等の仕事はなくなり、三菱電機（尼崎）の仕事が70％ほどの比重を占めていることであった。

2008年9月のリーマンショック以降の景気後退、三菱電機からの受注品の海外移管により一気に受注減となり業績が悪化、さらに、これまでの積極的な設備投資による借入金が資金繰りを圧迫、これ以上の事業継続は困難と判断し、2013年11月に山形地裁米沢支部に自己破産を申請した。負債額は約10億円とされた。それから5年、齋藤輝彦氏は復活に向けて新たな取組みを開始しているのであった。

2. 絶頂期（1980～1990年代初め）の頃にスタート

1985年のプラザ合意以降の円高により、輸出型であった日本の鉄鋼、造船等の基幹産業は一気に競争力を失い、1980年代後半から構造不況業種となっていくが、同じ輸出型産業であった半導体、電子部品等は依然として好調であったものの、アジアへの生産移管が進め始められていった。それでも、鉄鋼、造船等といった重厚長大産業と異なり、まだ国内的にも存在感を示していた。だが、1995年、長らく長井の基幹的企業であったコンデンサのマルコン電子が日本ケミコンに譲渡されるという事態が生じ、長井の産業経済が大きく揺り動かされていく。

事実、1995年以降、長井への企業進出、また、地元での新規創業は急減していく。1980年から1995年までの長井産業の絶頂期というべき時期には、進出企業は8に減少したものの、新規創業は45企業を数えていた。そして、1995年から2000年までの5年間は、進出企業は実質ゼロ、新規創業企業は2企業（赤間製作所、鈴木製作所）にしかすぎない。当時、長井市役所には緊張感が走り、1995年2月からは「産業立地指針策定委員会[8]」が開催され、また、1997年2月からは山形県との共同で「産地診断事業[9]」も実施している。私の専修大学のゼミ合宿も1997年7月に実施された[10]。長井の産業構造の転換点が意識され、次への課題、可能性が議論されていった。

なお、この1980年から1995年までの間には、アルミ鍛造の三協製作所（1982年）、ロストワックス鋳造の山形精密鋳造（1986年）、高速プレス機械の能率機械製作所（1989年）といった京浜地区の有力中小企業が進出してきた。そして、長井サイドでも、専用機メーカーのフューメック（1980年）、三浦エンジニアリング（1986年）、ファースト・メカ（1994年）が設立され、また、電子機器・純水装置のテクノ・モリオカ（1984年）、プラスチック成形のエル・トップ（1988年）、サンリット化成（1990年）などがスタートしている。この1980年代以降は、長井のマルコン電子に限らず、全国的に労働集約的な電子部品の組立などの部門において、自動化、省力化が進められた時期であり、長井においても興味深い専用機メーカーがいくつも成立していったことが注目される。

この節では、テクノ・モリオカ（東亜電子光学から独立創業）、三立（ハイマン電子から）、エル・トップ（アルファをEBO）、サンリット化成（ハイマン電子から）の4社を採り上げるが、いずれも地元の中小企業からの独立創業である。1970年代から1980年代を通じて長井の機械金属工業集積が充実し、そこから新たな独立創業者を生み出すというサイクルが出来上がっていったように思える。この時代に生まれた長井の中小企業は、機械金属工業集積をさらに豊かにするものとして期待される。

（1）致芳地区長井北工業団地／水処理、水質関係の開発型企業として展開 ——自社製品、独自開発のOEM生産（テクノ・モリオカ）

長井の場合、部品加工、専用機製作といった領域の中小企業は多いが、独自開発による自社製品を保有している中小企業は少ない。自社製品を持つことは中小企業の夢であるが、なかなか持つことはできない。長井の機械金属系の地場中小企業の中では、テクノ・モリオカがほとんど唯一のものであろう。私は1995年5月にテクノ・モリオカを訪れているが、当時は現在の柱となっている水処理関係の機器のスタートの段階であり、従業員45人（男性16人、女性29人）、開発スタッフは5人であり、全体的には実験室のような雰囲気であった。だが、その後、テクノ・モリオカは、自社ブランドの水質管理機器、計測制御機器を保有し、さらに、自社開発でOEM生産を行なう水処理機器を保有する開発型企業として興味深い歩みを重ねていた。

▶開発型企業を意識して独立創業

テクノ・モリオカの創業者は森岡雄一氏（1954年生まれ）、長井工業高校を卒業後、就職を決めていたのだが、その会社が倒産してしまう。そのため、米沢のタムラ製作所関連の企業に勤め、山形大学工学部二部に進む。大学卒業後は長井に戻りオーキ精工に勤め、そこから出向でアルプス電気に出て、磁気ヘッドの技術を持ち帰ってきた。ただし、その後、オーキ精工は倒産、そのため、アルプス電気に戻り、1984年に長井市街地の20坪のガレージを借りて夫妻と母の3人でテクノ・モリオカを創業している。なお、森岡氏は起業直前の頃には、東亜電子光学にも勤めている。森岡氏は「自分は失業保険を2回もらった」と語っていた。当初の仕事は山形大学時代の友人を通じて米沢NECの交換機の組立からスタートしている。

ただし、1年半ほどで仕事がなくなり、米沢NECの構内外注に携わっていたこともあった。当初の場所は住宅街であり苦情も多く、1986年に長井北工業団地に移転している。1987年頃に水処理関係の装置の打診を受け、内職的にスタートしている。その後、水処理装置に加え、自社ブランドの水質管理機

長井北工業団地のテクノ・モリオカ

吉田圭樹氏

器、計測制御機器を開発、従来のメインであったプリント基板の開発・設計・製造の比重は低下し、開発型企業として歩んできた。

現在の従業員は70人（男性45人、女性25人）、開発スタッフ20人となっていた。20年前と比べて、男女の構成が逆転、開発スタッフは4倍になった。

現在の事業領域の一つは、基板の開発・設計・製造であるが、かつては売上額の60%を占めていたものの、現在は30%程度に縮小している。産業用、医療機器用が多く、ロットは100前後の多種少量であり、受注先は10社程度、県内8社、県外2社から受けていた。長井市内にはユーザーはない。

二つ目は、水処理機器類であり、売上額の30%強を占める。この水処理機器類は特に人工透析に用いる透析用水から化学的・生物的汚染を除去するものであり、病院の透析室に設置される。透析室の形状、面積、置く場所等も様々であり、モデルタイプはあるものの、各室の事情に合わせていくことが求められる。この人工透析用高度精製水製造装置は、主として三菱ケミカルのブランドで病院に提供されていく。この領域は全国にライバルは多いものの、特殊なフィルター、熱、紫外線などを用いた社内の開発技術で差別化を図っていた。

三つ目は、自社ブランドの水質管理機器、計測制御機器であり、従来の半導体業界や医薬用水管理などに加え、工作機械用、細胞科学などの研究開発用の需要も増えているようであった。この部分が売上額の30%強となっていた。これらの自社ブランド品はユーザー直販が大半であり、標準品で構成されている。この領域の最大手は島津製作所であり、当方はニッチな部分に向かってい

基板に実装するチップマウンター

人工透析用高度精製水製造装置

自社ブランドの計測制御機器

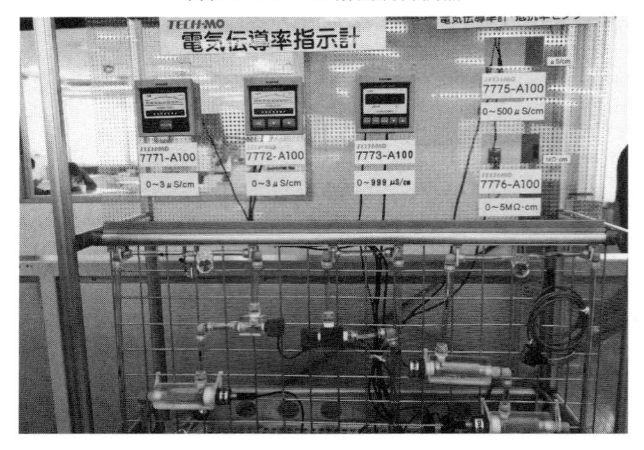

た。

▶第三者事業承継を実施、新たな体制に向かう

テクノ・モリオカの2代目社長は吉田圭樹氏（1967年生まれ）、福島県田村市の出身であった。大学卒業後は関東の水処理関係の会社にいたのだが、UIターンがしたくなり、リクルートが開催するイベントに参加、そこでテクノ・モリオカと知り合った。25年前の1992年にテクノ・モリオカに入社、長井に永住の構えであり、子供も長井で育てた。

中小企業のオーナー会社の場合、家族・親族以外の事業承継はたいへん難しいのだが、創業者の森岡雄一氏は当初から、家族・親族からは起用しない構えであり、従業員持株制度なども採り入れていた。吉田氏は2014年に2代目の社長に就いた。なお、この承継にあたっては10年ほどの期間をかけて行なわれ、スムーズに運んだとされている。吉田氏の社長就任後しばらくは代表取締役2人体制であったのだが、2017年に吉田氏1人体制となった。長井のような地方においては、珍しい事業承継が行なわれたことになる。

現在は水を焦点とする開発型企業としての色合いが強くなり、基板関係の比重は下がり、主力は自社ブランド製品の直販、さらに、大手からのOEM生産ながらも開発はテクノ・モリオカという形を強めている。しかも、認可取得が難しい医療機器関係の部門であることも注目される。テクノ・モリオカは薬事法による第2種医療機器製造販売業の認可を2007年に受けていた（5年更新）。今後、長井の機械金属工業も、医療関係、新エネルギー関係等の新たな領域に向かうことが必至だが、その先駆的な取組みとしてテクノ・モリオカは注目されるであろう。

（2）致芳地区長井北工業団地／組立、検査等の請負事業に展開
——受注先を次第に拡げていく（三立）

近年、衣料品等に限らず、電子部品などの検査業務の重要性が増している。これらの業務を請負で行ない、相手先の構内にも人を出し、あるいは、部品等を自社工場に持ち込み小ロットの組立、検査に従事する企業が生まれている。コンデンサ、カメラ、PCの組立等に従事していた地元の有力企業であったハイマン電子を退職し、地域工業から生まれてくる多様な要請に応えてきた中小企業がある。

▶長井の有力企業を支える派遣や請負の仕事

三立の創業社長である鈴木祐一氏（1947年生まれ）は、長井工業高校機械科の定時制に学び、ハイマン電子に勤めていた。1980年代には絶好調であったハイマン電子は1990年代の初めに失速し、リストラを重ねていく。そのような事情の中で、鈴木氏は退職し、山形テックのアルプス電気向けのスイッチ関係の仕事を内職的に受けていった。その後の大まかな歩みは以下のようなものであった。

1990年10月　鈴木製作所として事業開始
1991年11月　テクノ・モリオカと取引開始
1997年9月　現在地（元テクノ・モリオカ）に移転
1999年5月　サンリット工業と取引開始
1999年12月　今泉事務所設立（サンリット工業構内）
2002年6月　マークと取引開始

テクノ・モリオカの社屋を取得

左から横山和彦総務部長、鈴木祐一社長、小笠原均技術部長

2003年7月　加賀マイクロソリューションと取引開始

2004年6月　法人化し有限会社三立に社名変更

2011年8月　リコーインダストリアルソリューションズ（花巻市）と取引開始

2011年8月　オペルインク（互換インク、さいたま市）と取引開始

2011年10月　サンリット化成と取引開始

なお、「三立」とは、陽明学に由来する「三立主義」を語源としている。「自立」「応立」「共立」の三つを現している。

当初、内職的にスタートしたのだが、1991年、テクノ・モリオカからアサヒペンタックスのストロボランプのハンダ付けを受けたあたりから事業が本格化し、小量の組立や検査業務の受託といった現在のビジネスモデルを形成していった。先の歩みをみても、テクノ・モリオカ、サンリット工業、マーク、加賀マイクロソリューション、サンリット化成等、長井の有力企業を支えるものとして受注先を拡げ、それらの経験を活かしながら、県外のリコーインダストリアルソリューションズ、オペルインクからの受注へと拡げていった。なお、リコーインダストリアルソリューションズは倒産したマークのレンズ組付けを引き継いだものであった。また、オペルインクの場合は、加賀マイクロソリューションのリサイクル事業の経験が活きている。

▶「開発・検査・サービス」の時代のあり方

従業員の規模は2015年頃にピークの110人を数えたのだが、現在は78人（男性40%、女性60%）となっていた。平均年齢は45歳、全体が高齢化し、人も集まらないことが悩みとされていた。

現在の主力はサンリット工業、サンリット化成であり、売上額の70% 程度を占める。サンリット工業の今泉の構内には三立の事務所を置いてあり、現在20人が配置されている。飯豊町の工場には13人の計33人が構内作業に従事していた。仕事はクリナップ向けの台所のアルミ製品の製造と、プラスチック製品の表面処理加工であった。サンリット化成に関しては、豊田合成向けの自動車の三角窓のウエザーストリップの生産であった。ここには14～20人を構内に入れている。このサンリット関係だけで50人ほどを数えている。

2番目は加賀マイクロソリューション関係であり、ソフトバンクのモデムのリサイクルであり、売上額の10% 程度を占めていた。また、リコーインダストリアルソリューションズやオペルインクについては、三立の成田の工場で対応していた。ここには20人はいない。この成田の工場では、かつてマークでみたことのある顕微鏡などが一式備えられていた。これらはマークから移管されたリコーインダストリアルソリューションズの仕事に対応するものであった。

社内で対応しているレンズの組付け作業

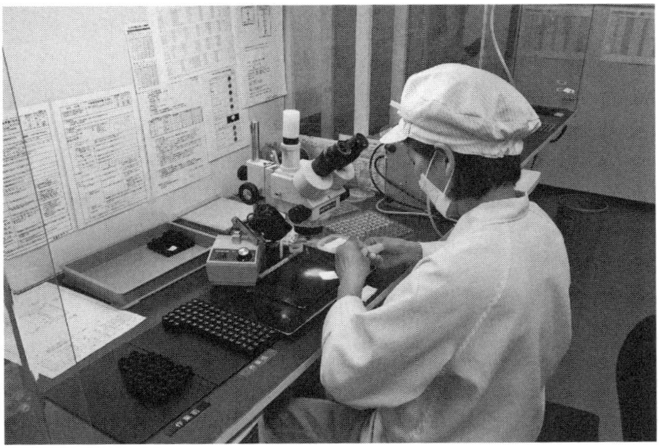

以上のように、三立の仕事は機械金属工業の拡がりと深化の中で、請負、派遣を通じて底辺を支えるものとなろう。このような仕事の必要性は高い。現状ではサンリット工業への依存が大きいが、日本のモノづくり産業が「加工・組立」よりも「開発・検査・サービス」に向かっている現在、そのようなノウハウの蓄積を前提に人さえ集められれば、拡がりはさらに大きなものとなることが予想される。

現状、三立においては高齢化が著しく、若い人でなければ無理な仕事は断念せざるをえないとしていた。そのような点からすると、検査治具の開発などを重ね、新たな可能性を見つけ出していくことも必要であろう。さらに、組立・検査から評価まで進んで行くならば認証ビジネスに向かうことも期待できる。大量生産のモノづくりの国から、開発、小量、特殊、検査といった項目の重要性が高まっている日本のモノづくり産業を支えるものとして、三立の可能性は大きいのではないかと思う。

(3) 平野地区九野本／EBOで倒産企業を引き継ぎ、後継者も入る ——100%依存のプラスチック射出成形業（エル・トップ）

中小企業の事業承継には、家族親族による承継に加え、M＆A、そして、MBO（Management Buy Out［経営陣が買収、株式譲渡を受ける］)、EBO（Employee Buy Out［従業員が買収、株式譲渡を受ける］）などが知られている。それぞれの事情により選択されていくのであろう。

長井の機械金属工業集積の中で手薄なプラスチック射出成形業が平野地区九野本に立地していた。しかも、従業員が倒産企業を引き継いで復活させていた。

▶エル・トップの輪郭

エル・トップの創業経営者の黒澤雄司氏（1957年生まれ）は、長井の隣の川西町の農家の出身、置賜農業高校農業科を卒業している。卒業後は、川西町のプラスチック射出成形業のエムジー（本社仙台市）に入社している。当時のエムジーはパイオニアをメインに、キヤノン、三菱鉛筆の仕事をしていた。成形機は40～150トンを30台ほど抱えていた。9年ほど在籍し、エムジーの全

エル・トップの射出成形工場

黒澤雄司氏

部署を経験したことから転職したくなり、エムジーの子会社で長井に立地していたアルファに入社している。

だが、時はプラザ合意（1985年）以降の日本産業の構造転換期、アルファは入社後2年で倒産してしまう。29歳の時であった。その際、前に世話になっていたエムジーの社長から「お前、どうする」と問われ、アルファには従業員が16人ほどいたことに加え、エムジーの仕事が期待できたことから、アルファを引き継ぐことを決意、1986年、EBOにより新会社エル・トップを設立している。エルはLong、トップは技術を意識して命名した。ユーザーはエムジー1社（パイオニアのスピーカー回り）であり、成形機は7台、従業員16人は全員付いてきた。

そして、創業して4年が経つ頃になるとエムジーの仕事が減少し始め、困っていたところ、機械屋から日本連続端子（天童市）の仕事を紹介され、翌週からスタートしていった。日本連続端子とはワイヤーハーネス大手の矢崎総業の子会社である。1991年以降は日本連続端子への100％依存となり、毎日、天童に出荷していた。エル・トップの仕事はワイヤーハーネス用のハウジングなどのプラスチック射出成形部品であった。50％は海外の矢崎総業へ、50％は国内に供給されている。なお、それまでの主力であったエムジーの仕事は、日本連続端子との付き合いを開始してから3〜4年で完全になくなっていった。

エル・トップの製品／ハウジング

エル・トップの成形工場

この間、1社依存に不安を感じ、2回ほど他社の仕事にアプローチしたが、2回とも失敗した。1回目はコストダウンに付いていけず、2回目は海外移管された。黒澤氏は「以来、浮気するのは止めた」と語っていた。

▶事務員も置かず、土日も24時間操業

現在、天童の日本連続端子は地元を中心に17の下請協力企業を組織している。プラスチック射出成形業7社とワイヤーハーネスの組立10社である。成形については、尾花沢、鶴岡、山形、上山、そして長井2社であった。長井のもう1社は今泉のスズプラであり、エル・トップから独立した人が2002年に立ち上げている。

現在のエル・トップの主要機械設備（射出成形機）は20台、10トン3台、40トン10台、80トン6台、110トン1台の構成であった。大半が日精樹脂工業製であり、1台だけ東芝機械製が入っていた。この20年で7台から20台に増加していた。また、うち4台は日本連続端子から移管されたものであった。金型は全て矢崎総業が準備し、日本連続端子を通じてエル・トップに貸与されていた。現在、約150型ほどを預かっていた。エル・トップの社内では金型の製作は行なっていないが、オーバーホール、部品交換は行なっていた。古い型は30年も使っていた。

矢崎総業からの発注はオンライン化されており、月単位で出され、確定は3日前、材料を日本連続端子に依頼し、毎日受けとっていた。生産は週単位、月

単位で進めていく。早いものは生産して2日後には発送されていく。操業は24時間体制、土日も操業している。夜は1人で対応していた。日本連続端子という特定の受注先に対して100％依存し、昼夜フル稼動で対応しているのであった。

年の売上額は3億円から3億5000万円、基本的に全て加工賃であった。従業員は22人（男性10人、女性12人）、正社員は12人、残りの女性はパートタイマーであった。また、会社には事務員は置いていない。日本連続端子からはこの数年、コストダウン要求はない。黒澤氏は「良い得意先だが、100％であることが気がかり」と語っていた。

収益性の高い企業には後継者がいるものだが、エル・トップには、1981年生まれの黒澤氏の子息が入っていた。彼は大学工学部の機械工学科を卒業、三菱マテリアル（現サムコ）に勤めていたが、海外移管に伴う希望退職の募集があり、6年前にそれを機会に退職し、家業に戻ってきていた。

厳しいことで知られる矢崎総業関係の仕事をしていることから、工場の管理、集中力は見事なものであった。一つの不安は、特定企業への100％依存ということのようだが、これだけの力があれば、大きな不安とはならないのではないかと思う。国内の地方で残りうる加工業のギリギリのスタイルのようにみえた、EBOにより会社を取得して約30年、エル・トップは興味深い歩みを重ねているのであった。

(4) 豊田地区時庭／トヨタ自動車東日本関連の部品加工に参入
——射出成形品、真空成形品を納入（サンリット化成）

自動車不毛地域とされた東北地方に、トヨタ系完成車両メーカーの関東自動車工業（横須賀市）が進出してきたのは1993年、岩手県金ケ崎町に着地した。その後、2011年には同じトヨタ系完成車両メーカーのセントラル自動車（相模原市）が宮城県大衡村に着地し、さらに、2012年11月、関東自動車工業とセントラル自動車、トルクコンバータ、アクスルのトヨタ自動車東北（大衡村）の3社が合併し、トヨタ自動車東日本が成立した（本社大衡村）。そして、これを契機に、トヨタ系部品メーカーが東北地方に集積を開始している。2016

年のトヨタ自動車東日本の生産台数は岩手工場約30万台、宮城大衡工場が約15万台、計45万台の規模になっている[11)]。

このような展開の中で、東北地方に協力工場を求めてきたのだが、地元中小企業の動きは鈍く、現状でも地元中小企業の自動車関連部門への展開は少ない。電子部品と自動車部品では和食と洋食ほどに違うといわれ、参入していくには考え方そのものを変えていく必要があるとされる。そうした中で、長井市には、トヨタ関連の部門に展開している中小企業が幾つか存在している。

▶企業再建により、新たな方向に

サンリット化成の創業は1990年、1980年代の地方ベンチャー企業の雄として知られていた長井市のハイマン電子にいた人びと5人を中心に、従業員20人ほどの規模でティー・シー・アール㈱を長井市に設立している。電子部品のアッセンブリーにより、日本電線電纜の仕事を期待していたのだが、思うような展開にならなかった。そのため、長井市のサンリット工業が資本を入れ、再建に向かっていく。サンリット工業はマルコン電子のコンデンサのアルミケース向けの生産を目指して1974年に長井市で設立されている。現在では主力工場は隣の飯豊町に展開、タイにも工場を出し、自動車関連のアルミ鍛造品のメーカーとなっている。従業員は350人規模である。現在のサンリット化成の資

サンリット化成の大型真空成形機

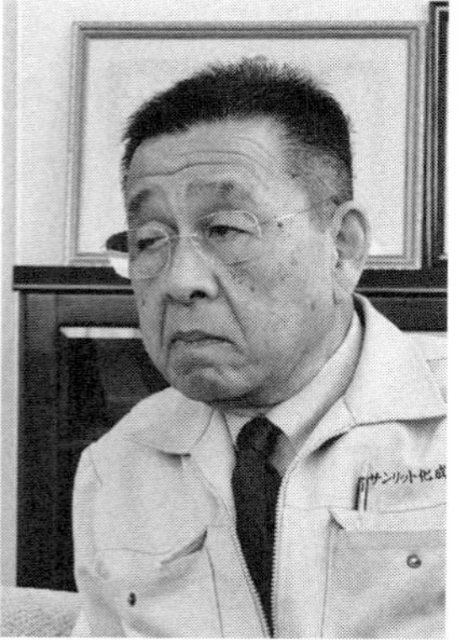

齋藤道郎氏

本金 9500 万円のうち、サンリット工業が 68% を握っている。その他は旭化成の資本であった。

1991 年にサンリット工業が資本を注入したものの、サンリット化成には 8 年間ほど常駐の社長を置いていなかった。サンリット工業の部長級が対応していた。ようやく 2000 年になり、サンリット工業の専務取締役であった齋藤道郎氏（1948 年生まれ）が、社長として赴任してきた。当時は、照明器具のカバーの真空成形に従事していた。従業員は 40 人（うち女性 10 人）であった。累損が相当にあった。社内の士気も低いものであった。ここから、再建が始まる。

照明器具の真空成形がメインであったものの、一部に 1990 年代からホンダのオデッセイの内装部品（木目を貼り付けたパネル）を手掛けていた。このホンダの仕事は、ピーク時には月に 2000 万円ほどの売上額があったこともある。

▶豊田合成の部品生産に展開

大きな転機となったのが 2006 年、宮城県栗原市に進出しているトヨタ自動車のティア 1 で樹脂成形品を作っている豊田合成との接点ができた。当時、豊田合成本体の専務取締役が長井市出身であり、齋藤氏は 2〜3 回、面談する機会を得て、サンリット化成への発注が決まった。ここからサンリット化成は大きく変わっていく。部品はアクア用のウエザーストリップ（トヨタ自動車東日本岩手工場向け）、シェンタ用のライン部品（宮城大衡工場向け）であった。ロットは 300〜600 個／日であり、月曜日から金曜日まで毎日、10 トン車 1 台で納品している。長井の中には、生産ラインの一部に関わる設備的な部分でトヨタ関連と接触している中小企業はあるが、量産部品に展開しているところとしては、進出企業の山形精密鋳造、三協製作所等があるが、地場企業としてトヨタ東日本向けに展開しているところはサンリット工業とサンリット化成以外にはない。

この結果、現在の従業員数は 80 人＋構内外注 20 人の 100 人体制になっていた。なお、女性が 40 人を占めているが、彼女たちは主として旭化成関連（東京エレクトロン向け、一関）の光ファイバーのアッセンブリーに従事していた。

トヨタのオプション品の外装部品　　　　　アクア用のウエザーストリップ

2000年の頃の売上額は5億円であったが、現在は7億8000万円に上昇していた。受注先別の売上額構成は、豊田合成30%、トヨタ関連（純正オプション品）40%、その他自動車関連10%、光ファイバーのアッセンブリー10%、その他であった。

サンリット化成の構内をのぞくと、主要設備として、大型の真空成形機4台（布施真空）、射出成形機6台（東芝機械）、3次元NCルーター1台（庄田鉄工）、3次元レーザ加工機（三菱電機）、塗装ブース（アネスト岩田）で構成されていた。大物のオプション部品の真空成型と、中物のウエザーストリップの量産の射出成形ラインが装備され、集中力のある職場を形成していた。

かつてはコンデンサのマルコン電子の企業城下町として歩み、電子部品の量産に展開していた長井の地で、東北に新たなうねりをもたらしている自動車関連、量産の部分に展開する中小企業がようやく登場していたのであった。

3. 2000年代以降は地域中小企業からの独立が目立つ

前節でみたように、長井の1970年から1990年代初めの時期は、マルコン電子、ハイマン電子といった中心的な企業が健在であり、そこから独立創業する中小企業が相当数あり、また、京浜地区あたりの有力な中小企業の進出が重なっていった。ただし、1990年代の中頃以降、機械金属系業種の新規の独立創業、企業進出はパタリと止まっていった。それは全国的な現象でもあるのだが、長井においては際立っていた。

そして、2000年代に突入する。この2000年代以降、2001年末にはITバブル崩壊、2008年9月のリーマンショック、そして、2011年3月の東日本大震災と続き、日本の産業経済は萎縮していく。そのような状況の中で、中小企業の廃業が相次ぎ、他方で新規の創業は極端に減少していく。特に、初期投資の大きい機械金属系業種の新規創業はほとんどみられなくなっていった。

例えば、私自身が濃密に付き合っている北陸〜東北〜北海道の範囲をみると、2000年前後以降に独立創業した機械金属系のケースは長井を除くと10件程度しか把握できていない。北海道は室蘭のアルフ（2004年創業、精密研削）、岩手県は花巻市のHMT（1999年、精密研削）、北上市のWING（1999年、樹脂切削）、福島県は南相馬市の精研舎（2008年、精密研削）、飯舘村の齋藤製作所（2006年、精密研削）、富山県は匠技研（2009年、キサゲ加工）ぐらいであり、地方工場が撤退する際、従業員がEBO（Employee Buy Out）して独立したケースとして、岩手県宮古市のGUP（2014年、精密機械加工）、福島県浪江町の浪江ハーネス（2008年、ワイヤーハーネスの組立）などがあるにすぎない。全体的にみると、精密研削が多いことに気づく。精密研削の場合は、研削盤1台の一人親方としてスタートすることが可能という、機械金属工業の中でも特殊な位置にあることが、このような現象を導き出しているものと思う。

この点、長井の場合は、2000年代4件、2010年代4件、2000年代以降8件が確認される。地方小都市としては際立ったものといえそうである。長谷川工業（2000年、金属部品加工、光洋精機から独立）、白斗機械（2000年、金属部品加工、丸秀から独立）、スズプラ（2002年、プラスチック成形、エル・トップから独立）、美山塗装（2008年、塗装、サンリット工業からアイキャンへ転職、アイキャン倒産後に山口製作所社長個人の資金で創業）、JIN製作所（2011年、省力機械部品、フューメックから独立）、佐藤機工（2011年、金属部品加工、光洋精機から独立）、エスケイ・ドリーム（2013年、金属部品加工、レペック［飯豊町］から独立）、アイテクノス（2014年、省力機械、キデン［米沢市］から独立、その後、高畠に移転）がある。金属部品加工が多いが、プラスチック成形、塗装まである。そして、独立元の企業としては、光洋精機

(2件)、丸秀、フューメック、エル・トップ等、長井の有力な中小企業であることが注目される。

このような地域の有力中小企業からの独立創業というスタイルは、1960〜1980年頃までの東京の大田区や東大阪市あたりで盛んにみられたものだが、その後、それらの大都市工業地域では立地制約も大きなものになり、1990年代以降は新規の独立創業がみられない。この点、燕・三条、北上、由利本荘、室蘭、函館等の東日本の地方工業都市あたりの立地制約はそれほど大きなものではないのだが、新規創業はほとんどみられない。長井は一人興味深い展開になっているのである。

以上のような点をベースに、この節では2000年代以降、長井に登場してきた機械金属系の独立創業中小企業に注目していく。

(1) 致芳地区白兎／丸秀から独立創業、山形精密鋳造の小物の機械加工——4社で白斗グループを結成（白斗機械）

地元の有力中小企業である丸秀から比較的最近の2000年に独立創業し、農作業場を改装してスタート、地元の有力中小企業の山形精密鋳造が協力企業を求める中で、4社でグループを組んで、一定の生産力を形成、試作から量産加工まで柔軟に対応する仕組みを形成している中小企業がある。長井のような新興の工業集積地において、新たな生産の仕組みを形成している点で注目される。地域工業集積の新たな拡がりを示すものであろう。

佐藤千佳子さん（左）と佐藤衛一氏

白斗機械の横の水田地帯

▶地元の丸秀から独立創業、家族経営

佐藤衛一氏（1956年生まれ）は、長井市致芳地区白兎の出身、高校は南陽市の赤湯園芸高校（現南陽高校）に進学、長井市の長井北工業団地のカスヤ精工（本社木更津市）に就職した。当時、カスヤ精工は木更津にあった鋳造部門を長井に移管させる計画であり、長井で新規採用の6人を木更津に事前の研修に送り込んでいた。佐藤氏はその1人であった。ところが、木更津工場で爆発事故が発生、怖くなり、6人全員が退職し散りぢりになっていった。佐藤氏はカスヤ精工には1年半ほどいたことになる。なお、その後、カスヤ精工は長井から撤退、長井北工業団地の用地は東芝照明プレシジョンに売却していった。

佐藤氏は長井に帰り、丸秀に入社していった。佐藤氏は丸秀で、溶接、プレス、検査、品質管理、機械加工など一通りの仕事を経験していった。特に、丸秀の受注先である三菱重工等をみているうちに、「機械加工にやり甲斐がある」と考え、取引の流れなどを学んでいった。そして、次第に独立創業する気持ちが強くなり、2000年5月、44歳の時に個人事業主としてスタートしている。

親戚の解体業者からドアの廃材などをもらい、自宅の農作業場を改装して出発した。資金的には退職金に加え、制度資金のマル経融資を受けた。社名の「白斗」は、地名の白兎と、長男の名前「北斗」から採った。2015年9月には法人化している。現在の従業者は7人、男性3人、女性4人（パートタイマーを含む）であった。

2008年9月のリーマンショック時は、その月だけ仕事が減少したが、直ぐに回復、その後は順調に右肩上がりで来ていた。当時の売上額は年間3000万円ほどであったが、現在は約10倍規模となっていた。仕事は小物の機械加工とバリ取り等であり、売上額の増加の中で、中古機械設備の設置、従業員、パートタイマーの採用を重ね、現在の規模になってきた。

なお、従業員構成はまことに興味深い。佐藤氏の夫人で専務取締役の佐藤千佳子さんは長井市内の建設会社に勤めていたのだが、2010年代に入ってから白斗機械が忙しく、退職して総務、経理を担っていた。また、工場長は丸秀で設計部門にいたかつての同僚を迎えていた。さらに、若い女性社員のうち、1人は佐藤夫妻の長女、もう1人は工場長の娘さんであった。家族的雰囲気が濃

NC 旋盤が並ぶ機械加工職場

バリ取りの工程

厚に漂っていた。

▶工業集積と新たな受発注関係の形成

丸秀から独立創業したものの、現在の受注先は山形精密鋳造が 95% を占めていた。丸秀の比重は 5% であった。山形精密鋳造の仕事は先方から打診があり開始されていた。また、ロストワックス鋳造の山形精密鋳造は自動車関連の仕事が多く、鋳造後の機械加工等の必要性が高まってきたことから、2016 年 2 月には、白斗機械、イリノ精工（浜松市）と業務提携を締結している。さらに、白斗機械は山形精密鋳造に対して、加工企業 4 社をグループ化し、自動車関連部門のグループ認証を取得している。

その 4 社とは、白斗機械をリーダーに、機械加工のサンエーみはらしの丘事業所（本社山形市）、鋳物の冷間矯正の大木工業（白鷹町）、ロータリーフライス（6 台）の高橋 TIG 工業（長井市白兎）である。仕事の流れとしては、山形精密鋳造から白斗機械に鋳造品が届き、当社からサンエー（機械加工）、大木工業（矯正）、高橋 TIG 工業（湯口の切断）に送り、加工の終わったものは再び白斗機械とサンエーに届き、バリ取りが行なわれる。白斗機械に戻ったものは山形精密鋳造と浜松のイリノ精工に送られ、そこからユーザーに届けられる。

なお、山形精密鋳造の会社案内には、提携先関連会社として白斗機械、イリノ精工が掲載されているが、白斗機械は白斗グループ（4 社）として、MC13 台、NC 旋盤 18 台、プレス（5～50 トン）、ボール盤 13 台、フライス盤 8 台、バンドソー6台、自動プラズマ溶断機1台が記載されている。4社集まることにより、一定の生産力が確保されているのであった。

この白斗機械の登場、有力企業の山形精密鋳造に供給する4社による白斗グループの形成などの動きを観察すると、長井には新たな機械工業集積の形成、連携などが深まっていることを痛感させられる。丸秀、光洋精機などの有力中小企業から独立創業者が次々に生まれていること、また、それら有力中小企業から地域に加工外注が出ていること、さらに、加工外注にも多様な機能が必要とされるが、それらの機能を地域的にまとめ上げる機能も登場していることなどが指摘される。

このような現象は、地域の工業集積の内面の高度化に向かっていることを意味しよう。そのような多様な取組みの積み重ねにより、地域工業集積は新たな局面に向かっていく。その一つのモデルとして、白斗機械の独立創業、有力企業との新たな取引開始、そして、加工外注を取りまとめる白斗機械グループの展開などが注目される。

(2) 豊田地区今泉／先輩とエル・トップを立ち上げ、その後に独立創業 ——夜間も無人運転のプラスチック射出成形工場（スズプラ）

どのような事業でもそうなのだが、何人かで事業を立ち上げ、軌道に乗せていく過程で考え方が異なり、さらに核分裂のように新たな企業が立ち上がっていくことがある。このような場合、分離独立していく事業者のエネルギーは大きく、事業が興味深い方向に進んでいくことが少なくない。それは、事業者個々の問題に加え、地域のエネルギーともいえる。長井の地で興味深い独立創業が演じられていた。

▶先輩と倒産した会社を引き継ぐ

スズプラの創業は2002年。創業者の鈴木秀光氏（1962年生まれ）は、長井の農家の出であったのだが農業は向いていないと考え、長井工業高校機械科に進む。就職の時期には特に希望する職種はなく、就職課で資料をめくっていると、1枚が床に落ちた。当時の高卒の初任給は7～8万円が多かったのだが、その企業は9万円であった。これで決めて入社したのが川西町のエムジー（本社仙台市）であった。従業員は15〜16人、金型、射出成形をやっていた。受注先のメインは三菱鉛筆（川西町）のケース（筆箱）であり、その他に東北パイオニア（天童市）、キャノン栃木（宇都宮市）などのプラスチックの射出成形であった。鈴木氏は、「入社して初めて射出成形機というものをみた」と語っていた。

機械科の出であることから、当初はフライス盤、旋盤などの仕事に就いていたが、3年ほど経つと人が足りないということになり射出成形担当に代わっていく。エムジーはその頃拡大期であり、従業員は35人ほどになり、射出成形機の増設も続いた。夜勤が続き、また、日中は金型の段取り変えなどに従事し、月の残業が150時間にもなった。夜中の2〜3時に帰宅し、朝の8時には出勤するような状況が続いた。そのため、仕事がわかり、自信もついたが、ハード過ぎていた。

その頃、エムジーの仕事は多く、長井のアルファに外注に出すことになり、鈴木氏が出向で立ち上げの2〜3年手伝うことになっていった。当時、アルファは従業員約20人、射出成形機は5台ほどの規模であった。夜勤も多く、5人ほどの交代勤務で対応していった。仕事は三菱鉛筆のユニのケースであり、射出成形機5台で成形し、表面に金色で印字するものであった。アルファの管

鈴木秀光氏

住宅街のスズプラの工場

理には問題も多く、当時、エムジーを退職しようとしていた少し先輩の黒澤雄司氏（エル・トップの創業者）に声をかけ、生産管理を担ってもらった。

ただし、このアルファは1986年に倒産してしまう。当時、アルファには十数人の従業員がいたこと、さらに、エムジーからの仕事が期待できたことから、1986年に新会社のエル・トップを立ち上げ（社長は黒澤雄司氏、工場長が鈴木秀光氏）、射出成形機7台でスタートしている。ところが、エムジーの仕事はそのうち来なくなり、たまたま東芝の営業から日本連続端子のコネクタの仕事を紹介され、翌週から仕事に入っていった。膨大な量の仕事が舞い込んできた。エル・トップは順調に拡大していくが、そのうち、黒澤氏と意見が合わなくなり、鈴木氏は2001年に退社した。

▶24時間稼動、夜間は無人運転の成形工場

退社後、しばらくした頃、退職した情報が日本連続端子に伝わり、電話があり、民生用の電話機のソケットプラグ（透明）をやらないかとの連絡が入ってきた。元々、エル・トップでやっていたのだが、トラブルがあり、移管されることになった。エル・トップからは自動組立機（挿入機）5台が移されてきた。仕事としては成形品を購入し、組立するものであった。2002年2人でスタートしている。

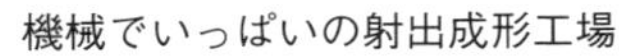
機械でいっぱいの射出成形工場

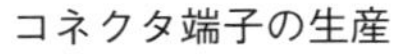
コネクタ端子の生産

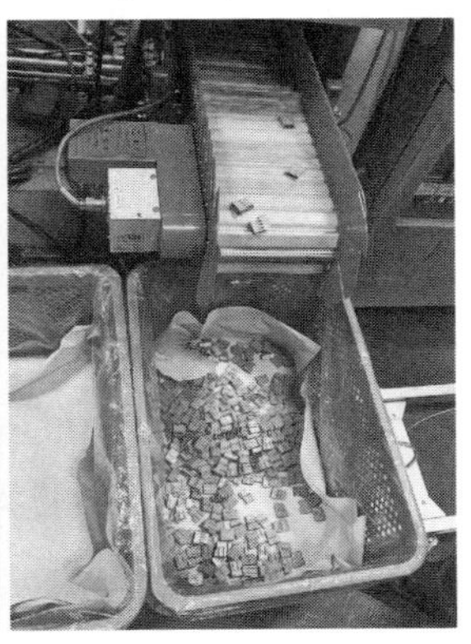

その後、組立のみではもの足らず、射出成形機を入れようとしたのだが場所がなく、また、銀行からも拒否された。そのため、山形県のチャレンジ21資金を申し込み、県のリース事業の対象になり、射出成形機を入れることができた。ここから、事業が軌道に乗っていった。その後、1社依存を避けるために知人を通して福島フソー（桑折町）との取引きも始まり、機械も人も増えていった。さらに、寒河江市のイトウ電子からはコニカミノルタ経由でNOKIA向けのケータイのカメラ部品をもらい、月に100万個も生産、おおいに儲かった。ただし、個人営業では税金もたいへんであり、2008年には株式会社化している。

その後、イトウ電子の仕事は一気になくなり、代わりに日本連続端子から自動車のヒューズカバーの仕事をもらい、それは現在も続いていた。現在の主要な受注先は日本連続端子（売上額の45%）、福島フソー（45%）、その他10%としていた。射出成形機は東芝機械製5台、日精樹脂工業製1台の計6台、従業員は8人（男性3人、女性5人）の構成であった。このスズプラの最大の特色は、成形機を24時間稼動させ、夜間は無人で運転しているということであろう。材料供給機、取り出し機、成形機を研究し、無人で可能な仕組みにしていた。売上額は加工賃であり、2017年は1億円に達していた。高収益企業ということになる。

鈴木氏には2人の娘がいるが、長女は上山市に嫁ぎ、次女は家事手伝いに従事している。後継者については、2017年に長井市内のカメラ関係の有力企業に勤めていた甥が「カメラに将来性がみえない」として入社を希望してきた。現在56歳の鈴木氏は「自分は65歳ぐらいで会長になり、その後、甥につないでいきたい」と語っていた。

長井は機械金属工業の集積はかなりのものだが、樹脂系の企業は少ない。そのような中で、スズプラは興味深い歩みを重ねているのであった。

(3) 平野地区平山／光洋精機から2010年に独立創業、100%依存——機械加工と農業の二刀流（佐藤機工）

工業集積地域では、有力中小企業から独立創業し、さらに、その企業から受注しながら力を蓄えていく場合が少なくない。だが、このような独立創業は1980年代の頃までは活発に行なわれていたのだが、1990年代の後半の頃からほとんどみられない。長井の進出有力中小企業の精密機械加工の光洋精機からは、セナガ工業（1984年独立創業）、立花精機（1990年）、長谷川工業（2000年）、佐藤機工（2010年）の4社が独立創業していた。

これらの中で最も最近に独立創業した佐藤機工は、光洋精機から壊れていた中古のNC旋盤2台を譲り受け、自宅の農機の格納庫で1人でスタート、光洋精機100％依存の形を取り、さらに、農業（水稲）との兼業のスタイルをとっていた。その後、息子が合流し、次のステージに向かっていた。

▶2010年に独立創業、子息も合流

長井市郊外の平野地区平山のあたりは水田地帯と散居が拡がっているが、その散居をよくみると、小さな工場が併設されている場合が少なくない。水田地帯に小さな工場による機械工業化が拡がっていた。佐藤了一氏（1962年生まれ）は平山集落の農家、農地は1.6 haほどであり、水稲栽培は1.2 haほど、自身で休日に対応していた。田植機、トラクター、コンバインを保有し、さらに、倉庫には乾燥機も設置してあった。残りの0.4 haは転作として飼料稲（WCS）の栽培をしているが、刈入機を保有していないために近くの上平山生産組合に刈入れを委託していた。収穫物の販売は地元のJAに委託していた。典型的な長井郊外の農家であった。自宅の背後地には水田が拡がっていた。佐藤氏は長じて川西町の置賜農業高校に学び、フラワー長井線の南長井駅から今泉駅でJR米坂線に乗り換え、川西町の小松駅を利用して通学していた。

置賜農業高校を卒業後、1980年、長井市の光洋精機に就職、旋盤関係の仕事に就いていた。時は工作機械のNC化が進み始めた時代であり、光洋精機も次第にNC旋盤、MCが主流になっていった。2008年9月のリーマンショックにより、半導体製造装置のステッパーの仕事（ニコン関係）の仕事は一気に激減する。佐藤氏は「いずれ自分でやりたい」と考えており、また、一番下の3番目の娘が高校を卒業したことから、潮時と見定め、2010年、47歳の時に独立創業に踏み出していった。

佐藤家の母屋

田植えの時期の農機と新たな工場

場所は自宅の裏の農機の格納庫を利用した。また、光洋精機を退職する際、故障していた中古のNC旋盤2台をもらい、自分で修理してスタートしている。自分が長く使っていた機械であり、様子はよくわかっていた。当初は光洋精機から仕事をもらい1人で始めた。その後、機械を増やし、NC旋盤5台を中心に、汎用旋盤、ボール盤等から構成されていた。機械設備の増設については、現在のところ、自己資金で対応しており、公的な補助金、融資を受けたことはない。中小企業政策金融公庫の資金は工場建設の際には借りていた。

佐藤氏の長男の佐藤知希氏（1985年生まれ）は、長井工業高校機械科の卒業、白鷹町の富士アルミ管工業（本社埼玉県三芳町）で丸物の切削加工に従事してきた。1週間交代の夜勤があった。仕事は佐藤機工と似たようなものであった。知希氏は結婚を機に佐藤機工に入る意思を固め、2017年8月に入社している。以後、佐藤親子は2人で働いていた。また、孫も1人生まれ、2世帯で同居していた。

▶二刀流／農村地域の機械金属工業の一つのスタイル

独立創業後8年を経過するが、受注先は光洋精機100％となっている。仕事は多くて20〜30点ほどであり、5〜10点が多く、1〜2点の場合もある。測定は光洋精機にしてもらい、特殊な刃物が必要な場合は光洋精機から借りていた。山形県の工業試験場は山形市にあり、クルマで1時間ほどの距離であることから、必要に応じて利用していた。また、光洋精機からはもっとやって欲しいといわれていた。この光洋精機の仕事は前加工的なものであり、加工精度は100分の1.5 mmほどのものであった。光洋精機はこれを社内で1000分の2 mm前後まで仕上げていく。丸物に加え、角物（フライス加工）の要請もあり、現在、知希氏が取り組んでいた。知希氏が入ることにより生産量は30〜40%増となった。他からの要請もあるのだが、現状、手一杯のため断っていた。操業時間は8:00〜17:00まで、いくらか残業もやっていた。なお、農業との兼業であり、休日は農作業をしている。また、特別に忙しいときには休日も工作機械を動かしていた。

将来に関しては、光洋精機100%のままとは考えていない。特に、息子が入ったことから受注先を拡げていくことをイメージしていたが、当面はその余裕はなさそうであった。自社についての評価は「特別な特徴はない。これから考えていきたい」としていた。現状、地元の商工会議所等の経済団体には所属しておらず、情報収集も光洋精機からが主体であった。息子が入り、時代が新しくなっていく中で、家族規模の機械加工に従事する佐藤機工としては、旋盤加工、フライス盤加工のレベルを上げ、光洋精機に加えた新たな可能性を模索していく必要もありそうであった。

長井郊外の平山の地で、切削加工と農業との二刀流という興味深い取組みが重ねられているのであった。

佐藤了一氏（左）と佐藤知希氏

NC旋盤が並ぶ

（4）致芳地区成田／勤め先から親子で独立創業する
——家族規模の切削加工に向かう（エスケイ・ドリーム）

勤め先を辞めたとたん、ユーザーから改めて要望が来て個人で事業を開始していくという場合がみられる。先方からすれば、会社に依頼していたわけではなく、むしろ、その人個人に対して仕事を出していたということであろう。いわば、信頼関係の継続ということになろう。そのようなケースは各地でみられるが、長井市の成田地区で興味深い取組みが重ねられていた。

▶親子が合流して独立創業に至る

赤間敏氏（1953年生まれ）は長井市成田の出身、プレスの丸秀に26年間勤め、品質保証を担当してきた。その後、飯豊町のレペックに勤め、管理業務に就いていたが、2012年に59歳で早期退職し、趣味のバイクでゆっくり楽しもうと考えていた。だが、退職後、かつてのユーザーから「なんとかして欲しい」との要望が重なり、兄の会社（赤間製作所）の事務室の一角を借りて商社的に仕事を再開した。小さくやるつもりであったのだが、アチコチからどんどん要望が重なっていった。

赤間敏氏の長男の赤間和也氏（1980年生まれ）は、父と同じレペックに勤めており、MCに12年も張り付いていた。父が辞めた1年後、和也氏も辞めて合流することになり、2013年にはエスケイ・ドリームを設立している。赤

オークマのMCが２台

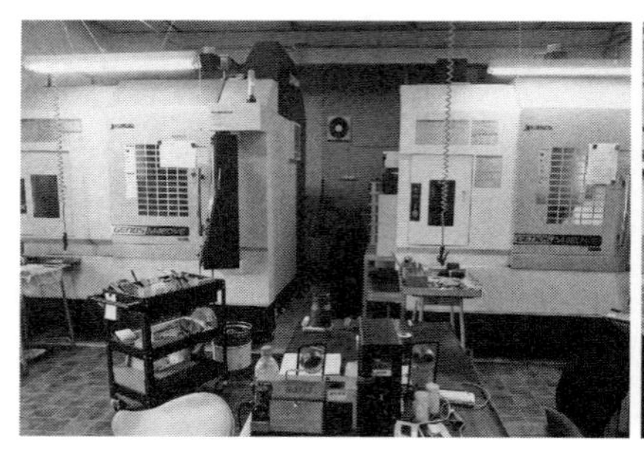

赤間敏氏（左）と赤間和也氏親子

間敏氏夫妻、赤間和也氏の３人の旅立ちとなった。なお、エスケイ・ドリームのエスケイは、敏(さとし)氏のＳと和也氏のＫから採っていた。

当初、場所を確保することが難しかったのだが、自宅の近くの旧写真館をみつけ、買取り、リノベーションしてスタートしている。MC（オークマ）２台を中心に、フライス盤２台、ボール盤４台、平面研削盤１台、旋盤１台の構成であった。設備投資にあたり補助金は使わず、商工会議所から紹介されて中小企業振興公社の制度を利用して山形銀行の融資を受けていった。

▶信頼関係と、腕の良さで仕事が拡がる

当初、MC 加工のユーザーは３社であったのだが、現在は16社に増えていた。主たるユーザーはマスコエンジニアリンク（新庄市)、東洋製罐（横浜市）などであり、赤間敏氏が退職して直ぐに電話があったのは東洋製罐の担当者からであった。図面を渡され「まとめて欲しい」といわれた。前の会社からの付き合いであった。これらの他には三菱マテリアル、ミクロン精密、ニコンなどの難しい仕事が来ていた。山形県内の受注先は３社、長井市内はトップパーツのみであった。仕事は全国から来ていた。特に、和也氏の MC 加工の評価が高く、仕事が拡がっていった。

材料調達についても、ユーザーと同様であり、辞めたとたんに付き合いのあった材料商社から連絡があり、再開されていった。赤間敏氏は「仕事と材料が付いてきた。会ったこともない受注先も少なくない」と語っていた。外注先についても、従来から付き合いのあったところ、さらにユーザーからの紹介で、現在、地元に加え、秋田、新潟、群馬などにまで拡がっている。敏氏の人間関係、まとめる力、そして、和也氏の腕の良さが新たな可能性を切り拓いているようにみえる。仕事は小ロットであり、１個からであった。200個規模になると、他の仕事ができなくなることから外注に回していた。

また、和也氏が前の会社を辞めるとき、同僚が５人付いてきたのだが、当面、受け入れる力はなく、敏氏が外注先に就職を世話していった。いずれも腕のよい技能者たちであり、受入れ各社にも喜ばれていた。

既に年金世代に入っている敏氏は、「和也が来なければ工場はやらなかった。

6～7年で借金を返し、彼に負担がかからない形で引退したい」、「今後は人を入れないとやり切れない。それでも大きくして欲しくない。家族規模が良い。今のユーザーを大事にし、外注を大切にしていって欲しい。それでも、彼の代では、好きなようにやって欲しい」と語っているのであった。

企業の集積規模は小さいとはいえ、長井から置賜地域全体には興味深い機械金属工業の集積が形成されている。そこには、多様なユーザーが存在し、また、設計開発から材料、加工、組立の濃密なネットワークが形成されつつある。そのような枠組みの中で、特殊な小ロットの難度の高いものに向かうエスケイ・ドリームは、独特の光彩を放ち、集積を豊かなものにしていく担い手の一人として活躍していくことが期待される。

4. 独立創業が活発化する環境条件の整備

産業集積が充実、拡大していく最大の背景は「地域的な雰囲気」といわれている。具体的な成功モデルが身近に沢山あり、知人たちが新規創業に踏み込んでいく姿をみながら、新たな独立創業が促されることがよくある。長井の歴史をみても、江戸期以降の養蚕、織物業の拡がり、明治初期の器械製糸工場の設置、戦後の高度成長における大量の独立創業の姿からは、そのような地域的な雰囲気が強く作用していったことが読み取れる。

また、独立創業には、例えば勤めている企業の状況も大きく作用する。その企業の拡大発展期に新たなビジネスチャンスを見出し独立創業していく場合があり、他方、縮小衰退期に飛び出して新たな事業化を進めていく場合もある。マルコン電子やハイマン電子の動向が、多くの中小企業を生み出していったことはまことに興味深い。

ただし、現在の長井にはかつてのマルコン電子やハイマン電子に相当する大規模工場は存在しない。そのような事情から、2000年代以降の独立創業は地域の中小企業からの独立創業ということになる。丸秀や光洋精機、フューメック等の長井を代表する機械金属系中小企業から多くの独立創業者が出ていることからは、長井の機械金属系工業集積の将来が期待される。全国を見渡しても、この20年、このような動きをみせている工業地域はほとんど見当たらないのである。

▶地域的な雰囲気を広く伝えていく

このような動きを受け止めるならば、長井の機械金属工業集積をより豊かなものにしていくには、今後、幾つかの取組みが必要であろう。

第1は、かつてのマルコン電子やハイマン電子に相当するような大規模な企業はないものの、高いレベルの中小企業による機械金属工業集積が一定程度形成されていること、さらに、近年においても新規創業、進出がみられ、持続可能性も高いことを広く関係部門に広報していくことが必要であろう。特に、高速プレス機械の能率機械製作所、ロストワックス鋳造の山形精密鋳造、精密機械加工の光洋精機、アルミ鍛造の三協製作所、大・中ものプレスの丸秀、そして、地元から育ってきた小物精密プレスの朝日金属工業、自動車向け中小物鍛造部品のサンリット工業あたりは、日本でもトップクラスの中小機械金属企業であり、それらが発展的に活き活き活動している状況を広く伝えていくことが必要であろう。

一定程度の集積があり、希望を抱けるケースも多く、それが地域的な雰囲気として伝わっていけば、新たな仕事の機会が増え、さらに、新たな進出、新たな独立創業者も生まれてこよう。現在の日本ではそのような動きを示す工業地域はほとんど無くなっており、関係者に意外な思いと可能性を意識させることになると思う。

▶可能性を拡げていくための受け皿

第2に、可能性を拡げていくための受け皿づくりが必要とされる。それには、空間的なスペースの提供、人材の提供、そして、営業・技術などの支援体制が求められる。

これだけの工業都市であるにも関わらず、長井には工業団地は自然発生的に生まれた長井北工業団地（45.7 ha）一つしかない。進出企業の多くは長井北工業団地に加え、郊外に広く分散立地している。拡大意欲の強い企業は市内の工場跡地を利用するか、あるいは隣の飯豊町に形成された工業団地に向かうしかない。この数十年の全国の工業団地をみると、売れ残りなどで苦慮している場合も多く、今後の工業団地開発はオーダー型の提供が望まれる。一定のエリアに工場適地の網をかけておき、具体的な動きが生じた際にタイムリーに提供できる体制が望まれる。

この点は、新たな工業団地に限らず、市内の空工場、空オフィス、未利用の公共施設などをキチンと把握し、スピード感のある提供の仕方を用意しておく必要がある。最近のケースとしては、新潟県村上市の青山工業が市役所に問い合わせた瞬間に空工場を紹介されて感動したと語っていたが、そのようなタイムリーな取組み、そして、その後のアフターケアも企業誘致、新規創業等の基本的な要件となろう。なお、先の青山工業の場合、初年度の冬の豪雪に驚いたが、市役所が即対応（除雪）してくれたことに感謝していた。機動力に優れ、丁寧な対応が基本となろう。

人材の提供に関しては、技術者、一般の従業員の提供にも深い関心を寄せる必要がある。先に述べたように、近年の企業立地の最大の要件は「人材立地」にある。人材がいなければ事業は成り立たない。また、事業がなければ人材も育たない。このような事情の中で、優れた人材をどのように提供していくかが問われている。この点、進出企業の多くからは長井工業高校の存在が指摘される場合が少なくない。モノづくりに向かう人材を長井工業高校が広く提供してきた。近年、少子化の中で定員割れが起こっているが、少し前の統廃合問題の際、高校、産業界、市役所が一体になり厚労省の技能検定に乗り出し、多くの成果を上げ、高校生たちに希望を与えたことを思い起こし、有為な人材を生み出し、産業界に送り出していく仕組みを甦えらせていくことも必要と思う。

また、人材の問題は従業員だけではなく、事業の後継者の育成も重要性を帯びてきた。先に、持続性が必要と指摘したが、発注側は若い後継者が活き活きとしていない企業には関心を持たない。創造的な若い後継者が存在し、持続性が期待できる企業と付き合っていこうとするであろう。このような点からすると、社内の技術者、従業員ばかりでなく、事業の後継者の育成は地域産業、中小企業の今後に大きく関わってくる。意識の高い後継者と技術者、従業員の集積が、持続性を担保し、次の可能性を惹きつけていくことになろう。

以上の空間的な課題、人的課題に加え、もう一つは、地域産業、中小企業を支援、あるいは牽引していく市役所、商工会議所等による支援体制の形成が求められる。一つは営業支援であり、そのための情報収集と発信、展示会への参加等が求められ、また、技術支援のためのネットワークづくりも、今後の市役所、会議所等の課題となろう。

これらの環境整備も形を作るだけでは事態を動かすことはできない。市役所の産業担当部局、商工会議所、事業者等が密接に交流し、やるべきことをよく理解して、次に向かっていくことが求められているのである。

1） 岩手県北上市の事情については、関満博『「地方創生」時代の中小都市の挑戦——産業集積の先駆モデル・岩手県北上市の現場から』新評論、2017年、を参照されたい。なお、北上で新規創業した中小企業としては、樹脂の切削に展開したWINGがある。前掲書、第5章を参照されたい。

2） 北海道で注目される機械金属工業集積地の室蘭については、関満博『北海道／地域産業と中小企業の未来——成熟社会に向かう北の「現場」から』新評論、2017年、第5章を参照されたい。なお、室蘭で近年独立創業した中小企業としては、精密研削のアルフがある。

3） 戦後の長井周辺の工業化の動きについては、齋藤豪盛『みちの奥の町工場物語』近世初期文芸研究会、2016年、が参考になる。

4） 寺嶋製作所、及び、寺嶋宏武氏については、関満博『二代目経営塾』日経BP社、2006年、Ⅲを参照されたい。

5） 齋藤金型製作所の歩みについては、齋藤、前掲書、及び、関、前掲書、Ⅲを参照されたい。

6） GEとの関係については、齋藤、前掲書、26〜33ページ、を参照。

7） 齋藤輝彦氏については、関、前掲書、Ⅲを参照されたい。

8） 長井市『長井市産業立地指針策定委員会のまとめ』1997年3月。

9） 山形県・長井市・長井商工会議所『平成9年度長井市電気機械関連製造業地域特定産業経営構造改善事業報告書——高度技術集積都市の形成に向けて』1998年3月。

10） 関満博編『山形県長井市の産業振興戦略——平成9年度夏期調査報告書』専修大

学関ゼミナール、1998年3月。

11) 東北地方へのトヨタ系企業の動き等については、関、前掲『「地方創生」時代の中小都市の挑戦』第6章を参照されたい。

第5章 独特の企業誘致を展開

——時代の変遷と誘致企業の特色

自前の産業化、企業化が進みにくい地方経済にとって、企業の誘致は死活的なものであり、雇用の確保、生産物の他地域への販売等による所得の獲得など、その役割の重要性は大きい。また、優れた誘致された企業によって地元中小企業が刺激され、さらに、人材育成が図られ、企業家精神に満ちた独立創業者が出てくることも期待される。日本の企業誘致、あるいは地方への企業進出は、戦前、戦中期の企業疎開によって大きく推進され、その後、1960年代の高度経済成長期の頃から本格化し、地方経済に多様な影響を与えていった。

戦時疎開のような場合を除いて、企業が地方に進出していくには幾つかの理由がある。一つは大都市自身の発展による空間的な制約を解消しようとするもの、人材調達、安価な労働力の調達も大きな要因となる。さらに、地方に市場を求める場合もあろう。これらが複合化され、具体的な企業進出が検討されていく。また、誘致サイドからすると、進出による雇用の拡大、所得の増大、資材調達、消費支出の増大、固定資産税、周辺の環境整備などが期待されていく。事実、全国の企業誘致の活発であった地域では、人口保持力も高く、地域のインフラ整備も進み、住民の所得水準も高くなる。このような事情から、成熟社会、縮小社会に突入している現在でも、企業誘致、進出への期待は依然として大きい。

なお、経済学の世界では古典的な立地論という分野があり、企業の立地選択の経済的な条件を研究している。その世界では最大のパラメーターは輸送費とされていた。例えば、原材料が大きく、あるいは重く、製品は小さく軽くなる場合、原材料の輸送費負担は大きく、原材料産地で生産し、小さく軽量になったものを輸送することが合理的であろう。また、幾つかの原材料がまとめ上げられていくような場合、消費地で生産されていくことが合理的となろう。

このような古典的な立地論はあるものの、近年は情報通信、物流条件が劇的に改善されたため、単純に輸送費だけで立地を決めることはなく、人手不足が構造化している現在、最大の焦点は「人材確保」となっている。現在は「人材立地」の時代ということになろう。企業誘致を進める側としては、いかに人材を提供できるかが最大のポイントとなっているのである。

このような点を、戦後70年の経験から振り返ってみると、幾つかの画期があったことが理解される。1950年代初めの朝鮮動乱を契機に日本産業は大きく復活、高度経済成長に向かうが、当初は戦前を引き継いだ大都市部の工業地帯の整備、拡充が課題とされた。京浜工業地帯、中京工業地帯、阪神工業地帯、北九州工業地帯が日本の四大工業地帯といわれ、高度経済成長期の初期を彩っていった。全国から就業の場を求めた人びとが四大工業地帯に集まっていった。だが、大都市工業地帯は拡充の余地が乏しく、公害問題にも悩まされ、さらに労働力調達が難しいものになり、地方への進出が検討されていく。特に、労働集約的、また女性労働を基本としていた繊維系企業や電子部品系企業は1970年前後に一斉に地方に進出していった。首都圏からは東北地方、関西圏からは中国地方の山間部あたりに進出していったことが知られる。

だが、プラザ合意のあった1985年頃になると、円高が強まり、特に輸出型の繊維系企業、電子部品系企業は国際競争力を失い、一気にアジア、中国への移管を進めていく。地方に形成されていた繊維系、電子部品系の工場は次第に撤退、閉鎖されていった[1)]。この長井の場合もそうなのだが、工場立地件数は1970年代をピークに漸減し、1990年代にはほとんどみられないものになっていった。むしろ、日本企業の大半はアジア、中国に向かっていった。そして、2000年代に入り、日本企業の海外展開も一段落し、改めて国内生産の意義が問われていく。かつてのように安価で広大な敷地、安価で豊富な労働力を求めるというだけでなく、国内に安定的な拠点を求め、むしろ、人材を焦点とした立地が進められているように思う。

このように、企業立地も新たな時代を迎えている。この章では、以上のような歴史的な歩みを受け止めながら、長井市を焦点に、これまでの企業誘致、企業進出を振り返り、今後の課題と可能性を論じていくことにする。

1. 組立系、女性主体が目立つ1970年代中頃までの進出

先の第2章の表2—8によると、把握できている範囲の長井への進出企業は、1920年の郡是製糸長井工場（現長井アパレル）を最初に、2018年7月現在、47件を数えている。人口3万人前後の地方小都市としてはかなりの数であろう。時期的にみると、戦前期が郡是製糸と東芝長井工場（その後のマルコン電子）の2社であり、戦後直ぐの1946年に進出してきた全国製薬東北工場（現協同薬品工業）も早い時期の進出企業ということになる。郡是は製糸材料を求めてであり、東芝長井工場は水資源（水力発電）を求めてであった。

1960年代に入ると、日本は高度成長期となるが、長井への進出は東輝電機（その後の東芝ライテック）、旭電機（現古河電工パワーシステムズ）、文化塵取りのぶんぶく長井工場の4工場の進出がみられた。マルコン電子以来、置賜郡には東芝関連企業の進出が進むが、電球の東芝ライテックが進出している。また、川崎市から進出してきた旭電機は創業者の夫人が白鷹町出身であることが指摘されている。1960年代の頃まではそのような状況であった。

だが、高度成長期の後半に入り、また、固定相場制から変動相場制（1973年4月）に入って円高が進む中で、1970年代には一気に20社の立地が進む。当時はまだアジア、中国といった選択肢は乏しく、まだ国内が拡大基調にあり、安くて広大な土地と安くて豊富な労働力を求めて地方進出が重ねられていった。この点、長井進出の20社を眺めると、長井メリヤス他の繊維系4社が目立つ。いずれも1973年に進出している。繊維系企業はこの時代に一気に大都市圏から地方圏に進出していったのであった。いわば製造原価に占める人件費の割合の高い事業、さらに輸出型企業は一気に地方圏に移管されていったことになる。

その他の1970年代進出の企業をみると、組立系、女性主体の場合が少なくない。また、象徴的なことだが、繊維系4社はいずれも1990年代中頃には閉鎖、撤退していった。1990年代中頃以降は、一段の円高に加え、人件費を削減するためにアジア、中国への移管となっていった。長井に1970年代に進出してきた20社のうち半分の10社はその後、撤退ないし閉鎖している。

なお、1970年代の初めから、東京大田区などの機械金属工業の集積地から少しずつ長井に進出していることが目を惹く。丸秀（1972年）、光洋精機（1973年）、カワイ化工（1976年）、サンユー技研（1978年）が注目される。これらはいずれも機械金属工業の基盤技術を構成するものであり、その後の長井の工業集積に重大な影響を及ぼしていく。この点は次節でふれていく。

また、企業誘致で沸いた長井の1970年代であるが、いわゆる大企業の大規模工場は、その後、進出していない。大企業の大規模工場の進出は、戦前の郡是と東芝長井工場以来、一つも実現できていない。それは、地方に電子系の大規模工場が展開した1970年代の頃は、マルコン電子の拡大期であり、他の大規模工場が進出する余地が乏しかったことが指摘される。また、長井市の側も大規模な工業団地を用意することもなかった。さらに、1980年頃にはマルコン電子とその関連のハイマン電子グループで3000人の雇用となっており、労働力の側面からも他の大規模工場を受け入れる余地がなかったであろう。

この節では、1970年前後に進出してきた幾つかの組立系、女性主体の企業の実態をみていくことにする。

（1）中央地区本町／戦前進出のグンゼが紳士用肌着生産に展開 ——ロボット化、自動化を進める（長井アパレル）

グンゼといえは、1896（明治29）年、京都府綾部で生まれ、戦前から戦後にかけて日本を代表する製糸メーカーとして一世を風靡した。だが、高度成長期の頃からの合成繊維の発展により製糸業は衰退、現在では製糸部門を閉鎖し、多様な部門に展開している。2017年3月期の連結の売上額は1365億円、従業員数は連結で7038人、単独で1833人であった。現在の主要事業分野は、機能ソリューション事業（売上額約500億円、約37%）、アパレル事業（約710億円、約52%）、ライフクリエイト事業（約150億円、約11%）となっている。

機能ソリューション事業は、プラスチックフィルム、エンジニアリングプラスチック、電子部品、メカトロニクス、メディカルなどから構成されている。アパレル事業は、インナーウエア、レッグウエア、ハウスカジュアルウエア、繊維素材などである。ライフクリエイト事業は、スポーツクラブ、緑化、商業

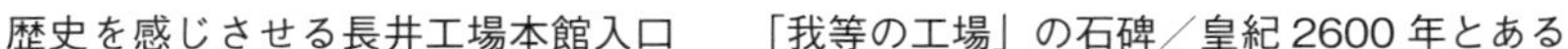

歴史を感じさせる長井工場本館入口

「我等の工場」の石碑／皇紀2600年とある

デベロッパー事業、温浴、エステイト開発、エンジニアリング等からなっている。これらの中で、伝統の製糸を引き継いできた肌着関係は売上額全体の30～40%を占めている。依然として、グンゼは繊維の比重が高い。

このような中で、1920（大正9）年に長井の羽陽館両角製糸場を買収して出発した郡是製糸長井工場は、その後、製糸から紳士用丸編肌着を軸にするものに変わっていった。

▶グンゼの肌着生産の拡がり

グンゼ長井工場の足跡については、第1章2—(2) でふれていることから、ここでは製糸から紳士用肌着に転換していくあたりから現在までをみていくことにする。

1937（昭和7）年には従業員1020人を数えたグンゼ長井工場も、戦後の1959年の頃には168人に減少、1977年には製糸業務を終了させていく。代わって、その前年の1976年には、グンゼ長井工場の敷地内に紳士用肌着の単品生産工場として長井グンゼ㈱を設立していく。従業員98人のスタートであった。その後、2001年には長井グンゼを解散し、同時に新たに長井アパレル㈲を設立していった。ただし、1990年代から日本のアパレル関連産業のアジア、中国移管は凄まじく、現在では日本の衣料品の97%はアジア、中国製に変わっていった。2001年の頃には、グンゼ関連（主として肌着）の工場は全国で70カ所ほどを数えていたのだが、現在では国内は半数以下に縮小している。

グンゼの肌着関係の子会社としては、東北グンゼ（寒河江市、1968 年設立）、長井アパレル、養父アパレル（兵庫県朝来市）、矢島通商（秋田県由利本荘市）、横田アパレル（島根県奥出雲町）と、東北、中国地方に顕著にみられる。また、その子会社の周辺には地元企業が関連企業として組織されていた。なお、現在、長井アパレルと矢島通商は東北グンゼの管理下にある。東北グンゼ代表取締役工場長の原浩彰氏（1962 年生まれ、高松市出身）が長井アパレルの工場長を兼任し、寒河江市に常駐、長井には月に 3 回ほど来ていた。

また、グンゼは国内に紳士用肌着工場をかなり維持しているが、海外展開にも乗り出している。中国山東省済南（地元企業への技術支援、日本人 2 人）、山東省章丘（独資、従業員 200 人、日本人 4 人）、ベトナムのホーチミン（独資、600 人、日本人 6 人）、タイのカミンブリ（独資、200 人、日本人 4 人）の構成であり、海外だけで紳士用肌着の約 60% を生産している。

▶国内で紳士用肌着生産を維持

紳士用肌着は白い綿糸の丸編生地を生産するところから始まる。この部分は東北グンゼ（寒河江工場）が担っている。寒河江工場の従業員数は約 180 人、丸編機は 100 台を数える。そこから毎日、長井工場に運ばれてくる。長井工場は、丸編生地の裁断から始まり、縫製、パッケージまでを行なう。工場内はロボット化がかなり進んでいた。従業員数は 55 人（うち、男性 2 人）、平均年齢 54 歳、一番の年配者は 65 歳とされていた。現場は相当に高齢化していた。

長井工場の製品

長井工場の内部

日本国内から東アジアのアパレル、縫製の現場をみている身からすると、付加価値が小さいと思われる紳士用肌着の40％を国内で維持しているグンゼの善戦ぶりはまことに興味深い。むしろ、かつて縫製関連の工場が大量に進出した東北地方、中国地方の山間地では中小企業はほとんど撤退し、残っているのはほぼグンゼ関係だけのように思える。原工場長によると、東アジア製とここはコストはあまり変わらないとしていた。それだけ自動化等も進んでいるのであろう。生産性、歩留り、品質が最大限追究され、「現場で品質を作り込む」とされていた。生地から加工までの一貫生産が効いているようであった。

工場内をめぐると、ほとんど60歳以上にみえた。最大の課題は若い人が集まらない点とされている。長井の有効求人倍率は、近年、1.6倍ほどで推移し、賃金水準も比較的高い。そのような条件の中で、付加価値の低い紳士用肌着の生産はかなり厳しいものと思われる。1920年に設立されて、あと少しで100周年を迎える。長井の地域産業の一時代を支えたグンゼは、約1万坪の敷地を抱え、紳士肌着の国内生産を維持していくための自動化、ロボット化の推進、さらに、新たな事業の展開など、幾つかの課題を背負っているようにみえた。

（2）中央地区日の出町／HOYAの内視鏡関係の組立に向かう
——カメラ関係からMEDICALに転換（HOYA PENTAXライフケア事業部）

世界を席巻した日本のカメラ産業も、1990年代以降、その多くはアジア、特に中国に生産移管され、国内生産は限られたものになってきた。そのような事情の中で、カメラ各社は重点を他の領域に置いてきている。ニコンは半導体関連のステッパー、液晶露光装置、キヤノンはコピー機、プリンター、オリンパスは内視鏡などとなり、さらに、この20年、業界の再編成も進んでいった。コニカとミノルタの統合、旭光学工業のHOYAへの統合、旭光学工業のカメラ事業のリコーへの譲渡などが行なわれてきた。

山形県長井市、早い時期からカメラ関係企業の進出があった。ニコン関係の世田谷工業（1970年進出、現ティーエヌアイ工業）、ニコンの部品加工の光洋精機（1973年）、そして、ここで検討する東亜電子工業（1974年、現HOYA PENTAXライフケア事業部）などが進出してきた。だが、カメラ業界の激動

HOYA PENTAX ライフケア事業部山形事業所

の中で、大きく揺り動かされていくのであった。

▶HOYAの1事業部となる

HOYA PENTAX ライフケア事業部山形事業所の前身は東亜電子光学といい、1974年に長井で設立されている。ただし、その前身として、進出年等は不明なのだが、武田薬品の血圧計の組立に従事するメデレックという企業があり、1973年に倒産している。この事業所を旭光学工業が引き受け、1974年に100% 出資して東亜電子光学を設立、ペンタックスの銀塩カメラのプリント基板を製造していた。1990年代に入り、このような仕事は中国に移管されることになり、1995年からは内視鏡の組立に移っていった。

その間、カメラ各社はカメラから他分野に重点が移っていくのだが、旭光学工業は依然としてカメラの比重が高く、去就が問われていたのだが、2006年、レンズ大手のHOYAに統合されていく。さらに、カメラ部門はリコーに譲渡され、内視鏡、人工骨等の医療関連部門のみが、HOYAの中でPENTAX MEDICALのブランドで維持されることになった。軟性内視鏡といわれている領域は、世界ではフジノン（富士フィルム関連)、オリンパス、PENTAXの3社とされている。

HOYA PENTAX ライフケア事業部は、本社は東京だが、製造事業所は長井の山形事業所、スコープの組立の宮城事業所（栗原市築館）、レンズ、ファイバー加工の小川事業所（埼玉県小川町）の3事業所から構成されている。山形事業所の従業員は97人、他の事業所もほぼ100人規模である。

▶山形事業所の現状

山形事業所の事業内容は、内視鏡の「光源装置」「スコープの部分組立」の2部門であり、部材は本部から供給され、組立のみに従事している。部分組立されたスコープは宮城事業所に送られて完成品になる。光源は山形事業所で完成品まで行ない、成田に送り航空便でヨーロッパを中心に世界各国に送られていく。90%は輸出されていた。国内は一部ということになる。

医療機器の生産は自動化が進みにくく、職人芸的な部分が少なくない。そのような領域は日本の得意とするところであろう。山形事業所の従業員の70%は女性とされていた。HOYA PENTAX ライフケア事業部の開発部門は東京の昭島市にあり、山形事業所では生産改善などの要員として10人ほどがいる。あくまでも生産の現場ということであろう。本部からは「生産性向上」「品質向上」が求められていた。現在のところ、HOYAからの人材はいなく、事業所長以下、全員、長井及びその周辺の人びとで運営されていた。正社員の他に、パートタイマーは20%程度、これらの人びとは準社員（時給制）となっていた。派遣の人材はいない。

また、事業の性格から季節変動は少ないと思うのだが、6月、9月、10月、12月が忙しい。特に、12月は海外の病院の〆の関係からピークとなっていた。

▶地方事業所の課題

長井の場合、早い時期から進出していた中小企業のうち、大手の企業に統合され、生産の現場となっている場合が少なくない。カメラの交換レンズの組立を行なっているティーエヌアイ工業は世田谷工業として1970年に進出してきたのだが、2006年に栃木ニコンの100%子会社になっている。また、電力の送変電関連の金属部品を生産する古河電工パワーシステムズ長井事業所は、

1967年に旭電機として進出してきたのだが、2010年には古河電工の完全子会社となっているのである。

このように、2000年代以降、日本産業全体が業界再編成、国内事業の見直しなどにより、大きく揺り動かされている。大手企業の傘下の地方事業所の多くは組立などの領域に特化していく場合が多く、独自技術の蓄積にはなかなか結びつかない。そのような中で、生き残っていくには、内発的な生産技術の改善、生産性・品質の向上が問われていくことになろう。日本産業全体の再編の中で、地方事業所にはそのような課題が横たわっているのである

（3）豊田地区今泉／旧旭電機が古河電工の関連部門と統合
——送変電関連の金属製品の一貫工場（古河電工パワーシステムズ）

古河電工パワーシステムズ長井事業所の前身である旭電機は、1946年、慶応義塾大学工学部の実験工場として発足し、1948年に旭電機として川崎市で設立された。長井市への進出は1967年であり、慶応義塾大学卒業生であった創業者の夫人が白鷹町の出身であることから長井への進出になったとされている。また、川崎でのメッキ、鋳造が難しくなったことが地方工場展開の背景でもあった。戦前のマルコン電子に加え、1966年には東芝ライテックが進出するなど、川崎関連の企業の長井への進出が目立った。旭電機は1969年には熊本事業所（熊本県菊池市）、1980年には最上試験線（山形県庄内町）を建設している。

着氷雪による振動防止のルーズスペーサー

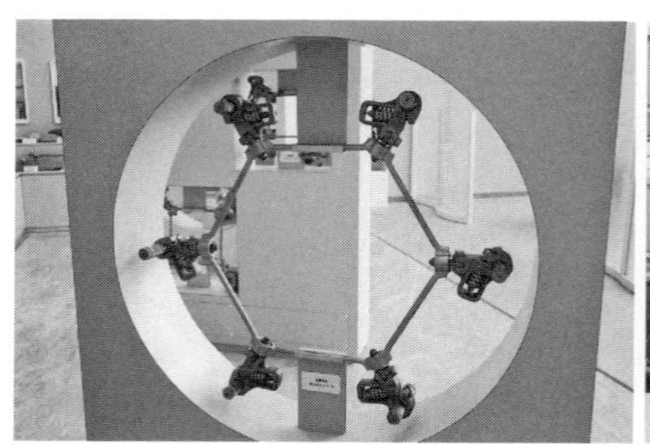

古河電工パワーシステムズの製品群

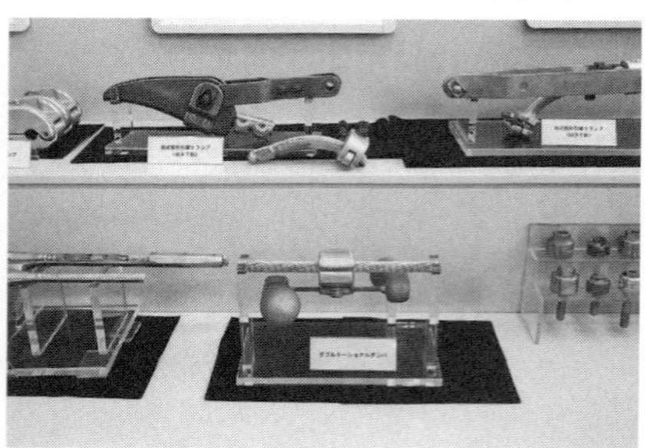

▶古河電工パワーシステムズへの統合と、長井事業所

2010年には古河電気工業の完全子会社となり、2012年には関連子会社3社（旭電機、井上製作所、古河パワーコンポーネンツ）が統合し、新たに古河電工パワーシステムズを設立している。本社は横浜市青葉区に置かれ、資本金4億5000万円、全従業員650人、年間売上額約180億円となった。組織としては、送変電事業部、地中配電事業部、架空配電事業部、高機能製品事業部の4事業部で編成され、長井事業所は送変電事業部の中に位置づけられた。長井事業所には送変電製造部（101人）、送変電技術部（21人）、送変電品質保証部（11人）が置かれている。長井事業所の総員は133人であった。なお、最上試験場には常駐は置いていない。長井事業所の売上額は約40億円であった。熊本事業所は従業員40人、売上額20億円とされていた。また、送変電事業部長は長井事業所に常駐していた。

送変電事業部の製品としては、引留クランプ類、スペーサー類、ダンパ類、計測器類、その他の電線付属品があり、その数は著しく多い。送変電がスムーズに進むような器具類の開発が進められている。

また、2008年から2013年にかけて工場のリニュアルを進め、第1工場（機械加工）、第2工場（機械加工、国内唯一のシリコンガイシの成形）、第3工場（メイン製品のスペーサーの生産）、第5工場（アルミ丸棒、パイプ部品、熱処理、溶接）、鋳造工場（グラビティ鋳造）、メッキ工場（溶融亜鉛メッキ、電気錫メッキ）の6工場から編成されている。また、関連会社として、機械加工、

注湯工程はロボット化

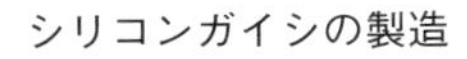

シリコンガイシの製造

組立、樹脂成形、仕上の日栄製作所（飯豊町）、砂型鋳造、アルミ鋳造の横倉鋳造（山形市）が組織されていた。なお、鋳造工場はロボット化、自動化が相当程度進んでいた。注湯はロボット化され、バリ取りも自動機、さらに、次は部品の組立までの自動化が準備されていた。寡聞ながら、これだけロボット化、自動化の進んでいるキレイな鋳造工場はみたことがない。

また、古河電工パワーシステムズ全体としては、海外工場は、中国天津、タイ、ベトナムにあるが、送変電事業部としてはベトナムが関連する。ベトナム工場はハノイ郊外のハイゾン省のローカル工業団地に2016年に立地、従業員22人、日本人が3人駐在している。現地社長は長井事業所から行っている。ベトナム工場はベトナム国内からASEAN全体を意識し、日本への輸入は一部とされていた。

▶特徴のある中堅企業として展開

主力のユーザーは、東京電力パワーグリット、各電力会社、電源開発、JR各社、関電工、中電工、九電工、東京電力配電工事協力会、フジクラなどである。この中でも全国の10電力会社が主力だが、各電力会社によりスペックが異なっており、それぞれに対応していかなくてはならない。また、日本仕様の部品は海外では使えず、輸出はほとんどない。このあたりは日本の特殊性のようにみえる。電力以外のインフラでは、水道の場合、全国約900の水道局ごとにスペックが異なるなど、日本は特殊な環境にあるようにみえる。

旭電機の時代から人材採用に関して意欲的であり、1997年段階での旭電機全社員380人中70人が大学卒であり、慶応義塾大学、早稲田大学、岩手大学、日本大学等から採用していた。統合された現在、採用は本社であり、2018年の大卒採用は6人、長井事業所には岩手大学工学部卒が1人配置されてきた。古河電工パワーシステムズに統合されたものの、長井事業所は送変電事業の中心であり、一定の技術開発機能を備えている。

旧旭電機は早い時期に長井に進出した企業の中では、男性主体の中堅企業として歩んできた。この点は、古河電工パワーシステムズに統合されても変わりがない。また、統合による変化としては、設備投資がしやすくなったとされている。私自身、1995年5月以来の訪問であったが、工場はリニュアルされ、大幅にキレイになり、作業環境は劇的に改善されていた。特徴のある製品を生み出す工場として、今後も長井の中心的な企業として歩んでいくことが期待される。

(4) 中央地区東町／光学部品で一世を風靡するが、中国企業に譲渡、撤退——クリーンルームを植物工場にするが、挫折（マーク、環境彩エン）

地域の中小企業は発展的、あるいは持続可能であることが期待されるが、内外の環境条件変化の中で撤退、退出を余儀なくされていくこともある。特に、電子部品は国内では1980年代中頃までは「電子立国日本」の名の下に世界的な発展を示したのだが、1980年代後半以降は一気にアジア、中国に生産移管されていった。当初は日本企業自身がアジア、中国に生産拠点を移行させたものだが、その後、アジア、中国の中で台湾企業、中国ローカル企業の躍進が著しく、日本企業の存在感は薄くなっていった。

このような大きな流れは国内の地方にも重大な影響を与えていく。1976年という早い時期に長井に進出し、光ピックアップという当時の先端技術に取組み、従業員200人、売上額約100億円規模に達していたマークは、2000年代中頃をピークに一気に失速し、リーマンショック（2008年9月）以降、民事

最盛期の2004年9月のマーク第一工場

中島良雄氏

再生法の適用申請（2009年3月）、主要事業の中国企業への譲渡、さらに、別会社で進めていた植物工場も基礎を築く前にリーマンショックによる景気後退に直面し、破綻していった。

このマークの歩みは、地方工業を考えていく場合の一つの側面として振り返っておく必要がある。私自身、マーク、環境彩エンには、1997年8月、2002年7月、2004年9月、2008年12月の4回訪問しており、その時々の状況を踏まえながら、マーク[2)]、環境彩エン[3)]の足取りをみていくことにしたい。

▶マークの創業の経緯と長井進出

マークの創業社長である中島良雄氏（1931年生まれ）は福岡県の出身、1957年に東証二部上場の光学関連機器メーカーのセコニックに入社、長野県内の工場で働いていた。労務担当として人員整理などで辛い思いを重ね、故郷に帰ることを考えていた。その頃（1963年）、セコニックの社長から「新会社を設立するので手伝って欲しい」といわれ、2年の約束で付き合うことにした。それがマークの前身であり、カメラの露出計などを生産していった。

2年後、予定通り退職しようとすると、ミノルタ（現コニカミノルタ）やチノン（現コダック）といった取引先から「うちはマークに仕事を出しているのではなく、中島君に出している」といわれ、引っ込みがつかなくなる。特に、チノンからは「うちが資金を出すから、それでマークの株を買い取って事業を継続して欲しい」といわれ、1965年、長野県塩尻市で事実上の創業に踏み出す。

当時はオーディオ機器に搭載する指針式の電流計の市場が急拡大し、パイオニア向けだけでも月に40万台も生産した。電流計は手仕事の部分が多く、人手を求めて分工場、下請工場の確保に向った。その頃にはすでに山形県の長井や小国の企業に仕事を出すまでになっていた。マークの長井市への工場進出は1976年であった。良質な労働力に加え、夫人の郷里（白鷹町の北東に接する山辺町）にも近いことが長井進出の決め手になった。

サファイア結晶も生産

▶光ピックアップで成功も、一気に減産、中国企業に身売り

だが、オーディオの指針式の電流計は技術革新により、1970年代中頃には一気に発光ダイオードに転換していく。1975年には2億円ほどあった月商が10分の1の2000万円にまで落ち込んでいく。このような危機的状況対し、中島氏はレーザーディスク用の光ピックアップの世界に向かっていった。この領域はオリンパス光学工業が先行しており、どこも追随できていなかった。中島氏と技術者の執念で開発に成功、パイオニアの支援を受けて事業的に成功していく。マークの光ピックアップ用レンズは先行するオリンパスに比べて半値以下で供給可能であり、マークは1980年代から1990年代にかけて大きく注目された。

この間、受注先の光学関係のユーザーの多くがアジア、中国に向かったことから、マークは1991年シンガポール、1994年マレーシア、1997年台湾、2000年上海、2003年浙江省寧波と海外展開を重ねていく。国内は長井に2001年に新工場を建設、従業員も200人規模に達した。1997年の売上額規模は約20億円、連結で約25億円であったのだが、2004年には単独で約70億円、連結で約140億円に達した。ここがマークのピークであった。この間、NASA（米航空宇宙局）が開発した非球面レンズを切削する機械を2億円かけて導入、さらに、LED 原料のサファイアの結晶生産にまで踏み込んでいった。
だが、2005 年になると、主力受注先が光ピックアップから撤退、市場価格の下落、海外工場（寧波工場）の事故による操業停止などが重なり、一気に売上額は急減、2008 年 3 月期には約 30 億円にまで減少した。そして、その後のリーマンショック（2008 年 9 月）以降、主力得意先の大幅減産による受注急減に直面、2009 年 3 月 30 日、東京地裁に民事再生法の適用を申請している。当時、従業員数は 57 人にまで減少、負債総額は約 52 億円とされた。そして、事業継続に向けて中国浙江省の中興精密技術公司（シンガポール証券市場上場企業）グループに主要事業を譲渡していった。同年、合弁の中興マークを設立したが（本社長井市）、2011 年には中興マークも長井から中国に撤退していったのであった。現在、長井には一部の建屋が残っているのみである。機械設備等は中国に移管されていった。

▶農業分野への進出

マークの光ピックアップ事業は以上のような軌跡をたどったが、中島氏は以前から「いずれこのような部品の製造は中国に行く。長井のようなところは『農業』で行くべき」と考え、1995 年の段階で別会社の㈲ニュー彩エンを設立、ミニトマトの栽培などに踏み出していた。だが、うどんこ病（カビ）に悩まされていた。また、マークの最盛期であった 2004 年頃には生ゴミ処理機などにも進出していた。
このような農業への取り組みを通じて、イチゴとの関係が深くなり、白鳥イチゴ研究所の泰松恒男博士と出会い、泰松博士が開発した「新白鳥シリーズ」というイチゴの栽培に踏み出していく。当時、長井が生ゴミの回収、堆肥化、有機農業といった循環を意識して構造改革特区の「レインボー特区」の認定を受けたが、地元のマークはそうした流れの中で、2004 年、㈲ニュー彩エンを復活させ、イチゴのハウス栽培に踏み出していった。
ただし、当初導入していた北海道の苗は 50% も病気を持っており、改めて農業の難しさを知る。だが、泰松博士から「元の親はバイオで作っているので親株自体には病気はない。増やす畑に問題がある」との指摘を受け、クリーンルームでの工場生産をイメージしていく。その後、イチゴの先進地の栃木を視察し、光学メーカーからすれば、さほど栽培は難しいことではないことを痛感していった。

2006年7月には泰松博士とロイヤルティ契約を結び、さらに、2007年1月には山形大学の小松原宣好准教授より培養指導を受けて、2007年6月にはマークから分社、㈱環境彩エンを設立していく。同7月には、マークと「営業譲渡契約」を交わし、ニュー彩エン事業部の一部を環境彩エンに譲渡している。代表取締役社長にはマークの部長であった利根川利雄氏（1954年生まれ）が就いた。マークで育った利根川氏が、事実上、独立創業していくのであった。

▶農業の工業化への取り組み

事業的には、原種から採った「親株」の「つる（ランナーという）」から、ウイルスに感染していない0.1 mmほどの成長点を取り出すところから始まる。これは顕微鏡を使った精密機械工業とほぼ同じ作業となる。次に、それをカンテンで培養していく。培養環境はクリーンルームであった。株ができると養液に入れ、空気を当てながら育てていく。このあたりは機械で自動化されていた。細胞分裂が起こり、株は20倍ほどになる。これを分け、1本1本トレイに植えて順化させていく。

クリーンルームといった環境、顕微鏡を使った基本作業、培養液の作り方などの応用化学、育成環境の機械化・自動化など、いずれも光学部品を製造していた人びとにとっては、特に違和感はなかったようであった。むしろ「光学部品のほうが厳しい」という言い方もされていた。まさに、「農業」の「工業化」に向かおうとするものであろう。このクリーンルームで育てられるイチゴの苗は、無病の苗ということになる。

近年、日本の農業部門で利益が出るのは「イチゴ」だけとされている。特に、泰松博士の開発した「新白鳥シリーズ」は四季成りの品種であり、通年栽培が可能となる。品薄となる夏場の業務用、さらに、冬場の温度管理の厳しい寒冷地での栽培にも適している。当時、各地のJAや洋菓子屋も関心を深め、事業的な拡がりは相当に大きいことが期待されていた。

クリーンルームでのいちご苗の培養

手作業の部分が多い

▶リーマンショックに直面し破綻

このような事情から、投資ファンドからも注目を集め、2007年12月には京都のFVC（フューチャー・ベンチャー・キャピタル）から5000万円の出資を受けている。事実上、この投資により、事業をスタートすることができた。当時、すでにマークの中国移管は相当に進んでおり、空いていた光学部品製造工場をそのまま使うことになった。クリーンルームもそのまま使用できた。工場が農園に変わったのである。

2008年8月には日本アジア投資が3000万円ほど出資してくれ、資本金は9000万円になった。また、ジャフコ、農林中金も出資してくる計画であったのだが、2008年9月のリーマンショックでストップしていた。サラリーマンから転身した利根川氏も10%弱の出資をしていた。だが、立ち上がり早々の時期にリーマンショックに直面、2008年末からの資金繰りがつかず、2010年6月、破産手続きとなっていった。

1976年に長井に進出してきたマークの事業は、当時の電子立国日本を象徴するような事業であり、オーディオの電流計のLED化、さらにレーザーディスク用の光ピックアップの開発生産と進み、1990年代以降は生産のアジア、中国移管を進めていった。こうした事業領域を国内で維持することは難しく、マークの事業は中国企業に譲渡されていった。

他方、早い時期からこのような状況を見通していた中島氏は「農業」部門に注目、試行錯誤を重ねながら、いちごの苗栽培に行き着く。電子部品用として設置したクリーンルームが植物工場として再生された。これも一つの時代の要請でもあった。ただし、時期が悪く立ち上がり早々にリーマンショックに直面、事業的には破綻していったのであった。マークが長井に進出して約35年、独自的な中小企業として駆け抜けていったが、その足跡からは、私たちは多くの示唆を得ることができるであろう。経済は生き物であり、大きな時代状況に合わせた取組みが必要とされるのである。

2. 京浜地区の重量級中小企業が目立つ1970～1980年代の進出

1970年前後から大都市圏の中小企業の地方進出がみられたが、繊維系、電子部品の組立、さらにカメラ関係が目立った。そのような中で、京浜地区の機械金属系の基盤技術に属する中小企業も進出を開始している。長井についてみると、大田区から進出してきたプレスの丸秀（1972年）、精密機械加工の光洋精機（1973年）、表面処理のカワイ化工（1976年）、江戸川区から進出のアルミ鍛造部品の三協製作所（1982年）、高速プレス機械製造の能率機械製作所（1989年）、横浜市から進出してきた専用機製造のサンユー技研（1978年）、ロストワックス鋳造の山形精密鋳造（1989年）がある。いずれも同業種の中でもトップレベルの中小企業と評価されている。

これらの企業の進出時期は1970年代初めから1980年代末にかけてであった。すでに30年以上経過している場合が多いことに加え、いずれの長井工場もこの間、拡大、充実し、長井の工場はほとんど唯一の国内生産拠点となり、従業員も長井の人びととなっている。ほぼ完全に地域化しているといってよい。現在の長井市の機械金属工業集積の中核的な存在となっているのである。

なお、このような京浜地区の優れた中小企業を誘致してきたことに関しては、長井の関係者の努力があったことも指摘される。戦後から続いたマルコン電子の企業城下町としての歩みの中で、1980年代に入る頃になると特定企業への1社依存、それも労働集約的な電子部品の組立事業である限り、アジアへの移管も起こりうることが実感されていた。

その頃、長井商工会議所工業部会副部会長であった齋藤金型製作所の齋藤豪盛氏は、マルコン電子以後を意識し、長井の将来を考えて「伊賀、甲賀の忍者部落のように、長井を高度な特殊技術集団にする」ことをイメージし、首都圏の情報を収集、特殊技術に優れる中小企業として能率機械製作所（江戸川区）、ロストワックス鋳造のMCL（横浜市）、そして、自動機メーカーの広洋自動機（江戸川区）の3社に着目、当時の長井市長、長井工業高校校長と語り合い、優秀な卒業生たちを集中的に送り込んでいった。当時、すでに少子化が進んでおり、首都圏に送り込んだ長男たちはいずれ会社ごとUIターンしてくるとの読みであった。結果的に、広洋自動機の誘致は成功しなかったが、能率機械製作所とMCL（長井法人は山形精密鋳造）の2社の誘致に成功したのであった。

長井に機械金属工業の基盤技術部門でトップレベルの中小企業が存在する背景には、以上のような取り組みがあった。このような誘致企業群は長井の地で拡大発展し、いずれも各社の拠点工場を形成している。そして、これらの企業群からは独立創業する若者たちもいて、地域工業集積の充実に大きな影響を与えているのである。

ただし、このような基盤技術系中小企業の長井への進出はほぼ1980年代末に終わり、その後は大きな動きがない。全日本的に機械金属工業の中小企業をめぐる地方進出の流れは一つの踊り場に来ているのかもしれない。

（1）致芳地区長井北工業団地／大田区から進出のトラック、建機部品メーカー——当初の三菱依存から得意先を拡げる（丸秀）

トラック、バス、建機は厚物鋼板のプレス部品を大量に使う。トラック、バスのシャーシ、エンジンはほぼ共通化され、日本国内では三菱自動車（三菱ふそうトラック・バス）、いすゞ自動車、日野自動車工業、UDトラックス（旧日産ディーゼル）の4社体制となり、それぞれトラック、バス等を生産している。ただし、トラックの国内市場は縮小しており、近年は普通トラック（1ナンバー、3トン以上）の年生産台数は17万台前後であり、それを4社で分け合っている状況である。日本国内のトラック生産能力は80万台とされるのだが、むしろ、トラック市場はASEANが旺盛であり、トラック各社の軸足はタイを中心としたASEANに移っている。

建機も国内はコマツ、クボタ、キヤタピラー三菱、日立建機、神戸製鋼所、タダノ、住友重機械工業等が存在しているが、2012年にキャタピラーと三菱重工が合弁を解消し、三菱重工の建機部門は大幅に縮小している。他方、中国の建機市場の拡大は著しく、上海から無錫にかけてのゾーンには世界の建機メーカーが山のように進出している。世界最大の建機メーカーであるキヤタピラーも上海〜無錫に軸足を移し、中国をアジア展開の拠点としている。このような事情の中で、トラック、建機に関わる中小企業は揺り動かされている[4)]。

▶大田区多摩川から移転、三菱ふそうのトラック部品を生産

長井市致芳地区の長井北工業団地に立地する丸秀の創業は1947年、大田区多摩川でスタートした。丸秀の名称は長井出身の創業者が小林秀五郎氏であり、その「秀」から採った。創業からしばらくは自転車を生産していた。丸秀の創業地のあたりは大田区の中でも有数の工業集積地であり、近くの下丸子には三菱重工が立地していた。このため、大田区でも西側の地域には三菱重工の建機類に関連する中小企業が育っていた。この三菱重工が相模原市に移転するのは1970年、それについて相模原に移転していった大田区の中小企業も少なくない。

丸秀が三菱重工と取引を開始したのが1956年、キャタピラー三菱が発足したのが1963年であった。それ以後、キャタピラー三菱の仕事が拡がっていった。丸秀も1970年前後にはメインユーザーのいる相模原に工場、寮を設置している。この相模原工場は現在は閉鎖され、土地を貸している。

丸秀が山形県長井の成田に進出するのは1972年、当時、そのあたりは田であり、自ら造成して進出した。現在の長井北工業団地の実質的な第1号進出であった。なお、長井北工業団地は計画されて作られたものでなく、自然発生的に形成された。1972年に農村地域工業導入促進法の区域指定を受けたが、全面的な区画整理等は行なわれていない。

長井出身（赤湯園芸高校卒、現南陽高校）の総務課主務松本健一氏（1958年生まれ）が丸秀に入社したのが1977年、そのまま相模原勤務となり、会社の寮に入った。1981年に長井工場に戻ると、長井工場は従業員43人の規模で

コマツの1000トンのトランファープレス

プレスライン職場

あった。当時の三菱重工のトラック、バス部門は三菱ふそうが担っており、丸秀の受注の90%程度の比重を占めていた。その他は三菱重工相模原のフォークリフト部品等を手掛けていた。なお、三菱ふそうの4トン以上のトラック、バスは1989年には相模原から川崎工場に移管されていった。

▶受注先の拡がりと、自動車関連の可能性

昭和の時代はほぼ三菱重工関連のオンリーで来たのだが、平成に入ってからは、1989年NOK福島事業部、1997年ウイングボディ等のパブコ（海老名市）、スズフジ・スチールサービス（現メタルワン・スチールサービス）との取引が開始された。さらに、2000年代中頃以降、受注先は急速に増え、2007年にトヨタのティア1のプレス加工業のフタバ平泉、2010年は籾摺り機等の大島農機（上越市）、2012年にはハウスメーカーの大和ハウス工業、2013年にはトラック、バス、建機の樹脂部品のヤマキュウ（上越市）、ニチユー三菱フォークリフト、さらに、2014年にはハンドブレーキ等のマスコエンジニアリング（新庄市）等との取引が開始されている。

その結果、2017年の丸秀の主力受注先は、三菱ふそう65%、三菱重工5%と三菱重工関係が70%を占めるものの、比重は低下気味であり、むしろ、自動車のトランスミッション部品のNOK福島事業部の仕事が増加し、25%程度を占めるものになってきた。トヨタのティア1であるプレスのフタバ平泉の仕事はこれからのようであり、まだほんの一部とされていた。

ロボット溶接ライン

カチオン電着塗装ライン

このように、従来の三菱重工関係ほぼ100％という状況から、最近は自動車（乗用車）関連が増え始めている。2017年春にはトヨタ自動車東日本からオファーが来たのだが[5)]、忙しく、対応できなかった。そのような事情から、機械設備の増設、隣地（約1ha）の取得と新工場の建設（2018年春着工）が計画されていた。特に、能力の高いコマツの1000トンプレスをもう1台増設する計画になっていた。長井は金ケ崎のトヨタ自動車東日本岩手工場まではクルマで3時間、宮城大衡工場までは2時間の位置にあり、在庫リスクは大きいが、ある程度のストックは必要との構えであった。今後、積極的に取り組んでいくことになろう。

現状の主力機械設備は、1000トンプレス1台、600トンのサーボプレス1台に加え、35トンから300トンまでのプレスが26台、プレスブレーキ7台、溶接ロボット20台、MC4台、NC旋盤10台、ワイヤー放電加工機3台、カチオン電着塗装ライン1式、静電塗装ライン1式、完成品自動倉庫（10基、1万6032パレット）、金型用自動倉庫（3基、894パレット）などから成っている。100〜300トンのプレスを主体に開始されたが、その後、大型プレスの導入、機械加工用設備の増強、金型の内製化（100％）、溶接ロボットの導入、塗装設備の整備を重ね、さらに、1万4000点とされる部品の管理、日々約4600点の部品の発送という状況の中で、自動倉庫の整備が進められてきた。

これだけの事業に対して、全体の従業員は159人、東京の本社（総務、営業）が15人、長井の長井北工業団地内の工場に133人、長井郊外の九野本工

丸秀の製品自動倉庫

場に11人という配置であった。長井の従業員のほとんどは地元であり、遠くても山形市、高畠町、朝日町の範囲である。長井工場には東京出身の人はいない。ほぼ地域化したといえそうである。現在の社長の小林隆志氏（1960年生まれ）は、創業者の親族の3代目、夫人は南陽市出身である。東京本社にいることが多いが、長井には週に2回ほどは訪れていた。

トヨタ自動車東日本の2工場の生産台数は、2016年には45万台に達してきた。そのため、ティア1の企業の東北進出が旺盛なものになり、地元中小企業に期待される点も多くなってきた。特に、東北には大型のプレス機を保有している中小企業はほとんどない。トラック、建機の国内市場は縮んでおり、2020年の東京オリンピックの特需が過ぎるとさらに低下と予想されている。そのような中で、国内の自動車生産は縮小しつつあるものの、東日本の自動車産業は拡大の傾向にある。近い将来にはトヨタ自動車東日本の2工場で80万台、さらにはフル生産で100万台も期待される。また、大型プレス機械を保有している中小企業は全国的に限られてきた。このような状況の中で、丸秀をめぐる事業環境は拡大しているようにみえる。今後、さらに新たな可能性に向かっていくことが期待される。

（2）平野地区九野本／特定受注先からの飛躍を図る精密機械加工企業
——大田区から進出して定着（光洋精機）

機械金属工業の要素技術の中で、切削・研削（機械加工）はその中核部門をなすものであり、職人的技能と加工機械の高度化により、日本のモノづくりを先導、象徴する部門として歩んできた。深い職人的技能とNC制御技術が高度な工作機械を生み出し、日本の機械加工技術、工作機械は世界最高レベルとされている。特に、東京の大田区周辺では多くの中小企業がしのぎを削りあい、日本のモノづくり産業をリードしてきた[6)]。

そして、1970年代の頃から、大都市圏の狭隘、地価高騰、さらに人手不足から有力な中小企業の地方展開もみられるようになってきた。それから40年、地方に展開した中小企業は地元に定着し、地域工業集積の中核の一つとして興味深い歩みを重ねている。

▶大田区から進出してきた精密機械加工企業

東京の大田区馬込から1973年に長井に進出してきた精密機械加工の光洋精機（現在の本社は品川区）、創業は1946年、横編メリヤス業として出発してい

齋藤太増光氏

齋藤光太郎氏

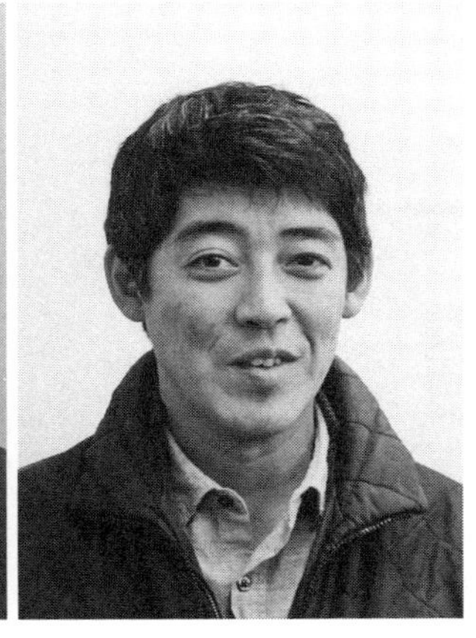

る。創業者の齋藤光雄氏は戦時中に大井町の日本光学工業（現ニコン）で職人として働いていた。戦後すぐの頃は食料、衣料品不足の時代であり、横編ニットの編立てから出発している。戦後の混乱から落ち着き始めた1955年、ニコンからの要請が入り、精密部品加工組立の世界に入ることにし、社名を現在の光洋精機としている。

1959年にはニコンとの取引を開始し、カメラ、顕微鏡部品の加工、カメラボディの組立に入っていく。日本経済も高度成長期に入っており、仕事は忙しく、横浜の元住吉、伊豆の天城にも工場を展開していた。だが、首都圏近郊では賃金水準が高く、地方展開を模索し、福島県会津から山形方面を考えていった。その頃、長井市の誘致が積極的であることに加え、知り合いのカメラ関係の世田谷工業（現ティーエヌアイ工業）がすでに長井市に進出しており、隣の白鷹には産業用ポンプのニクニ（本社川崎市）が進出していたこともあり、長井進出を決定する。人材確保が容易であり、輸送も問題なかった。そして、光洋精機は昭和の終わりの頃まではカメラの部品加工、組立に終始してきた。

私は2代目社長の齋藤太増光氏（1947年生まれ）の頃の1997年8月に光洋精機を訪問しているが、すでに長井工場が主力になっており、品川区大井の本社は営業、経理で5人、長井工場は80人の規模となっていた。カメラの比重は激減しており、主力はニコンのステッパー部品の加工となっていた。この半導体の露光装置であるステッパーはその後のニコンの主力製品となり、最近まで世界のトップシェアを確保していく。1997年当時、電子部品の小物量産が

手作業による塗装作業

三次元測定器で測定

目立った長井で、光洋精機は異色の機械加工企業にみえた。

▶リーマンショック以降の動きと現在

2017年11月に訪れると、社長は3代目の齋藤光太郎氏（1977年生まれ）に代わっていた（2016年12月就任）。光太郎氏は太増光氏の長男だが、当初、弟が継ぐことになっており、慶応義塾大学文学部心理学科の博士課程を修了、研究者になるつもりで国立産業技術総合研究所関西センター（大阪府池田市）に2年ほど在籍していた。だが、弟が継がないことになり、急に呼び戻され、リーマンショック直後の2009年4月に入社している。

当時もニコンの比重は80％程度であったのだが、世界的な設備投資削減の影響を受け、2009年中頃以降、急速な受注減に直面する。それまで、光洋精機は特別な営業活動を行なっていなかったのだが、その頃から営業重視に変わっていった。リーマンショック以降の1年はほとんど仕事は動かず、さらに2011年3月には東日本大震災となる。

その後、次第に回復し、近年は光学系の企業からの接触が目立つ。特に最近は半導体製造装置の仕事が忙しいようであった。2016年9月期の売上額は11億1100万円、経常利益は9400万円（売上額経常利益率8.5％）となった。かなりの高収益企業といえる。従業員は76人、男性55人、女性21人、東京本社には4人が配置されている。

光洋精機の会社案内では、事業内容はFPD（Flat Panel Display）露光装置の超精密部品加工、半導体製造装置の超精密部品加工、光学機器の精密部品加工、カメラ部品加工・組立と記されている。現在も主たる受注先のニコンは80％を占めるが、かつてのカメラの部品加工・組立は激減し数％レベルになっている。また、少し前まで世界シェアを占めていたニコンのステッパーはASML（オランダ）に取って代わられている。むしろ、現在のニコンの仕事では液晶のFPD露光装置の仕事が増え、ニコンから受ける仕事の70％程度を占めるものになってきた。

ニコンの次の受注先はNOK系のシール部品のイーグル工業（本社東京、新潟工場［五泉市］）の10％、その他は白鷹町のニクニ白鷹などであった。3代目の齋藤光太郎は「ニコンの比重を50%に下げ、10～20%程度のところを2社ぐらい欲しい」としていた。

▶先鋭的な機械設備群でさらに一段上に行く

1997年に訪問した際にすでに5軸制御MC、三次元測定器が導入されていたが、その後、5軸制御MCの増強（安田工業、牧野フライス）等が進み、現在の主要機械設備は、横型MC 7台（安田工業3台、牧野フライス等）、立型MC 9台（森精機他）、CNC複合自動旋盤11台（シチズンマシナリー他）、NC旋盤24台（森精機、滝澤鉄工所等）、ワイヤー放電加工機2台（三菱電機）、三次元測定器2台（ニコン、東京精密）等が設置され、中小物の機械加工に関しては第一級の設備展開となっている。さらに、熱処理（アニール炉）、塗装も一定程度内部化している。加工外注については長井周辺に数社、さらに、福島から宮城、新潟方面にも出していた。

光洋精機が進出した頃は地元の長井工業高校の卒業生が豊富に採れていた。1997年前後の頃も毎年1～2人を採用し、長井工業高校出身者は社内に15～16人ほどいるのだが、3年前から応募がなくなった。そのため、光洋精機は大卒の採用に踏み出していた。2018年春にも大卒が1人内定していた。

安田工業の横型5軸MC

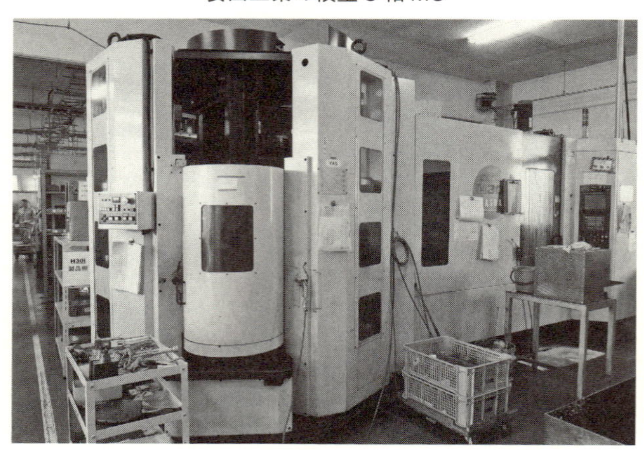

光洋精機の機械設備は長井から置賜にかけての範囲ではニクニ白鷹と並んで相当なものなのだが、3代目社長の齋藤光太郎氏は「現在は2ミクロン台の精度。もう一段上げたい」としていた。また、近年、東北で注目されている自動車関連については、「やらない」と語っていた。長井に進出してそろそろ45年、光洋精機は長井を代表する精密機械加工企業として、新たな取組みに踏み出しているようであった。

(3) 致芳地区長井北工業団地/大田区から進出してきたメッキ企業 ——機能メッキ、装飾メッキ、塗装に展開(カワイ化工)

メッキについては、機能性を重視する機能メッキと装飾性を求める装飾メッキとがある。機能メッキの場合はミクロン台の膜厚管理等が求められ、装飾メッキの場合は、例えば無限に色があるとされる金などでもデザイナーの要求に応えた色合いを出すなどとされている。元々、メッキは大都市工業地域で発展した。特に、東京では大田区と墨田区が知られている。いずれも最盛期には300〜500のメッキ工場が展開していた。そして、一般的な傾向として、ハイテク産業関連の部品生産の比重の高い大田区では機能メッキが優越的であり、日用品生産の墨田区では装飾メッキが発展したとされている。

地方の小規模の工業都市である長井市には、大田区から進出してきたカワイ化工が立地していた。なお、長井のカワイ化工は、機能メッキ、装飾メッキに加え、塗装、印刷等の機能まで抱えている。

メッキ前のラックかけ作業

吹きつけ塗装

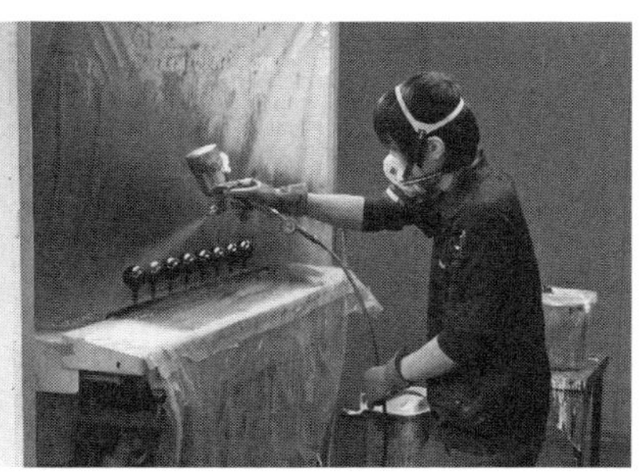

▶カワイ化工の輪郭と長井工場

カワイ化工の創業は1957年、町工場が折り重なる大田区蓮沼であった。その後、大田区の大森西、矢口にも工場を展開するが、1985年6月、東京湾の埋立地である大田区京浜島に建設された京浜表面処理工業団地に全面移転した[7]。この本社工場は従業員約55人で各種金属メッキを行なっている。装飾用表面処理としては、銅メッキ、銀メッキ、金メッキ、ニッケルメッキ、無電解ニッケルメッキ、パール・ニッケル・クロームメッキなどに応えている。機能用表面処理としては、クロムメッキ、三価クロムメッキ、黒クロムメッキ、ハンダメッキ、電着塗装を擁している。また、メッキ法としては、小物を扱うバレルメッキ、中物以上のラッキングメッキがあり、その他に電着塗装、印刷も行なっている。表面処理の総合的なメーカーといえそうである。

このカワイ化工が山形県に進出してきたのは1972年、山形県から大田区のカワイ化工に出稼ぎに行っていた人の紹介で、南陽市の空工場のことを知り、筆記具のバフ研磨を開始したことから始まる。その後の展開は以下の通り。

1976年7月　ゼブラのマジック受注への対応のために、長井市新町の飯窪製作所跡地で、研磨に加えて各種機械加工、組立業務を開始。南陽工場を全面移管

1982年8月　粉体塗装ラインを新設

1984年5月　長井市長井北工業団地に長井工場を新設、研磨、機械加工部門を移転させる。組立等も開始する

1985年8月　電着塗装ライン、カラーアルマイト部門を新設。ここから表面処理入っていった

1994年6月　全自動電着塗装装置新設

1998年10月　全自動無電解ニッケルメッキラインを新設

2003年8月　樹脂メッキラインを東京工場から移設

2012年6月　塗装ライン新設

なお、進出時の研磨部門は、現在は撤退している。これらの結果、現在のカワイ化工長井工場は、無電解ニッケルメッキ、アルミニウム化成処理、カチオン電着塗装、溶剤吹き付け塗装、シルク印刷、パッド印刷、その他の各種処理

塗装から乾燥の工程

検査工程

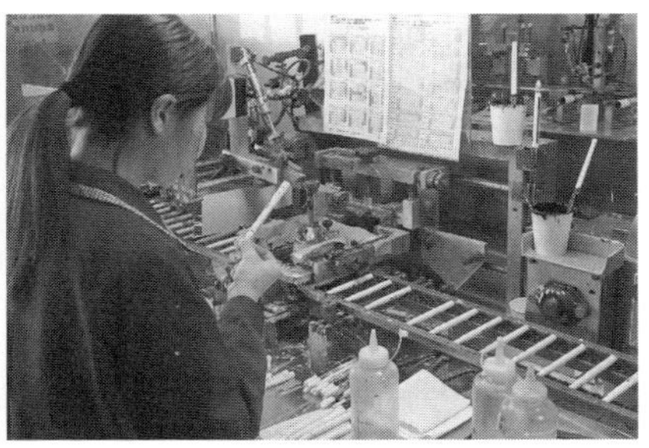

ということになる。金銀メッキ、クローム、亜鉛メッキ等はないものの、装飾メッキ（表面処理）、機能メッキのいずれにも応えられる形である。

▶長井唯一のメッキ加工業

長井工場は以上のような設備体制だが、実際の受注の中で、メッキ（無電解ニッケルメッキ）は売上額の約20％程度、80％は塗装（工業用、装飾用）、印刷、シルク印刷からなっている。主力の受注先としては、キーエンス関連の電着塗装が目立つ岩機ダイカスト工業（宮城県山元町）が10〜20％、クリナップのキッチンの把手の前処理を地元のサンリット工業などがあり、その他、装飾用として、ボールペンへの塗装が目立つ。三菱鉛筆、ペンテル、ゼブラから受注していた。これらは100円前後の実用ボールペンではなく、1000円前後の贈答品、高級品用であった。ボールペンの主力の三菱鉛筆の場合、印刷、塗装のいずれの場合もあり、データとパーツが送られてきて、版を作るところから始まる。ロットは1000〜1万本程度であった。

このような事業に対して、現在の従業員は約80人、男女半々であり、男性は前処理、メッキ、吹き付け塗装などに従事している。全て南陽から長井にかけての人だが、最近は募集をかけても集まらない。就業時間は8時30分から17時30分、残業は少なくない。社長は1カ月のうち2回（1回2日）ほど、会議に合わせて長井に来ていた。

近年、ボールペンの塗装、印刷の仕事が増えていて、人員（派遣）も増加基調であった。地方小都市長井の機械金属工業集積の中で、表面処理、メッキは乏しい。また、カワイ化工の場合、メッキの機能が限られており、機械金属工業でよく使われる亜鉛、クロムメッキは取り扱っていない。そのように、機能が限られているものの、長井の中では唯一のメッキ加工業（塗装、印刷も）としてその意味は小さくない。地域の機械金属工業を支えるものとして高まっていくことが期待される。

(4) 豊田地区今泉／江戸川区から移転のアルミ冷間鍛造のトップメーカー ——大径長尺の深絞りを得意に（三協製作所）

東京の下町は敷地的な制約が大きく、地方に展開していく中小企業は少なくない。アルミ冷間鍛造としては国内最大の1600トンという巨大なプレス機を抱えるアルミ冷間鍛造のトップメーカーが、江戸川区から長井の地に移転していた。このアルミ鍛造品は自動車、二輪車、医療機械等に幅広く用いられている。長井への進出は、コンデンサ用アルミキャップのユーザーであったマルコン電子（現ケミコン山形）との関係が大きい。だが、進出以後、次第に大物、長尺ものに移行し、現在ではケミコン山形との取引はほとんどなく、自動車関連の独立系の中小企業として興味深い歩みを重ねている。

▶江戸川区から進出し、大物の冷間鍛造に向かう

三協製作所の創業は1960年、江戸川区でアルミニウム製電解コンデンサ用ケースをインパクト成形する仕事を開始している。1967年には敷地が首都高速7号小松川線用地となり、江戸川区西一之江に移転する。そこが現在の本社所在地である。だが、次第に扱うものが大きくなり、敷地の制約もあることから地方進出を考え、1982年には現在地の長井市豊田地区今泉に進出してきた。

長井には電解コンデンサの有力企業であるマルコン電子があり、マルコン電子の要請から、1975年にはマルコン電子の関連会社であるハイマン電子との合弁で電解コンデンサ用ケースを冷間鍛造する合弁会社サンリット工業を長井市の豊田地区今泉に設置している。三協製作所の長井進出第1陣ということであろう。このサンリット工業については、昭和の終わりの頃に株を合弁相手に

コマツの 1600 トンプレス　　アイダの 1000 トンプレス

売却し、分かれることになった。現在ではむしろ一部にライバル関係にある。

この間、三協製作所自身、地方進出の必要性が高まり、1982 年に慣れた長井への本格的な工場進出を果たし、製造部門を全面移管させた。現在では、長井工場の従業員は 140 人、東京は本社・営業部門（20 人）のみとなっている。さらに、1990 年代以降、電子部品メーカーのアジア、中国進出が著しく、それを追跡する形で、2001 年にはタイのアユタヤに日系商社との合弁で SANKYO KANEHIRO（THAILAND）を設立している。タイ工場は進出している電子部品系の日系ユーザーに対する供給拠点とし、従業員は 140 人、日本人は三協製作所側 1 人、合弁相手が 3 人駐在している。その他、名古屋にも営業所（3 人）があり、東京の本社・営業、長井の生産工場、タイの生産工場という布陣になっている。電子部品でスタートしたのだが、国内は自動車と見定めて取り組んできた。20 世紀末までは自動車の比重は 50% に達していなかったのだが、現在では 80% を超えるようになった。

現在の長井工場は自動車、二輪などの大物の長尺ものが主体だが、タイ工場は HDD のモーターのカバーなど小物が主体であった。これらは月に 600 万個も作るものであり、日本電産に納められ、最終的にはシーゲート以外の全ての

切断されたアルミ材

大径長尺もののサンプル

ドイツ製のアイヨニングマシン。しごいて径をさらに拡大させる

HDD メーカーに納入されている。国内は自動車関連などの比較的大物、タイは小物の電子部品と大きく分かれていた。

▶国内は電子から自動車関連に転換

三協製作所の会社案内には、「様々な業種の企業様との取引実績」「二つの拠点からのグローバルな展開」「業界随一の設備ラインナップ」「他社では真似のできない『大径長尺品』」「質の高い品質管理体制」「工程管理の見える化と統計的手法の実践」と記されてあった。

これまでの取引実績をみると、自動車はエッチ・ケー・エス、デンソー、カネヒロ、サンデン、昭和電工、住友理工、TVC、ヌカベ、不二工機、山下ゴム等が記されている。完成車両メーカーに対して三協製作所はティア2かティア3の位置にある。二輪については、KYV、ケーヒン、ショーワ、ヤマハ発動機等であり、機械関連ではSMC、シグマ、昭和電線デバイステクノロジー、タムロン、パナソニック、マックス、三木プーリ、エネルギー関係では日立化成、日軽産業、その他ではNOK、神戸製鋼所、日軽金アクト、日本圧延工業などがある。電子部品関連はASEANに移管され、国内ではほとんどない。

全体的な傾向としては、自動車・二輪関係で約80%、その他の医療機器等のタンク等が20%という構成であった。自動車部品の生産量は月産約300万個であり、ここまでの累積でクレームゼロが1億個続いている。材料は神戸製鋼所、日本軽金属、昭和電工、UACIなどのものであり、40%はユーザーからの支給材、60%は自社調達であった。金型の製造の95%は社内。超硬材については北関東の専門業者に委託している。また、同業で国内最大規模であり、専業のライバルは5社程度としていた。

現在の社長の増田喜義氏は2代目、創業者とは血縁関係にはない。3代目候補は増田氏の子息である専務が期待されていた。

▶壮大な機械設備と今後の可能性

アルミ冷間鍛造の国内最大の工場ということから、機械設備は壮大なものである。主力のプレスは1600トン（コマツ）1台、1000トン（アイダ）2台を筆頭に100トン以下を含めて90台を数える。アルミ材を切断する丸鋸自動切断機20台、切削系はCNC旋盤25台、CNCタッピングセンター3台、熱処理炉は金型用3基、アルミ用焼入炉・焼鈍炉22基、加熱炉6基、その他に2次元CAD 4式、3次元CAD 1式、全自動洗浄器5基、振動バレル機9台、ショットブラスト4台などからなっている。金型製作用設備としては別にMC 2台、NC旋盤5台、NC放電加工機4台、NCワイヤー放電加工機2台、細穴放電加工機1台、3次元CAD 1式、3次元CAM 2式などがある。測定器類も三次元測定器2台、真円度測定器2台等一通りが用意されていた。

当初、東京の下町で電子部品の小物のアルミキャップ等から出発した三協製作所は、その後、拡大過程の中で敷地の制約等に直面、以前から関係のあった長井に生産工場を移転させてきた。この間、電子部品をめぐる状況は大きく変わり、1990年代以降は一気にASEAN、中国に移管されていった。これに対し、三協製作所は2001年にはタイに工場を出している。他方、国内は自動車に焦点をあて、冷間鍛造による大径長尺の世界に踏み込み、独自な世界を築き上げ、国内で最も生産能力の高いアルミ冷間鍛造企業となっていった。当面、自動車が中心だが、医療機器、エネルギー関連機器への展開可能性は高い。

そのような意味において、長井ばかりでなく、広く東北の新たな産業化の主要な担い手になっていくことが期待される。

(5) 致芳地区長井北工業団地／ロストワックス鋳造で自動車向け量産に対応
——横浜から進出し、独立的に進む（山形精密鋳造）

鋳造とは型に溶解された金属を流し込んで作るものであり、砂型鋳造、ダイキャスト（金型鋳造、亜鉛、アルミ）、そして、ロストワックス鋳造などがある。これらの中で、ロストワックス鋳造は、古代の仏具・仏像などで用いられた最も古い鋳造法といわれている。近年、ロストワックス鋳造法は航空機、機関銃などの形状の複雑なものに使用され、軍事技術として発展した。ただし、量産が難しく、高級品、多種少量の世界を形成していた。

他方、戦後は金型で成形する射出成形技術が発展し、プラスチックの射出成

ロストワックス鋳造品

ワックス成形品のゲーティング

形、さらに、比較的融点の低い亜鉛（融点419.5℃）、アルミ（660.32℃）の射出成形であるダイキャスト技術が拡がっていった。ただし、鋼は融点が高く（1500〜1600℃）、射出成形することは困難であった。この点に挑戦したのがMCL（Metal Casting Laboratory、横浜市、現在はない）であり、1980年代のVBの雄として注目されていた。そのMCLを母体とする企業が長井に進出している。

▶横浜から進出、幾多の変遷を経て、九州の企業に承継

日本国内のロストワックス鋳造の事業所は、30年ほど前には100前後であったのだが、現在では20〜30に減少している。特殊鋼メーカーの日立金属、三菱マテリアル、大同製鋼、日本冶金や、重機械メーカーの住友重機工業、川崎重工等は内製化しているが、有力な専門メーカーとしては、日立メタルプレシジョン（安来市、日立金属安来工場内）、JUKI会津（喜多方市）、林ロストワックス工業（柏崎市、生産は中国大連の大連［林］精密鋳造）、そして、山形精密鋳造ということになる。

前身のMCLは横浜市港北区にあり、ロストワックス鋳造に量産の可能性を導き出したものとして、1980年代には注目されていた。地方工場の必要性が生じた頃に長井市の誘致にあい、進出を決定、長井北工業団地内の土地（約2万7000 m^2）を取得、1986年5月にMCL100％出資（1000万円）により設立、1987年3月に生産開始している。従業員30人の旅立ちであった。

だが、1年後の1988年には親会社のMCLは約40億円の負債を抱え倒産していった。当時の山形精密鋳造の取締役工場長はMCL専務の馬場先（すすむ）氏（1949年生まれ）であった。このような事態に対し、馬場氏は山形精密鋳造の全株を取得、操業の維持を図っていった。当初3年ほどは赤字を続けたが、その後は順調に推移し、2008年の頃には従業員は75人ほどになっていた。馬場氏は横浜の自宅を売却し、家族で長井に居住していた。母体は横浜であったものの、完全に長井の企業となっていった。

その後、馬場氏は心臓病を患い、事業承継を図るものの、株価が高くなりすぎて、関係者が引き継ぐことは難しく、みずほ銀行の協力を得て、3年をかけ

鋳型造形

鋳型乾燥

て引受先を全国に探していく。ようやく、2014年7月、福岡県博多のヒノデホールディングス（日之出水道機器）に買収してもらうことになった。日之出水道機器とはマンホールの日本のトップメーカー（シェア60%）であり、従業員約1000人、売上額約250億円の企業であった。日之出水道機器は銑鉄鋳物によるマンホール専業であり、工場は福岡と東日本は栃木県大田原市にある。現在の山形精密鋳造の従業員は162人、日之出水道機器からは4人が出向で来ていた。社長には日之出水道機器の取締役である木塚勝典氏が就いており、月に1回、長井を訪れていた。M＆Aの場合、従業員に動揺が走ることが多いのだが、数年をかけて取り組んだことから、スムーズな事業承継となった。

注湯工程

▶自動車関連80％以上、トヨタ関連が半分

山形精密鋳造の取扱製品は、排気系、エンジン系の自動車部品、バイク部品がメインであり、ポンプ、濾過器、水道管、さらに建築金物まである。ロストワックス鋳造の低コスト量産体制を形成したとされるYSC（山形精密鋳造）システムは以下のように構成されている。

まず、製品の形状のワックス成形から始まる。次に歩留りを良くするためにゲート棒に多数の成形されたワックスを取り付け、天ぷらの衣を付けるように硬化剤の入った砂を何度かかぶせ重ねていく。この鋳型を乾燥させ、その後、熱を加えて中のワックスを脱蠟させ、焼成する。これで鋳型が出来上がる。次に、金属を溶解し注湯を行なう。冷めてから鋳型を取り除き、熱処理、検査を重ね、出荷していくことになる。なお、山形精密鋳造では仕上げの機械加工は行なっていないが、2016年1月に機械加工企業2社と提携関係（一部出資）を結んでいる。長井の白斗機械、浜松市のイリノ精工である。これにより、鋳造から仕上げまでが可能になった。

山形精密鋳造の仕事は自動車関連が86％を占め、特にトヨタ自動車関連が全体の半分となっている。最終ユーザーはトヨタ自動車をはじめ、日産自動車、本田技研、富士重工業、ダイハツ工業、スズキ、マツダ、三菱自動車に加え、GMもある。バイク関係は本田技研、スズキ、ヤマハ発動機、トラック、バスは日野自動車、いすゞ自動車、三菱ふそう、UDトラックス、さらに建築系の大和ハウス工業などとなる。

なお、直接的な受注は岡谷鋼機、オーハシテクニカ、孟鋼鉄、日発販売等の商社経由の場合もあるが、豊田自動織機、三五、フタバ産業、大豊工業、マルヤス工業、愛三工業、デンソー、オティックス、江崎工業、ミクニ、ユタカ技研、三恵技研、三輪精機、東京ラヂエータ、アイシン高丘、カルソニックカンセイ、浜名部品、片山工業、三桜工業、臼井国際産業、Jバス、サクラ工業、東京濾器、日新工業、クノールブレムゼなど、完成車両メーカーのティア1直も少なくない。

▶自動車関連部門として展開、そして、今後の課題

2015年まではトヨタ自動車の北米向けピックアップの仕事が多く、売上額も35億円ほどに達し、24時間操業で対応していたのだが、その仕事は終わり、売上額は25億円ほどになっている。近年、トヨタ自動車東日本の岩手工場、宮城大衡工場も本格化しているのだが、そことの直接的な取引はない。ただし、岡谷鋼機などを通じて、トヨタ自動車東日本岩手工場のアクア、C—HR、宮城大衡工場のシエンタ用の部品は供給していた。

また、山形精密鋳造の場合、自動車部品でも排気系が中心であることから、EV化が進むと仕事量が減少していくことが懸念されていた。ただし、トヨタ自動車の燃料電池車「ミライ（MIRAI)」には採用されている。近年のロストワックス鋳造に関しては、自動車、バイクの排気系、エンジン系部品を軸に動いていたが、今後は他の領域を模索していく必要がありそうである。

創業以来、順調に成長し、従業員も160人を超えるところまで来ている。これまでは賃金水準も地元では高いとされ、人気企業の一つであったのだが、近年、採用は次第に厳しくなってきた。ただし、山形精密鋳造は山形県で第3番目の「ユースエール認定企業」となり、応募が増えていると報告されていた。このユースエール認定制度とは、2015年10月1日施行の「若者雇用促進法」によって創設されたものであり、若者の採用・育成に積極的で雇用管理の状況などが優良な中小企業を認定する制度とされる。認定された企業は、認定マークを広告、商品、求人広告などに使用でき、優良企業であることを対外的にアピールすることができる。また、都道府県労働局やハローワークによる重点的なマッチング支援、助成金の優遇措置などを受けることができる。

また、全般的な人手不足を受けて、山形精密鋳造は外国人技能実習生15人を受け入れていた。ベトナム人12人、カンボジア人3人であった。今後は30人規模を期待していた。さらに、障害者雇用にも積極的であり、10人を雇用していた。

日本の製造業をめぐる状況は大きく変わりつつある。市場の問題、また人手の問題等の行く末を見据えながら、次のあり方を考えていく必要がある。国内外の諸環境の変化を敏感に受け止める自動車産業に関わっている山形精密鋳造

は、そうした問題に先駆的に取り組んでいるようであった。

（6）致芳地区長井北工業団地／工業高校生が連れてきた世界的プレス機械メーカー
――加工、組立部門はほぼ完全に長井に移転（能率機械製作所）

私が長井に入り始めた1995年2月、市役所で市内企業のリストを眺めていると、能率機械製作所の名前が目に飛び込んできた。能率機械製作所のことは、世界的なプレス機械のメーカーであることは承知していた。また、大先輩の森清氏の著作のあちこちでみかけており、しかも、東北地方に進出していることも聞いていた。それが長井市であることをその時に初めて知った。早速、1995年7月、能率機械製作所を訪問したが、実に興味深い話であった。

▶世界最高レベルのプレス機械メーカー

能率機械製作所の創立は戦前の1938（昭和13）年、江戸川区東小松川であり、自転車のチェーン製造からスタートしている。戦時中に一時中断するものの、戦後直ぐに再開、その後はプレス機械のメーカーとして歩んでいく。当初から今日まで、「従業員は50人以上にはしない。日本のトップの仕事をしていく」ことを目指していった。能率機械製作所のプレス機のブランドは「LEM」とされるが、それはLaboratory of Efficient Machineryから採っている。

日本のプレス機械メーカーとしては、アイダ、コマツ、アマダといった大手があるが、そうした大手ではできない丁寧で先端を行くプレス機を作り続けてきた。電子部品から自動車部品、事務機部品等に採用され、東芝、パナソニック、ソニー、日立、三菱といった電機メーカーから、デンソー等の自動車部品、さらに、素材メーカーにも採用されていった。採用している企業に尋ねると「価格は高いが、最高」との評価を受けることが少なくない。その能率機械製作所の長井への進出は実に興味深いものであった。

▶長井工業高校から採用、そして、長井に進出

1980年代に入る頃になると、能率機械製作所ほどの優良企業でも東京では

完成したプレス機

三井精機工業のジグボーラーで加工

採用ができなくなっていった。1983年からは、長井工業高校の卒業生が入社してくるようになっていく。彼らはとても優秀であり、ルートが出来た能率機械製作所は、毎年、長井工業高校の卒業生を数人ずつ採用していった。彼らの多くは長男であり、数年経つと長井の親から家継ぎとして帰郷を促される。このような事情から、能率機械製作所は工場の設立に踏み出し、長井工場を1990年5月にスタートさせていった。当初は数人を戻し、私が初めて訪れた1995年7月には長井工場は12人の陣容になっていた。大半は東京を経験した後に長井工場に戻るというケースであったが、その後は、最初から長井工場の場合も増えていった。その当時、東京サイドの人員は36人であった。

1995年当時の能率機械製作所の方針として、2000年を目処に製造部門の長井移管が構想されていた。課題は、東京工場の熟練工（特に組立工。全員45歳以上）たちが高齢化し、いかにそのような技能を早く若手に継承させるかであった。また、長井に対する評価は「自然環境は精密工作機械製造には向いているが、交通利便性が悪く、立合検査に来るのがたいへん」というものであった。

また、能率機械製作所自身、1990年の頃までは標準的なモデルタイプの生産のスタイルであったのだが、その後は特殊なもの、一品ものに変っていく。

丁寧に組立てが重ねられる

仕事の70〜80%は設計から入っていくものになっていった。1995年当時、設計12人（東京）、機械加工8人（東京3人、長井5人）、組立11人（東京6人、長井5人）、資材関係4人（東京2人、長井2人）、その他事務、営業等であった。なお、長井工場にはベテランの加工2人、組立2人が配置されていた。当時、既に長井への移管が始まっていたのであろう。

▶新工場を建設、長井への移管が進む

2017年4月に訪れると、少し前の2015年4月に新工場と新事務所棟が完成し、落ち着いたたたずまいになっていた。この間の大きな変化は、小松川の本社を千葉県浦安に移転させたこと、従業員40人のうち70%が長井出身者（白鷹町出身の2人を含む）になっていたことであった。また、東京と長井の配置は、東京は20人で加工はゼロになり、営業、設計、一部の組立てとなっていた。長井工場の20人は全て地元出身者であり、機械加工10人（旋盤系5人、MC系5人）、組立7〜8人、その他となっていた。長井工場長の金田克彦氏（1966年生まれ）は、1983年、長井工業高校卒の入社第1期生として能率機械製作所に入社していた。

機械加工工場の現場では、昌運工作所や池貝鉄工の旋盤、三井精機工業のジクボーラーなどの名機が並び、組立場ではキサゲ加工なども行なわれていた。一定の機械工業集積がある長井では機械加工の山口製作所のあたりには一部加工を依頼していたが、長井には熱処理、研磨あたりがない点が指摘されていた。フレームの鋳物は東芝機械（沼津市）、富和鋳造（川口市）あたりに依頼していた。

最近の受注で興味深いのは、造幣局からの依頼のコイン用プレス機械（圧印機）の開発製造であった。世界各国のコイン、また、パチスロのコイン等の製造の大半はドイツのシュラー社のものが使われている。日本の造幣局とすれば国産化の可能性を探り、能率機械製作所に依頼してきた。能率機械製作所はリバース・エンジニアリングから出発し、2014年に1号機を納入、その後、改良を加え、750枚／分の高速圧印機を完成させ、造幣局には既に7台を納入していた。さらに、勲章製造用の圧印機、また、今後は東京オリンピックのメダル用が期待されていた。このように、産業用高速プレス機械で実績のある能率機械製作所は、コイン、メダルなどの圧印機の領域にまで踏み出していた。

草深い長井の地に、このような独自で世界的な機械メーカー（小さな世界企業）が存立しているのであった。

3. 2000年代以降は多様な企業が進出

長井市への企業進出（表2—8）は、1970年代には20事業所を数えたが、1980年代には8事業所、1990年代には2事業所に減少していく。特に、1990年代は日本企業のアジア、中国進出が活発化した時代であり、国内の地方への進出は停滞、むしろ、地方圏の工場がアジア、中国に移管される場合が多かった。また、1990年代は基幹の東芝系のマルコン電子がコンデンサ大手の日本ケミコンに譲渡され、規模を縮小、地域全体に低迷感が漂っていた。そうした事情が企業進出にも影響を与えたのかもしれない。そして、2000年代に入ると6事業所、2010年代には4事業所の進出がみられた。2000年以降、10事業所ということになる。地方小都市としては善戦しているように思う。

この10事業所については、非機械金属工業が3事業所（環境彩エン、鈴木酒造店、やまがたウッドチップセンター)、3事業所は名称変更(ケミコン山形)、2次展開(環境彩エン、中興マーク)であった。また、10事業所のうち閉鎖は2事業所(環境彩エン、中興マーク)であった。その結果、現在残っているのは8事業所となる。特に、機械金属工業は6事業所であった。熊田製作所山形工場、加賀マイクロソリューション、ケミコン山形、ケーディ技研、精工社製作所長井工場、青山工業長井工場であった。

ケミコン山形は元マルコン電子であり、日本ケミコンに譲渡されて、その後縮小、そして、名称変更したものであり、また、加賀マイクロソリューションはかつて一世を風靡したハイマン電子を承継したものである。機械金属工業の全く新たな進出企業としては、熊田製作所山形工場、ケーディ技研、精工社製作所長井工場、青山工業長井工場の4事業所ということになろう。これら4事業所の進出元の地域は、東京の葛飾区、白鷹町、川口市、村上市であった。京浜地区から2事業所、近隣から2事業所という構成であった。京浜地区や隣接の白鷹町や飯豊町からの進出は従来からみられたが、青山工業は新潟県村上市からの進出であった。村上市とは国道113号でつながっており、村上よりは長井の方が人が採れそうという理由で進出していた。

全体的には、特定領域に偏らず、多様性に富んできたことが指摘される。この節では、モノづくり系4事業所の事情をみていくことにする。

(1) 豊田地区時庭/加賀電子グループがハイマン電子を引き継ぐ ——電子機器製造、修理サポート、リサイクルに向かう(加賀マイクロソリューション)

経済社会構造の変化の中で、地域の有力企業の経営が傾くことがある。退出、閉鎖となると、地域経済社会に重大な影響を与える。このような場合、関連する有力企業が支援に乗り出し、事業の継承、従業員の引き継ぎ、さらに、新たな時代状況に合わせた事業展開に踏み込んでいく場合がみられる。

長井市はコンデンサのマルコン電子の企業城下町として知られてきたが、地域中小企業としては、マルコン電子関連として生まれ、1980年代には地方ベンチャーの星として全国的に注目されたハイマン電子が存在していた。一時期はグループ全体で約1000人の従業員を抱えていた。ただし、1990年代中頃以降、時代の状況についていけず、経営は傾いていった。当時の状況については、別に第3章2—(5) で詳述したが、幾多の変遷を経て、電子機器商社の加賀電子グループの企業として新たな方向に向っているのであった。

▶ハイマン電子の輪郭

面談したのは加賀マイクロソリューションの総務部長の坂野祐一氏（1958年生まれ）と総務部総務購買課長の小林浩一氏（1966年生まれ）の2人であった。2人ともハイマン電子以来のメンバーであった。坂野氏は1978年入社、小林氏は1986年入社であった。この1980年前後がハイマン電子の絶頂期であり、米沢のハイメカ、タカハタ電子と共に、東北地方の地方ベンチャーの星として注目されていた。1980年頃のハイマン電子の従業員は約300人、グループ全体では1000人を数えていた。長井ではマルコン電子に次ぐ企業であった。

当時は、グループ企業8社でハイマンロンド協同組合が結成されていた。ハイマン電子がメインであり、その他にはハイマンパーツ、ハイマン商事、ハイマンアゴラ（レストラン）、白鷹電子（白鷹町）、小国電子（小国町）、長井興産（鱒の養殖場）から構成されていた。ハイマン電子の主力事業は、電子部品の組立、カメラ（キヤノンの一眼レフ）の組立、IBMのコンピュータに関連するボード、カード類の生産であった。

また、この頃には、全国の各地で地域振興のための大型の施設が設置されていたが、長井の場合はハイマン電子が主体となり、国、山形県、長井市、長井商工会議所等が共同で置賜地域地場産業振興センター、ホテル（ハイマンタスホテル。現タスパークホテル）、国際会議場などを擁する立派な施設を、1988年1月1日にグランドオープンさせている。私は1994年10月にアジア経営学会山形大会の報告のために、初めて長井を訪れたが、会場のハイマンタスホテルの立派さには驚愕したものであった。

私は1997年8月にハイマン電子を訪れているが、1990年代中頃以降の日本の電子産業のアジア、中国移管により経営が傾き、台湾資本（環隆電気、USI＝Universal Scientific Industrial）を導入している頃であった。この頃にはカメラの国内生産は終了しており、PCブームによって、IBMのデスクトップPC（Aptiva）のボード、カードも一時期多かったのだが、これも縮小していった。国内でやる仕事がなくなっていった。この間、ハイマン電子は海外展開も模索しているが、実現できず、2000年の頃には清算の手続きに入っていった。1990年頃には480人を数えた従業員も、その頃には100人ほどになっていた。そして、2002年9月には、山形地方裁判所米沢支部に民事再生を申し立てていく。

▶PC再生、データ消去等の静脈事業に

この間、再生のための方向を模索し、旧来からの付き合いのあった電子機器・部品の商社である加賀電子と接触していく。そして、国内生産拠点を求めていた加賀電子が、2002年、全額出資のマイクロソリューション（現加賀マイクロソリューション）を設立、2003年3月にはハイマン電子より全営業権の譲渡を受けている。その後、ADSLモデム検査・修理・再生からスタートし、遊技機器組立、PC修理などに展開していった。現在の主要事業は、TAXANプロジェクタ製品の企画、販売、オリジナルPCのOEM製造、遊技機の製造などからなる「電子機器製造」、PCリペア、アフターサービス業務、販売・在庫・RMA管理システム構築などの「修理サポート」、そして、使用済PCの買取・再生・販売、PCデータの消去、電子機器の検査・修理・新品再生といった「リサイクル」事業から構成されている。

2002年に設立された加賀マイクロソリューションの本社は東京都千代田区（20人）、生産部門としては、長井の山形事業所（140人）、パチンコ台の組立に従事する長野県飯田市の飯田事業所（10人）、そして、PCのデータ消去に従事する埼玉県入間市の東京事業所（3人＋派遣人員）から構成されている。2002年のスタート時は約100人の従業員であったが、2017年12月現在では、全体で約180人の規模になっていた。これらのうち、ハイマン電子時代からの従業員は70〜80人ほどであった。

人員の採用は高卒がメインであり、2018年4月は3人が予定されていた。通常は5〜6人ということであり、少し少なめであった。大卒も例年は1〜2人

加賀マイクロソリューションの新社屋（第1工場）

採用している。長井にとっては大卒を含めて新卒の採用に意欲的な企業として重要性を帯びてきている。

このように、長井の一時代を象徴したハイマン電子は消え去ったが、電子機器商社の加賀電子により、新たに加賀マイクロソリューションとして再生してきた。主たる事業内容は、PC等のリユース、データ消去などであり、この時代の静脈的な事業だが、その必要性は大きい。長井郊外の時庭の地で新たな事業が開始されているのであった。

(2) 致芳地区白兎／金型部品、フライス加工の一人親方 ——白鷹町から長井市に移転（ケーディ技研）

西置賜、あるいは置賜地域全体の近代工業化を受けて、各市町間で中小企業の出入りが行なわれてきた。表2—9により長井市を焦点にみると、南陽市からは松木工業（1972年、鈑金、配電盤カバー）、米沢市からはアサヒ電子（1980年、光学部品組立）、川西町からはリョーワ（1988年、プリント基板組立）、白鷹町からは田代製作所（1980年、光学・電子部品組立）、ハヤタ製作所（1987年、組立）、ケーディ技研（2007年、部品加工）、飯豊町からは技研フジヨシ（1991年、搬送装置製造）などの中小企業が長井に進出しているこ

影山敬一郎氏

ケーディ技研の加工品

とがわかる。

1970年代から1990年の頃までは、かなり活発に周辺市町から進出してきたことが記録されている。2000年代以降に関しては、白鷹町からの移転であるケーディ技研の1ケースのみであった。

▶白鷹町から長井市に移転の実情

ケーディ技研の創業社長の影山敬一郎氏（1961年生まれ）は白鷹町の農家の出身、置賜農業高校農業科を卒業、長井市の長井中央青果市場に就職した。この市場は1年で退職、白鷹運送（白鷹町）に入り、運転手をしていた。10年ほど運転手を続けていたのだが、「危ない」と思い始め、退職した。次は白鷹町の研磨業の宮城エンジニアリング（白鷹町鮎貝）に入った。宮城エンジニアリングはアルプス電気関係のコネクタの金型部品を製造していた。ここには7～8年在籍していた。影山氏は「自分は宮城エンジニアリングの出身」と語っていた。さらに、長井市のミクロ金型に勤めた。ここには4～5年勤め、山形カシオ（東根市）のGショックのプラスチック成形金型などを作っていた。青果市場から運転手、そして、その後は機械金属工業関係の仕事に就いてきた。

特に、独立創業の意識もなかったのだが、1995年の頃からは自宅で仕事を始めた。最初に購入した工作機械は世界的な名機とされているブラウン・シャ

ブラウン・シャープの平面研削盤

ソディックのワイヤーカット放電加工機

ープの中古の平面研削盤（1983年製）であった。50万円ほどであった。ただし、影山氏はブラウン・シャープのことは知らずに買った。その後、白鷹町の荒砥で10年ほど工場を借りていたのだが、自前の工場が欲しくなる。自宅の敷地の一角に計画したのだが、農振のかかっている土地であり、工場建設はできないことから、長井市致芳地区白兎の現在地を所有者と交換することにより手に入れた。長井市といっても、白鷹町の自宅からは500 mほどしか離れていない。市町境の長井市側に移転したということであった。

▶一人親方による試作、部品加工の展開

創業以来、基本的には一人親方としてやってきた。時々、希望者がいて採用するが、ほとんど居つかない。機械設備は研削盤3台（アマダ、ブラウン・シャープ）、NCフライス盤（静岡）、治具フライス盤（静岡）、立フライス盤（静岡）、汎用旋盤（滝沢）、ワイヤーカット放電加工機（ソディック）、放電加工機（ソディック）、CAD／CAM 2式（アンドール、日本ユニシスエクセリューションズ）といった編成であり、1人で対応していた。夫人は縫製業の長井アパレルに勤めていた。

主たる受注先は、シバックス（元芝浦製作所、天童市にあったが、現在は栃木県芳賀町）、金型のエムティ（村山市）、齋藤マシン工業（天童市）などであり、試作、金型部品、小ロットのものが来ていた。最近の主力は齋藤マシン工業だが、岐阜の展示会に一緒に出かけたことを契機に取引が開始されていた。

一般的には、ここと思った会社に電話をかけ、工場をみてもらい、取引が発生するというパタンが多い。長井周辺の仕事としては、鍛造の三協製作所のダイスの仕事が社内でうまくいかず、ケーディ技研が3〜4年受けていたこともあるが、現在ではない。

一人親方ゆえに、他でやりにくいものを受け、ゆったりと仕事を進めているようにみえた。子供は高校３年の娘さん１人であり、彼女は保母になることを意識している。このような事情から事業承継は難しい。影山氏は、「西置賜周辺で腕の良いベテランの職人が退職して家でブラブラしている。その人たちを集め、一通りの工作機械群を供えているケーディ技研で工房的に仕事をしていきたい」と語っているのであった。

どこの工業集積地においても、優れた一人親方が存在し、地域のやりにくい仕事を受けている場合が少なくない。また、定年退職の時期が早く、保有している技術が活かされていない場合も多い。このような事情の中で、一定の機械金属工業集積を形成している長井、及び置賜地域で、技術者、技能者が集う工房的な施設が形成され、地域技術として新たな役割を演じていくことの意義は大きい。長井市と白鷹町の境の長井市側の小さな工場で興味深い取組みが重ねられているのであった。

(3) 致芳地区長井北工業団地／発電機、モーター、サイレンを生産
——川口市から工場移転（精工社製作所）

東京の港区、品川区、目黒区、大田区のあたりは日本の電気機械メーカーの発祥の地とされており、東芝、日本電気、SONY、沖電気、明電舎等の有力電機メーカーを輩出してきた。このような大企業の他にも、発電機、変圧器、モーター、減速機、ポンプ、シリンダー等の機械の主要構成要素というべき領域に優れた中小企業を生み出してきた。現在、これらの領域は成長市場とはいいにくくなり、多くの中小企業はそれをベースにした新たな領域に展開している場合も少なくない。ただし、中にはその伝統的な領域で生き残り、興味深い歩みを重ねている老舗の中小企業もいる。港区新橋を本社に、埼玉県川口市に工場を構えていた中小企業が、工場を長井の長井北工業団地の中に移していた。

ダム放流用のサイレン

和田修氏

▶100 年の歴史を重ねる老舗の電機メーカー

精工社製作所の創業者は、現 3 代目社長和田修氏（1954 年生まれ）の祖父、岡山県津山市出身の次男であった。長男も東京に出てきており、兄を頼り上京してきた。東京に出てきてからは芝浦製作所（現東芝）に勤め、検査部門に配置された。この間、神田の電機学校（現東京電機大学）の夜間で学んでいた。祖父は 1919（大正 8）年に港区新橋で独立創業、脱穀関係の農村向けモーターの生産販売に入っていった。戦時中は海軍の指定工場となり、その頃には、発電機、モーター用の鋳物を求めて本場の西川口に工場を建設した。その後、新橋は事務所として使用している。

戦後のもの不足の頃には、進駐軍の中古モーターのリサイクルに入り、資材不足から組合を結成し、国からの割り当てを受けていた。これらのリサイクルモーターは農村に供給されていった。1955 年の頃になると、漁船の集魚灯用の発電機が爆発的に売れ、従業員は 150 人ほどに拡大した。だが、1973 年の第 1 次オイルショック、その頃から始まる 200 カイリ問題に直面、採算が悪化し、1981 年からリストラに入っていった。

和田修氏は 3 人兄弟の末弟であり、1978 年 3 月に東京電機大学を卒業、シアトルの親戚の家に居候していたのだが、半年で呼び戻され精工社製作所に 1979 年 12 月に入社している。その少し後の 1980 年 5 月には 3 代目の承継が

機械加工部門

巻線部門

期待されていた兄が難病で他界していった。入社した頃はリストラを模索中であった。1981年の1年をかけて、90人いた従業員を50人に、そして、30人に減らし、川口の工場も売却した。和田氏も退職した。

その後、精工社製作所に復職し、代表取締役専務となっていった。工場を売却したことから余剰資金が残り、コンサルタントの紹介で東洋変圧器に資金を投入したのだが、うまくいかず、1980年代の中頃に、不動産部門の別会社精工実業が長井市の長井北工業団地内の東洋変圧器の敷地と建物を競売で取得していった。敷地面積約1300坪（道路用地が大きく、実質1000坪程度）であった。ここが精工社製作所の長井とのキッカケとなっていった。

▶川口工場を長井工場に移す

その後、この長井の工場は貸工場、貸倉庫として精工実業が運用していく。この賃貸施設は、カワイ化工、四釜製作所、サンリット工業等が借りていった。その後は斎藤金型製作所の齋藤豪盛氏が現地で仕切ってくれていた。そして、10年ほど前から借り手がいなくなり、また、固定資産税負担が年間100万円ほどになることから、新たなあり方を考えていく。

川口は工場を売却し、近くに別の工場を借りていた。規模を小さくしたことから経営は楽になったが、賃借料は年間2000万円ほどになり、また、川口では人が集まらなくなってきた。そのため、10年ほど前から長井への移転を計画、当面、長井で人を採用し、川口で2年ほど研修させ、長井をスタートさせる計画を作っていく。2010年頃から3年間、2人ずつ研修に出し、彼らを戻して2012年に従業員2人で長井工場をスタートさせた。川口工場は自然減により閉鎖し、資材倉庫として活用している。川口の倉庫にはパートタイマーの女性を1人配置し、和田氏の子息（1983年生まれ）を長井と川口の併任としていた。

以上の結果、精工社製作所の布陣は、新橋の本社6人（総務、営業）、関連の精工実業2人、川口の倉庫、そして、長井工場11人となっている。

▶新たな領域にチャレンジしていく課題

生産品目は発電機、モーター、大型のモーターサイレン（ダム放流用）が基本である。特に、ダム放流用のサイレンは日本には2社しかない。国土交通省、各都道府県の企業局がユーザーであり、東芝、富士通、三菱電機、NECなどの通信系企業を通じて納品していた。もう一つの有力なユーザーは、大学工学部電気科、工業高校電気科であり、実習の際の教材設備を供給していた。特に、現在の工業高校の設備は1975年頃に設置したものが多く、更新時期を迎えていた。ここしばらくは仕事が続きそうであった。

社内は基本的な工作機械群は揃っており、鋳物の筐体の加工等が行なわれていた。また、発電機、モーター関係のコア技術は巻線にあり、小ロットのものを熟練者により丁寧に巻いていた。鋳物は外注（川口）、鈑金は四釜製作所、機械加工の大物は川口に頼んでいたが、現在は天童市の葦野工業に依頼していた。

コンパクトになったことから経営は楽になったが、受注全体が低下気味であり、ここが問題としていた。振り返るまでもなく、発電機、モーター等は既に技術的に確立されており、新たな発展的要素に乏しい。老舗のこのような領域で生きている中小企業はほぼ同様の構図の中にいる。精工社製作所とすれば、コア技術は巻線と過去の設計書の蓄積としていた。今後の取組みとしては、発電機、モーター、あるいは巻線の応用分野、例えば、自然エネルギー分野、航空・宇宙分野などに向かっていく必要があるのではないかと思う。創業以来100年、4代目への承継の時期を迎え、新たな取組みを重ねていくことが期待される。

(4) 平野地区九野本／ボーイングのギャレーを生産する進出企業
——新潟県村上では人が採れず、長井に（青山工業）

航空機関連部門は次世代産業として期待されているが、自動車、電機などと異なり、ロットが小さく、精度要求も高い。こうしたことから、航空機関連は注目されるものの、実際に踏み込んでいく中小企業はあまりみられなかった。だが、ここに来て、ボーイングの機体のかなりの比重を日本企業が占めていることが知られ、また、三菱重工のMRJ（Mitsubishi Regional Jet）の動きも本格化しつつあり、各地で興味深い動きが生じつつある。東北の地方小都市である長井に、航空機関連のギャレーの製造を担う中小企業が2社登場していた。先行的に始めていたのは隣の新潟県村上市から長井に新工場を進出させてきた青山工業であった。

▶航空機産業とジャムコ

戦後直後の頃のジェットエンジン開発黎明期に日本の航空機開発は禁止され、その後の発展の契機をつかむことができなかったとされている。それでも、ボ

ギャレーの素材を手にする
青山義雄氏

イワシタの長尺NC加工機

ーイング旅客機の部品の相当部分は日本企業が提供している。例えば、重要機能部品の中では、エンジンは川崎重工、足回りの降着装置（ランディング・ギア）関係は島津製作所、主翼の炭素繊維は東レなどが担っている。このような中で、航空機の機能にはあまり関係のないラバトリー（化粧室）、ギャレー（厨房）等の旅客機内装部品を手掛ける中小企業が目立ってきた。

現在、この領域で注目されているのはジャムコ（Japan Aircraft Maintenance Co.,Ltd.、本社立川市）であろう。ジャムコの歴史は長いが、伊藤忠航空機整備会社を母体に、1970年、全日本空輸、日本航空が資本参加したあたりから興味深い動きが始まる。1970年に全日空からボーイング727、737のギャレーの製造を受注したところから航空機内装品の世界に入っていった。現在ではボーイングのギャレー、ラバトリーを生産しており、ラバトリーはボーイングの50%、ギャレーも30%程度のシェアを占めている。

現在の主要株主は伊藤忠商事（33.13%）、全日本空輸（20.00%）、昭和飛行機工業（7.45%）であり、生産工場としては1989年に新潟県村上市に新潟ジャムコ、1990年に宮崎県宮崎市に宮崎ジャムコを設立している。本社は元々、東京都三鷹市にあったのだが、2017年6月に立川市に移っている。2017年3月期の売上額は818億円、従業員は連結で3100人、単独で1220人であった。

ギャレーの製作

主要製品は航空機の内装部品であり、ギャレー、ラバトリー、ストウェッジ・ビン（荷物棚）、クルーレスト（客室乗務員用休息室ユニット）などである。早い時期から新潟県村上市に着地していた。

▶青山工業の歩みと輪郭

新潟県村上市に本拠を置く青山工業、創業者は村上市岩船出身の青山義雄氏（1946年生まれ）、地元の高校を卒業後、トラックの運転手であったのだが、地元にあった弱電の工場（基板製造）に刺激され、1986年、電気こたつのヒーターの製造に入っていった。だが、その後、電気こたつの市場は一気に縮小し、仕事がなくなくっていった。青山氏は元々、バスケットの選手、コーチであり、村上から国道113号を通って1時間30分ほどの南陽市方面に出入りしていた。その関係から、南陽の広伸電気から自動車用ハーネスの組立の仕事をもらうようになっていった。ただし、この仕事も1990年代中頃には中国に移管されていった。

1996年には、村上に進出していたサンエコーから大型旅客機用ギャレー内装部品、ラバトリーFLOOR・PAN組立を受注していく。このサンエコーの母体は日野自動車工業の大型トラックの部品製造の会社だが、立川工場が1979年にジャムコからギャレーを受注し、その後、1984年に新日エコー（立川市、80人）、1989年にサンエコー（村上市、280人）を展開している。新潟工場は拡大の方向であり、さらに、2015年には新潟県胎内市に中条工場を設置している。

2007年の頃からサンエコーの仕事が増加し、青山工業は村上市に第2工場を設置したのだが、従業員が集まらなくなっていた。そのため、国道113号経由の慣れた南陽市あたりに関心を示し、先行的に青山工業の紹介でサンエコーの仕事（ギャレー）をしていた長井の山形テックなどを訪れ、子息の意見から長井進出を決めていった。その際、空工場の情報を求めて長井市役所を訪問したが、即、現在地（元マルコウネジ）を紹介してもらい、2014年12月、一気に操業に入った。従業員に関しては将来的には20人をイメージしたが、当面10人前後としたところ15～16人応募があり、12人を採用した。青山氏は「航空機のイメージが良かったのかもしれない」と語っていた。

現在、青山工業は村上の工場が66人、長井工場が12人。ギャレー、ラバトリーといった航空機の内装部品の場合、軽量化が最大の課題となる。これらの壁材は厚さ3㎝ほどの圧縮ハニカムの紙製品（国産）であり、軽量だが、固くて燃えない。これをジャムコが調達し、サンエコー、青山工業と渡ってくる。これを切断、穴あけ、ナット付け、アルミ製の枠付けなどを行なっていく。家具生産、木工生産に近い。完成品は壁（平面）の状態でサンエコー、ジャムコと渡り、立川のジャムコの工場で最終組立が行なわれていく。なお、航空宇宙産業に関わる場合、JISQ9100の認証が必要とされる場合が多いが、ギャレーの部品加工である青山工業の場合は、当面、そこまでは求められていなかった。

青山義雄氏の長男の青山雅弘氏（1976年生まれ）は、静岡のクラボウに勤めていたのだが、怪我をして新潟に療養に戻っていた。戻ってみると、家業が意外なことになっており、青山工業に入社、2014年には社長に就任している。青山義雄氏は「当初は不良、不良の連続でたいへんな思いをしたが、ようやく落ち着いてきた」と語っていた。サンエコーからは、村上と長井には、父子のどちらかが駐在することを求められており、村上には社長の青山雅弘氏、長井には会長の青山義雄氏が単身赴任で臨んでいる。次世代産業とされる航空機産業、雪深い新潟や山形の長井の地で新たな可能性を示しているのであった。

4. 産業集積を高めていくための誘致

1970～1980年代に活発であった長井の企業誘致も、1990年代はわずか2件（いずれも進出企業マークの2次展開であり、いずれも2000年代初めに廃業となっている）にすぎず、ようやく2000年代6件、2010年代4件の回復となった。ただし、2000年代以降の進出企業はやや軽装備なものが多く、1980年前後に集積したような重量級の機械金属工業関連は乏しい。このような傾向は全国的なものであろう。唯一、新たな動きとしては、トヨタ自動車東日本（岩手県金ケ崎町、宮城県大衡村、完成車両工場)、トヨタ自動車北海道（苫小牧市、トランスミッション工場）の本格化の中で、東北、北海道にかけてトヨタ系ばかりでなく独立系の自動車部品中小企業の進出が相次いでいることが指摘される[8)]。長井のサイドに受け皿を用意し、そのような領域の中小企業の誘致も課題になっていくのではないかと思う。

現状、長井市は人口、従業者数の激減、また、基幹の製造業、特に機械金属工業部門の事業所数、従業者数、製造品出荷額等の減少に見舞われている。特に、従業者数、出荷額の減少は目を覆いたくなるほどである。他方、農業部門は兼業機会が減少し、高齢化も進んできたことから離農も顕著にみられ、反面、大規模受託経営と複合経営、果樹等の専業化が拡がりつつある。このような農業部門の構造改革は一気に進むものとみられるが、小規模農業で他に就業の場を必要としている人びとに対して、新たな就業機会を提供していくことの必要性は大きい。農畜産業の６次産業化などが、その受け皿となる可能性も高い。この点がうまく進まないと、人口はさらに減少していくことが懸念される。

そのような意味では多様な就業の場の提供が必要であろう。改めて産業化が求められているのであろう。その場合、方向は二つ。一つは起業の促進であり、もう一つは企業誘致ということになろう。起業については第５章で論じたことから、ここでは企業誘致の新たな可能性についてみていくことにする。

▶企業誘致の新たな可能性

長井の現状からすると、企業誘致は、機械金属系を軸にしたモノづくり系、IT などのソフト系、さらに、農業に関心を抱いている企業や個人ということになろう。

モノづくり系については、これまでも多くの実績があり、ノウハウも蓄積されている。当面の最後の進出企業である青山工業の場合、進出意向を長井市役所の担当部署に伝えた瞬間に空工場を紹介されたと感心していた。そのようなスピード感が必要であろう。現状、本格的に計画された工業団地はなく、既存の長井北工業団地にいくつか空きスペースがあるにすぎない。既存の空きスペースの把握と提供できる体制の整備が必要であろう。市内企業が拡大の余地がなく、近隣の町の工業団地に進出していったことが報告されている。市内企業の中には拡大意欲の強い企業も少なくなく、誘致企業ばかりでなく、拡大用の可能性を用意していく必要がありそうである。
その場合、全国のこれまでの経験からすると、完全に造成した工業団地を用意する必要はなく、工場適地を確保し、オーダーメイド型で進めることの方が無理がないように思える。2018年度からは農業の減反が廃止され、農地の利用の仕方も大きく変わることが予想される。生産性の低い農地などを集約し、工場適地として用意していくことが現実的であろう。このようなやり方で成功したところとしては島根県斐川町（現出雲市）が知られている[9)]。空スペースと工場適地を組み合わせ、機動的に対応していくことが望まれる。
また、ソフト系企業や農業参入を図っている企業の誘致も同様なのだが、企業訪問を重ねるばかりでなく、イベント等の懇親会等に積極的に参加し、人脈を形成しながら可能性を見出していくことも必要であろう。近年話題になっている秋田県五城目町の廃校になった小学校（BABAME BASE）への13のソフト関連企業等の集積と定住は、新たな可能性が横たわっていることを象徴している[10)]。五城目町の場合は、イベントの懇親会等で親しくなった経営者を現場に誘い、具体的な進出、定住まで進めているのである。
農業部門については、今後、離農が進み農地が出てくる可能性が高い。それらはすでに出発している専業農家（集団）による大規模受託経営の中に取り組まれていく部分が多いであろうが、都会の企業や個人の農業への関心も深く、それらをうまく誘導していくことが必要であろう。そのための情報提供、発信も求められる。それらの新たに導入される部分については、企業的意識が強い場合が多く、6次産業化への可能性も期待されるであろう。事業的意識の高い組織（企業）、個人の参入は地域農業に大きな刺激を与え、長井の農業部門の活性化が期待される。
自動車関連産業、ITなどのソフト関連産業、そして、6次産業化を含む農業関連産業部門などをターゲットに、希望が抱ける企業誘致のあり方を模索し、具体的に取り組んでいく必要があろう。長井の環境条件は実に魅力的なものなのであり、それをうまく伝え、現場に来てもらい、次につなげていくことが求められているのである。

1）　このような日本企業の1990年代以降のアジア、中国進出については、関満博『空洞化を超えて――技術と地域の空洞化』日本経済新聞社、1997年、同『現場発ニッポン空洞化を超えて』日経ビジネス人文庫、2003年、河北新報社編『むらの工場―産業空洞化の中で』新評論、1997年、を参照されたい。

2）　マークの創業からの歩みについては、関満博『ニッポンのモノづくり学』日経BP社、2005年、第1章を参照されたい。

3）　環境彩エンについては、関満博『地域産業の「現場」を行く 第3集』新評論、2010年、第69話を参照されたい。

4）　トラック、建機のアジア、中国展開と中小企業に関しては、関満博「中国構造転換期の中の進出日系中小企業――長江下流域（上海、蘇州、無錫）の事情」（『明星大学経済学研究紀要』第48巻第1号、2016年6月）を参照されたい。

5）　トヨタ自動車東日本については、関満博『「地方創生」時代の中小都市の挑戦――産業集積の先駆モデル・岩手県北上市の現場から』新評論、2017年、第6章を参照されたい。

6）　大田区機械金属工業については、関満博・加藤秀雄『現代日本の中小機械工業――ナショナルテクノポリスの形成』新評論、1990年、を参照されたい。

7）　東京湾に浮かぶ大田区の京浜島工業団地については、関・加藤、前掲書、第5章、を参照されたい。東京都内の機械金属系中小企業の創業環境確保のための移転用地とされ、1990年の頃までに約250工場が移転していった。現在でも約200工場が維持され、首都圏最大級の機械金属工業集積を形成している。

8）　トヨタ自動車東日本との関連で東北から北海道にかけて自動車部品企業の進出が活発化している。その具体的な動きについては、関、前掲『「地方創生」時代の中小都市の挑戦』第6章、同『北海道／地域産業と中小企業の未来――成熟社会に向かう北の「現場」から』新評論、2017年、第4章を参照されたい。

9）　日本の町村レベルで企業誘致に最も成功した町として斐川町が知られる。その取組みについては、関満博「企業誘致と企業化支援の幅広い展開――島根県斐川町」（関満博・横山照康編『地方小都市の産業振興戦略』新評論、2004年、第6章）を参照されたい。

10）　秋田県五城目町の廃校利用によるソフト関連企業等の誘致と定住に関しては、関満博「秋田県五城目 山間地域の廃校跡に移住起業家が集結――7社が進出、6社が起業（地域活性化支援センター、ハバタク）」（関満博『地域産業の「現場」を行く第10集』新評論、2017年、第273話）を参照されたい。

第6章 専用機メーカーが集積

——機械設計・組立出身と機械部品加工出身の二つの系統

機械金属工業の中で、生産ライン、専用工作機械、自動機械を開発、設計、製作する存在がある。専用機メーカー、自動機メーカー、あるいは、省力機械メーカー、設備屋、装置屋などともいわれ、機械技術、電気・制御技術を駆使し、オーダーメイドで対応していく。地域の機械金属工業全体に大きな影響を与え、また、地域の要素技術の集積をベースに成り立っている場合が少なくない。この専用機メーカー、地域外からも仕事を持ってきたり、多方面にわたる難しい仕事を地元に発注するなど、機械金属工業の集積構造上、極めて重要であり、地域機械金属工業のリーダー的な役割が期待される[1]。

全国の機械金属工業集積地をみても、専用機メーカーが相当数成立している地域は少ない。比較的多いのは東京の大田区[2]から川崎市、さらに、東大阪市、諏訪・岡谷市[3]あたりであり、逆に、日用品が中心ながらも一定の機械金属工業集積地とされる東京の墨田区[4]、金属製品産地として知られる新潟県燕・三条[5]、あるいは東北最大の機械金属工業集積を作り上げてきた岩手県北上市[6]のあたりでも、専用機メーカーはほとんど成立していない。専用機メーカーが成立していくには、近間に大規模な生産ラインを展開したり、省力化に向かおうとする優れたユーザーがあること、機械設計・組立に深い関心を抱いている技術者がいること、周辺に一定程度の機械金属加工の中小企業が拡がっていることが基礎的条件になるように思う。

この点、長井市の場合には、人口3万人弱、製造業事業所数（2014年経済センサス）215、従業者4人以上規模の製造業事業所117（2014年工業統計)、うち機械金属系事業所72という小規模な集積にも関わらず、専用機メーカーというべき中小企業が14事業所（機械金属系事業所の19.4%）を数えている。全国でも希有な状況といえる。この点は長井の製造業、特に機械金属工業集積を論じていく場合、最も注目すべき点の一つとなろう。この章では、この長井の専用機メーカーに注目し、その現状と課題、そして、今後の可能性をみていくことにしたい。

1. 長井の専用機メーカーの輪郭

全国の有力な専用機メーカーの成り立ちをみると、大きく二つの流れがあるようにみえる。一つは、近くに有力な大工場があり、新たなラインの設置、また、従来の労働集約的なやり方から省力化に意欲的に取り組んでいるような場合、社内にそのような専用機を製作する部署を設置、そこで鍛えられた技術者（主として設計担当）が近間で独立創業していくという場合がみられる。当初は、勤めていた工場の機械設備の設計や組立から入り、次第に加工組立、完成品の生産にまで向かっていく。

長井のケースでみると、マルコン電子から独立創業したフューメック、ウル

表6―1　長井市の専用機メーカー

創業	事業所名	出身（由来等）	取引先・主要製品	従業者数	所在地
1961	四釜製作所	部品加工から	オリイメック、THK、リンテック等	35	成田
1971	山口製作所	部品加工から	三菱鉛筆等	72	舟場
1973	吉田製作所	部品加工から	自動車部品、電子部品関係	22	寺泉
1974	坂工業	飯窪製作所	三協製作所、東洋製作所	10	九野本
1976	フューメック	マルコン電子、ハイメカ	太陽誘電、ケミコン山形等	31	九野本
1977	石田機械	マルコン電子	照明器具、化学製品	6	平山
1978	サンユー技研	三友産業（横浜市）	東北パイオニア、デンソー福島	25	成田
1979	三浦エンジニアリング	溶接業から	ミクロン精密、日本連続端子	25	成田
1982	青木工業	坂工業	コンベア、製缶	3	寺泉
1990	コマツ精機	丸秀	ケミコン山形、光洋精機	22	泉
1990	エヌ・エム・ティ	ハイマン電子	オオサキテクニカ、セイコーインスツル等	15	九野本
1991	ウルテック	マルコン電子	ケミコン山形、東北パイオニア	4	時庭
1991	技研フジヨシ	マルコンデンソー（飯豊町）	搬送装置製造	7	舟場
1994	ファースト・メカ	フューメック	カシオ、パナソニック等	19	九野本

資料：長井市、その他

テック、また、ハイマン電子から独立創業したエヌ・エム・ティあたりが典型であろう。また、フューメックから独立創業したファースト・メカのようにさらに独立創業していく技術者もいる。そして、一定の力を蓄えていくと、近間の大工場ばかりでなく、全国的に受注先を求めていく。専用機の生産は数カ月から1年を超える場合もあるなど生産期間が長いため、地方にいる不利性はさほど大きなものではない。

もう一つの流れは、部品加工の中小企業が装置物、専用機と進んでいく場合である。その場合も、近間に有力なユーザーがあり、部品加工に従事していくが、何かのキッカケで簡単な治具や装置を依頼され、そのような経験を踏まえながら専用機へと向かうことが認められる。機械金属工業には多様な加工機能があるが、このような専用機メーカーに向かう加工業者は、切研削の機械加工企業、あるいは、製缶・溶接・鈑金といった筐体、ケース等を加工してきた中小企業に顕著にみられる。長井の部品加工から専用機に向かった中小企業としては、機械加工出身の四釜製作所、山口製作所、吉田製作所、鈑金・溶接から出発した三浦エンジニアリングが象徴的なものであろう。

このように、長井は小規模な機械金属工業集積地なのだが、その内面をみると専用機メーカーが相当数成立し、しかも全国でみかける専用機メーカーの成立のスタイルの一通りを内包していることも興味深い。

▶1970年年代初めから成立、展開

山形県南部の置賜地域には、米沢市、高畠町、南陽市、長井市と機械金属系企業の集積している地帯が続く、地域のリーディング企業としては長井のコンデンサ製造のマルコン電子、米沢の半導体関連のNEC山形が知られている。これらの有力企業からは独立創業者が生まれ、地域工業集積に厚みをもたらしてきた。特に、このエリアの装置屋、専用機メーカーは戦前に進出し、当初の女性主体の形からその後省力化に向かったマルコン電子から独立創業していった場合が顕著にみられる。

このエリアの専用機メーカーの嚆矢となったのは、1970年に設立された米沢のハイメカ工機（現ハイメカ）であろう。ハイメカの創業者の一人であり、

2代目社長として基盤を形成した青木敏雄氏（1942年生まれ）は長井市の生まれ、米沢工業高校電気科を卒業（当時、長井工業高校はまだ開校していなかった）、マルコン電子に就職している。マルコン電子では機械関係（溶接機）の部門に8年ほど勤めた後に、7人で独立創業（米沢）に踏み切っていった。「自主独立の経営」「メーカー指向」「市場は世界へ」を掲げていた。

当初は溶接機を生産して売り歩いていたが、思うようにいかず、その後、省力自動機に重点を移していった。厳しいユーザーと付き合うべき考え、SONY、パナソニック、富士通などの仕事を重ねて技術レベルを上げ、1980年頃に発表したタンタルコンデンサ（チップ）の自動組立機械でブレークした。その後、分野を拡げ、チップアルミコンデンサライン、リチウムイオン電池生産ラインなど、先端の部分で業績を上げてきたのであった。現在では東北を代表する自動機、専用機のメーカーとなっている。

そして、このハイメカからは、多くの専用機メーカーが育っていることが注目される。テクノマシーン（米沢市、従業員30人）、加藤機工（米沢市、7人）、サンガテク（旧渡辺マシンデザイン、米沢市、15人）、そして、長井のフューメックの創業者もマルコン電子を退職し、次に数年ハイメカに在籍してから独立創業していった。このような意味で、マルコン電子、ハイメカは米沢から長井にかけての機械金属工業集積、そして、機械技術を駆使する専用機メーカーを生み出してきた基盤であったといってよい。

また、このエリアの早い創業の設備屋としては飯窪製作所（1948年創業、1974年頃閉鎖）が知られるが、カワイ化工（当時、南陽市）に在籍していた坂徳雄氏（1936～2006年）が、1974年、飯窪製作所を引き継ぐ形で台町のプレハブで坂工業を1人でスタートさせている。この飯窪製作所は長井の早い時期に設備屋として登場しており、その後閉鎖されたものの、この坂工業に加え、省力機械部品に展開している鈴木製作所（1975年創業）の2社を残した。三浦エンジニアリングもその流れをくんでいる。なお、坂工業は現在、従業者10人規模、当初はNEC関係（米沢、山梨）等を主力にしていたのだが、現在は後のケーススタディでみるように、地元の三協製作所などを主力している。

このように、マルコン電子、NEC山形といった有力工業が展開していた米沢から長井にかけては、1970年代の初めの頃から、生産ライン、省力機械、自動機械の要請が多く、そうした領域に向かう中小企業を生み出してきたのであった。

▶自社製品か、部品加工にも向かう

なお、この専用機メーカー、設備屋の場合、受注産業であり、景気変動、ユーザーの設備投資意欲に大きく左右される。後のフューメックのケースでもみるように、リーマンショックなどの大きな経済変動があると、仕事は皆無となり、従業員の全員解雇を経験するといったことも起こる。専用機、自動機だけを受注で生産している場合、こうした懸念を避けることは難しい。

さらに、もう一つ、大田区〜川崎市や東大阪市のように巨大な機械金属関連中小企業の集積がある場合、専用機メーカーは開発・設計部門を軸に、一部に組立機能を保有するだけで、加工機能の大半を地域の専門加工業者に依頼することができる。そのような事情から、大都市の専用機メーカーの従業員規模は小さく、数人、多くても20〜30人規模であることが少なくない。この点、長井のような地方工業集積地の場合、加工機能の拡がりは乏しく、一定の加工機能の内部化を余儀なくされている。後にみるケーススタディでも、大半の企業が機械加工系、鈑金加工系の一通りの加工設備を備えていた。これらは、地方の専用機メーカーの特徴的なところであろう。

このような枠組みの中で、景気変動の波を避けるために、専用機メーカーは一方で一部に自社製品を持とうとし、あるいは、不景気で専用機の受注が乏しい時期は部品加工でしのごうとしていく。先のハイメカの場合は自社製品を保有していたが、長井の専用機メーカーで自社製品を保有しているケースは見当たらない。当面、不景気等の際には、部品加工によってしのいでいくことになろう。今後、長井の工業集積の拡がりと密度が深まり、外部への加工機能依存が可能になるのかどうかは、長井及び周辺の機械金属工業集積の動向にかかっているように思う。

そのような事情が横たわっているものの、長井には興味深い専用機メーカーが相当数集積しているのであった。

2. 有力ユーザーを背景に成立した専用機メーカー

置賜地域全体の近代工業化は、戦前の東芝長井工場（1942年、その後のマルコン電子）、東北金属工業米沢工場（1944年、現NECパーソナルコンピュータ米沢事業所、パソコン生産）が嚆矢となり、戦後は山形日本電気高畠工場(1964年、半導体)、日立米沢電子（1968年、現ルネサス北日本セミコンダクタ米沢工場、半導体)、東北パイオニア米沢事業所（1981年、有機ELパネル）などが立地していった。これらの中でも、地域産業に重大な影響を与えてきたのは、長井のマルコン電子と日本電気（NEC）であろう。特に、長井においてはマルコン電子の影響は圧倒的なものであった。1980年の頃には、グループ企業を含め、長井の人口約3万3000人の約9%にも及ぶ約3000人を雇用するものであった。

そして、特に、日本の電機産業、電子部品産業は当初は女性主体の労働集約的な生産方式にあったが、高度経済成長期の後期の頃から人件費上昇に対して自動機、省力機械の導入に積極的になり、社内における工機部門の充実、さらに、そこから独立創業する中小企業を生み出していく。それは、自動機、専用機といった機械設備の製作から、多様な部品加工にまで拡がり、地域工業集積を厚いものにしていった。

特に、マルコン電子の場合は女性主体の労働集約的なコンデンサ生産であったことから、1970年代以降、一気に省力化、自動化に取り組んでいく。マルコン電子の売上額は1970年の約70億円から1980年には約180億円、1990年は約260億円と拡大していくが、この間、従業者数は1970年1450人、1980年950人、1990年966人と絶対的にも、相対的にも縮小していったのであった。この間の省力化は相当のものであった。壮大な省力化投資が行なわれたことであろう。これはマルコン電子に限らず、日本の電子部品・半導体メーカーなどに共通する動きであった。そして、そこには地域の専用機メーカー、設備機械メーカーの活躍する余地が拡がり、長井においては、一気に専用機メーカーが生まれ、育っていった。

特に、当時、長井の最有力企業とされたマルコン電子とハイマン電子からの独立創業者が目立つ。マルコン電子からは、石田機械（1977年）、フューメック（1980年）、ウルテック（1991年）、ハイマン電子からはエヌ・エム・ティ（1990年）が生まれている。また、長井の専用機メーカーで唯一の京浜地区からの進出企業としてサンユー技研（1978年）が進出している。置賜地域のあたりには仕事があるという判断であったとされている。

このような有力企業からの独立創業に加え、中小の地元専用機メーカーからさらに独立していった企業もある。坂工業（1974年、飯窪製作所を引き継ぐ）、青木工業（1982年、坂工業から独立）、コマツ精機（1980年、プレスの丸秀から独立）、ファースト・メカ（1994年、フューメックから独立）などがある。なお、これらに加えて、個人で独立し、機械設計に従事している技術者も少なくない。

後の節で部品加工から専用機メーカーに転じていった中小企業にも注目するが、マルコン電子といった大規模なコンデンサ生産工場があり、1970年代以降、省力化要請が強まる中で、長井を焦点として専用機メーカーが大量に生まれていったのであった。この節では、地元の有力ユーザーを背景に登場してきた専用機メーカーに注目していく。

（1）平野地区九野本／長井の初期からの設備メーカー
——創業者が他界し、幹部がMBOで引き継ぐ（坂工業）

当初、女性主体の労働集約的な工場展開を進めていたマルコン電子も、円高が進む1970年代の後半の頃から自動化、省力化に取り組んでいく。そのような中で、地域の中に省力化機械、自動機、専用機を生産する中小企業が生まれてくるが、その嚆矢となったのが、マルコン電子の機械設備を製作するために川崎からやってきた飯窪照次郎氏による飯窪製作所といわれている。マルコン電子の初期の機械設備の製作を担っていた。その後、1974年頃になると、飯窪製作所は倒産となり、カワイ化工にいた坂徳雄氏が引き継ぐ形で、1974年に1人で坂工業を創業している。

私は1997年7月に坂工業を訪問しているが、当時は従業員14人ほどであっ

小関雄一氏

坂工業の社屋

た。バブル経済の頃の主たる受注先はNEC関係であり、米沢、山梨の工場の設備を製作、その依存度は50%程度に達していたのだが、1997年の頃は10%もない状況であった。当時の主たる受注先はブリヂストン関係（那須）や地元の山口製作所あたりの旋盤加工等を受けていた。売上額の構成はバブル経済の頃とは逆転し、ライン関係が20%、部品加工が80%となっていた。バブル経済崩壊以降、苦しい時期が続いていた時代であった。

▶社長の第3者承継

21年ぶりに訪問した坂工業は、社長が坂徳雄氏から小関雄一氏（1949年生まれ）に代わっていた。創業社長の坂氏は2006年の夏に突然他界された。娘2人であり、家族、親族で承継する人がおらず、従業員は途方に暮れたのだが、従業員10人ほどで話し合い、「続けるか」ということになり、小関氏がMBO（Management Buy Out）で社長を引き継ぐことにしていった。坂工業の株を小関氏一家で買取り事業を承継していくことになる。従業員10人は全員付いてきた。2018年5月現在、定年退職者もあったが、そのうちの6人が残っていた。

小関氏は今泉の農家の出身、地元の中学校を卒業後、夏は大工、自動車学校の教師、冬は神奈川県の日産座間工場に出稼ぎに行っていた。農業は少ししか

修理に戻ってきたコンベア設備

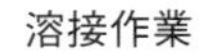
溶接作業

やらなかったと語っている。1972年には23歳でハイマン電子に入り、含浸などの班長も勤め、交代勤務も多かった。11年勤めたところで高畠町の食品卸から引き抜きを受けて移籍、6年ほど勤めて1984年1月に坂工業に入ってきた。以来、30数年、坂工業に在籍していた。入った頃の坂工業はコンベアが専門であり、NEC、東芝、松下電器（現パナソニック）あたりの仕事が多かった。

2006年に小関氏が引き継いだが、この間、あまり大きな変動はない。現在の従業員数は10人（女性は事務に1人）、設計は外部に頼むことが多いが、簡単なものは小関氏が対応していた。現場はフレームの鈑金が3人、板物の鈑金2人、機械加工2人、塗装2人から構成されていた。主要な機械設備は、ユニットワーカー1台（武田機械）、ターレットパンチプレス1台（アマダ）、シャーリング1台（アマダ）、プレスブレーキ1台（アマダ）、旋盤2台（滝沢鉄工所）、フライス盤4台（永進、三星等）、ボール盤8台（キラ等）、溶接機14台（ナショナル等）、塗装設備1基（アネスト岩田）などから構成されている。鈑金、機械加工、溶接、塗装の設備が一通り用意されていた。

▶医療機のシールド部品と三協製作所の装置物に展開

部品加工と装置物に展開してきた坂工業の近年の売上額構成は、ほぼ5：5になっていた。部品加工で目立つのは病院の検査装置のシールド部品であり、CTスキャン、MRIなどの検査装置に装着される。この部品の比重が近年大きくなり、売上額全体の3分の1を占めていた。受注先は医療機械設備メーカーであり、山形県内1社、県外2社であった。県内はSメディカルシールド（山形市）、県外はグローバルシールド（白石市）、サンエイ電設（高崎市）であり、先方から図面が来て、材料は当方が調達して加工、組立てしていく。この3社の中でもSメディカルシールドとは30年の付き合いであった。

装置物はかつてはNEC、東芝、松下等の大手企業が多かったが、現在ではほとんどなく、むしろ、地元の三協製作所の仕事が装置物全体の90％を占めている。検査装置、洗浄装置等であった。設計は当方側であり、受注は安定しており、月の売上額は全体の半分を超すこともある。また、三協製作所の工場内で機械のトラブルがあると、大半は坂工業に来ていた。三協製作所側からは構内に事務所を置くことを求められていた。

先代の坂徳雄氏には家族、親族に承継の適任者はいなかった。2代目社長の小関氏もすでに69歳、娘が2人いるが、会社には入っていない。そのような事情の中で、2016年に米沢NECでPCの開発に携わっていた従兄弟（50代後半）を会社に入れた。この人を当面の後継者と考えているようであった。

長井の近代工業化の初期を支えた飯窪製作所の流れを汲み、コンベアを中心に装置物の製作に従事してきた坂工業は、創業者の突然の他界により、小関氏が承継、医療の検査装置等のシールド部品の加工組立と、三協製作所の装置物の製作・メンテナンスを二つの柱とし、長井の九野本の地で長井の機械金属工業を支えるものとして歩んでいるのであった。

（2）致芳地区長井北工業団地／横浜の搬送機メーカーが、省力機、自動機に展開——半導体以降、仙台のメーカーにＭ＆Ａ（サンユー技研）

米沢から長井にかけての置賜地域には、高畠町の半導体関連のNEC山形、長井市のコンデンサのマルコン電子に関連して、自動機、専用機、部品加工の必要性から、多様な中小企業が生まれ、あるいは進出してきた。だが、日本の半導体や電子部品は1990年代中頃をピークにアジア、中国に一気に移管されていく。NEC山形の半導体とマルコン電子のコンデンサなどはその影響を受け、地域の中小企業に重大な影響を与えていった。

大河原茂紀氏（左）と平博之氏

サンユー技研の組立現場

長井市の長井北工業団地に立地するサンユー技研、横浜から進出し、NEC 山形、NEC 秋田（秋田市）等の半導体関連の搬送機、組立機を生産し、1990 年代中頃には大いに存在感を示していたのだが、その後の半導体不況、アジア移管により停滞し、リーマンショック（2008 年 9 月）直後の 2009 年 7 月に仙台の計測器、検査機メーカーである凌和電子に買収（M & A）され、再建に向かっていた。

▶1996 年のサンユー技研

私は 1996 年 3 月にサンユー技研を訪問している。当時が絶頂期とされていた。ここではまず、当時を振り返ることから始めたい。

サンユー技研の本体は横浜市港北区の三友産業であり、従業員 10 人ほどでコンベア等の搬送機を生産していた。1970 年代初めのニクソンショック（1971 年）、第 1 次オイルショック（1973 年）により円高傾向は強まったものの、半導体、電子部品は活況の中にあり、米沢、長井あたりで仕事が発生していると判断、1975 年には長井市に東北営業所を出している。1978 年には現地法人としてサンユー技研を設立、次第に付随した自動機が多くなり、1996 年当時は半導体製造の組立機が中心になっていった。量産ではなく、一品料理であり、ユーザーとの打ち合わせ、設計、機械部品の一部加工（50%）、制御部分を内部化し、完成品までの一貫生産に従事していった。

当時の受注先は、NEC 山形（50%）、三洋電機（10〜15%、群馬県大泉町、

自動機の組立

羽生市)、NEC 秋田（5～6%)、シャープ（東広島市）などであった。ただし、当時すでに半導体生産のマレーシアなどへの海外シフトが始まりだしており、長井で受注、生産、そして、アジアの現地での立ち上げ、調整が多くなっていた。その頃には本体の三友産業との資本関係はなくなっていた。1996 年頃の従業員は 20 人（女性 3 人)、平均年齢は 30 歳を超えたあたりであり、20 代も 4 人在籍していた。設計部門 8 人（機械設計 6 人、電気設計 2 人)、加工 4 人、組立 4 人、その他管理部門から構成されていた。地元長井工業高校卒業生が 6 人在籍していた。人の募集も現在ほどタイトではなかった。半導体ブームであった 1995 年度の売上額は 5 億円、付加価値 2 億 5000 万円を計上していた。

▶M & A 以降のサンユー技研

2017 年 12 月 8 日、ほぼ 20 年ぶりにサンユー技研を訪問した。リーマンショック後の 2009 年 7 月に仙台の凌和電子に買収されていた。工場には工場長の平博之氏（1960 年生まれ)、顧問の大河原茂紀氏（1947 年生まれ）が待っていた。

凌和電子とは、仙台に本拠を置く計測器、検査機のメーカーであり、従業員 130 人規模である。以前、高畠に NEC 山形の協力会が組織されていて、サンユー技研も凌和電子もそこに参加していた。オーナー同士は顔見知りであった。1990年代後半になると、半導体不況からサンユー技研が立ち行かなくなり、NEC山形協力会のリーダー的存在であったセミコンダクターズニイノ（高畠町）が、2000年頃にサンユー技研を買収している。自動機や測定器、検査機の世界では、お互いライバルであるものの、互いを尊重しており「潰すわけにはいかない」として、どこかが引き受けていく場合が少なくない。しばらくはセミコンダクターズニイノを中心に協力会のメンバーがサンユー技研の株の持ち合いをしていたが、その後、凌和電子が買収している。

大河原氏は高畠の出身、1965年、地元の米沢商業高校を卒業してNEC山形に入る。当時はトランジスタから半導体に向かう時期であり、貴重な経験を重ねた。2002年に55歳の役職定年となり、セミコンダクターズニイノに3年ほど出向していく。さらに、凌和電子山形工場に3年出向、2007年、60歳で退職した。そして、2009年には凌和電子がサンユー技研を買収することになり、改めてサンユー技研の専務取締役として赴任している。サンユー技研の社長は凌和電子の安藤仁司氏が兼任している。安藤氏は月に1〜2度、長井を訪れている。大河原氏は10年近くサンユー技研の専務を勤め、基礎を作って2017年2月に退職、現在は顧問の立場にあった。

平博之氏は米沢工業高校機械科の出身、クルマのディラーを7〜8年ほど経験し、その後、1987年にセミコンダクターズニイノに転職、25年間ほど世話になった。この間、大河原氏と一緒であった。50代中盤の頃には機械加工の新光精機（上山市）に移ったが、4年ほど経って、リーマンショックの影響で倒産した。その後、北海道岩見沢市のアナセム（本社千葉）で半導体に関連し2年ほど在籍していた。2011年3月の東日本大震災後、大河原氏から「手伝って欲しい」と要請され、2012年にサンユー技研に入社している。現在は南陽市に居住していた。

このように、機械工業集積地では、人材が豊富であり、連携、流動化しながら新たな枠組みを形成していくのであった。

▶現在のサンユー技研

絶頂期であった1996年頃に比べ、人員は少し増えて25人になっていた。設計の技術グループは9人、製造グループ（加工、組立）10人、管理部門6人であった。ただし、平均年齢はこの20年で20歳近く上がり、49歳になっていた。20〜30代はほとんどいない。人が採れないのが悩みであり、平氏は「リクルートに出しても、ほとんど見向きもされない」と語っていた。そのため、途中退職の人に注目し、この10年ほどでNEC山形のOBを4人採用している。彼らは即戦力として働いている。今後は、もっと設計に力を入れることを目指していた。

設計、部品加工（機械加工、一部外注）から組立、設置までの一貫生産に従事しているが、かなりの部分を地域の工業集積に依存している。フライス、旋盤等の機械加工は、上山市の共栄工業（新光精機の再生企業）、秋田県にかほ市のビック、製缶鈑金は玉野鈑金（高畠町）、メッキは南陽プレーティング（南陽市）、熱処理は伊勢（山形市）、材料調達は東北サステックス（東根市）、購入品はスエヒロ通商（山形市、本社東京）、タルイシ長井出張所（本社山形市）などであった。山形から置賜にかけて、かなり幅の広い機能の集積していることがわかる。

2016年度の分野別売上額構成をみると、車載、電装関係が24％であり、東北パイオニア（天童市）、デンソー福島（エアコン関係、田村市）、小糸製作所（静岡市）などがあるが、トヨタ自動車東日本関係はない。その他はLED関係16％、スタンレー電気（庄内）の組立ラインの一部の洗浄器、ガラスフィルタ（スマホ用）の検査機、医療関係等であった。かつての半導体関連は影も形もなくなっている。

長井の専用機、自動機メーカーの先達の一つであり、地域機械工業集積に重要な役割を演じてきたサンユー技研は、半導体関連部門のアジア移管に伴い、大きな構造変革を求められてきた。この間、経営が新たなものになり、人事も刷新されている。ここまで築き上げてきた実績と信頼は大きなものであり、事業分野の拡大を含めて、新たな取組みを重ねていくことが望まれる。

（3）平野地区九野本／設計、加工、組立を内部化する専用機メーカー
——地域企業で修業し、独立創業（フューメック）

多様な加工機能を必要とする専用機メーカーは東京などの大都市圏、あるいは諏訪、岡谷などの地方にありながらもかなりの機械金属工業集積を示している地域に存在している場合が少なくない。この点、地方圏の場合、機械の要素技術を備えた中小企業の集積が乏しいこと、また、ユーザーの多くは大都市圏にいることなどから、専用機、自動機メーカーの発達はあまりみられなかった。だが、地方小都市である長井の場合、古くからコンデンサの有力企業であったマルコン電子が存在していたことから、専用機、自動機のメーカーが複数育っている。その代表的な存在の一つがフューメックである。

▶フューメックの技術、事業範囲と取引先

フューメックの会社案内によると、「カム・リンク機構、空圧・油圧制御、シーケンス制御、サーボモーター制御、ロボット制御等による自動機械装置をお客様のニーズにより製作」するとしている。これまでの実績は、自動車部品リークテスター、ブレーキシュー製造装置、電子部品組立検査機、熱風乾燥装置、刻印機、液体塗布機、端子圧入機、専用加工機（バリ取り機、研磨装置）、銅板切断装置、各種コンベア・省力化搬送装置、部品組立各種（鈑金溶接加工、精密機械加工）、組立請負等とされていた。

例えば、太陽誘電（群馬県）から１台8000万円で受注し、４台納入した電気二重層キャパシタ組立機の場合の主要な機械構成要素は、サーボモーター29軸、ターンテーブル８台、含浸用小型テーブル10台、カム３台、Ｐ＆Ｐユニット６台、反転ユニット１台、ワーク供給ユニット２台、ワーク排出ユニット１台、画像処理装置６台からなる。ユーザーの要望に応え、設計開発から始まり、部品の加工、電気回り等の制御部分の調達、組立、設置、試運転までを行なう。全体的に「固くて、小さいものの組立機」を得意としていた。

これまでの装置納入実績は、味の素、京三電機、アライドマテリアル、太陽誘電、日本ケミコン、ケミコン山形、ブリヂストン、古河電工パワーシステム

近野竜也氏（左）と近野榮一氏

電気二重層キャパシタ組立機

ズ、マルコンデンソー、ミクロン精密、トヨタ自動車東日本等とされていた。

▶リーマンショック以降、受注先の幅を拡げる

フューメックの創業社長の近野榮一氏（1949年生まれ）は、長井工業高校機械科の4期生として卒業している。1968年の卒業と同時に地元のマルコン電子に入社した。その年、マルコン電子は130人を採用、男子は15人であり、男子の大半は大卒であったが、長井工業高校卒が5人入社した。近野氏は機械設計部門に配属された。当時のマルコン電子は女性主体の企業として展開していたことがよくわかる。このマルコン電子には4年在籍し、その後、米沢の自動機メーカーであるハイメカに4年勤め、1976年に長井の自宅で近野設計を創業している。近野氏1人の旅立ちであった。1979年には製造部門として鈑金部門を設置した。その後、設計、部品加工、組立の一貫体制となり、大型装置も手掛けることから、1995年、現在地を取得、新工場を建設した。この時に社名を現在のフューメックに変更している。Future と Mechatronics を合成した（Fumec)。当時、従業員は20人ほどであった。

2000年代に入ると、2001年のITバブル崩壊、2008年のリーマンショックと続くが、フューメックの場合、ITバブル崩壊の影響が大きく、当時40人強の従業員の全員解雇を余儀なくされた。その後、リーマンショックの頃は従業員25人ほどに戻っていたが、仕事量は激減する。ただし、2009年4月に出された経済危機対策の雇用調整助成金（60％支給、2年）によりしのぐことがで

きた。当時は週休5日の状況であった。一般に工作機械、専用機等の機械設備の場合、景気低迷の時期は仕事量が激減する。景気動向に極めて感応的な事業なのである。

2011年3月の東日本大震災の際は、主力の一つであった古河電工パワーシステムズの仕事が全く来なくなるなどの影響があった。その後は回復し、2017年現在はやり切れないほどの仕事が来ていた。リーマンショック以前はハイメカの比重が90%に達していた。それまでは営業活動をしたことがなかった。だが、リーマンショック以降は、1社依存を回避するために、全員（社長、4人の役員）で営業活動に踏み出し、地域を関東以北に絞り、業種も電子部品の組立装置周辺をターゲットに活動を重ねてきた。

その結果、現在の受注先は、医療機器等の高機能製品の組立装置などの太陽誘電（本社群馬、新潟工場）が50%、検査機器メーカーのデクシス（本社千葉、山形工場）が20%、その他にはトヨタ自動車関連のデンソー山形（飯豊町、1974年設立、出資比率はアンデン64%、デンソー16%、日本ケミコン20%。なお、アンデンはデンソー100%出資子会社。なお、2018年6月にデンソー山形に改称。完全にデンソーの子会社となった）、京三電機、アンデンなどが増えていた。2016年の売上額は5億3000万円、2017年11月現在の従業員数は31人（女性3人）、男性は機械設計5人、電気設計4人、加工5人、組立7人、資材4人から構成されていた。

森精機のMC

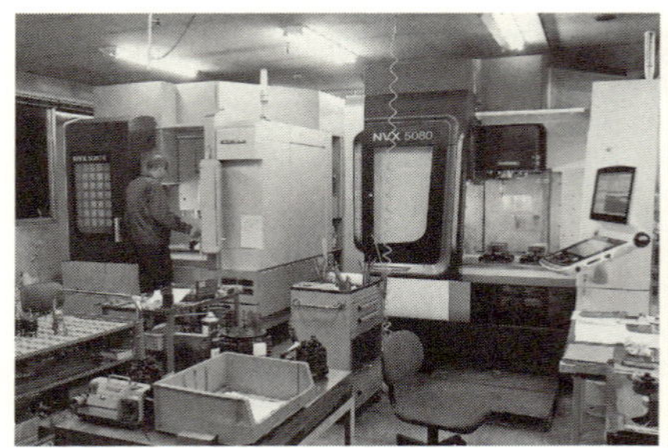

組立現場

▶次の世代はどこに向かうか

社内の主要設備として、設計関係はAuto Cad Mechanical（オートデスク）5式、Auto Cad LT（オートデスク）3式、加工機械はMC（森精機）2台、平面研削盤（日立精機）1台、NCフライス盤（OKK、武田機械）2台、NC旋盤（ワシノ）1台、シャーリング（アマダ）1台、プレスブレーキ（アマダ）1台、その他に汎用機があり、測定器は三次元測定器（ミツトヨ）1台、万能投影機（ニコン）1台等からなっている。必要な加工機械、測定器が揃っていた。

専用機メーカーの場合、受注変動が大きいことから、加工機械とそのための人員を多く揃えることは現実的でない。一通りかつ最低限の設備展開にし、周辺の要素技術の中小企業とのネットワーク形成が求められる。フューメックの隣は塗装の美山塗装であり、フォークリフトで運んでいた。地域の多様な要素技術の集積と連携が、専用機メーカーを支えることになる。

2代目を期待される専務取締役の近野竜也氏（1974年生まれ）は、長井工業高校電気科を卒業、酒田の短大に進学している。就職は米沢のハイメカであったのだが、社内の制度により入社前海外留学となり、ハイメカ自身が進出している中国重慶[7]の西南師範大学に2年間語学留学をする。1997年に帰国し、ハイメカに入った。ハイメカには10年ほど世話になり、リーマンショック直後の2008年10月にフューメックに入社している。仕事がなく週休5日の頃であった。以来10年、父の近野榮一氏は「70歳まで社長をやる」と宣言していることから、2019年には社長交替となる。

次を担う近野竜也氏は「入社直前にリーマンショック。たいへんな思いをした。今は忙しいが、人を入れても続くのか」と語っていた。繁閑の差の大きい専用機メーカーの場合、規模が大きくなると、仕事量を安定させるために加工だけの受注、あるいは、自社製品の開発に踏み出すことが少なくない。それも一つの方向だが、加工部門は周囲の企業とのネットワークを形成し、最大のテーマは開発力、受注力と見定め、人材の採用、機械設備投資は、そうしたことを視野に入れて取り組んでいくことが必要ではないかと思う。

（4）平野地区九野本／地元の専用機メーカーから独立創業
——小規模ながら総合的な力を備える（ファースト・メカ）

機械金属工業の集積地には、専用機メーカー、自動機メーカーといわれる受注生産による機械製造に従事する中小企業が登場し、その工業集積をベースにしながら、また、地域工業集積を牽引する役割を演じていく。そのような意味では、地方都市の機械金属工業集積の中に、専用機メーカーが存在するのか、また、それがどのような機能を担っているのかは、地域機械金属工業集積の現状を示すものになろう。

また、長井の専用機、自動機メーカーの出自は、一つは戦前期以来、長井をリードしてきたコンデンサのマルコン電子であり、また、そこから独立創業してきた幾つかの中小企業からさらに独立創業していくことがみられる。ここでみるファースト・メカの場合も、マルコン電子と米沢市のハイメカを経て地元で成立していた近野設計（現フューメック）からさらに独立創業したものであった。

▶ファースト・メカの歩みと輪郭

現社長の横澤好宣氏（1963年生まれ）は、長井の出身、早く機械製作の現

横澤好宣氏

機械加工部門も保有

場に立ちたくて長井工業高校機械科に進んでいる。卒業後は地元の有力中小企業であったトップパーツに就職したのだが、装置ものの製造はあまり手掛けていなかった。そのため3年半で退職、地元の機械設計の近野設計に移籍する。横澤氏22歳の頃であり、近野設計も20人ほどの規模であった。近野設計からは2年ほど山形市の五利商工（機械商社）に出され、営業の勉強も重ねた。

当初から、横澤氏は独立意識が強く、1人で創業することを考えていた。その横澤氏の近野設計在職中に、布施道雄氏（1953年生まれ）が入社してくる。布施氏も長井の出身、山形大学工学部、NEC、上山市の中小企業を経て機械設計担当として近野設計に入ってきた。当時、横澤氏は機械組立の現場にいた。

近野設計を辞めた時期は少しずれたようだが、当初、横澤氏が自宅（長井市台町）で1989年にスタートし、その後、布施氏と合流、1994年、2人でファースト・メカとして出発している。初代の社長には年配の布施氏が就いた。そして、2005年には九野本の現在地に新社屋を建設、移転、現在に至っている。また、2010年には2代目社長に横澤氏が就き、布施氏はしばらく銀行担当の会長として残っていたが、2017年3月に退任していった。現在では、ファースト・メカの全株式（資本金1000万円）は横澤氏が保有している。

現在の従業員は横澤氏を除いて18人（女性6人）、設計4人（機械2人、電気2人）、組立4人、加工5人、管理系4人から構成されていた。小規模ながらも総合的な構成になっている。リーマンショック直前の頃の従業員は26人であったが、リーマンショックの影響で少し減少した。元々は機械系中心であり、制御系は外注に出すことが多かったのだが、中途入社の人にそうした人材も増え、制御系も問題なくなっていた。横澤氏は「あと5人（設計3〜4人、組立）ほど欲しい」と語っていた。

▶受注と外注の拡がり

受注先は、以前は液晶注入機、偏光板貼付装置等の液晶関係が多かったが、現在は縮小、むしろ、自動車関係（洗浄脱水機、高圧エアブロー、スプリング圧入機など）、AV（デジタルカメラ・ケータイ関連）、食品・生活用品などが多い。すでに実績としても、例えば、カシオのCCD自動接着塗布装置、パナソニックの基板の検査装置等があり、80％の仕事はリピーターとして声がかかってくる。これらに営業をかけ、仕様書を作り、構想、見積もり、プレゼンと重ねて受注につながる。ファースト・メカとしては、「何でもできるつもり、誰も手掛けたことのないものをやる」を掲げていた。

受注から納品までは4～6カ月、年間30台程度としていた。これまでの最大の受注はTPR工業（帝国ピストンリングの子会社、寒河江市）からのものであり、43ライン1セット、1億2000万円、納期は8カ月であった。受取は完全納品後に全額の場合が多いが、条件が良いときは、スタートの段階で部材の費用をもらい、立ち上げ確認後、残りをもらえる場合もある。それぞれのようであった。

また、先にみたように、ファースト・メカの場合、小規模ながらも一通りの加工機能を備えている。MC 2台、NCフライス盤2台、ワイヤーカット放電加工機1台、平面研削盤1台、ターレットフライス盤4台等を保有している。このように、機械加工系の設備、能力は一定程度保有しているものの、他の加工機能は外注に依存している。鈑金は三浦エンジニアリング（長井市）、小高工業（米沢市）、県外、製缶は金子プレーナー（埼玉県所沢市）、塗装は美山塗装（長井市）、メッキは第一テクノス（東根市）、南陽プレーティング（南陽

ファースト・メカの設計部門

市)、カワイ化工（長井市、無電解ニッケル、アルマイト)、資材関係は山形市、米沢市（特に電気関連）という構成になっていた。長井を中心に置賜地域でかなり対応ができていた。米沢、長井を中心に置賜地域全体で、機械金属工業集積が一定程度形成されていることを意味しよう。

このような枠組みの中で、新進気鋭ともいえるファースト・メカは、意欲的な取組みを重ねているのであった。

3. 部品加工から出発し、装置ものに向かう

先の節では、有力企業の中の工機部などで設計に携わっていた技術者が独立創業していくケースをみてきた。そして、このような流れの他に、地域の部品加工企業が自動機、専用機などのメーカーに転じていく場合もみられる。納入していた有力企業から治具などの要求があり、また、搬送機などの設備をやれないかなどの打診が入り、それをキッカケに自動機、専用機などの世界に入っていく場合がみられる。機械金属工業は実に多様な加工機能から構成されていくが、特に、切研削といった機械加工企業、もう一つ、製缶・溶接、鈑金などの加工企業から専用機メーカーに転じていく場合が顕著にみられる。

長井の場合には、機械加工系企業から自動機、専用機に向かっている企業としては四釜製作所、山口製作所、吉田製作所があり、溶接、鈑金加工から展開している企業としては三浦エンジニアリングが注目される。

先に指摘したように、自動機、専用機械は景気後退期の設備投資意欲の停滞する時期には仕事が激減する。専用機メーカーの場合、そのような時期をどうしのいでいくのかが一つの課題とされる。この点、部品加工から出発した専用機メーカーの場合、不景気期でも相対的に縮小が小さい部品加工でしのいでいくことになる。典型的な地方工業集積地である長井において、かなりの部品加工の能力を備えながら、専用機の製作にまで踏み込んでいる中小企業が一定の数存在している。そして、その次のステージがどのようなものであるのかが注目される。

（1）致芳地区舟場／部品加工から装置ものの完成品組立まで
——兄弟で承継し、次に向かう（山口製作所）

産業の集積度が高まっていくと、多様な機能が育っていくに加え、集積の中でライバル意識が強まり、お互いに高めあっていこうとする動きが生じてくる。長井には部品加工からスタートし、強烈な個性を発揮して拡大、部品加工技術を高めながら、装置ものの完成品組立に向かった中小企業が二つ存在している。一つが四釜製作所であり、もう一つが、ここでみる山口製作所である。この二つの中小企業は激しいライバル心を抱き、お互いに高めあっていった。それが、産業集積の積極的な側面だと思う。現在では、いずれの創業者も他界され、2代目、3代目の時代になっている。また、いずれの企業も若い兄弟2人で承継していることも興味深い。創業者の時代には激しいライバル心がベースになっていたが、次の世代は連携し、新たな可能性を求めていくことが期待される。

▶卓上旋盤で創業、加工、組立までの完成品までやる

山口製作所の創業者山口秋男氏（1942年生まれ）は自動車の運転手をしていたのだが、義理の兄が長井市で機械加工工場を経営していたことから修業に入り、6年ほど旋盤、フライス盤に取り付いていた。1971年、29歳の時に夫人と2人で工場を借り、卓上旋盤（江黒）でスタートしている。

私が初めて訪問したのは1997年4月、すでに相当な機械設備を備え、部品加工から完成品の組立までを行なっていた。従業員数は37人、売上額は1996年4億7000万円、1997年は6億円と上昇拡大過程にあった。当時の主たる受注先は三菱鉛筆（60%、川西町）であり、鉛筆の曲がりを補正する機械、水性ペンの組立機などを作っていた。その他は、明電通信（米沢市）の水晶振動子の組立機、TDK（由利本荘市）の組立機、また、部品加工としてはグローバル（川崎市）、NEC関係の精研エンジニアリング（川崎市）の仕事に従事していた。山形県内の仕事はほとんどなく、わずかに長井の東芝ライテックの補修部品などを受けていた。当時、山口氏の「ウチは何でも屋、鉄、アルミニウム、ステンレス、真鍮、樹脂、ベークライトなど何でもやる、アルミ溶接もやる」

MC は全て OKK 製

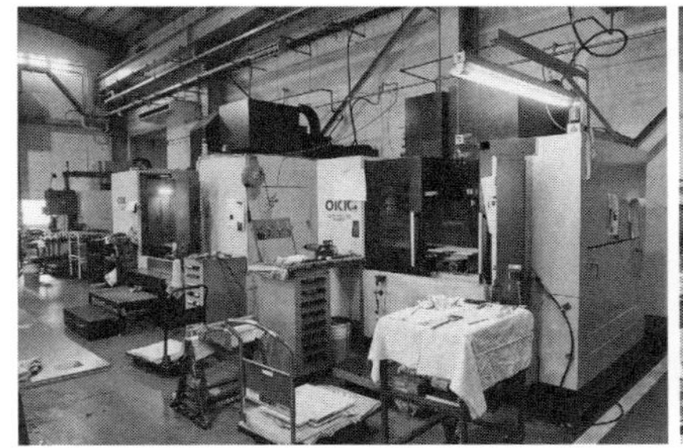

三菱重工の大型門型五面加工機

と語っていたのが印象的であった。この山口秋男氏は 2013 年に他界されている。

▶三菱鉛筆 60% 依存から、受注先の多様化

2017 年 11 月に訪れると、長男の山口直人氏（1968 年生まれ）が 2 代目社長に就き、次男の山口昌輝氏（1971 年生まれ）が取締役工場長に就いていた。直人氏は三井精機工業、昌輝氏は地元のトップパーツで修業してきた。この山口製作所、旋盤による機械加工から始まり、溶接も行ない、その後、外注であった鈑金加工業が 2010 年に廃業した際、従業員 4 人を引き受け、レーザー加工機、プレスブレーキ等を整え、社内に鈑金部門を整備していった。さらに、外注の美山塗装（長井市九野本）に資本を入れ、現在では 100% 出資の形になっていた。この美山塗装はフッ素樹脂コーティングといった溶剤塗装、樹脂の粉体塗装に従事している。

このように、山口製作所グループは、機械加工、鈑金、溶接、組立の山口製作所と塗装の美山塗装の二つの会社から構成されている。山口製作所の従業員は 72 人、2016 年の売上額は 9 億 2100 万円（完成品組立 60%、部品加工 40%）、美山塗装は従業員 10 人、売上額 9530 万円の企業になっていた。両方で 10 億円は超えていた。

得意とする分野は、精密部品加工、省力化装置の設計・製作、治工具の設計・製作とし、受注先の業界としては、記録媒体、医薬品、航空機、有機 EL、

アマダのプレスブレーキ

山口直人氏

山口昌輝氏

液晶、自動車、文具、半導体、真空、食品、原子力を掲げていた。かつては三菱鉛筆の比重が大きかったのだが、現在では数量は減らないが、構成比は落としている。1社20%を超えないようにしていた。2008年の実績では、トップの三菱鉛筆が42.9%、上位第3位までの累積で75.3%を占めていたのだが、2015年には、三菱鉛筆は21.8%、第3位までで37.6%、10位までで64.5%と拡がっていた。また、最近注目の三菱鉛筆のヒット商品のボールペン、ジェットストリームの組立機は山口製作所が手掛けた。最近ではトヨタ自動車東日本関連の溶接治具などの要請が増えてきていた。

▶若手への承継の時代にある長井機械金属工業

工作機械、金属加工機械、溶接機などは相当に充実している。工作機械の看板は門型五面加工機（三菱重工）と縦型五軸加工機（三井精機）だが、MC（OKK）は13台、NC旋盤（滝澤鉄工所）9台、放電加工機（西部電機、黒田）4台、ワイヤー放電加工機（西部電機）8台を擁し、その他に汎用機が相当用意されている。鈑金関係ではレーザー加工機（アマダ）1台、プレスブレーキ（アマダ）1台、ロボット溶接機（安川電機、ダイヘン）2台等が設置されていた。MCは全てOKK、NC旋盤は滝澤鉄工所、ワイヤー放電加工機は西部電機製となっているが、先代の山口秋男氏は「機械をバラバラに買うのが嫌い」であったとされている。

2008年のリーマンショック直前の従業員は58人、工場の敷地面積は

9805 m^2、工場建屋 2504 m^2 から、現在では、それぞれ 72 人、1 万 0737 m^2、5483 m^2 と大きく拡大している。さらに、塗装の美山塗装も取得した。長井では近年、意欲的に工場用地取得、工場建設に向かう中小企業がいくつかあるが、山口製作所も意欲的に拡大に向かっていた。当面する課題の一つは、建物の増設を重ねてきたために、動線が良くなく、整理統合が必要との認識であった。

山口製作所も若い経営陣に代わったが、社内には、強烈な個性の持ち主であった創業者の遺言が掲げられていた。「社員を矢面に立たせるようなことはするな」「外注を儲けさせてあげられなかったら、会社を辞めてしまえ」「長井で一番の会社になれ」。こうした点を踏まえ、「社員を雇用し、社員の生活を担保し、働きやすく、やりがいのある職場環境をつくる。そのためには利益を出し続けなければならない」としていた。営業利益率を前年比 50% アップが示され、そして、有給休暇 100% 消化、残業ゼロ、ボーナス 100 万円が目指されていた。

このように、長井では創業者からの承継の時代となりつつある。すでに若手に承継されている場合も少なくないが、その他の中小企業にも期待できる若手の後継予定者がおり、次の時代に向けての取組みが開始されているのである。

(2) 致芳地区長井北工業団地／装置ものの部品加工から完成品組立まで ——工場火災から復活して、次に向かう（四釜製作所）

私が長井の機械金属工業の現場に入り始めたのが 1995 年、その時、四釜製作所を訪問して、地方の小都市にこれだけのレベルの機械金属系の中小企業がいることに驚愕したことが記憶に新しい。主たる事業は、三洋電機からの OEM 生産で、高速チップマウンターを部品加工から完成品組立まで手掛けていた。当時は 2 代目社長の四釜博氏（1945〜2001 年）の時代であり、四釜博氏は「当社レベルなら、都会なら人はいくらでも集まる。日本でなければできないものをやる」と語っていた。工場の中は先端的な加工機械が並び、組立場ではチップマウンターが組み立てられていた。

その後、私は長井機械工業協同組合の若手グループの亦楽会（いきらくかい）と交流を重ねていくが、そこには、四釜製作所の 3 代目の社長となる四釜雅之氏（1971 年生

穴あけ作業

四釜雅之氏（左）と四釜英則氏

まれ）とその後に専務となる四釜英則氏（1975年生まれ）の兄弟2人が参加してきていた。四釜雅之氏は「2001年に先代（父）が亡くなり、30歳の自分が社長になった。また、主力であった三洋電機のチップマウンターは日立に移管され、終わった」と語っていた。

2017年4月、久しぶりに四釜製作所を訪れた。7年前の2010年6月に火災に遭遇したことは聞いていたが、「一時つぶれそうになったが、来年あたり、債務超過が解消される」と語っていた。

▶技術集団の頂点を目指す

四釜製作所の創業は1961年、四釜大四郎氏が旋盤1台でスタートしている。1965年には、製缶部門の併設、フライス盤、研削盤を導入、金属製品の総合加工業となっていった。その頃から、2代目の四釜博氏が入っていった。1979年には業務拡張のため、現在地の長井北工業団地に移転している。その後、部品加工だけではなく、機械加工、製缶・溶接をベースにして製品の組立部門にも展開、テスコンのチェッカーを手掛けたあたりから完成品のOEM生産に変わっていった。1995年の頃には、三洋電機のチップマウンター（40%）を筆頭に、機械要素のTHK、バネのメックマシナリーあたりの仕事をこなしていた。

また、山形県には機械金属工業の基盤が乏しいとして、機械加工から製缶・溶接までの一通りの機能を揃え、さらに、従業員を独立させ、フライス盤、研削盤などを貸与し、裾野を拡げていった。白鷹から置賜一帯に四釜製作所出身の中小企業10社ほどが拡がっている。当時、四釜博氏は「社内は技術集団の頂点になろうと考えている」と語っていた。

▶火災から回復して、次に向かう

2010年6月の火災は、早朝の7時に発生した。切削油が燃え、第2工場が全焼、MC20台が被災した。回復には3億円がかかったが、保険は2億円しか下りなかった。被災半年後の2011年1月に再開したが、仕事の一部は転注されていった。被災前の売上額は約10億円であったが、被災後は2億円にまで下がり、廃業も考えたが、ようやく立ち直り、現在の売上額は4億4000万円にまで回復している。債務超過の解消の見通しも立ってきた。2016年には最新鋭の鈑金加工機械であるドイツのトルンプ製レーザー加工機を導入している。

現在のメインの受注先はオリイメック（オリイとメックマシナリーが合併。本社神奈川県伊勢原市）のバネの巻線機であり、20%程度。製品図、部品図が届き、部品加工から完成品組立までを行なう。この仕事は年間30〜40台来ていた。次は機械要素のメーカーであるTHK（旧東邦精工。本社品川区）のアクチュエーター等の部品加工（20%）、3番目がリンテック（板橋区）の半導体組立装置の組立（10%）などであった。基本的には部品加工から入り、完成品組立まで拡げていくスタイルをとっていた。

一度焼失したとはいえ、その後の機械設備の回復は相当なものであり、MC12台（倉敷機械、三井精機工業、日立精機、OKK、森精機、三菱重工）、NCプラノミラー（浜井産業）1台、NC平面研削盤（岡本工作機械、黒田精工）4台、NC成形研削盤（ニッコー）2台、タッピングセンター（ブラザー）4台、NC旋盤（ヤマザキマザック、滝沢鉄工所）2台、ワイヤーカット放電加工機（ソディック）4台、レーザー加工機（トルンプ）1台、レーザー溶接機（トルンプ）1台、CNCプレスブレーキ（相沢鉄工所）1台、三次元測定器（キーエンス、ミツトヨ）2台等、機械加工、放電・レーザー、鈑金加工等の一通りの設備が備えられていた。

機械加工職場

最新鋭のトルンプのレーザー加工機

▶受託開発型企業への展開の課題

2010年の火災により、いったん低迷したが、ようやく復活してきているようにみえた。四釜製作所の場合、早い時期から高度な機械装置の完成品組立(OEM)に従事しており、近年期待されている受託開発型の企業への可能性を秘めているように思う。医療機械、新エネルギー分野等ではファブレスのベンチャー型開発企業が多く、それらをまとめ上げる力量を備えている企業の登場が待たれている。ここまでの四釜製作所の部品加工技術、そして、完成品組立技術に加え、ユーザーと共に開発していく機能を身に着けていけば、次のステージに立てるのではないかと思う[8)]。

地方小都市ながらも、戦前のマルコン電子の進出をベースに興味深い機械金属工業集積を形成してきた長井の一つのリーダーとして、次に向かっていくことが期待される。

(3) 西根地区寺泉/部品加工から入り、専用機メーカーに ——ウォータージェット加工機も導入(吉田製作所)

長井には専用機メーカーが少なくないが、部品加工から始まり、専用機製作に向かい、さらに、部品加工と専用機製作を合わせ持っている中小企業がいくつか存在している。先にみた山口製作所、四釜製作所に加え、吉田製作所がそのような形態を採っている。一般に専用機の受注変動は大きく、それを和らげるために、部品加工を一定程度保持するか、あるいは、自社製品、OEM製品

吉田重成氏

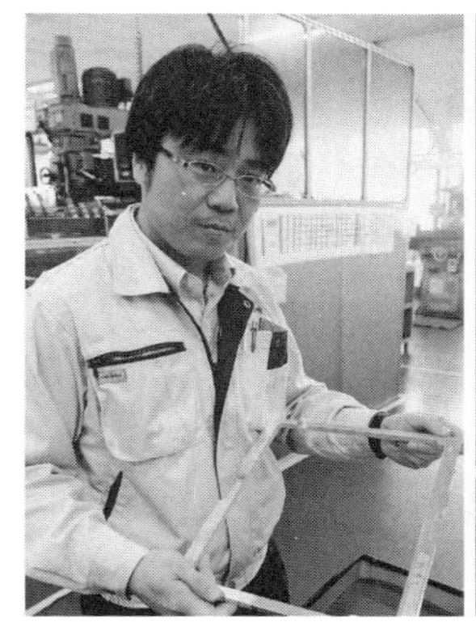

フロー社のウォータージェット加工機

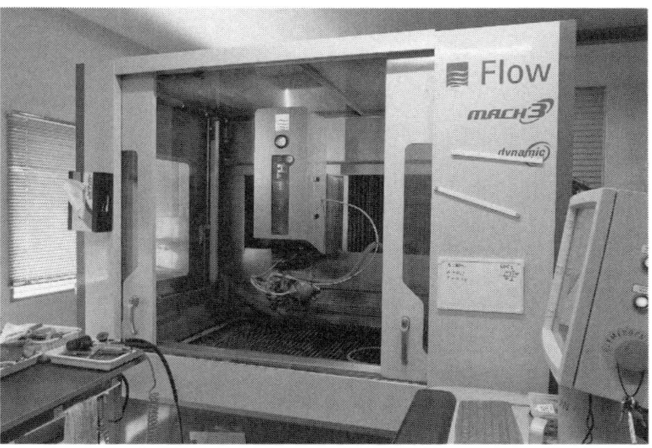

を保有するかという場合が少なくない。長井市郊外の西根地区寺泉の田園の中に、それらをバランス良く展開している吉田製作所が立地している。

▶部品加工から専用機、OEMにも展開

吉田製作所の創業者の吉田功氏（1941～2018年）は、長井市の出身、中学校卒業後、集団就職で東京の足立区南千住のポニーシューズに就職したが、3年ほどで長井に戻り、小さな会社の営業などを勤めながら、長井工業高校機械科の定時制に21歳で入学、8年をかけて卒業している。1973年、30歳を過ぎる頃に結婚と同時に吉田製作所をスタートさせている。夫人は看護士であり、吉田氏1人の旅立ちであった。当初はボール盤1台でダイキャスト製品の穴あけから始めた。

その後、少しずつ旋盤を入れ、製品を組み立てることを考え、治工具関係、シリンダーなどに着手、さらに、電気関係の知識を求めて勉強を重ね、自前で設計することを目指した。1980年代の末頃に初めて機械が売れた。1993年からは本格的に省力機械の設計、製作に踏み出していった。また、1995年からは現在の主力の一つとなっている機械商社の富士コントロールズ（本社千代田区）からのOEM生産でハンドプレス、エアープレスの受託生産にも踏み出していった。

機械加工による部品加工からスタートし、専用機製作、OEM生産と来たが、2008年にはシャーリング、フーレスブレーキを導入、鈑金加工にも入っていった。さらに、2016年にはアメリカのフロー社のウォータージェット加工機も導入している。この結果、吉田製作所は、省力機械の設計・製作（売上額の50％）、OEM生産のハンドプレス（10％）、そして、切削、鈑金による部品加工（40％）の構成になっていた。

主要な機械設備は、切削系ではMC3台、NCフライス盤等6台、CNC旋盤5台、研削盤4台、ワイヤーカット放電加工機2台等であり、鈑金系ではウォータージェット加工機1台、シャーリング1台、プレスブレーキ1台、溶接機2台、塗装ブース1基、焼付乾燥炉1基、さらに、測定器は3次元測定器1台等の布陣となっていた。切削系を中心に相当な設備展開であった。

省力機械、自動機の納入実績としては、自動車関連の部品整列・ローダ・アンローダ、部品圧入機、自動ネジ締機、プレス加工品自動箱詰機、制御ユニット検査機、コネクタ自動組立機、電子部品関係では、コンデンサ自動枠詰機、接着剤塗布機、OA機器関連では、コピー機用ローラ圧入組立機、外周振れ検査機などを提供してきた。現在は、ホンダのティア1のケーヒン（角田市）向け、さらに、トヨタ自動車東日本の大和（たいわ）工場（宮城県大和町）向けのユニット生産が多い。

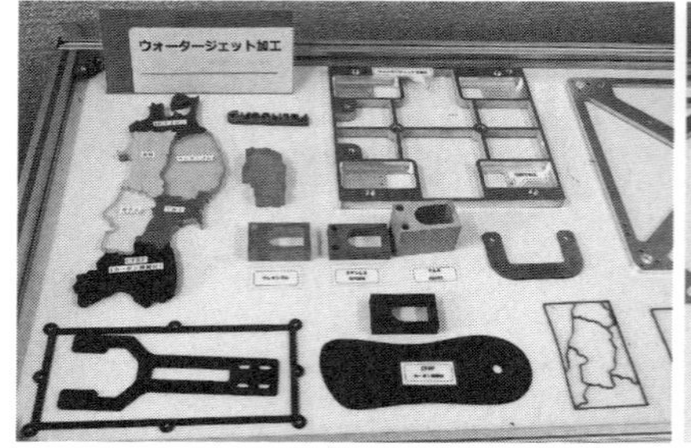

ウォータージェット加工品

切削加工品

▶事業承継もスムーズに、多様な事業領域に展開

創業者の吉田功氏は、4年間の闘病生活を重ね、2018年3月に他界された。地域の産業界のリーダーの1人であり、特に自身の卒業された長井工業高校の同窓会長に長らく就いておられ、廃校の危機にあった同校の再生などに尽力されてきた。この吉田功氏の後継者は長男の吉田重成氏（1973年生まれ）と次男の吉田将成氏（1977年生まれ）となった。

吉田重成氏は長井高校卒業後、山形大学理学部修士課程（地学専攻）を修了、旭電機（現古河電工パワーシステムズ）に2年在籍して2000年に家業に戻ってきた。2012年には2代目の社長に就いている。吉田将成氏は長井工業高校機械科を卒業後、山形県立産業技術短期大学校を卒業、米沢市のハイメカに就職、1994年に戻っている。重成氏がマネジメント、経理を担当、技術関係は将成氏が担っていた。

現在の従業者は22人（女性4人）、専用機の設計・組立に7人（女性アシスタント1人）、業務・生産管理に4人、製造・部品加工に10人という布陣であった。主要な取引先は20〜30社、長井市内は古河電工パワーシステムズなど4〜5社、その他は関東圏あたりまでであった。リピーターが多く、特に営業に行くことはないが、中小企業振興公社の紹介や各地の商談会から受注につなげていた。功氏から重成氏への承継はかなり前から行なわれており、スムーズに進んだようであった。

先に指摘したように、自動機、専用機製作は受注変動が大きく、それをカバーしていくためには、部品加工、あるいは自社製品の開発、OEMによる受託生産などが必要になる場合が多い。また、自社製品はリスクが大きいが、OEM生産のリスクは小さい。さらに、切削、鈑金等による部品加工は社内の専用機向けに加え、外部からの受注にも応えられる。このように、吉田製作所の場合は、部品加工の能力をベースに二重、三重に事業領域が重なり、長井市郊外の田園地帯で興味深い展開となっているのであった。

(4) 致芳地区長井北工業団地／装置ものから精密鈑金加工に重心を移す
——地域の需要に幅広く応える（三浦エンジニアリング）

少し前の東京の大田区や墨田区のあたりでは、若者が中小企業を転々と渡り、力を付けてから独立創業していく場合が少なくなかった。三浦エンジニアリングの創業者三浦陽一氏（1954年生まれ）は、長井の地でそのようにして独立創業していった。そして、修業の過程で身に着けた装置ものの製作をベースに展開していたのだが、その後、精密鈑金加工に移っていった。装置ものの開発、生産には達成感はあるものの、受注変動が激しく、三浦氏は次第に精密鈑金に軸足を置いていくのであった。小さな工業集積地にも関わらず、長井には装置ものの専用機メーカーが少なくないが、事業的な判断として、多様な取組みがなされているのであった。

▶渡りで技術を習得し、装置もので独立創業

三浦氏は致芳地区成田の出身、地元中学校を卒業後、山形市の職業訓練校に1年在籍し、長井の専用機メーカーの飯窪製作所に入っている。そして、入社2年後には長井工業高校定時制に入学している。飯窪製作所ではコンベア、手提げ金庫などを作っていた。飯窪製作所は4年半、次にトップパーツに4年、坂工業2年、さらに、叔父の三浦製作所（プレス）に少し世話になり、1979年、25歳の時に自宅の倉庫を改造して1人で独立創業している。創業にあたり父に頼んでJAから20万円を借り、カッター、手溶接機、サンダー、ドリルを用意してのスタートであった。

倉庫で始めてみると、通りかがりの人から仕事が入るようになり、父や兄にも手伝ってもらった。その頃はトップパーツの洗浄器などの装置ものをやっていた。渡ってきた中小企業の中でも、飯窪製作所とそれを引き継いだ坂工業では、コンベアなどの装置もののノウハウを身につけることができた。なお、飯窪製作所は1974年頃に倒産し、そこから、坂工業、鈴木製作所（旋盤）などが独立創業していった。

その後、ユーザーが増えていったのだが、省力機械は受注変動が大きなこと

三浦陽一氏

精密鈑金用の機械群

が悩みであった。三浦氏はイベント屋との付き合いがあり、アイデアを出して面白い機械装置を手掛けてきた。例えば、1999年頃にはイベント屋を通じて地震体験装置を依頼され、岡山県津山市の消防署に納入している。この地震体験装置は現在でも現役として活躍している。

▶装置ものから安定的な精密鈑金加工にシフト

その後、次第に従業員数が増えていく。2018年5月現在がこれまでの最高であり、総勢25人（女性8人）になっていた。営業2人、設計2〜3人、購買2人、電気2〜3人、その他は加工、組立などであった。プレスブレーキには女性が1人就いており、組立にも女性がいた。平均年齢は34〜35歳程度、20代が6〜7人、30代も6〜7人、最高齢は55歳と全体的に若い人が多い。

このように従業員規模が大きくなるに従い、受注の安定性を意識し、専用機から精密鈑金加工に次第にシフトしていった。三浦氏は「専用機は達成感があるものの、安定しないのが問題。機械加工は競争相手が多過ぎてコストは厳しい。その点、精密鈑金は競争相手が少なく、安定し、儲かる」と語っていた。事実、長井市内をみても小規模な機械加工は多いものの、精密鈑金加工の事業者は、三浦エンジニアリングの他には、東北金属金型（従業員15人）、鈴木鈑金（5〜6人）の2社しかない。このような事情から、この5〜6年、装置もの

女性がプレスブレーキを操作

架台の組立にも女性

の受注はゼロであり、ほぼ完全に精密鈑金加工にシフトしてきたのであった。

保有設備をみると、レーザー加工機1台、ターレットパンチプレス1台、シャーリング1台、プレスブレーキ4台と精密鈑金の基本的な設備が用意されていた。これらはいずれもアマダ製であった。その他にはMC2台、NCフライス盤2台、汎用フライス盤3台などの工作機械も一通り用意されていた。溶接機は半自動溶接機5台、アルゴン溶接機4台などがある。精密鈑金加工を軸に、機械加工、溶接の能力を供え、装置ものも可能といった設備構成であった。

現在の主要な受注先は、第1にJASDAQ上場企業のセンタレス研磨機メーカーであるミクロン精密（山形市蔵王、従業員235人）であり、20%程度を依存、その鈑金部門を受けていた。2番目は米沢の専用機メーカーであるテクノマシーンであった。その他、長井市内で発生する鈑金加工の仕事を幅広く受け入れている。年の売上額は約2億円、材料費は20%程度であった。基本は1点もの、多くて100点ぐらいとしていた。長井地区では、最も目立つ精密鈑金の中小企業となっている。

その創業者の三浦氏も64歳、子供がいないことから、今後は承継を考えていかなくてはならない。精密鈑金加工は、機械金属工業の体系の中では、比較的新しい。小ロットの薄板加工、また、機械装置などの筐体、シャーシなどに不可欠な要素技術としてその重要性を高めている。長井の機械金属工業にとっても貴重な存在であり、スムーズに事業が承継されていくことが期待される。

4. 地域産業集積と専用機メーカー

全国の機械金属工業集積地をめぐり歩いても、自動機、専用機のメーカーに出会うことは非常に少ない。例えば、金属製品の大産地である新潟県燕・三条では、簡易なプレス機械、バリ取り機等を生産している機械メーカーはあるものの、自動機、専用機のメーカーは皆無とされていた。金網の厨房用品を生産している燕の企業（新越ワークス）の工場で、鉄線を曲げる簡易な機械が動いていたが、経営者は「この程度の機械も地元ではできない」と語っていた。また、東京下町の代表的な工業地域である墨田区では、約2200の製造業企業が存在し、伝統的な皮革の打ち抜き機械、簡易なプレス機械等を生産している中小企業はあるものの、自動機、専用機のメーカーは見当たらない。

また、東北最大の機械金属工業集積を形成してきた岩手県北上市の場合、自動旋盤等の工作機械メーカー（シチズンマシナリー）、高度な電子顕微鏡や医療機械をOEMで受ける企業（谷村電気精機）、ホームドア、改札機等のOEM生産に従事している企業（ツガワ）、東京エレクトロンの半導体製造装置を受けている中小企業（東北精密）はあるものの、多様なユーザーからの高度な自動機、専用機に対応できる中小企業は育っていない。

そうした点からみると、東京の大田区〜川崎市、東大阪市、諏訪・岡谷以外の地域で、長井のようにこれだけ自動機、専用機の中小企業が集積している工業地域は見当たらない。長井から高畠、米沢といった置賜地域は地方圏でほとんど唯一、自動機、専用機の集積する地域といえそうである。その背景には、労働集約型の電子部品系の大規模工場があり、特に、1970年代以降、国内の人件費水準が上がり、自動化、省力化の要請が強まっていったことがあるように思う。当該大規模工場は省力化に積極的になり、周辺に中小の専用機メーカーが育っていった。東北の中でも山形県は戦後の早い時期から半導体、電子部品の大規模工場が進出していたことが、このような流れを形成したように思う。地元の技術者たちにとって、それは新たな事業機会に映ったであろう。意欲的な技術者たちは次々と独立創業していった。その結果、長井は従業者4人以上の製造業事業者がわずか117（工業統計、2014年）という中で、自動機、専用機のメーカーが14事業所を占めている。全国の人口3万人前後の地方小都市で、専用機メーカーが14社も存在しているところはない。

先に指摘したように、自動機、専用機の場合、生産期間は数カ月から1年ほどにわたる場合が多く、地方に成立しやすい条件がある。特に、近年の情報通信技術、物流技術の革新の中で、長井の地理的不利性はかなり解消されている。現状、問題になる点は少なくなってきているように思う。他方、世の中は生産性の向上が至上命題とされており、各領域で自動機、省人化が重なっていく。長井とすれば、そうした要請に応えられる機械金属工業地域として、その特色と能力をアッピールしていく必要があるのではないかと思う。

また、人材確保の点においても、地元の長井工業高校の生徒に加え、山形県や東北地方全体のモノづくりに関心を抱いている若者たちに、機械設計、電気設計、モノづくりの楽しさを実感できる領域としての自動機、専用機、ロボットなどを示していくことも必要なことではないかと思う。

自動機、専用機の世界は人手不足が構造化している現在、幅広く求められている。それは少し前にいる日本ばかりでなく、アジア、中国でも重要な課題になってきた。そのような意味では、視野を地域、国内に限定することなく、必要性が生じている各国地域をも意識し、グローバルな事業として組み立てていくことも必要であろう。長井に閉じこもっていた専用機メーカーは、全国、世界をみていく必要があるように思う。

1）　機械金属工業の集積、及び専用機メーカーについては、関満博・加藤秀雄『現代日本の中小機械工業――ナショナルテクノポリスの形成』新評論、1990年、関満博『空洞化を超えて――技術と地域の再構築』日本経済新聞社、1997年、同『現場発ニッポン空洞化を超えて』日経ビジネス人文庫、2003年、を参照されたい。

2）　東京都大田区の機械金属工業集積については、関満博「東京城南地域における中小機械金属工業の新たな展開「(『社会科学』同志社大学人文科学研究所、第36号、1985年3月)、関・加藤、前掲書を参照されたい。

3） 長野県諏訪市・岡谷市の機械金属工業集積については、関満博・辻田素子編『飛躍する中小企業都市――「岡谷モデル」の模索』新評論、2001年、を参照されたい。

4） 東京都墨田区の機械金属工業集積については、東京都墨田区『墨田区機械金属工業の構造分析』1986年、関満博『地域経済と中小企業』ちくま新書、1995年、を参照されたい。

5） 新潟県燕市、三条市の機械金属工業集積については、関満博「輸出型地場産業と中小企業――燕・三条にみる地方工業集積地の構造問題」（関満博『地域中小企業の構造調整――大都市工業と地方工業』新評論、1991年、第5章）、関満博・福田順子編『変貌する地場産業――複合金属製品産地に向かう"燕"』新評論、1998年、を参照されたい。

6） 岩手県北上市の機械金属工業集積については、関満博・加藤秀雄編『テクノポリスと地域産業振興』新評論、1994年、関満博『「地方創生」時代の中小都市の挑戦――産業集積の先駆モデル・岩手県北上市の現場から』新評論、2017年、を参照されたい。

7） 中国内陸の重慶市には早い時期から、商用車（2.5トントラック）を生産するいすゞ及び関連企業、乗用車のスズキ、バイクのホンダ、ヤマハ等の有力企業が進出している。その間の事情は、関満博・西澤正樹『挑戦する中国内陸の産業――四川・重慶の開発戦略』新評論、2000年、を参照されたい。

8） 近年、このような装置ものの受託開発型企業が注目されている。具体的なケースとしては、岩手県北上市の電子顕微鏡や医療機械に展開する谷村電気精機、自動改札機やホームドアなどに展開するツガワなどが知られる。それらについては、関、前掲『「地方創生」時代の中小都市の挑戦』第4章を参照されたい。

第7章 長井農業の大規模受託と複合経営

最上川の沖積平野である長井、特に最上川の左岸は優良な水稲地帯を形成していた。江戸時代にはこの水稲地帯をベースに、山際では桑の栽培、養蚕、織物等が開始され、明治期には器械製糸、さらに、戦前期には近代工業が導入されていった。その長井が大きく変わるのは戦後の高度経済成長期、戦前に進出していたコンデンサ製造のマルコン電子がブレークし、近代工業化、そして、マルコン電子による企業城下町を形成していく。

1980年の頃には、マルコン電子と関連のハイマン電子等、マルコン電子グループで約3000人の雇用を生み出していった。このような近代工業化が推進されていくと、小規模な農家は新たな雇用機会、稼得機会として近代工業部門に勤め、兼業化していく。そして、この兼業化に伴い、平均1.11 ha程度の狭隘な農地は一気に水稲に向かっていった。戦後に完成された水稲の機械化の体系が、兼業農家の水稲への傾斜を促していった。このような現象は全国的なものだが、特に近代工業化が進んだ工業都市（富山県西部の礪波平野など）で顕著にみられた。

一方で、日本農業は1960年代後半から米の過剰生産基調となり、1970年には減反政策に転じていく。小規模な兼業農家の場合、水稲栽培は可能なものの、転作に対応していくことは難しい。このような状況の中で、東北地方の場合は、限られた専業農家（集団）による転作分の受託が進んでいく。そして、兼業農家の高齢化、担い手不足、離農が強まる中で、水稲の受託も進んでいった。このようにして、近年、離農と反面における大規模化が同時的に進んでいる。

なお、この場合、2007年から実施された「品目横断的経営安定対策」が一つの大きな契機になったことが指摘されている。この「品目横断的経営安定対策」の場合、4 ha以上の認定農業者（北海道は10 ha以上）と20 ha以上の集落営農組織が対象であり、それ以外は政策の対象としないことになった。この政策が、集落営農組織、大規模受託組織の形成の大きな誘因になっていった。全国的に駆け込み的な集落営農組織が形成されていった。

その具体的な姿は本章のケースを通じて明らかにしていくが、農家数の激減の中で、小規模兼業農家は高齢化の中で離農を重ね、残った専業農家（集団）がそれを引き受けて大規模化するという流れが形成されつつある。その大規模化の具体的な姿は一つに、集落に残った専業農家（集団）が大豆などの転作請負から始まり、次第に水稲まで引き受け、数十 ha から数百 ha 規模に拡大する場合もみられるようになってきた。長井の場合は現状 100 ha 前後規模が最大であるが、全国的にみると、岩手県北上市の大規模受託組織の西部開発農産の場合は 900 ha 規模にまで拡大している[1)]。

もう一つは、家族経営規模の水稲栽培ではほぼ限界とされる 20 ha 前後まで拡大し、水稲を 4 分の 3〜3 分の 1 程度栽培し、残りをアスパラ、大豆、ミニトマト、キャベツ等の野菜栽培、あるいは畜産（米沢牛）などに振り向ける家族経営による大規模経営、複合経営に向かう場合もみられるようになってきた。

それらはいずれにおいても、事業として取り組まれていることに注目すべき点がある。小規模、兼業、水稲に特色づけられ、むしろ農業が副業的なものになっていた長井の農業も、近代工業の部分の縮小の中で、兼業を維持することは難しくなり、離農が進み、他方で大規模受託が拡がるという新たな動きが生じている。この章では、長井の農業の構造変化の一つの方向を大規模化にみて、その中でも、専業農家集団による大規模受託と個別の家族経営の専業農家による大規模化と複合経営の展開に注目していくことにする。

1. 大規模受託と集落営農

水稲を基幹とし、戦後の農地解放以降、1 農家あたりの農地の平均面積が 1.1〜1.2 ha 程度という小規模零細で来た本州以南の地域では、農業だけでは生活することはできないことから兼業が普通になっていく。特に、戦後の高度経済成長期には近代工業が劇的に発展し、農村地域から労働力を吸収していった。全国の農村地域から太平洋ベルト地帯に形成された工業地帯に若者が移動していった。また、残された全国の農村地域にも近代工業が進出し、多くの人びとを吸収していった。戦後の近代工業化は、小規模零細農家を維持し、兼業、さらに水稲化を促すことになった。

だが、1990年頃を境に近代工業の多くはアジア、中国への移管を重ね、事業規模の縮小、さらに、地方に進出していた工場の縮小、撤退を重ねていった。そのため、兼業によって成り立っていた地方経済は大きな打撃を受けていくことになる。

このような時代状況の中で、農業部門は大きな構造転換を迫られていく。兼業の拡がりによって形成された水稲への過剰な傾斜、そして、米の過剰生産を回避するための減反政策が進められていくが、地域のサイドから自主的に新たな取組みが開始されていった。1980年代の中頃には、富山県では県の指導の下に農業機械の共同利用が進められ、大規模な集落営農の可能性を切り拓いていった[2)]。その後、この集落営農のスタイルは、「北陸型・富山型集落営農」といわれるようになっていく。最大の特徴は集落の構成員全員が営農に参加するものであり、別名「ぐるみ型」といわれている。

また、島根県津和野町奥ケ野集落でその後「中国山地型集落営農」といわれるようになっていく集落営農による日本初の農事組合法人「おくがの村」が1987年に設立されている[3)]。この「中国山地型」の場合は、高齢化が進み、耕作放棄地が目立つ中国山地の小さな集落で、集落の維持を目指して形成されたものである。このような集落では機械に乗れるのは数人であり、「オペレータ型」といわれている[4)]。その後、この形態の集落営農は中国山地、九州山地の集落に広く展開されていった[5)]。

西日本では、このような形で地域のサイドから「集落営農」が開始されていった。ただし、比較的年齢層が若く、かつて集落の構成員全員が機械に乗れた北陸型・富山型といわれた集落営農の現場では次第に高齢化が進み、機械に乗れない人びとも増えてきた。この「ぐるみ型」の集落営農も、次第に「オペレータ型」に移行していくことも予想される。

これに対し、東北地方では西日本で発達した集落営農の形はほとんどみられない。2007年に、農政は一定の生産力のある個別農家・生産集団と集落営農以外は政策の対象としないという方針が出してきたが、それに対し、東北地方の農家も駆け込み的に「集落営農」を組織していった場合が少なくない。ただし、それも多くの場合、有力な専業農家集団を核とするものであり、東北型の大規模経営組織・受託組織という形になっていることが大きな特徴であろう。

この節では、「東北型集落営農」、あるいは「東北型大規模受託経営」というべきものを山形県長井市の中にみていく。特に、長井市は近代工業化に成功し、市全域の農業は兼業、水稲化を徹底して進めていった。ただし、1990年代中頃以降の近代工業の縮小、さらに農家の高齢化の中で、離農が進み、それを受け止める専業農家集団による大規模受託経営が進められていった。それはポスト近代工業化を余儀なくされつつある日本の地方小都市の農業の次の可能性を示すものでもあろう。

(1) 致芳地区成田／離農が進む中で100 haの大規模受託に向かう
――転作、水稲の受託から園芸まで（成田農産）

近年、農業の現場では高齢化、担い手不足により離農が増加している。長井市致芳地区成田集落（農地約100 ha）では、農家は約100戸とされていたのだが、現在では10戸以下に減少している。元々、成田集落の農家の農地は平均1 ha規模という零細なものであり、近代以前は農間余業（農間副業）の織物生産、そして、戦後は工場勤務との兼業が基本であった。このような状況の中で、意欲的な専業農家5戸により、転作受託（請負）から始まり、水稲の受託へと進み、集落外からの受託を含めて約100 haを集積、大規模受託経営に転じていた。事業的にも明らかに好転し、後継者も入り、次の時代に向けて鉄コーティング点播直播栽培にも取組み、さらに、園芸作物への関心も深めているのであった。

▶転作請負から農事組合法人の設立

この致芳地区（旧長井村）成田集落は長井市中央地区（旧長井町）の北にあり、山形鉄道フラワー長井線、国道287号が南北に貫通している水稲中心の農業地帯である。国道287号の西側は圃場整備（ほぼ1反サイズ）が進んでいる

成田集落の農地と成田農産の経営地

資料：成田農産

が、東側は住宅との混在がみられ、田が点在している。1970年以来の減反政策により、各水稲農家は約3分の1程度の面積の減反を求められている。小規模農家の場合、工場勤務などの兼業が基本であり、稲作関連の機械化が進んでいる現在、1～2 ha程度の水稲栽培は可能なものの、手のかかる転作部分に対応していくことは難しい。

このような事情の中で、成田地区では、一つには、専業農家集団による転作請負を契機とする大規模受託が進み、もう一つ、大規模化の中で国道の西側の整備地に水稲を集約し、東側の未整備地に転作部分を集めることに成功していった。その歩みは以下のようなものであった[6)]。

農事組合法人成田農産の前身である成田転作組合は、2003年に専業農家5戸により転作作業の受託を目的に設立されている。従来から組織されていた成田地区農用地利用改善組合を中心に転作地の集団化に取り組み、国道287号の東側の未整備地の田の転作への転用、団地化を進めていく。若手農業者を中心に大豆、そばの栽培に入っていった。その後、受託面積が拡大し、作業の重複が問題とされ、転作は需要拡大が見込まれた大豆に一本化していった。そして、2005年からはこの5戸の農家は水稲の育苗から田植えまでの共同作業にまで踏み込んでいった。

その頃の農政の取り組みとして、外国との生産条件格差を是正するため国際競争力のある農業の担い手を育成する目的で「品目横断的経営安定対策」がとられ、2007年から実施されていく。一定規模以上の農家、農家集団以外は政策の対象としないとしたため、この政策が全国の集落営農組織、大規模受託組織の形成の大きな誘因になった。

成田集落の5戸の専業農家は、これを機会に2007年、水稲部分も含めた成田生産組合へと再編、さらに、「強い農業づくり交付金事業」を利用し、水稲育苗ハウス8棟、コンバイン1台（6条）を導入、以後、組合員は個人で機械を購入しないことを取り決めている。なお、このメンバーを中心に、1992年には農事組合法人高関ライスセンター利用組合を設立しており、すでに米の乾燥調整の共同施設を展開していた。

2010年には、水稲の全作業を共同で行ない、収益配分もプール精算方式で行なうことにしている（財布を一つ）。なお、品目横断的経営安定対策の対象の場合、5年以内に法人化を求められているのだが、成田生産組合の場合、条件が整わず、2012年に延期申請を提出している。その後、共同化による生産性の上昇、収益の増加が実感され、2015年1月に「農事組合法人成田農産」の設立に至った。さらに、2015年秋には農事組合法人高関ライスセンター利用組合を吸収合併、経営を一本化した。この5戸の農家の場合、経営面積が7haから17haまでと開きがあったのだが、この法人化を機会に経営規模による出資割合の調整を行ない、法人の利益を従事分量配当と出資配当で還元する方式を採っている。

▶2017年末現在の成田農産の輪郭

当初5名の組合員でスタートしたが、1名の入れ替えがあり、現在も組合員は5名である。この5戸は専業農家であり、それぞれ20年前から農地の集積に努めており、借地、買取りなどにより、現在5戸で成田集落の農地約100haのうちの約42haを集積している。これらの農地は全て成田農産に貸与している。なお、この成田集落のあたりの農地の価格は35万円／反（10a）とされていた。また、借地の場合の賃借料（小作料）は、水稲の場合は反あたり

1万5000円、転作の場合は1万1000円に設定され、現金で支払っていた。転作地の受託は70〜80戸に及ぶ。

経営面積は年によって若干変動するが、2015年は経営地（借入地）83 ha、作業受託10 ha、2016年はそれぞれ86 ha、10 haであった。ほぼ100 ha規模になっていた。組合員は5名、代表理事は飯澤和郎氏（1958年生まれ）、最高齢は79歳（後継者なし）であった。組合員で後継者がいるのは2戸であった。この組合員5名に加え、従業員（正社員）4人を雇用していた。事務に飯澤氏の義理の妹、3人は作業従事者であり、組合員の後継者が2人（35歳、33歳［飯澤氏の子息]）、そして外から1人入れていた。組合員は従事分量配当（年1回）、従業員は月給制をとっていた。なお、田植えの時期には15人ほどのパートタイマーを雇用していた。地元では「オペレータ型集落営農」といっているが、オペレータ型集落営農が生まれた中国山地の場合は、オペレータ以外の集落の農家の大半が組合員になるのだが、長井の場合は、専業農家集団による組合形成、受託の形態であり、大規模受託経営、あるいは東北型の集落営農ということになろう。東北地方にはこのような形態が少なくない。

当初、機械を削減したのだが、面積が増加するにしたがい、現在では作業する8人を対象にトラクタを8台に増やしていた。「忙しい時には、1人1台が必要」としていた。他の主要な機械は、高関ライスセンターから引き継いだ乾

代表理事の飯澤和郎氏　　2017年11月の作業工程表

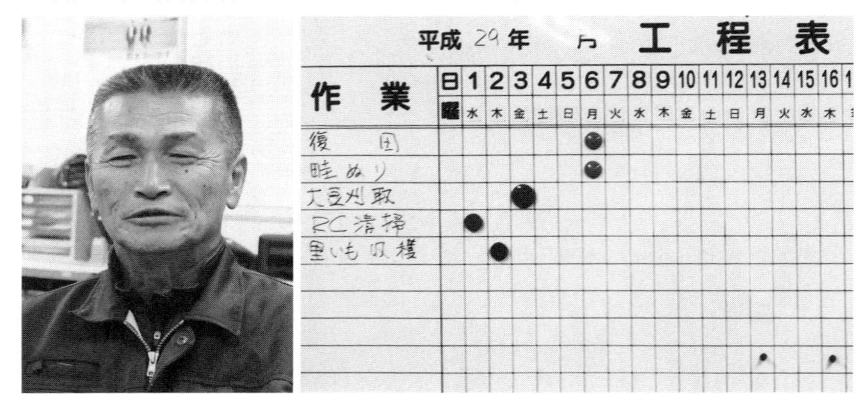

燥調整施設1棟（乾燥機5台、各80石）、成田生産組合から一部引き継いだ育苗ハウス12棟（40a）、田植機2台（8条）、コンバイン4台からなっている。

▶作業受託を含めて100 ha規模を展開

成田農産の2015年度の農業生産の実態は以下のようなものであった。

米……作付面積55 ha、総生産量359トン、反あたり収量652 kg（10.2俵）

飼料用米……作付面積6 ha、総生産量46トン、反あたり収量767 kg（12.8俵）

大豆（転作）……作付面積19 ha

米（作業受託）……10 ha（育苗、刈取）

大豆（作業受託）……10 ha（播種、刈取、乾燥調整）

合計で100 ha規模になっていた。

主力の米については、2009年から主食用米5品種（はえぬき、つや姫、コシヒカリ、ひとめぼれ、ミルキークイーン）を特別栽培（減農薬、減化学肥料）している。販売先については、米の3分の1はJA系統、3分の2は野川清流米生産組合を通し、商系の庄内こめ工房（鶴岡市）、オネスト（天童市）を通じて販売している。価格はJAに比べて1俵（60 kg）あたり2000～3000円ほど高い。

大豆は青大豆の「越後みどり」を栽培、長井全体ではJAが全量集荷し系統を通じて流している形だが、実際には1995年に長井市歌丸の農業者4人でスタートした農業法人有限会社歌丸の里が販売している（本章1―(3)）。この歌丸の里は、長井の大豆生産の全量である約350 ha分、約360トン（6000俵[60 kg]）を取り扱っている。この転作の大豆は「国産」と表示されるため、近年、引き合いが多くなり、価格も上昇気味であった。なお、大豆は完全に乾燥してから収穫するため、長井の場合は6月に播種、収穫は10月20日頃から11月20日頃まででであり、霜、積雪との競争になる。

▶事業としての農業の取組み

このような100 ha規模の大規模経営、整備地の水稲栽培、未整備地の転作大豆栽培に加え、面積が拡大してきたことから2014年から試験的に鉄コーティング点播直播栽培に取り組み、2015年からは飼料米1haの田で実施している。この鉄コーティング点播直播栽培とは、直播きの一つの方法だが、種子を鉄粉と石膏でコーティングしたものであり、長期保存が可能であり、育苗を必要とせず、作業も軽減化される。直播きの最大の問題である鳥害防止が期待され、また、病気の発生が少なく、生産コストも30％ほど軽減される。収量は落ちるものの、栽培面積の拡大、人手不足の中で、今後、拡がっていく可能性も高い。

このような取組みに加え、従業員を抱える農業法人であり、通年作業の必要性から、園芸作物への展開を考えていた。2015年からは冬に咲く啓翁桜（けいおうざくら）の苗木の生産に踏み込み始めている。さらに、里芋や加工用キャベツの栽培も視野に入っていた。

兼業により成り立っていた長井の小規模農業は、担い手の高齢化、後継者難により離農、兼業機会の縮小が進み、むしろ、限られた専業農家（集団）による大規模化が進み始めている。そのモデルの一つとして成田農産が注目される。水稲、転作の大規模化、園芸作物への関心、事業としての農業を意識した取組み等、新たな局面を切り拓きつつある。その先端に成田農産が存在しているのであった。

(2) 致芳地区五十川／東北型の集落営農、大規模受託の展開
——5戸の農家が集落42戸の転作を引き受ける（五十川生産組合）

長井市の2015年の耕地面積（表2—13）は3100ha、うち地目は田が2830ha（91.3％）と圧倒的である。野菜や果樹栽培はやや山間部に入ったあたりで行なわれているにすぎない。農家戸数は1217戸（2015年）、うち専業農家は179戸だが、事実上、水稲だけの専業の農家はいない。果樹栽培だけの専業農家は山間部の伊佐沢地区などに存在しているが、平野部の専業農家は水稲に加え、畜産（和牛肥育約1000頭、乳用牛約460頭等、50戸）、果樹などの複合経営である場合が多い。

このような枠組みの中で、近年、水稲からの転作が求められ、兼業農家や高

髙橋剛氏

初冬の五十川の農地

齢農家では対応できず、転作部分を引き受ける集落営農（大規模受託）が開始されている。なお、東北地方でいわれる「集落営農」は集落の構成員のほぼ全員が組合員となる西日本型の集落営農のケースは少なく、先の成田農産にみられたような数戸の専業農家集団が集落の転作を受託するという場合が多い。集落営農というよりも、専業農家集団による大規模受託といった方が実態に則しているかもしれない。

▶転作を契機に共同化

2017年末現在、長井市の範囲で集落営農とされるのは16組織、法人化しているところが5組織である。長井市郊外の大字五十川（いかがわ）、7集落から構成されている。田が約100 ha、42戸の農家のほとんどは土地持ち非農家とされている。この五十川地区の7人の認定農業者が「品目横断的経営安定対策」が開始された2007年に五十川生産組合という名称の任意の集落営農を組織していった。だが、うち7人のうち1人は酪農家であること、もう1人は転作が小麦であることから離脱し、現状、5人の認定農業者が集まっている[7)]。なお、現状では、長井で小麦を栽培している農家は1戸しかない。

5戸の経営農地は全部で62.5 ha（水稲36 ha、転作分25.5 ha）、預かっている小作地が60～70％を占めている。これら預かっている小作地は地元の30戸の農家の転作地であり、大豆を基本にそば、飼料米をブロック・ローテーションで組み合わせて耕作している。預けている農家は水稲栽培は自分で行なっている。水稲は兼業でも可能だが、転作の大豆等は難しい。そのような事情から、この地域では転作分を委託する形が拡がっている。東北地方でよくみられる形である。

組合としては、田植機（6条）、トラクタ（43馬力）、コンバイン2台（5条）をワンセット所有しているが、現在のところメインは5名の組合員所有の機械を使っている。今後は個人では更新していかない。5人全員がオペレータであり、時間給が固定されている。畦畔の管理と春先の耕起2回は地主に対応してもらっていた。36 ha の水稲については、育苗の一部は共同で行なっているが、育苗、耕起、代掻き、田植、収穫、乾燥、調整は基本的には5人がそれぞれの受託分を含めて個々に対応していた。なお、防除についてはJAを通じてラジヘリをチャーターし、共同で行なっていた。転作からスタートした集落営農であり、当面、このような形だが、いずれ水稲も共同化していくことがイメージされていた。

米、大豆、そばはJAに販売していた。また、飼料米の刈り入れは8月の盆あけ頃と、水稲よりも1カ月ほど早い。なお、山形県の場合は、以前はWCS（Whole Crop silage、稲の子実が完熟する前に、茎葉と一緒に収穫し、サイレージ化した粗飼料。刈り入れ機械は牧草用が用いられる）の生産が目立ったが、2011年からは飼料米（玄米まで持っていく。刈り入れ機械は通常の水稲と同じ）の生産を開始している場合が少なくない。

このように、水稲の過剰生産基調を受けて、転作が課題になっているが、兼業農家では対応できず、転作組合への委託が拡がっている。そして、転作を行なう場合、連作障害を避けるため、大豆、そば、飼料米（水耕）などによるブロック・ローテーションが展開されていた。

▶五十川生産組合と髙橋剛氏

髙橋剛氏（1960年生まれ）は、髙橋家の3代目。祖父が五十川の現在地に居を構えている。致芳中学校を1976年に卒業したが、同学年78人のうち、農業高校に進学したのは髙橋氏1人だけであった。このあたりから、その後の長井の農業の行く末が予感される。地元の置賜農業高校（川西町）を1979年に卒業、農協職員を目指し、山形市にあるJAの講習所に入り、農協事務の基礎を身に着けた。なお、当時、この講習所（1年制）を経ることが、農協に就職するための条件であった。農協に採用された後に講習所に来る人（有給）と採用前に来る人（無給）の人がおり、髙橋氏は無給であった。

1980年、長井市農協（現JA山形おきたま）には同期3人が入職した。入職後は営農指導、共済、貯金、購買などを経験した。1999年には父が他界し、髙橋氏はJAを退職し就農している。当時の髙橋家は農地約4ha、うち3haが水稲、1haが転作の大豆であった。当時を振り返って、髙橋氏は「機械には乗れたが、技術は未熟だった」と語っている。

その後、2000年代に入り、周囲の兼業農家からの転作の依頼が増え、受託していた専業農家数戸が転作用機械（播種、培土、刈取り、防除など）を共同で導入していった。そして、2007年から実施された品目横断的経営安定対策に応えて、五十川地区の5戸の専業農家により五十川生産組合（任意）が組織されていった。この品目横断的経営安定対策を契機に全国的に一気に集落営農らしきものが組織化されていった。五十川生産組合もそのような時代状況の中で設立されている。

耕作面積は増加しつつあるが、転作面積は毎年変動する。2017年の転作分は大豆23.8ha、そば4.4ha、飼料米3.2haの計31.5haであった。なお、米については30ha程度、この分は生産組合から再委託され、各メンバーが自分で対応していた。転作から始まった受託は次第に水稲栽培に拡大しつつある。

周辺の農家から受託する転作地への栽培品目は任せてもらっている。連作障害を避けるために、大豆、そば、飼料米（水田）のブロック・ローテーションとしていた。なお、生産組合が受託するのは圃場の中だけであり、春の耕起（2回）、畦畔の除草は地主に対応してもらっていた。この分については幾らか支払っていた。転作受託料（小作料）は1万3000円／1反、それに耕起、草刈り代として2万円ほどにしていた。なお、今後、地域の高齢化が進むと、水稲の受託、さらに全ての作業の受託となっていく可能性が高い。なお、組合員の賃金は従事分量配当であり、当面、一定の日当を決め、年2回（12月日当分、2月精算分）を支払っていた。米、大豆、そばはJAに販売委託し、飼料米は近くの畜産家に販売していた。

現在の高橋家の耕作面積は米11 ha、転作分7 haの計18 haであり、高橋氏の就農した頃の4 haからはかなり拡大している。米は生産組合からの再委託で高橋氏自身が耕作、転作分は生産組合の共同作業となる。2017年度の米の生産量は10俵／反（2016年度は10.5〜11.0俵／反）、価格はやや上がっている。刈り入れ前に示されるJA山形おきたまの2017年産の米価格表（概算金）では、はえぬき1等米（60 kg、玄米）1万2000円、2等1万1400円、つや姫1等1万5000円、2等1万4400円等と示されている。この概算金はやや低めに設定されており、2年後に確定する。現在のJAの米の買取価格と精算はこのようになっているのである。

▶5名の組合員の状況

組合長の別部裕一氏（1951年生まれ）は、田8 haの栽培、養豚母豚30頭（年間670〜680頭を出荷）を飼養する専業農家である。夫人と2人で取り組んでいる。田の80％は集落の兼業農家、高齢農家からの受託である。水稲については組合に委託し、さらに自分に再委託する形になっていた。転作分が組合の共同作業ということになる。現在の形になったことから、むしろ夫人に余力が生じ、夫人は野菜栽培に勤しみ、農産物直売所に出していた。

副組合長の高橋剛氏は、先にみたように、メンバーの中で唯一の米専業農家であった。夫人は近くの会社の正社員であり、時々手伝ってくれる。子供は娘2人、長女の高橋聡恵さん（1989年生まれ）は長井市内のアパートに住まい、勤めている。休日にトラクタ、コンバイン等を動かしている程度であり、高橋氏は後継者としてはみていないようであった。次女は西根地区に嫁いでいった。

佐々木孝吉氏（1953年生まれ）は、子息の豊氏（1983年生まれ）と親子で水稲、露地野菜栽培に従事している。組合員の名義はすでに豊氏に移されていた。経営面積は約20 ha、うち約15 haを水稲、その他を転作、野菜栽培にあてていた。この周辺では唯一親子で専業のケースであった。野菜はキュウリが主体であった。佐々木氏の夫人は近くの会社に勤めていたが、最近家に入った。

色摩（しかま）清作氏（1945年生まれ）は、経営面積3.8 ha（水稲2.6 ha）であり、児童館のバスの運転手、庭師との兼業であったのだが、加齢と共に運転手は辞め、庭師もあまりやらなくなっている。夫人は家事手伝い、子息は小学校の教員であり、農業の手伝いはしない。組合では機械のオペレータに任じていた。後継は期待できない。

高橋孫太氏（1940年生まれ）の場合は、子息が組合員であったのだが、2010年に他界し、代わりに組合に入ってきた。経営面積5.6 ha（水稲4 ha）、2011年から現場復帰となり、機械にも乗る。この高橋孫太氏は高橋剛氏の祖母の弟であり、後継はいない。高橋剛氏は「田は頼む」といわれていた。

このように、五十川生産組合の組合員はそれぞれの事情を背景としていた。

▶高齢化と集落営農の今後

全国的にみて比較的経営規模が大きく、水稲に傾斜している東北地方の場合、他方で兼業している場合が多く、転作が一つの契機となって集落営農化、生産委託が進んでいく。その場合、集落の全員が活動するぐるみ型は難しく、専業農家集団によるオペレータ型になっていく場合が少なくない。委託する農家は兼業であり、水稲栽培は可能であっても手の掛かる転作は難しい。転作部分の農地が次第に受託集団に集積されていく。

そして、事態がさらに進むと、兼業者は農業そのものから離れ、あるいは高齢化し、水稲部分の委託まで進んでいく。地域の数戸の専業的な農家が、地域の農地を一括して管理するという方向に向かう可能性が高い。最上川の中流域の長井の水稲地帯では、農業以外の就業機会も比較的多く、このような流れが基本になっていくようにみえる。

一つ懸念されるのは後継者問題であろう。この五十川生産組合のケースでみたように、構成員5名の中で、後継が期待できるのは1～2名だけであった。現状でも五十川生産組合の耕作面積は米約30 ha、転作分約32 haの計約60 haに及ぶ。さらに今後、高齢化等により兼業農家が耕作を全くできなくなり、さらに委託が増加していくことが考えられる。五十川集落の約100 ha全体をどのようにしていくかが問われてこよう。現状は組合員５名に、子息など関係者２人、さらに非組合員の作業者１人を雇用し、８人で回している。

今後の受託部分の拡大とメンバーの高齢化を踏まえると、新たな人を入れ、さらに、ハウス栽培、農産物加工等の通年の事業をベースにした営農組織にしていかないと無理であろう。集団化して10年を重ねてきた五十川生産組合も、新たな課題を背負っているようにみえた。

(3) 豊田地区歌丸／米の自主販売から大規模受託、生産物の多様化に向かう ——1995年にスタート。販路を確保し米と転作の大豆に展開（歌丸の里）

近年、東北地方では転作分から始まり、水稲の受託へと大規模受託経営が拡がっている。兼業、小規模零細として特色づけられてきた日本の農業も大きく変わりつつある。長井市南部の豊田地区歌丸で、1995年という早い時期から興味深い取組みが重ねられてきた。農業法人有限会社歌丸の里の会社概要には以下のように記されている。

事業目的は「米・大豆・野菜・生花等農産物の生産販売及び加工販売。農作業の受託・個々の農家（家族農業）の支援。上記に付帯する一切の事業」とされ、2017年12月現在の社員（出資者）は11名、年商は3億1000万円（2016年度）とされていた。また、取引銀行もJA山形おきたまに加え、山形銀行、

歌丸の里の本部

髙石孝悦氏

山形中央信用組合となっていた。本格的な農業法人の体裁をとっていた。

▶歌丸の里生産組合と農業法人有限会社歌丸の里

ことの起こりは1995年、歌丸の意欲的農業者4人で転作大豆の受託と共同作業、肥料・農薬の共同購入を開始、歌丸の里生産組合を設立している。リーダーは高石孝悦氏（1950年生まれ）と本章2―(2) でみる寒河江忠氏（1957年生まれ）であった。最初は4人がそれぞれ1haの大豆の転作分からスタートしている。2001年当時、組合員は51名となり、組合員全体の耕地面積は約150haとなった。歌丸のあたりは、長井市の中でも1戸あたりの耕地面積は比較的広い。

同じ2001年2月には、農業法人有限会社歌丸の里を出資者12名で設立していく（資本金550万円）。同時に「まごころ栽培米 歌丸の里米」の商標登録を行なっている。さらに、2001年8月には、計画外検査米の自主販売を開始し、2002年2月には米穀小売業登録を行なっている。2003年、920万円に増資、トラックヤードを建設、2004年8月には民間穀物検査員合格、2005年2月、民間穀物検査機関の登録となった。2017年12月現在、生産組合と農業法人に組織化されている。歌丸の里生産組合の組合長は寒河江忠氏、組合員78名、組合員の耕地面積は約200haである。農業法人有限会社歌丸の里の代表取締役は高石孝悦氏、現在の出資者は11名、資本金は920万円であった。なお、この二つの組織の事務所は一体的に置かれていた。

▶自主販売と転作大豆の共同作業

この歌丸の里の取組みは、大きく二つに分かれる。一つは米、地域の転作の大豆の販売であり、もう一つは大豆生産の共同作業である。先の事業目的には多様なものが記されているが、実際には「加工」は行なっていない。

高石家は地元で300年以上を重ねる農家であり、高石氏は14〜15代目となる。現在は止めているが、少し前までは上杉公の教えにしたがい、庭の池で鯉を飼っていた。農地解放後の農地は約3ha、その後、原野を開拓し田の面積を拡げてきた。高石氏は置賜農業高校卒業後、山形県農業試験場に入り、1年半ほど世話になる。その後は家畜の繁殖を学ぶために上山の養豚場に修業に入り、23 歳で家業に戻ってきた。

現在、高石氏の耕作面積は 23〜24 ha、借地が多い。基本的にはずっと水稲できた。日本の農政は大きく揺らいでいるが、水稲が軸であり、国の方針としては全国一律が貫かれてきた。このような事情の中で、高石氏をはじめとする歌丸の若手農業者 4 人が、差別化したい、食べたい人に届けたいとして独自な販売のルートを模索していく。それが農業法人有限会社歌丸の里に結実していく。

基本的には、歌丸の農業者（構成員は 80 名、減少している。以前は 100 名を数えた）から米の販売委託を受け、農業法人が全国の問屋、小売に直接販売していった。現在では販売先を絞り込み、三井物産の 100% 子会社である東邦物産（本社東京）に米の 90% を販売している。東邦物産の先は東京、新潟、静岡、豊橋等の地方の米穀問屋となる。JA に委託するよりも、価格は 10% 程度高く、高品質化、多様化してきた米も正当に評価されていく。この法人部門の従業員は 2 人（女性、事務）＋パートタイマーであった。

構成員の大半は個人だが、法人化しているところも 2〜3 ある。また、構成員は米の他に野菜生産に従事している場合もあり、それらの販売も引き受けていた。なお、この米の生産は各構成員が行なっている。後にみる大豆の転作と合わせて、当初からこの歌丸の里の自主販売は地域に受け入れられ、スタートから 4〜5 年で、一気に集まってきた。歌丸には耕作放棄地はない。このような事情から、歌丸の里の取組みは高く評価されている。

▶転作大豆の受託大規模生産

特に兼業農家にとって手の掛かる転作は頭痛の種だが、歌丸の里生産組合が大豆専業として受託している。現在の受託面積は約 50 ha、毎年、転作地を借り上げていく（単年度）。国の政策が頻繁に変わるため、個々の農家の取組みも変わり、転作受託面積も変動する。

この約 50 ha に対して、生産組合の 4 名で対応していた。実質、家族を含めた 8〜9 人で行なっていた。作業は田植えが終わる 5 月からスタート、そして、米の収穫が終わる 10 月上旬から収穫する。積雪の始まる 11 月 20 日頃までが目処とされていた。生産品目は醤油、味噌用の白大豆と、乾燥、戻してそのまま食する青大豆を中心に、少しだが、枝豆用の秘伝豆（乾燥させて戻し、ずんだ餅などに用いる）も栽培していた。白大豆の販売は地元の JA に加え、問屋（山形）に流していた。青大豆は全国の穀物問屋に売っていた。また、大豆の契約栽培にも応じていた。

髙石氏によると、大豆生産に関しては、湿度の高い日本海側は不利であり、太平洋側の条件が良く、北米の農家に大規模な契約栽培を依頼している大手の納豆メーカーが指摘するように、日本では量産の品質安定が難しい。他方、近年、国産に対する関心が高まっている。また、これまでの基幹であった米の品種改良は相当に進んでいるが、大豆は遅れている。特に、一般大豆に関しては、国の政策が「収量の多さ」に向いており、質的な向上が遅れている。それらの中でも、枝豆部門はこの 5〜6 年、一気に品種改良が進んでいるようである。

▶「利益の出ないところには人は来ない」

このように、髙石氏は歌丸の里の指導的に立場に立ち、地域の農産物の自主販売、転作の共同受託に取り組んでいるが、農地約 23〜24 ha（借地を含む）の水稲分約 16 ha については、常雇 2 人＋パートタイマーで対応していた。「高い米より、売れる米」を目指し、ひとめぼれ、はえぬき、つや姫、きたのめぐみ、コシヒカリなどを栽培している。2018 年度には意欲的に新種の「雪若丸」の栽培を目指していた。

ただし、子息（43 歳）は仙台のアイリスオーヤマの開発部門におり、承継は難しい。髙石氏は「農業は 40 歳を過ぎてからでは無理。水稲は機械化が完成しているからある程度はできる。だが、野菜、花卉、家畜は難しい。今後は、60 歳定年の素人を無理させずに呼び込んでいきたい」としていた。

また、髙石家には 15 年来ている 35 歳の若者がおり、この人を後継と考えていた。髙石氏は「農業は 100% 任せられるが、経営はこれから」と語っていた。長井郊外の歌丸の地で、自主販売の転作の大規模受託に踏み込み、大きな成果を上げてきた髙石氏は「利益の出ないところには人は来ない」と語っているのであった。

(4) 豊田地区時庭／メンバー９名による農事組合法人の大規模経営
――集落営農の一つの発展形（ファーム豊里）

長井市の中心部から南に2㎞の最上川左岸に豊田地区時庭が拡がっている。この時庭、4地区に分かれており、全体の農地は約73haとされていた。水田が拡がる水稲単作地帯であった。2000年代の末の頃になると、高齢化と担い手不足となり、受託生産と大規模化が必要になっていった。そのような事情の中で、2009年、地区の大規模農家であった多田野清朔氏（1946年生まれ）を中心に9戸の農家が農事組合法人「ファーム豊里」を設立登記していく。

既に、このあたりでは農地が流動しており、9戸のうち3戸は耕地面積10〜15haほどに拡大していた。その他の6戸は1〜2ha規模であった。このような事情を背景に、ファーム豊里は、議決権のある理事6人と議決権のない構成員3人で構成された。理事は出資金100万円、構成員は出資金10万円とした。当初は9戸の農地約50haからスタートしたのだが、現在では受託部分も増え、全体で時庭地区の約80%の農地を集積し、約60ha規模となっている。水稲34ha、転作の大豆25ha、カボチャ1ha、ナス0.3ha、枝豆0.5ha、ハウス（冬季、アスパラなど）であった。

実際の従業者（正社員）は理事のうち3人、そして、理事の後継者2人（30歳、31歳）の5人であり、その他にパートタイマー10人（男性4人、女性6

長井市郊外の時庭周辺の農地

ファーム豊里の中心地

人）から構成されていた。パートタイマーの時給は1000円、女性の半分は関係者の夫人であった。パートタイマーの年齢は55〜60歳ほどであった。また、集落営農の場合には従業者に対しては決算で調整できる従事分量配当の形が多いのだが、ファーム豊里はキチンとした給料制をとっていた。

▶大規模経営のメリット

組合結成後、機械は個人では買わないことにし、各人の保有している施設機械を借り上げている。現状の機械設備は田植機3台、トラクタ5台、コンバイン2台、大豆収穫用のコンバイン3台、乾燥機3基の構成であった。また、中心となる事務所、作業場（乾燥機）、ハウス等が集積しているエリアは理事の1人である嶋貫幸一氏（1954年生まれ）の所有であった。

収穫物の販売先は、米はJAに3分の1、その他個人など多様なところに直売していた。ただし、直売所には入れていない。大豆と枝豆は全量JA、カボチャはJAと市場が半々、ナスは市場、そして、ハウスものは市場に投入されていた。当初はメンバーの中の大規模農家の負担が大きかったのだが、その後、安定し、年々、売上額が増加していた。直近の売上額は5500万円、それに補助金が3000万円ほど上乗せになる。利益の処分は、組合の総会で配当しないことを決議しており、積立準備金とし、農地、機械の購入に当てていた。2016年は1550万円、2017年は1400万円を積み立てている。極めて健全な経営といえよう。このような事業体になってくると、銀行が接近してくるが、地銀の山形銀行には口座は開設したものの、まだ、利用していない。

ファーム豊里は大規模経営になってきたが、当面、加工には踏み出していない。また、農業資材の調達については、JAからは20％程度であり、大規模の力で独自に調達していた。嶋貫氏は「この規模になると、JAからの購買のメリットはない」としていた。また、法人化することにより、JAへの出資を1本にすることは可能なのだが、ファーム豊里の場合は、法人出資に加え、メンバー9名は依然としてJAに出資金を残していた。

大型の乾燥機　　　　　　　　　　理事の嶋貫幸一氏（左）と関係者

▶将来の発展課題

このファーム豊里の形態は、西日本の集落営農と東北地方によくみられる大規模受託経営がミックスしたようなものであり、周辺にはこの形はない、としていた。今後の10年先については、法人の土地所有が半分を超え、また、オペレータの心配もないとしていたが、20年先を考えると、規模はさらに大きくなり、雇用が増えていくことが予想される。その場合、通年の仕事をどうしていくか、さらに、機械に乗れるメンバーをどう確保していくのかが課題とされるであろう。

その場合、ハウスを増やし、多様な野菜等を生産する、あるいは、加工に入っていくことも必要になってこよう。販売先の確保などが課題になっていく。そのような課題を背負いながらも、スタートして7年、ファーム豊里は興味深い足取りを重ねているのであった。

(5)　西根地区草岡／28戸の農家のうち4戸が残り受託経営
――東北型の大規模化と6次産業化（Nファーム、草岡ファーム）

長井市西根地区草岡、最上川左岸の水田地帯の西端にあり、緩い傾斜地に1反（約1000 m^2）ほどの単位に整備された圃場が拡がっている。この草岡の農地は全体で約200 ha、6地区（集落）に分かれている。その中の一つに仁府地区がある。仁府地区は40戸から構成され、うち28戸が農家であり、農地全体の面積は約25 haであった。農家1戸あたりの耕地面積は約0.9 haほどとなる。

草岡の圃場

若林和彦氏

当然、兼業化が進んでいた。また、現状の米価では約1haの水稲栽培では収入は100万円強にしかならない。ここから機械の償却、その他経費を入れるとほとんど残らない。こうした事情から、勤め先を定年退職する人びとは営農意欲も失い、離農していく場合が少なくない。また、若者は当然入ってこない。

▶大規模受託が形成される背景と現実

近年、仁府地区の28戸の農家のうち24戸が離農し、現在、4戸しか残っていない。また、4戸のうち3戸は兼業であり、いずれも60歳前後であった。若林和彦氏（1956年生まれ）だけが専業農家であった。このような事情の中で、2016年11月、残った4戸で法人化を進め、Nファームを立ち上げている。

また、より広域の草岡地区では5戸の専業農家で転作分の大豆20ha、そば30haを請け負っている。この5戸のメンバーの中に、若林氏は代表として参加していた。仁府地区を受け持つNファームの実働部隊は若林氏ともう1戸の高橋氏であり、2人で水稲10ha、転作の大豆3〜4ha、そば2ha、WCS 2haを中心に、全体で30haほどを耕作していた。

これらの受託する農地は、長井の場合、中間組織の「山形県農地中間管理機構（公益財団法人やまがた農業支援センター）」が機能しており、適切な集積、賃貸、売買が行なわれている。売買の場合、このあたりは40万円／反が相場であった。農地の賃借料は、0円から条件の良い下の平場の圃場で1反あたり1万7000円であった。Nファームもこのような農地中間管理機構を介して農地を集積していた。若林家では子息の若林敦氏（1986年生まれ）が継いでおり、Nファームの従業員として働いていた。家族経営で25～30 ha規模であれば、一定の収入は確保でき、若い後継者も入ってくる。

▶大規模経営と6次化への取組み

米の販売の50%は東京の米穀問屋（商系）であり、JA価格よりは高い。その他は地元の個人などであり、10%程度は学校給食用としてJAに販売している。大豆の大半は加工業者に依頼して味噌、豆腐、納豆にして販売している。そばは地元のNFファクトリーに依頼してそば粉にし、玄そばを地元の製粉業者への販売、さらに、生そばにして地元で販売していた。

このように、長井市郊外の草岡地区で、若林氏は大規模受託の草岡ファーム、Nファームの代表として水稲に加え転作の大豆、そばの耕作の大規模経営の担い手として働いていた。さらに、後継者も入り、大豆、そばの加工を行ない（委託加工）、黒豆の加工（委託加工）、また、若い後継者による伝統野菜を素材にしたジェラードの開発販売にも踏み出しているのであった。多面的な6次産業化の取組みといえる。若林氏は、これらの他にも、生ゴミ処理から堆肥を作るレインボープランのレインボー推進協議会の会長を務め、また、地域活性化を意識する「菜の花の村未来づくりの会」の代表を務めている。

長井は水稲単作地帯であり、特に最上川左岸の広大な圃場は水稲と転作の大豆、そばが主流となっている。また、これまでの転作は水稲農家に義務づけられたものであり「捨てづくり」ともいわれ、適切な品種の採用、品質管理が十分に行なわれてこなかった。草岡地区の場合、ようやく農地の集積が進み、専業農家（集団）による大規模経営の条件が整い出したところであり、今後、事業経営として適切な栽培品種の採用、品質管理、加工などが模索されていくことが課題とされよう。草岡ファーム、Nファームはそのような意味を帯びているのであった。

(6) 平野地区九野本／ぐるみ型集落営農を展開
——鉄コーティング直播きにも挑戦（木口営農組合）

東北地方、特に長井の転作・水稲栽培は大規模受託の形が主流となり、富山などの北陸地方で進んだ集落の全員が参加し、農業機械のオペレータになっていくという集落営農の形はほとんどみられない。2017年末現在、長井市の範囲で形式上集落営農とされるのは16組織、法人化しているところが5組織である。ただし、大半は実質的には専業農家集団による大規模受託経営であり、先行的に西日本で発展した集落営農とはかなり異なる。

そのような中で、唯一、「ぐるみ型集落営農」のスタイルを採っている農家集団がある。長井市の西に展開する平野地区は典型的な散居村であり、この平野地区の木口集落で富山県などの北陸地方でよくみられる「ぐるみ型集落営農」が行なわれていた。

▶ぐるみ型集落営農を展開

木口集落は全体が33戸で構成されており、販売農家は13戸とされていた。集落全体の農地は57haほどである。2000年代に入り、農政は大きく転換し、特に2007年から実施された品目横断経営安定化対策では、今後、4ha以上の認定農業者、20ha以上の集落営農以外は政策の対象としないことになった。このため、各地で駆け込み的に集落営農が組織されていった。この点、木口集落においても、集落営農化が推進され、2007年5月に木口営農組合を結成していった。当面、13戸で組織されたが、その後、比較的大規模な農家2戸が抜けて、実質11名でスタートした。抜けた1名は本章2—(1) の権三郎農園の片倉功氏であり、水稲20haに加え畜産（黒毛和牛24頭）にも従事し、親子で営農している。もう1名は5ha規模でサラリーマンとの兼業の水稲農家であった。いずれも認定農業者であった。さらに、残り11名のうち1名は農業ができないことから組合が土地（77a）を預かっていた。結果、実働10名による集落営農が展開されてきた。

組合員の農地は全て組合が預かる。2017年度の耕作面積は25.5ha、水稲

長井の散居村

資料：長井市

木口集落の圃場配置図

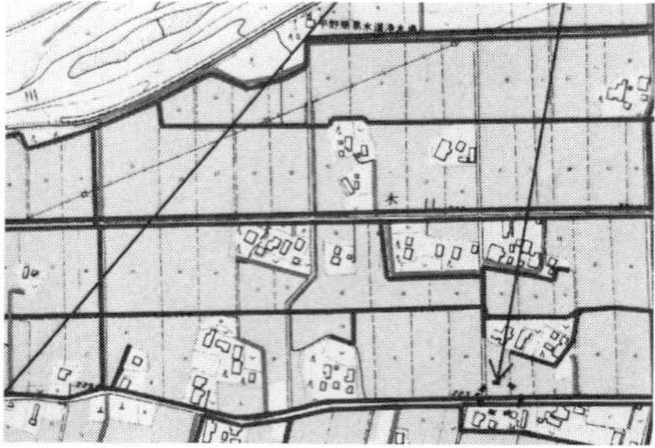

資料：JA 山形おきたま平野支店

14.6 ha、加工用米 5.1 ha、大豆 1.1 ha、WCS 4.2 ha、カボチャなどの野菜が 15a という構成であった。メンバー 11 人のうち 6 人は専業で来た人たちであり、農閑期は日雇い、さらに都会に出稼ぎに出ていた。夫人たちは地元の工場勤めであった。子息たちは全てサラリーマンになった。子息たちは休日には手伝うが機械には乗らない。機械に乗るオペレータは 8 人、一番年配は 72 歳、一番下が 45 歳であり、下から 2 番目の青木与惣右エ門組合長（1955 年生まれ）が 63 歳であった。機械に乗らない組合員は一般作業に従事していた。

育苗は組合が一括して行なう。育苗ハウスは 9 棟（各約 130 m^2）だが、その後は 2 棟でショウガ、トマト、パプリカなどを栽培し、直売所に出していた。その他の 7 棟はハウスを解体し、露地の野菜栽培としていた。また、田植えは農地の所有者個々人が担う形であった。一部の直売所に出す野菜を除いて、全量 JA に販売していた。現状では農機は組合員から借りている。田植機 4 台、トラクタ 6 台、コンバイン 4 台であり、今後は個人では農機は購入しない。将来的には各 2 台でやれるという判断であった。賃金支払いは従事分量配当にしてあり、時間給として、男性 975 円、女性 850 円に設定されていた。この従事分量配当の場合は後に調整され、基本的には赤字が出ない形となる。

このように、木口営農組合のスタイルは、東北地方には珍しく、北陸地方で発展した「ぐるみ型集落営農」の典型となっていた。

青木与惣右エ門氏

木口集落の水田

▶木口営農組合の将来

法人化はすでに2007年に行なっており、集落営農に転じてほぼ10年を経過した。この間、幾つかの波があったものの、青木氏は「あまり変わらないのではないか」「実質収入は変わらない」と語っていた。この間、多様な交付金はなくなり、組合員のうち2名は「離農しようか」と考えている。組合員の子息たちは全てサラリーマンになっている。ぐるみ型集落営農であれば、サラリーマンとの兼業は可能であるが、機械に乗る経験を重ねないと、オペレータがいなくなる懸念もある。将来的には数人のオペレータが全てを行なう中国山地でみられる「オペレータ型集落営農」に変わっていく可能性もある。また、組合員の中で青木氏のみが子息がいない。青木氏は「70歳になったら、土地を組合に提供し、委託生産してもらう」と語っていた。

このような状況なのだが、青木氏は近年注目の「鉄コーティング点播直播栽培」にも踏み出していた。この鉄コーティング点播直播栽培は、種に鉄粉と石膏の粉をコーティングするというものであり、育苗を必要とせず、また、鳥害対策にもなる。各地で試行錯誤されているが、現在の水稲栽培の一番の重労働とされる育苗から解放されるものとして、また、今後の人手不足、高齢化への一つのあり方として注目される。

青木氏は2015年から鉄コーティング点播直播栽培に踏み出しており、2018

年は4haに拡大していた。これまでの経験では反収は9俵ほどであった。かなりのものであろう。青木氏のやり方は、代掻きした後に落水し、田植機に専用のアタッチメントを取り付け、「置いていく感じ」と語っていた。ただし、根の張りがやや弱いとしていた。2018年の場合、鉄コーティング点播直播栽培は5月12〜13日に植えつけとなり、刈り入れは通常の場合よりも2週間ほど遅れる10月15〜25日を予想していた。一般の田植えについては、青木氏の場合、育苗に約1カ月をかけ、田植えは5月16日からであった。収穫は直播きよりも約1カ月早く、9月20日〜10月10日頃までの予想であった。なお、コーティングをしないで直播きする場合の収量は7俵程度のようであった。

このように、集落営農、また、鉄コーティング点播直播栽培など、人手不足、高齢化、後継者難などの中で、農業も多様な取組みに向かっているのであった。

2. 家族規模の専業で大規模化と複合経営を展開

前節でみたように、長井をはじめとする東北地方では、2007年の「品目横断的経営安定対策」以降、駆け込み的に「集落営農」が組織されてきたが、西日本で展開されてきた「中国山地型」「北陸・富山型」の集落営農とは趣が異なり、集落の専業農家集団による大規模受託経営というべきスタイルが多い。そして、この専業農家集団による受託に加え、長井の場合は個別の専業農家が集落の農家から受託し、大規模化する形も少なくない。

このような場合、先の専業農家集団による大規模受託と同様に転作の受託から始まり、水稲の受託に向かっていくケースが少なくない。また、多くの集落では大半の兼業農家が高齢化、担い手不足により離農し、専業農家が2〜5戸程度になっている場合が多い。その限られた専業農家がそれらを引き受けていかざるをえない。そして、水稲をベースにしている限り、家族規模の個別専業農家が引き受け可能な面積は20ha程度とされていた。事実、長井の範囲でこのような20ha規模に拡大している家族規模の専業農家は20戸ほど存在している。

そのような家族的規模の大規模化の場合、水稲は4分の3〜3分の2程度の面積であり、残りは転作、さらに野菜栽培、花卉・花木栽培、畜産などに振り向けられる「複合経営」が顕著にみられる。そして、家族経営でこの規模になると、まだ改善の余地はあるにしても、事業的には十分に成り立っており、後継者も存在している場合が少なくない。そのような意味で、地方小都市の農業の構造変化の中の一つのあり方ということもできる。

（1） 平野地区平山／転作、水稲の受託経営と肉用牛の飼養 ——地域条件を活かした多面的展開（権三郎農園）

水田地帯が西側の越後山脈の主軸をなす朝日山系に接するあたりの最上川左岸の平野地区平山に、農業生産法人権三郎農園が拡がっていた。この権三郎農園の当主（会長）は片倉功氏（1957年生まれ）、先祖は江戸期に入る前に米沢を領有していた伊達家の家臣団の一員であったが、長井の平山の地で土農化している。戦後直ぐの頃までは25 ha（25町）ほどの農地を抱える地主であったが、戦後の農地解放により農地の大半を取り上げられ、3 ha規模に縮小されていた。

▶大規模受託に入り、酒米、特別栽培米に向かう

当主の片倉氏は長男であり、置賜農業高校を卒業、直ぐに家業に入った。水稲が中心であり、田が5 ha、肉牛の飼養が7頭ほどの規模であった。当時の長井の農家1戸当りの平均の耕地面積1.11 ha（1975年、2015年は2.44 ha）か

片倉功邸

厩舎の中の片倉功氏

らすると、相対的に規模の大きな農家であった。基本的には専業農家であり、一時期は冬季の出稼ぎにも出ていた。

長井は戦前の東芝系企業の誘致から始まる近代工業化により、兼業の機会が多かった。だが、兼業では転作（大豆、小麦等）に応えられず、加えて農家の高齢化、後継者難などにより、専業農家（集団）への委託の形が増加している。このような地域事情の中で、10年ほど前から、専業の片倉氏は周辺の兼業農家から大豆の転作を受けるところから受託経営に入っている。その後、受託部分が増大し、水稲20 ha、転作の大豆、飼料米、牧草等70 haとなっている。現在の自有地は7.5 haとされていた。

これらの中で、水稲の20 haは権三郎農園で対応し、大豆等の転作分の70 haについては、地域の転作グループ18戸で組織している百秋舎で対応していた。権三郎農園の大豆栽培部分は基本的に10 haとされていた。

権三郎農園は農業生産法人化しており、現在では片倉功氏は会長、次男の片倉堅二氏（1982年生まれ）が社長に就いていた。なお、片倉堅二氏は地元の若手の農業者が集まる長井農研のメンバーでもあった。権三郎農園の実働メンバーは片倉父子の2人であった。また、権三郎農園は意欲的に酒米の「出羽燦々」や特別栽培米の栽培に取り組んでいる。酒米は地元の清酒直江杉販売店会と酒造蔵の長沼合名会社との共同開発の純米吟醸「直江杉」用として採用されている。特別栽培米は「野川清流米」の名称で独自販売を実施、主としてJA系列外の米穀問屋（商系）に流していた。

このように、権三郎農園は水稲20 ha規模となり、転作受託にも踏み込み、経営基盤を安定させ、後継者も確保し、多様な取組みを重ねているのであった。

▶肥育牛に加え、繁殖牛を導入

これらの農耕に加え、権三郎農園は肉牛（米沢牛）の飼養（肥育）も続けていた。従来は子牛（生後10カ月）を購入し、32カ月ほど育てて市場に出していたのだが、近年、子牛の価格が高騰し、採算割れしていることから、2016年11月に繁殖牛を1頭購入していた。従来の価格体系では、子牛の価格30～40万円、成牛の価格は80～100万円ほどであったのだが、近年、子牛の価格が倍の80万円ほどに高騰している。これに対して、成牛の価格は120万円ほどであり、ほとんど原価割れしてしまう。このような事情から、近年、肥育農家も子牛の自家調達を目指し、繁殖牛を用意する方向に向いている。

2017年4月現在の権三郎農園は、肥育牛23頭、繁殖牛1頭の構成であった。牛の懐妊期間は人間とほぼ同じ10カ月強、1頭の繁殖牛は基本的には1年に1頭しか産まない。権三郎農園の肥育規模（肥育牛23頭）からすると、完全自己調達を考えると繁殖牛は7〜8頭ほど必要になる。当面は、自家生産と市場での子牛の調達の二本立てでいくものとみられる。また、近年は体外受精卵をジャージー種やホルスタイン種に育ててもらうスタイルも増えているが（日本の黒毛和牛の30％程度とされる）、それは今後の課題となろう。

家族規模で水稲20 haの受託経営、酒米、特別栽培米の生産、転作グループの一員としての10 haほどの大豆等の耕作、さらに、20数頭の肉牛の飼養という多角的な経営が行なわれている。それは、小規模水稲と兼業を基本にしてきた東北の農村地帯において、農業従事者の減少と高齢化の中での一つの対応の仕方として注目される。

（2）豊田地区歌丸／転作大豆の機械共同化から、大規模水稲、肥育牛へ ――事業的に成り立つ農業に向かう（寒河江忠氏）

戦後、水稲、兼業で来た長井の農業は、現在、大きな転換期を迎えている。高齢化、担い手不足、離農が顕著に進んでいる。他方、集落営農、大規模受託など多様な取組みが重ねられている。その行き着く先はまだよくみえない。そのような中で、早い時期から転作大豆の機械の共同化に踏み込み、また、農地の集積を進め、水稲、転作、さらに肥育牛をベースにし、事業的に成り立つ農業に向っている農家があった。豊田地区歌丸の寒河江忠氏（1957年生まれ）であり、長井市の農業委員を12年（3期）受け、さらに現在は農業委員会会長の役に任じていた。地域農業のリーダー的存在であった。

▶歌丸の里の前身に参加

豊田地区歌丸の寒河江家は、戦前期には4 haほどの農地を抱えていたのだが、戦後の農地解放により、3 ha に減らされていた。寒河江氏は長井高校（普通科）を 1975 年に卒業、同時に就農している。当時は水稲（3 ha、自有地）に加え、父は繁殖牛を手掛けていた。約 25〜26 頭規模であった。だが、当時、激しい下痢を伴う白痢（はくり）という病気が流行、牛を助けることができなかった。そのため、繁殖牛を縮小し、肥育（子牛の仕入れ）に転じていく。経産牛を安く仕入れて太らせ、販売し、その資金で子牛を買うというスタイルで 10 年をかけて完全に肥育に転換した。1980 年代の中頃には肥育牛 25〜26 頭規模になっていった。当時は家族 3 人の経営であった。

1976〜1978 年頃になると、第 2 次構造改善事業として圃場の基盤整備事業が進められていく。合わせて、減反による転作の必要性も出てきた。このような事態に対し、長井市の要請により、歌丸地区 180 戸の農家のうち 10 戸（20 ha）が機械の共同化に踏み込んでいった。トラクタ（3 台）、コンバイン（2 台）を共同購入し、共同作業に入っていった。長井周辺では早い取組みであった。ただし、実際に始めてみると高齢者ばかりであり、当時 20 歳の寒河江氏が一番若く、機械に乗れるオペレータは 3 人しかいなかった。この当時から長井の農業の高齢化が進んでいた。この機械の共同利用事業は順調であり、利益も出ていた。

1997 年頃になると、水稲からの転作の大豆生産が拡がるが、担い手がみえないことから、寒河江氏と現在の歌丸の里代表高石孝悦氏（1950 年生まれ）の 2 人が中心になり、4 人で転作大豆生産を引き受けるための大規模受託を開始している。向井工業（大阪府八尾市）の大豆の播種機（ごんべい）で、当初は 4 人の自有地 4 ha 規模で青大豆の生産に入っていった。これが先の本章 1―(3) でみた歌丸の里の前身になっていった。

▶農地の集積と肥育牛の拡大

その間、農地の集積、肥育牛の拡大を進めていた寒河江氏は、2007 年頃には歌丸の里の活動から身を退き、自力で事業的に成り立つ農業に向かっていった。その頃には、農地（自有地、借地）は 10 ha となり、水稲が 70%、転作の青大豆 30%、そして肥育牛が 40 頭の規模になっていた。

寒河江忠氏

寒河江家

現在、高齢化の中で農地の集積が進み、2017年現在の寒河江家の経営規模は、田20 ha、肥育牛50～60頭の規模になっている。20 haの田のうち水稲は15 ha、3 haは大豆、2 haは牧草、飼料米を生産していた。現状の寒河江家の肥育牛に対して、牧草、飼料米は半分以下しか自前で供給できていない。肥育牛の場合、懐妊期間がほぼ10カ月、10カ月ほど育てた子牛を購入し、2年強をかけて肥育する。実質ほぼ4年かかることになる。

特に、近年、子牛不足が著しく、子牛価格が高騰している。それに比べて成牛の価格はついていけてない。長井市を含む西置賜郡から東置賜郡にかけての3市5町で生産された和牛は「米沢牛」として取り扱われる。米沢のJA公設市場で屠畜され、枝肉が市場にかけられる。市場は月に3回、各70頭ほどが出品される。評価の高い米沢牛は、寒河江氏のような肥育農家から生み出されている。数年前、寒河江氏の出品した肥育牛がチャンピオンになり、400万円の高値で落札されたが、周囲への御祝儀がたいへんなものであった。和牛はそのような世界なのである。

▶地域農業構造変化の中でのあり方

また、寒河江氏は独自に米を生産し、歌丸の里を通じて三井物産系の商系に販売している（約1500俵）。JA価格よりも1俵（60 kg）あたり1000円ほど

減農薬・減化学肥料栽培のつや姫とコシヒカリ

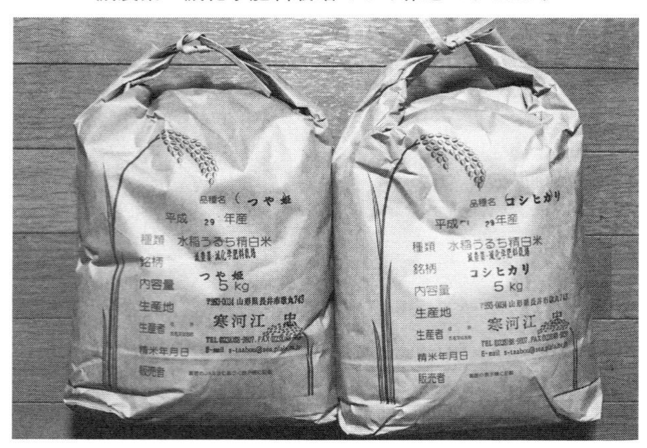

高い。栽培品目はつや姫、コシヒカリ、ひとめぼれ、どまんなか、そして、新品種のきんのめぐみの６種類を低農薬・低化学肥料の特別栽培米を作っていた。寒河江氏は「いろいろ栽培し、自分で美味しい米を確認していきたい」と語っていた。もう一つの主力の青大豆は任意の「大豆グループ」を組織し、JA 経由で販売していた。

全体的にみて、現状の寒河江家の農業は、家族規模で行なえる限界の規模にまで来ているようにみえる。そして、かなりの収益が上がることから、長男の寒河江翔万氏（1999 年生まれ）は「継ぐ構え」であり、現在は経営学を勉強に城西大学経営学部に学んでいた。後継者も不安なしということであろう。

長井の農業の現状をみる限り、高齢化、離農がさらに続く、農地の委託の要請もさらに高まるであろう。そのような点にどのように応えていくかも今後の大きな課題となりそうである。大規模化を進める場合は新たな雇用が必要になり、当然、通年雇用のためには冬季の仕事の用意も課題となる。こうした方向に向かうのか。あるいは、現状を適正規模とみて、栽培品目の高度化、多様化の方向に向かうのか、現状はそのような課題に対しての転換点のようにみえる。

(3) 豊田地区今泉／集落に最後に残った２戸の専業農家の一つ
――転作、水稲の受託に加え、ニンニクの栽培、加工に（酒井喜三氏）

長井市、郊外は良質な水稲地帯を展開。さらに昭和戦前以来、近代工業の誘致、育成にも成功し、就業機会を豊富に提供できたことから地元の農家は兼業に向かっていった。他方、戦後の農地解放により、個々の農家の耕地面積は3 ha 以下となり、多くは1 ha 前後の小規模零細なものになっていった。1 ha 規模でも園芸作物であれば事業として成り立ちうるが、兼業化が水稲に傾斜させていった。

このような仕組みが戦後の70年で強固に出来上がり、サラリーマン化した兼業農家はリタイアの時期を迎え、一部には小零細規模の定年帰農を生み出しているものの、大半のリタイア組は農業を放棄する方向に向いている。また、彼らの子息たちは早くからサラリーマン化し、農業への関心を失っている。

このような事情の中で、長井市郊外の集落は数軒の専業農家を残し、大半は離農の方向に向かっている。豊田地区今泉をみると、本来の農家戸数は約50数戸、面積は約100 ha とされていたのだが、専業農家は２戸、兼業でいくらか動いている農家が10戸程度、その他は離農している。そのため、専業農家への委託が進んでいる。この点、長井に限らず本州以南の農村地帯の多くでは、専業農家への農地の集積が進み、個人では20 ha 程度が普通になってきた。そして、多くの場合、個人で受けられるのは20 ha あたりが限度とされている。実際、豊田地区周辺では20 ha 級の専業農家が10戸はあるとされていた。

このような現象は全国の各地で観察されるが、長井では豊田地区今泉、致芳地区五十川、成田あたりで顕著にみられる。近代工業化の部分が相対的に大きかったことから、長井はこのような動きの最先端に立っているようにもみえる。

▶転作の一貫としてニンニクの栽培に入る

以前、酒井家は国道113号沿いの角地で、米、酒、タバコ店を開いていた。地域の名門事業者ということであり、農地も数 ha 単位で所有する兼業農家でもあった。先にみたように、今泉では専業農家が２戸にまで減少していること

酒井喜三氏

ニンニクの一次加工（皮むき）

から、農地が自然に集まってくる。現状、酒井家には 20 ha ほどが集積していた。このうち 60% 程度は借地であり、自有地は 40% の約 8 ha ほどであった。農地の流動化がかなり進んでいることがうかがえる。なお、農地の賃借料（小作料）は、1 等地が多いために比較的高く、1 万 7000 円／反、2 等地は 1 万 4000 円／反に設定されていた。この賃借料は 3 年で見直す形であり、農業委員会が目安の価格を提示してくる。

この 20 ha に対して、酒井家では 55% は水稲栽培、45% を転作にあててきた。転作の面積は年々、拡大要求されていた。転作は大豆、ニンニク、一般野菜（直売所用と自家用）であった。

3 代目の当主である酒井喜三氏（1953 年生まれ）は、置賜農業高校を卒業後、直ぐに就農している。当時の耕作面積は 3 ha であり、水稲を中心に一部（30a）でブドウのデラウエアを栽培していた。ただし、水稲とブドウ栽培は時期が重なることから 2010 年にはブドウ栽培から撤退している。

そして、ブドウに代わる物として山形県が推奨していたニンニクの栽培に踏み出していく。特に、育苗用のハウスの有効活用が目指された。兼業の勤め先がしっかりしている農業地帯の場合、育苗用ハウスは 5 月から翌年春までの 10 カ月ほどは利用されていない場合が少なくない。山形県はその有効活用を期待していた。酒井家ではこのハウスは乾燥施設として利用していた。酒井家の育苗ハウスは3棟、2棟をニンニクの乾燥用、もう1棟はインゲンや薬物の栽培に用い、直売所等に出荷していた。なお、ニンニクの栽培法等については、ネットで勉強したと語っていた。

現在のニンニクの栽培は約180a（露地）である。自有地の転作用地を利用していた。ニンニクの栽培は6月の梅雨の前に定植し、管理を重ね、翌年6月に収穫（10日間ほど）となる。ニンニクは通例、砂地が良いとされるのだが、粘土質の長井でも十分に栽培されていた。その後、乾燥調整される。なお、苗は毎年20％程度を更新していた。

▶ニンニクの加工に踏み出す

新たな農産物の生産に乗り出す場合、販売先の確保が問題になる。酒井家の場合は米沢市の羊肉専門のなみかた羊肉店に卸していた。なみかた羊肉店は米沢市内に「義経焼」の名称の焼肉店を2店展開している。このなみかた羊肉店に卸す場合、一次加工としてニンニクの皮（薄皮まで）を剝くことが求められる。

酒井家では収穫したニンニクを冷蔵庫（—2℃）で保存し、通年で必要な時に取り出して一次加工を行なっていた。この加工は酒井夫人とパートタイマーの女性が任じ、さらに忙しいときにはパートタイマーを追加していた。手で剝く作業であり、2人で20 kg／1.5日ほどとされていた。機械化は可能なのだが、機械代は250万円ほどであり、当面、手作業によっていた。年間の生産量は700 kg、なみかた羊肉店には1600円／kgで卸されていた。このなみかた羊肉店以外は、長井の納豆屋（山善）に辛味噌用として提供していた。その他、少量だが、ニンニクとショーガの乾燥チップ、パウダーも生産していた。

酒井氏は「個人では20 haが限度、これ以上は引き受けられない。出来れば、水稲の面積を減らし、ニンニクを楽しくやりたい」と語っていた。一次加工ばかりでなく、チップ、パウダー等に新たな可能性を感じているようであった。

現状、長井では酒井家が唯一のニンニク農家だが、豊田地区時庭のファーム豊里には、40代の新規就農希望者がインターンで入っており、ニンニク栽培に関心を寄せ、2017年には試験的に5畝（500 m^2、1畝＝約100 m^2）に

100 kg を植えている。水稲できた長井の農業も園芸作物への関心が少しずつ高まってきたようである。

なお、酒井家は一人娘でありすでに嫁に出ていて、後継者の見通しはない。約 100 ha の農地を抱える今泉で、後継者が期待できるのはもう 1 戸の専業農家のみである。長井郊外の農業はこのような状況に直面しているのであった。

3. 事業意識を高めて新たな農業へ

戦後、1 ha 前後の狭隘な農地と水稲栽培に閉じ込められてきた日本（本州以南）の農業は、現在、大きく変わりつつある。長い間にわたって兼業依存できた農家は、高齢化、担い手不足等によって農業からの退出を開始し始めている。明らかに、これからは事業意欲の高い専業農家（集団）による大規模、効率的な農業が主流の一つになっていこう。

この点、この十数年の間に注目され、期待されてきた集落営農、特に北陸・富山型の集落営農、中国山地型の集落営農は大きな曲がり角に直面しつつあるようにみえる。現実に、富山県の集落営農の中心地域である礪波平野をみていると、集落営農の他に専業農家（集団）による大規模受託経営が交じり始め、100〜200 ha 規模に拡大している場合が少なくない。集落営農の本場の富山のあたりで、富山型集落営農と専業農家（集団）による大規模受託経営を比較的にみていくと、明らかに事業意識、経営の厳しさに差がみられる。栽培品目の決定、栽培方法の研究、販売先の確保、従業員の雇用、用地の合理的・効率的な利用などに厳しく、その結果の経営成果がかなり異なる。明らかに専業農家（集団）による取組みが勝っていることを痛感させられる。彼らは所与の環境の中で、事業として取り組んでいるのである。

この点、富山県のように、兼業により所得の大きかった地域の集落営農は帰農した高齢者が中心になって運営されているが、蓄積大きく、将来の年金も期待され、全体的に余裕のある展開になっている場合が少なくない。かつての兼業、夫婦で工場勤めという高収入モデルが基本になっているのであろう。ただし、若者たちは農業への関心は乏しく、後継者はほとんど期待できない。ぐるみ型とされた北陸・富山型集落営農は、近い将来、機械に乗れるオペレータも限られる中国山地型の集落営農に近い形になっていくことが予想される。西日本の集落営農は事業としての厳しさと将来展望に欠けているようにもみえる。

このような点からすると、現在推進されている長井の専業農家集団による大規模受託経営、さらに、家族的規模の専業農家による20 ha前後の大規模受託経営、複合経営は新たな事業的展開の可能性を期待させる。農産物市場の動向をみながら栽培品目を考え、栽培方法の研究、販売方法の研究、販売先の確保、従業員の雇用・育成、そして、用地の合理的・効率的な利用等を重ねていくことが課題とされる。個別の事業主体として明確な経営戦略を抱き、合理的、効率的な経営を目指していくことが求められている。そのような意味で、日本の農業はようやく事業的な可能性を導き出してきたということであろう。そして、その先端に長井の専業農家（集団）が位置していることになる。日本の農業を変えていく担い手として、さらに、長井の地域産業の新たなあり方をリードするものとして、彼らに期待される点は限りなく大きい。

1）戦後、東北で最も近代工業化に成功したとされる岩手県北上市の場合も、長井市と同様に、農業は兼業化が進み、水稲に傾斜していった。そのような中で近年は耕作放棄地や離農が増え、その受け皿として大規模受託の西部開発農産が登場している。おそらく、この西部開発農産の900 ha（自有地150 ha）という規模は全国の最大のものであろう。北上市と西部開発農産については、関満博『「地方創生」時代の中小都市の挑戦――産業集積の先駆モデル・岩手県北上市の現場から』新評論、2017年、第8章を参照されたい。

2）富山県の農業機械の共同利用、集落営農化については、関満博「『富山型』集落営農の展開――礪波平野と近代工業都市高岡の兼業農業地帯」（『明星大学経済学研究紀要』第48巻第2号、2016年12月、を参照されたい。

3）島根県津和野町奥ケ野村の集落営農「おくがの村」については、関満博・松永桂子編『「農」と「モノづくり」の中山間地域――島根県高津川流域の「暮らし」と「産業」』新評論、2010年、第4章を参照されたい。

4）「集落営農」については、楠本雅弘『進化する集落営農』農山漁村文化協会、2010

年、関満博『「農」と「食」のフロンティア――中山間地域から元気を学ぶ』学芸出版社、2011年、関満博・松永桂子編『集落営農／農山村の未来を拓く』新評論、2012年、を参照されたい。

5）中国山地型集落営農は、中国山地以外では九州山地、中部地方等に広くみられる。だが、中国山地、九州山地とほぼ同様の高齢化、担い手不足等に悩まされている四国山地ではあまりみられない。九州山地の状況については、鹿児島県北部を扱った、関満博『鹿児島地域産業の未来』新評論、2013年、第4章、四国地方の農業と集落営農については、関満博編『6次産業化と中山間地域――日本の未来を先取る高知地域産業の挑戦』新評論、2014年、を参照されたい。また、水稲の比重が低く、1農家あたりの耕地面積が大きく専業農家中心に展開してきた北海道では、集落営農の形はみあたらない。むしろ、高齢化等の中で、北海道でも農地の集積が進み、個別農家で30～150 haといった大規模化に向かうケースも少なくない。北海道農業については、関満博『北海道／地域産業と中小企業の未来――成熟社会に向かう北の「現場」から』新評論、2017年、を参照されたい。なお、全国の集落営農については、関・松永編、前掲書を参照されたい。

6）成田農産の歩みについては、仲川明「成田発！仲間の絆、地域の絆で長井の農地を守る法人経営体～100ヘクタール経営の集落営農法人を目指して～」2017年、を参考にした。

7）五十川生産組合の2011年頃の事情については、関満博『地域産業の「現場」を行く 第6集』新評論、2012年、第180話を参照されたい。

第8章　果樹、ハウス栽培等の専業化

――高付加価値農業、園芸への展開の可能性

果樹、花卉・花木類、畜産といった領域は戦後の高度経済成長期以降に大きく発展したものであり、江戸期はもちろんのこと、明治から昭和戦前においても限られた存在であった。例えば、江戸中期の頃から砂糖菓子、あるいは保存食料の一つとして「砂糖漬」というものが登場してくるが、当時の日本には果物は少なく、ナス、ゴボウ、ニンジン等の野菜に砂糖をしみ込ませて砂糖漬にするものが主流であった。果実については、一部、九州を中心に夏ミカンの皮を砂糖漬にするものがあったにすぎない。また、現在の砂糖漬の代表選手である甘納豆が登場してくるのは昭和戦前とされている。

花卉・花木類も保存が難しく戦後しばらくまでは非常に限られたものであり、現在のように広く各地で栽培されるものではなかった。振り返ると、水稲中心で歩んできた日本の場合、戦前期までは果樹、花卉・花木栽培、畜産（農耕馬・牛は別）はほとんどみられなかった。養鶏も農家が自家用の採卵などで行なわれていたにすぎず、食肉用の養鶏が普及するのは戦後のことであった。江戸後期以降、樹園地としては全国的に養蚕材料を提供する桑園が目立っていたにすぎない。

長井の場合も、最上川左岸の平野部は水稲栽培が基本であり、江戸中期以降に山際の扇状地に桑園が形成されたことが記録されている[1)]。また、山間部の伊佐沢地区の場合には最近までタバコ葉の栽培が行なわれていた。その頃までは、換金性の高い作物としては、桑、タバコ葉がその代表的なものであった。このような状況の中で、長井は戦後一気に近代工業化を進め、小規模農家の大半は工場勤務との兼業に向かい、農業はむしろ水稲化が強められていった。

第2章の表2―16によると、1992年段階では長井の経営耕地の総面積は3207.9 ha、うち樹園地は148.2 ha（構成比4.6%）であったのだが、その後激減し、2015年には総面積2968.0 haのうち樹園地は41.3 ha（1.4%）にまで減

少している。特に、1992年には桑園は56.2 haを占めていたのだが、2000年にはゼロになっている。その後も手の掛かる樹園地は減少を続けている。果樹栽培の場合、特定の時期に大量の労働力を必要とするが、近年は人が集まらないことが事業継続を困難にしている。むしろ、全国的にみても、規模の大きい果樹園ほど、こうした問題から廃業に向かうところが少なくない。

また、表2—18によると、2015年の長井市の農業経営体779の中で、果樹は88、花き類・花木は23経営体が示されている。果樹、花き類・花木を兼業で行なうことは難しく、約780の経営体のうちの100前後（12〜13%）は小規模な専業農家が中心ということであろう。また、地域条件を反映して、果樹は伊佐沢地区（44経営体）、西根地区（19経営体）に多く、花き類・花木は西根地区（7経営体）、平野地区（7経営体）が目立っている。

このような果樹、花卉・花木類の栽培に加え、長井ではビニールハウスによる野菜（トマト、ミニトマト、イチゴ、葉物等）等の栽培も行なわれるようになってきた。果樹、花卉・花木類に加え、ハウス栽培の野菜生産は、現在の長井の小規模農家の大きな部分を占めることになろう。

戦後の高度経済成長期以降、近代工業化による就業機会に恵まれた長井の場合、大半が工場勤務との兼業に向かったのだが、中には農業にこだわり果樹、花卉・花木類、あるいは畜産に向かった農家もあった。また、伊佐沢地区のように水稲の条件に恵まれていない所では、タバコ葉等の栽培にあたっていたため、工場勤務に出られず、専業を維持してきた場合もある。それらは面積当りの付加価値生産性が高く、一定の所得も見込まれた。山間地で耕地も限られている伊佐沢地区で、かつてのタバコ葉、そして、現在の果樹栽培が盛んに行なわれているには、そのような背景があろう。

そして、先の章でみたように、長井の場合、近年、水稲を中心にして大規模受託経営、あるいは一定規模（20 ha前後）の複合経営が支配的になってくる反面、小規模ながらも集約化され、そして付加価値生産性の高い果樹、花卉・花木栽培、ハウス栽培、畜産などの専業農家が登場してきていることはまことに興味深い。それらは、兼業、水稲に特色づけられてきた長井の農業に新たな可能性をもたらすことになろう。

1. 山間地域の伊佐沢地区の取組み／果樹への展開

先の表2—18によると、2015年の伊佐沢地区の農業経営体は100であり、各農家とも栽培品目は多岐にわたり、経営体数は水稲84、野菜48、果樹44、いも類11、工芸農作物6などが報告されている。伊佐沢地区の場合、比較的水稲の比重の大きい農家は兼業化し、専業農家は果樹を中心に、一部に水稲、野菜を栽培しているというケースが一般的である。また、果樹栽培も少し前まではリンゴが目立っていたのだが、現在、閉鎖している場合も少なくない。リンゴは全国的に過剰生産気味であり、採算が悪化しているようである。日本では果樹、野菜などで人気が出てくると一気に全国的に参入が起こり、過当競争の中で価格が低下していくという傾向が大きいが、リンゴはかなり前からそのような局面にある。最近ではトマト、イチゴもそのような傾向がみられる。

それでも、現在の伊佐沢地区ではリンゴ農家が多く、その他ではスイカ、ラフランス、ブドウが目立つ。この節でみる横澤フルーツ園はサクランボ、リンゴ、スイカを栽培しており、安部ぶどう園は生食用のブドウを中心に一部に水稲を栽培していた。さらに、この伊佐沢地区には全国にわずか10戸とされるブドウの苗木栽培に従事している農家が3戸を数えていた。その他に目立つのはビール用のホップの栽培が拡大している。伊佐沢地区のホップは、ビール大手との契約栽培となっている。

このように、水稲が優越的な長井において、最上川右岸の山間地を形成している伊佐沢地区は水稲栽培の条件に乏しく、かつては凶作にも悩まされ、タバコ葉、そして、リンゴ、ブドウ等の果樹に展開してきた。この節では、それらの中から三つのケースをみていく。

(1) 伊佐沢地区中伊佐沢／サクランボ、紅玉、スイカの果実専業 ——地区1軒のサクランボ農家（横澤フルーツ園）

長井市の最上川右岸に展開する伊佐沢地区は、山間地域であり沢沿いで水稲栽培も行なわれているが、傾斜地はリンゴ、ブドウ等の果樹栽培に加え、スイ

横澤フルーツ園の作業場

サクランボの圃場と横澤剛氏

カ栽培が行なわれている。その伊佐沢地区の中伊佐沢にサクランボ、リンゴ（紅玉）、スイカ栽培を専業とする横澤フルーツ園が展開していた。現在、中心的に働いているのは横澤剛氏（1984 年生まれ）、それに両親の 3 人で構成されていた。2017 年 4 月 12 日に訪問したが、丁度、サクランボの枝の剪定に入っていた。

▶水稲から果樹に転換

横澤フルーツ園の圃場のあたりは、伊佐沢地区の中でも比較的平坦な地形であり、従来は水稲栽培に従事していたのだが、横澤家は現在ではサクランボ（35 a）、リンゴ（70 a）、スイカ（29 a）の果樹専業農家になっている。現在、水稲栽培は行なっていない。サクランボといえば、山形市の北部に展開する東根市が著名であり、従来は長井のあたりでは栽培されていなかったのだが、平成に入る頃に当時の長井市長（斎藤伊太郎氏）が、地元に根付かせたいとして数戸の農家に推奨していった。こうした要請に対し、1989 年、伊佐沢地区では横澤家が取り組んでいった。現在では長井では最上川の左岸にある西根地区あたりでは 20 数戸が栽培している。伊佐沢地区では横澤フルーツ園 1 戸のみであった。

現在、横澤フルーツ園の主たる担い手となっている横澤剛氏は、中学生の頃から家業に入ることを意識し、高校は置賜農業高校農業化学科に進んでいる。卒業後は新庄市にある農業大学校（2 年制）に通い、そのまま就農した。当時、すでに横澤フルーツ園ではサクランボに取り組んでいた。就農後、試行錯誤を重ねたが、現在では、サクランホ、リンゴ、スイカの3種類に展開している。伊佐沢地区の紅玉は東京の大田市場で日本一の価格で取引されている。なお、横澤フルーツ園の紅玉は全て直売されていた。

サクランボとリンゴは主として贈答用であり、消費者への直接販売が多い。スイカは伊佐沢地区の特産であり、夏季になると「あやめ郷すいか」の商標で大半はJAに提供されていた。この「あやめ郷すいか」の名称は長井の「あやめ公園」にちなんだものであり、横澤氏の父が命名したものであった。糖度は12〜13度とかなり高く、甘さと独特の歯触りが際立っている。7月中旬頃から関東方面に出荷されていく。また、地元の伊佐沢共同直売場でも販売されるが、時期になるとクルマが並ぶ人気商品であった。

横澤フルーツ園の就業者は3人だが、繁忙期にはシルバー人材を20人ほど集めて対応していた。3月の雪解けの頃からスイカの苗づくりが始まり、4月からはサクランボの枝の剪定、そして、サクランボの出荷は6月、スイカは7月中旬、リンゴは9月からであり、これらの時期は忙しい。傾斜地にリンゴ畑が拡がる伊佐沢の地で、高いレベルの果樹栽培が行なわれているのであった。

▶6次産業化と鮮度

長井の地では、早い時期から「長井農研」という若い農業者が集まる研究会が組織され、現在では22人が会員となっている。横澤氏もそのメンバーに入っていた。この長井農研、情報交換、交流が主なものだが、最近では「6次産業化[2)]」が主たるテーマになっている。農業地域にとって、これまでの素材だけを提供していたところから、農業経営の安定化と地元に付加価値を残す6次産業化は一つの大きなテーマであろう。

この点、マルコン電子以来の近代工業化により、就業機会に恵まれていた長井の場合、兼業化が進んだことから、農業全体が水稲に傾斜している。そのために、加工向けの材料（農作物）の種類も量も少ない。伊佐沢地区のリンゴ、ブドウ、さらに、近年の水稲からの転作による大豆、そばのあたりが焦点になりそうである。

この点、高級果実に展開している横澤フルーツ園としては、一部にサクランボ、リンゴのＢ級品が加工材料になりうるが、横澤フルーツ園単独では量はさほどのものではない。こうした材料をどのように扱っていくのかの課題と可能性はあるが、小規模農家としては、むしろ、高級化路線を高めていくことが適切かと思う。付加価値を上げていくには加工度を増すことに加え、もう一つ、鮮度維持という課題がある。鮮度の良いものほど付加価値の高いものはない。こうした点も視野に入れ、美味しさに加え、「鮮度」に新たな付加価値を見出していくことが望まれる。特に、山形のサクランボ（佐藤錦）へのアジアの関心は高い。足の早サクランボの課題は鮮度維持とされている。

首都圏市場に遠い北海道では、農水産物の鮮度維持は死活的なものと受け止められ、そのための努力を重ねているが、本州以南はそのような関心がやや乏しい。地元の製造業などとも連携し、鮮度維持のための可能性を模索していく必要性は大きいと思う。

(2) 伊佐沢地区中伊佐沢／若い女性の生食用ブドウ栽培農家
——観光農園化を目指す（安部ぶどう園）

伊佐沢地区の斜面にはリンゴ畑が拡がり、その間にブドウ畑が点在している。この伊佐沢地区の中伊佐沢に、若い女性の安部真理さん（1984 年生まれ）が承継しているブドウ園が展開していた。しかも、安部さんは北海道札幌市出身の男性と結婚し、長井に連れてきていた。その男性も就農し、先の長井農研のメンバーに入っていた。近年、若い女性の就農、農業承継が目立つが、安部さんは就農、承継に加え、担い手の男性を連れてきているのであった。

▶北海道の男性を連れて家業に戻る

安部さんは姉と２姉妹、長じて地元の高校から東京都昭島市の東京都立短期大学文化国際学科を卒業している。姉は同じ年に４年制大学を卒業、姉妹のどちらかが家業を継ぐかということになったが、姉は山形県の農業改良普及員となり、妹の安部さんが家業を継ぐことになる。安部さんは笑いながら、「押しつけられた」と語っていた。

安部家の作業場

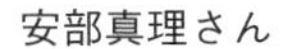

安部真理さん

安部さんは一般の就職をしたかったのだが、家業がブドウ栽培であることから、山梨県の農業大学校（2年制）にブドウの勉強に向かった。その後、1年間、ドイツに農業研修に行き、ブドウ栽培、ワイン製造の農家（3人家族）に住み込みで入った。ここで「ワインの難しさ」を知る。帰国後、家業のブドウ栽培の手伝いに入った。

ブドウ農家にとって、ブドウの採取が終わり、次年度に向けての剪定が終わるのが11月。そして、雪の季節になり、雪解けの3月末までは仕事がない。この冬の時期に、安部さんはアルバイトで北海道の十勝地方の新得町のホテルに住み込みで入った。このホテルのアルバイト時に伴侶をみつけている。北海道出身の男性が長井のブドウ農家に入ってきたのであった。安部さん夫妻は2男1女に恵まれていた。また、地元の若い農業者で組織されている長井農研に関しては、安部さんは脱会し、ご主人が参加していた。

▶ブドウがメイン、水稲が兼業

安部家の栽培作物は、ブドウ（1.5 ha）、スイカ（10 a）、水稲（60 a）の計2.2 ha、平均2.44 ha（2015年、全農家平均）とされる長井の1農家当りの耕地面積に比べて少し狭いが、果樹中心の専業農家としては比較的広い。この面積の栽培を両親と安部夫妻の4人でこなしていた。繁忙期には3人のパートタイ

安部ぶどう園のブドウ畑

マーを頼んでいた。

平地の少ない伊佐沢地区では以前はタバコ葉栽培が多かったのだが、祖父の代にブドウ栽培に入り、父の代に本格化していった。主力のブドウ栽培は雪解けの3月末に棚を整えることから始まり、4月に剪定、その後、芽かき、房づくり（小さくする）と重ね、6月に種なしにするためのジベレリン処理、摘粒、7月に袋かけ、そして、7月中旬から10月中旬の3カ月に収穫となる。収穫時は早朝の5時から夕方までの長時間労働となる。房づくり、摘粒、収穫時にパートタイマーを起用していた。この間、スイカは4月から苗づくり、7月から収穫、水稲は4月末の田植えから9月末の収穫まで続く。主力のブドウが1.5 haに対して、水稲は60aということからすると、水稲の比重は小さく、本業がブドウ栽培になっている。

主力のブドウの栽培は生食用の23種、時期をずらして収穫できる。ブドウの販売は100% 直売であった。全体の60〜70% は長井市街地の長井市が用意した「菜なポート」、市街地のJA経営の「愛菜館」、そして、地元の「伊佐沢共同直売場」の三つの農産物直売所で販売していた。特に、伊佐沢共同直売場は「箱売」がメインであった。その他は贈答用として個人直、さらに、最近はふるさと納税の返礼品としても扱われていた。

スイカは菜なポートに出していた。伊佐沢のスイカは「あやめ郷すいか」の商標があるのだが、安部ぶどう園はスイカ生産者組合に入っておらず、「あやめ郷すいか」の名称は使っていない。また、米は少量だが、地元JAに販売委託していた。

▶魅力的な観光農園への期待

ブドウ栽培の1.5 haは家族経営としてはかなりの規模であり、背後地の山林も所有している。まだ、拡大の余地がある。若い安部さんは「時々、イベントをやっているが、将来的にはカフェ、宿泊も可能な観光農園化したい」と語っていた。果実の栽培、もぎ取り、飲食、宿泊、学習（農業、加工）等から構成される観光農園はヨーロッパで生まれ、日本で発展した。日本の代表的な施設は、熊本県水俣市のスペイン村福田農場、そして、広島県三次市の平田観光農園が知られている[3)]。

また、福田農場、平田観光農園ほどの規模でなくとも、各地で魅力的な観光農園が設置されている。例えば、近くでは宮城県大崎市のトマトのハウス栽培をベースにしたデリシャスファーム（ハウス約2 ha）は加工にも踏み込み、生鮮のトマトと多様な加工品の直売所、もぎ取り、さらにトマトベースのメニューで構成された農家レストランを展開、多方面から人びとを惹きつけている[4)]。

観光農園に本格的に踏み込む場合、通年営業が課題となる。長井の場合は積雪の問題があるが、むしろ、それを魅力的な資源としてとらえ、新たな工夫を加えていくことが必要だろう。ブドウ農園の承継、新たな若い担い手の登場、その先には魅力的な観光農園が展望されているのであった。

(3) 伊佐沢地区芦沢／全国約10戸のブドウの苗木生産に従事
——ワイン用を中心に70種以上を生産（河井葡萄苗園）

地域の近代工業化を背景に兼業、水稲栽培が優越的な長井。ただし、細い沢筋に展開する伊佐沢地区は、リンゴ、ブドウ、スイカ等の果樹栽培が傾斜地に拡がっている。その伊佐沢地区芦沢に河井葡萄苗園が展開していた。

▶ブドウの苗木栽培の輪郭

河井葡萄苗園のスタートは1958年頃、祖母の代からであり、当初は接木されたものを預かり、苗木を育てるところから出発している。ブドウの苗木は、台木とされるものに穂木を接木し、それから育てて苗木としていく。通年の作業であり、以下のように流れていく。

まず、基礎となる台木は冬季の1月15日頃から切断（7寸）し、芽を取り、接木しやすい形に整える。それを水に漬ける。2月10日頃から穂木となる部分を母樹から切断し、水に漬け、揃えて台木に接木していく。この作業は3月いっぱい続く。その後、継ぎ目の乾燥を防ぐために絆創膏のようなもの（ドイツ製）でロー付けしていく。それをオガクズの入った箱に格納する。1箱200本単位であった。4月下旬にはこれを温床に入れ、最大35℃で温める。

5月下旬には箱から取り出し、畑に定植していく。その際、苗木の回りに土を山状に盛っていく。7〜10日後に土の山を平らにし、保護用の竹を差し、倒れないように誘引する。この作業が一番手間がかかる。お盆の頃に竹を抜いていく。苗木の採取は10月25日から雪が来る前の11月15日頃まで。それから発送にかかる。50本ずつ束にされていた。ユーザーは日本果樹種苗協会に所属する20業者に加え、全国のブドウ栽培農家100戸ほどであった。また、北海道に関しては「春出し」として3月に発送していた。なお、品質は特等、1等、2等、3等に分けられる。仮に6000本出荷する場合、半分はダメになることから倍の1万2000本を用意していた。かなり歩留りの難しい仕事であった。また、ブドウには開発者の登録のある場合が多く、それには証紙を貼る必要がある。開発した国の機関、大学、個人が登録している。この証紙は1枚70円。なお、ブドウ農家で定植された苗木は20〜30年は持つとされる。

このようなブドウ苗木生産の専門農家は全国で10戸ほど、この伊佐沢地区には3戸ある。その他は同じ山形県の上山に3戸、南陽に1戸、その他は山梨とされていた。いずれもブドウの産地ということになる。

▶果樹の里のブドウ苗木栽培

祖母の代から数えて3代目にあたる河井智寛氏（1967年生まれ）は、長井

河井智寛氏とロー付けされた苗木

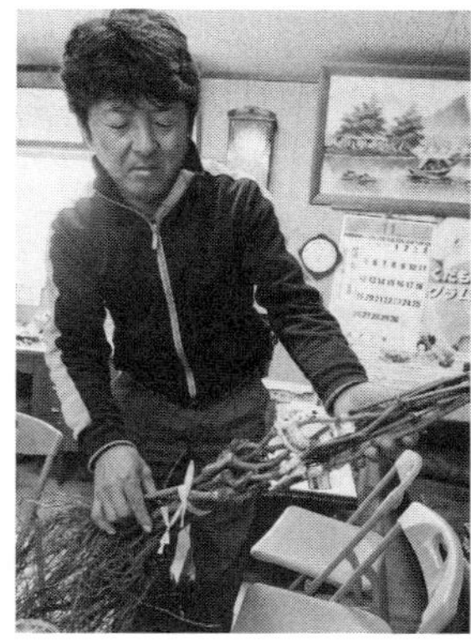

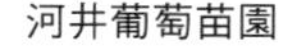

河井葡萄苗園

工業高校電子科の卒業、甲府の植原葡萄研究所に研修生として3年在籍した。植原葡萄研究所は育種、苗木の生産、ブドウの生産も行なっていた。24歳の時に看護士と結婚、彼女はその後訪問介護に移り、家業に関わっていない。ブドウ苗木の栽培は、父の河井操氏（1941年生まれ）と2人が中心になっていた。形式上は河井葡萄苗園の代表は父であるが、河井氏は「現在は、70%は自分がやっている」と語っていた。

河井葡萄苗園が栽培する苗木は約70種、半分以上はワイン用であった。母樹畑5a、台木畑が1.2 ha、苗木畑が2.5〜3 haとされていた。河井葡萄苗園では高級ブドウの栽培、生果販売も行なっているが、主力は苗木販売であった。年の売上額は4000万円強、支出は農薬・肥料で200〜300万円、穂木の一部の調達に20万円ほどとしていた。従業者は河井氏と父が中心であり、パートタイマーとして通常5人、夏場は15〜16人の体制であった。多くはシルバー人材センターに依頼していた。また、河井氏の長男の河井智寛氏（1996年生まれ）は、リカーショップに勤めた後、2017年9月には家業に戻った。後継も不安なしということであろう。

河井氏に「苗木栽培、生果栽培、ワイナリーのどれが一番儲かるのか」と尋ねると、「苗木」と答えてきた。そのような事業が長井の奥の伊佐沢の地で積

ブドウの苗畑

河井葡萄苗園のブドウ

み重ねられている。長井では伊佐沢を中心にブドウ苗木の栽培、生果の栽培をしている農家はあるものの、ワイナリーはない。山間にリンゴ、ブドウ、スイカの里が拡がっているのであった。

2. 最上川左岸地域／多様な可能性に向かう

優れた水稲地帯が拡がる最上川左岸の平野部では、各地の農道をめぐるとどこまでも田が続いているようにみえる。だが、先の第2章、第7章でみたように、実態的には小規模、兼業の水稲栽培は相当に縮小し、大規模受託経営によるものに変わっている。そして、特に山際のあたりにはビニールハウスがみえるようになってきた。それらは、専業農家による集約的な園芸農業ということであろう。なお、長井の場合はかなりの豪雪地帯であり、ビニールハウスには限界がある。壮大な1～2 ha単位のトマトのハウスが全国の各地で建設されているが、長井の場合は積雪に対応するために適当なサイズのハウスを間隔を空けて設置せざるをえない。そのような制約はあるものの、通年の事業としてハウス栽培は長井農業の一つの課題となろう。

この節では、かなりの規模の桃太郎トマトのハウス栽培、新規就農者によるハウスのミニトマト栽培、放し飼い地鶏による鶏卵、無農薬大豆栽培と納豆の生産、そして、啓翁桜、ビバーナムコンパクタ、ナナカマド等の花木栽培のケースに注目していく。水稲優越地帯として歩んできた長井も、ハウス園芸、オーガニックの鶏卵、納豆、さらに花木など、新たな取組みが開始されている。それは多様性と新たな可能性に向けたものであり、水稲栽培に傾斜していた長井の農業を豊かなものにしていくであろう。

(1) 西根地区寺泉／ライスセンター共同利用からトマトのハウス栽培に転換 ――植物繊維の培地の養液栽培に向かう（寺泉ライスセンターハウス農場）

長井市の西側に展開する西根地区の寺泉集落、水稲地帯であり、早い時期から集落でライスセンター（米の乾燥・調整）の共同利用に向かうが、その後、離農が相次ぎ、残された農家でトマトのハウス栽培、養液栽培に向かっていた。「寺泉トマト」は実が締まって日持ちも良く、長井のブランド農産品の一つになっていた。ただし、後継者の見通しはなく、今後に問題を残していた。

▶植物繊維培地によるトマト水耕栽培に入る

寺泉集落のあたりは小規模農家による水稲単作地帯であり、兼業も進んでいた。1987年には、米の乾燥・調整の共同化を目指し、25戸の農家で農事組合法人寺泉ライスセンター利用組合を設立している。だが、その後、離農が相次ぎ、現在では実質10戸ほどになっている。このような状況の中で、意欲的な農家5戸により2000年にトマトのハウス栽培を目指して寺泉ライスセンター

寺泉ライスセンターハウス農場

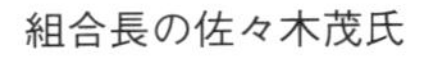

組合長の佐々木茂氏

桃太郎トマトが実る

ハウス農場を開設している。寺泉ライスセンター利用組合も30年が経ち、ライスセンターからトマトのハウス栽培に転換した。

組合長の佐々木茂氏（1952年生まれ）の所有する田に盛土し、当初、110 m×24 m＝2640 m^{2}のハウスを3棟建設し、トマトの栽培に踏み出した。さらに、2012年には新たに80 m×20 m＝1600 m^{2}のハウスを建設、イチゴの栽培に入ったのだが、その後、トマトに転換していた。結果、現在では総面積9520 m^2、実質栽培面積約8000 m^2（80 a）規模のハウス栽培となっている。栽培品種は桃太郎一つに限定していた。

▶TC21 養液栽培システムを採用

水耕栽培、養液栽培の主流はロックウールというガラス繊維を固めたものに種をまき、発泡スチロールのベッドにはめ込み、養液を流して育てるというものであり、現在のトマトのハウス栽培に拡がっている。ハウス栽培の先進地であるオランダでは10 a あたり年間50トンほどの収量を上げているが、日本では30〜35トンあたりとされている。

これに対し、寺泉ライスセンターハウス農場では、ハウスプラント（長野県中野市）の指導を受け、TC21養液栽培システムを採用していた。このTC21

養液栽培システムは、杉、檜の樹皮を培地とするものであり、廃材処理に苦慮するロックウールに対し、土壌還元が可能というものである。循環型社会に向かいつつある現在、今後の主流になっていくことが期待されている。ただし、ロックウール培地に比べ生産性が低く、寺泉ライスセンターハウス農場では、10a あたりの生産量の目標を 15 トンに置いていたが、実際は 10 トンほどであった。生産性と循環型社会の形成の間にはトレードオフの関係があるようであった。

寺泉ライスセンターハウス農場の場合、ハウス 1 棟は年間 1 作だが、他の 3 棟は 2 作としていた。2 作の場合は、2 月に定植、6 月から収穫、7 月に定植、9 月から収穫のローテーションとなっていた。生産するトマトの桃太郎の糖度は最大で 8 度、一般的には 6 度としていた。

トマトの苗は山形市の種苗業者から仕入れていた。収穫は一日おき（ピーク時は毎日）、販売は JA が 50%、長井周辺の直売所（10 軒ほど）が 50% であり、また、ハウスの横に直売所を設けているが、「いくらか売れる」と語っていた。近年、全国的にトマト栽培は過剰生産気味であり、この 5 年ほどで価格は 15% 程度下がっている。さらに、ハウスの暖房用の重油価格が上がっていることが悩みとしていた。これだけの事業に対し、従事者は 10 人、組合員の他にパートタイマーを起用していた。

▶後継者、事業承継の課題

現在のトマト栽培に従事する組合員 5 名は、全て 60 代、後継者の見通しはない。組合長の佐々木氏の場合は、水稲 12 ha（大半は借りている）に加え、育苗用のハウス（10 a）を利用したアールスメロンの栽培も行なっていた。組合員 5 名の身内には後継者はおらず、個々の農家の水稲栽培等に加え、トマトのハウス栽培にも承継問題が生じつつある。このような事態に対し、佐々木氏は「パートタイマーで 3 年ほど来ている若い女性がやりたがっている。組合員にこだわらず考えていきたい」と語っていた。

水稲単作地帯で 30 年前に 25 戸の農家で米の乾燥・調整の共同化を目指して農事組合法人を設立したが、その後、離農が続き、5 戸の農家でトマトのハウス栽培に転じていった。そして17年が経過し、関係者は60代となり、さらに、身内に後継者を見出せない状況にある。水稲単一農業とされた長井の課題の一つは、多種の野菜、果樹等の栽培にあり、トマトのハウス栽培で一定の成果を上げている寺泉ライスセンターハウス農場の事業承継は、今後の一つの大きな課題になっているようにみえた。

(2) 平野地区九野本／IT企業の営業マンが新規就農 ――ハウス3棟でミニトマトを栽培（はなひかり農園）

長井市の最上川左岸に拡がる平野地区九野本の水田地帯の中に「はなひかり農園」のハウス3棟がみえてきた。若い夫妻の新規就農者とのことであった。高齢化と担い手不足に悩む地方の農業地帯では、近年、積極的に新規就農者を受け入れている。東京などの都会で就農フェアなどが開催され、研修生の受入れ、圃場やハウスの提供などが進められている。長井でもそのような取組みが重ねられていた。

▶就農フェアで出会い、長井に着地する

鈴木秀人氏（1982年生まれ）は山形県北内陸の真室川町の出身、高校卒業後、千葉県八千代市の東京成徳大学心理学科に学ぶが、一つピンとせず、卒業後は幾つか専門学校に通い、東京港区のIT企業に営業職として就職した。6年が経った頃に、東京池袋で開催されていた「就農フェア」に参加し、そこで出会った山形県飯豊町の後藤農場に休暇をとって農業体験に向かった。後藤農場は既に水稲は停止しており、花卉、野菜栽培に転じていた。何回か体験を重ねて、2011年にIT企業を退職、1年間、後藤農場にインターンとして入った。そこでは、葉牡丹の出荷、アスパラガスの収穫等を経験した。

そして、2012年、後藤農場から現在地のハウスを紹介され、就農していく。現在地はハウス3棟（鉄骨造、330 m^2、1000 m^2、1650 m^2）であった。所有者は以前は花卉、ポット苗等を生産していた。現在、所有者は別の場所でトマト栽培に従事している。

就農当初は後藤農園で経験した花卉、アスパラ等の栽培から入ったが、小規

新規就農の鈴木夫妻

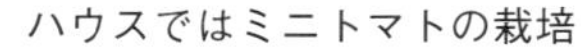

ハウスではミニトマトの栽培

模でも収益性の高いものとして、4年目からはミニトマト、わさび菜の栽培で来ていた。技術的には近所のトマト農家や出荷先の同業者から教わっていた。出荷は市場出荷であり、特定のスーパー、さらに、青果センターを通じてヨークベニマルにも納品されていた。

▶就農6年、次の課題

このハウス3棟に対して、従業者は鈴木秀人・かおり夫妻の2人。鈴木氏は1年のインターンの経験はあるものの、新規就農。夫人は千葉県の出身、介護系の仕事に就いてきた。農業の経験はない。夫人によると「千葉ではアトピーに悩んでいたのだが、こっちに来てからアトピーは出ない。時々、千葉に里帰りするとアトピーが出る」と語っていた。既に、2016年には近くに新居を建て、定住の構えであった。「はなひかり農園」の名称は、夫妻の名前から取り出して命名されていた。

農場案内には、生産品目として「ミニトマト、ブロッコリーなどの露地野菜、わさび菜などの冬野菜」、そして「加工品の販売も検討中」と記されてあった。また、長井農研のメンバーにも加わっていた。現状はミニトマト、わさび菜栽培の形だが、将来は多種目、さらに、加工までイメージされていた。

新規就農については、以前は土地の手当て、販売先の確保の難しさなど、ハードルが非常に高いものであったのだが、近年は担い手不足等が地域のサイドで強く認識され、用地の手当て、その他支援の手が差し伸べられている。また、販売先についても、農産物直売所、道の駅等が開かれており、新たな可能性を提供してくれている。そのような環境をうまく使い、事業基盤を作っていくことが望まれる。

そして、長井の若手の意欲的な農業者が集まる長井農研などで刺激を受けながら、新たな事業者として次に向かっていくことが期待される。

(3) 西根地区寺泉／放し飼い地鶏の卵と無農薬大豆の納豆に展開
——家族に食べさせられるものを作る（菅野農園）

長井市街地から西に2km、山際に拡がる水田地帯の一角に菅野春平氏（1983年生まれ）の菅野農場が拡がっていた。菅野家の耕地は田4ha、養鶏場10a、畑35aから構成されていた。この面積からすると、菅野家は長井では比較的大規模な農家ということになる。先代の菅野芳秀氏（1949年生まれ）は、レインボープラン[5]などの地域活動に熱心に取り組み、現在では、農業は子息の菅野春平氏に全て任せていた。

▶地鶏飼いで丁寧に卵を生産

菅野氏の自宅から道路を挟んだ向かい側に、鶏舎12棟が拡がっていた。菅野氏が家業に戻る頃は、菅野農園はオーガニックを意識した水稲栽培の他に、採卵用の養鶏を600～700羽規模で展開していた。長井市は生ゴミリサイクルのレインボープランによって知られるが、父はその活動のリーダーの1人であ

飼料づくりをする菅野春平氏

鶏舎群、ここに放し飼いにする

り、減農薬、地鶏による採卵などに取り組んでいた。それを引き継いで、菅野氏はより徹底した自然回帰の農畜業に向かっていった。

最大の特色は、地鶏による採卵であろう。12棟の鶏舎にはそれぞれボリスブラウン種の鶏が約100羽ずつ入れられていた。全体で1200羽ほどになっていた。鶏舎ごとに1年生、2年生、3年生に分けられ、各鶏舎にオス鶏が1羽ずつ入れられていた。オス鶏を1羽入れることにより、トラブルが起こりにくい。鶏舎は毎日、早朝に開かれ、鶏たちは敷地の中を自由に走り回っていた。

飼料は飼料米と米ぬかをベースに、魚粉、鋸屑などであった。また、産卵率は下がるのだが、鶏の健康を意識し、オカラも入れていた。一般に、鶏は生後半年後から産卵を始め、1年の365日で約290個を産む。1200羽とすると1日に約900〜1000個となるが、菅野氏は鶏の健康状態を意識し、産卵期を電熱でコントロールしながら、約70%の600〜700個に抑えていた。

このように丁寧に作られた卵は、50%は長井市内の200戸強の家庭に月・水・金の週3日、宅配されていた。1パック10個入りで550円であった。遠くは日本海側の酒田市の消費者グループにユーパックで週に40パックほどを送っていた。この場合は、1パック600円＋送料としていた。関東方面の個人も10件ほどあった。菅野氏が引き継いだ頃にはトウモロコシが主要な飼料であり、1パック400円であったのだが、現在は飼料米を主原料としており、基本価格を550円にしていた。1個当り55円となる。また、市内の直売所の菜なポートなどにも出していた。直売所の「菜なポート」では10個入りが570

鶏舎の中の鶏たち

直売所「菜なポート」でも販売

円で売られていた。

▶無農薬大豆による納豆も生産

この間、2014年からは納豆の生産を開始している。菅野家の田は4ha、40%は転作として、飼料米等を作っているが、35aほどを納豆用の大豆（すずかおり）を栽培していた。娘に無農薬の納豆を食べさせたいという思いから開始し、肥料は鶏糞、レインボープランによる有機堆肥を利用しており、農薬はいっさい使用していなかった。収量は一般の60%程度としていた。この大豆を市内の板垣食品に加工委託していた。30kgほどの大豆で100gの経木入りが550パックほどできる。これも長井市内の卵を買ってくれている家庭に宅配していた。直売所の価格は1パック130円であった。

米については大半が個人に直接販売していた。白鷹のサンファームで精米してもらい、減農薬のつや姫、ひとめぼれは515円／kg、無農薬のひとめぼれは618円／kgとしていた。販売先は基本的には個人なのだが、10%程度は東京の有機食材を扱っているオーガニックキッチンに卸していた。

このように、菅野農園は先代の頃から、オーガニックに取り組み、現在の菅野春平氏の時代になると、さらに徹底した自然農法に回帰していた。丁寧な水稲栽培、養鶏（卵）、さらに無農薬の大豆栽培、納豆の生産と重ね、地域の家庭に宅配で供給していた。夫人は歯科衛生士、農畜業は菅野春平氏1人で対応し、宅配の部分を父に依存していた。全国の各地で、自然食、オーガニックへの回帰が進められているが、長井の「現場」で興味深い取組みが重ねられているのであった。

(4) 西根地区寺泉／建設業との兼業から花木の栽培に転換
——啓翁桜を中心に栽培種、量を拡大（寺嶋嘉春氏、山形長井マルヨシ）

山形県は果樹、花卉・花木類の栽培が盛んだが、その一つとして啓翁桜が注目されている。この啓翁桜、1930年に福岡県久留米市の良永敬太郎氏によって作られたとされている。真冬に花を咲かせる桜であり、正月の飾り、結婚式、卒業式、また、ホテルやホールなどの大規模なフラワーアレンジメントなどに使われている。福岡県で生まれたものの、山形の気候と長年の研究により山形県が最大の生産地となってきた。生産者は東根市を中心に約100戸とされている。12月の中旬から3月まで全国に出荷されていく。

▶土建業と田から、啓翁桜の栽培に

長井市の西の郊外である西根地区、水田が拡がるものの直ぐに西側に林野が続いている。長井市の中では伊佐沢地区に次いで花卉・花木類、果樹類の栽培が盛んである。その西根地区寺泉に山形長井マルヨシの名称で花木の栽培出荷に従事している寺嶋嘉春氏（1962年生まれ）がいた。寺嶋家の先代（父）は土建業を営み、水稲は3.5 ha規模で兼業的に行なっていた。父の口癖は「田は金にならない」であった。日中は土建業を営んでおり、空いている朝晩に何かできないかと考えていく。裏山に自生するナナカマドやマンサクを切り出し、山形の市場に出してみると評価が高く、父は「これでいこう。山のものはタダ、これが一番」と考えていった。

寺嶋氏が高校を卒業して就農する1980年頃には、本格的に取り組み始め、父は「土建はやめても、これはやめない」としていった。当初は小さなハウスを建て、ナナカマドの栽培から開始した。その後、啓翁桜の噂を聞き、2007

左下は啓翁桜、大きな木は周辺に植栽されたビバーナムコンパクタ

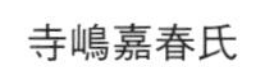

寺嶋嘉春氏

啓翁桜の枝を温水（40℃）で温める

年頃から田に啓翁桜を植え始め、処理の仕方を学びながら、2010年頃から本格的な生産に入っている。現在、長井の啓翁桜の栽培農家は2戸だが、もう1戸は親戚であり、そこから技術を学んだ。

10年前までの寺嶋家の農地面積は3.5 ha（田）であったのだが、現在は10 haに拡大、田は自家用（つや姫）に10aだけを残し、残りは全て転作として啓翁桜の栽培に入っていた。さらに、これから裏山の10 haを開拓し、啓翁桜の栽培面積を増やすことを考えていた。

▶啓翁桜、ナナカマド、ビバーナムコンパクタの栽培

啓翁桜の刈り入れは、メインの正月向けとして12月初旬から開始される。自前の田に植えたものに加え、山に自生しているものも刈り出してくる。長井の山際のあたりは12月中旬頃から積雪が始まることから、この時期が一番の勝負どころとなる。刈り出した枝は出荷の時期に合わせ、必要に応じて取り出し、薪ボイラーで沸かした40℃の温水に1時間漬けておく。さらに、石炭窒素をふりかけていた。枝に春がきたことを錯覚させるためとされていた。その後、2週間から20日ほど石油ボイラーで温められた温室（10〜20℃）で保管し、80 cm、1 m、1.5 mのサイズに寸法を揃えて束ねる。この間、啓翁桜は温

室の中で9日目あたりに芽を出していた。そして、JAを通じて東京大田市場、大阪浪速市場、福岡市場等に出荷されていく。寺嶋氏場合は「山形長井マルヨシ」の商標で出していた。

現在では、寺嶋家のメインの事業はこの啓翁桜の栽培、販売なのだが、冬季に偏るため、通年のナナカマド、そして、夏季中心のビバーナムコンパクタの3種をメインにしていた。ナナカマドの場合は、2月に葉が出て、4月頃からは新緑感が強く、夏も良く、秋口から紅葉となる。ほぼ通年で楽しめる。ビバーナムコンパクタは6月下旬から実（緑）が付き始め、夏には黄色になり、10月上旬の頃には実も葉も赤くなっていく。特に大田市場での評価が高く、主力の啓翁桜がない時期に提供できていた。また、このビバーナムコンパクタはどんどん株が増えていき、高さも4mほどになる。ホテル、結婚式場向けでは3mほどの注文が多く、一般には50cmから1mのものが好まれていた。

苗木の調達は、啓翁桜は自前で株分け、ナナカマドは種、苗木の購入、あるいは裏山から採取していた。ビバーナムコンパクタは一度植えると増殖していく。売上額の構成比は啓翁桜60%、ビバーナムコンパクタ30%、ナナカマド10%であった。

これだけの事業に対し、従業者は寺嶋氏の他には通年で2人が参加していた。1人は寺嶋氏の甥（35歳）であり、5年前から来ていた。もう1人は70歳の近くの人であり、3年前から来ていた。さらに、繁忙期（枝の刈り入れ）にはパートタイマーを2人ほど頼んでいた。

▶水稲からの転作、転業としての花木栽培

水稲単作地帯とされていた長井市。郊外の伊佐沢地区と西根地区では花卉・花木類、果樹栽培も行なわれている。特に、西根地区は水稲が優越的なのだが、花卉・花木類、果樹の栽培条件も良く、水稲から転換している場合も少なくない。農業（水稲）から土建業に転じていた寺嶋家では、先代の頃から「土建の帰農[6]」として、裏山に自生するナナカマドの採取、販売に踏み出し、その後、花木栽培販売に可能性を見出し、田の転作の方向を啓翁桜と見定め、全面的に水稲から花木栽培に転じていったのであった。水稲からの転作（転業）の際立

ったケースとして注目される。

3. 付加価値の高い農業に向かう

戦後、近代工業化に成功した長井は、小規模農家の兼業が進み、農業は水稲に傾斜していった。水稲以外は大豆、そばへの転作と、山間部の条件不利地域である伊佐沢地区のタバコ葉、その後のリンゴ、ブトウ等の果樹栽培がみられたにすぎない。全体的に野菜栽培は低調であり、野菜の大半は周辺地域からの移入に依存していた。このような事情から、農産物直売所も低調であり、農産物に付加価値をつける6次産業化にもみるべきものが乏しかった。

だが、1990年代に入ってからの近代工業の低迷、それに伴う兼業機会の縮小という事態の中で、長井は小規模農家による水稲栽培中心から、一つには先の第7章でみたような農家の高齢化、担い手不足等から離農が進み、残された専業農家（集団）による大規模受託、あるいは20 ha規模に拡大した専業農家による水稲と畜産、新たな農産物（野菜等）の栽培といった複合経営が一つの流れとなっていった。

このような中で、もう一つの流れとして小規模農家による果樹栽培、ハスウ栽培、花卉・花木栽培、あるいはオーガニック等に向かうところも出てきた。水稲以外に目立つ農業がなかった長井に新たな動きが出てきた。そのような場合、適地適作という考え方もあるが、事業として栽培品目、栽培方法、販売方法を考え、付加価値を高めていくあり方が模索される必要がある。一定の付加価値が確保され、さらに事業としての農業が持続可能であることが求められる。

▶付加価値が高く、持続可能な事業を目指す

その場合、事業として付加価値を意識するならば、幾つかの道筋があろう。

まず第1は、売れるもの、市場で高く評価される可能性のあるものの栽培であろう。また、売り方も考えていく必要がある。JA系統や市場で流すのか、全国のどこの市場をターゲットにするのか。あるいは、それら在来の流通ではなく、消費に近いところに直接的に結びつくのか等が模索される必要がある。

JA 系統や市場の場合は安定性は高いが、価格は低めになる。反面、消費者に近いところは市場規模が小さく、安定性にやや乏しいものの、価格は高めとなるであろう。それでも、相手先は供給量の安定性を求めてくる。このあたりを見極めて行く必要がある。要するに、マーケティングと生産管理が必要ということであろう。

第2は、ハウス栽培の場合は通年の事業にしやすいが、農産物、果樹、花卉・花木は季節性が強い場合が少なくない。農業も事業としてみた場合、通年の事業にしていくことが不可欠である。特に、事業が大きくなり雇用が増えると、このような課題は死活的なものとなる。季節の違うものを組み合わせるか、あるいは、一部にハウス栽培や加工部門等を備え通年の仕事の平準化を図っていく必要があろう。

第3に付加価値といえば、近年の6次産業化のように、B級品を加工・販売していくなどがイメージされる。それも一つの方向だが、農産物の最大の付加価値要因は「鮮度」であろう。鮮度に勝る付加価値はない。いかに鮮度が高い状態で消費サイドに届けられるかは最大のテーマとなろう。その場合、時間的に早く届けられる仕組みの形成、あるいは、鮮度を維持するための取組みが必要であろう。この点は、事業者個々の取組みに加え、地域の農業者の集団で取り組んでいく必要もあろう。この点、大市場に近い本州の農業者は比較的鈍感だが、首都圏市場に遠い北海道では死活的なテーマとして理解され、帯広あたりの農業者、釧路あたりの漁業者は、地元の製造業と連携し、多様なあり方を模索している[7)]。

農産物の高付加価値化には幾つかの道筋がある。水稲単作地帯から多様な農産物の生産に移りつつある長井の農業は、専業農家（集団）による水稲、転作を軸にした大規模受託経営、個別で 20 ha ほどに拡大し、水稲と野菜、畜産などを組み合わせた複合経営、そして、小規模ながらも、果樹、花卉・花木、畜産などに向かい、密度の高い高付加価値化を目指す農家など、新たな方向に向かいつつある。いずれも小規模、兼業、水稲で来た長井にとっては全く新しい経験であり、可能性は大きい。そうした点を受け止めながら、高付加価値で持続可能な新たな農業に向かっていくことが期待される。

1）長井の江戸期から明治期にかけての桑園、養蚕等の事情は、長井市史編纂委員会編『長井市史第2巻（近世編)』1982年、584〜603ページを参照した。

2）6次産業化とは、従来の日本の農業は1次産品を都会の市場に提供するだけであり、地元に付加価値が残らなかったことに対し、加工（2次産業)、販売（3次産業）などまでを地元で行ない付加価値を残すことをイメージして提案された。1次産業×2次産業×3次産業＝6次産業として定式化された。この概念を提唱してきたのは東京大学名誉教授の今村奈良臣氏であり、氏の「『今、注目される農業の6次産業化』〜動き始めた、農業の総合産業化政策」（財団法人21世紀村づくり塾『地域に活力を生む、農業の6次産業化——パワーアップする農業・農村』1998年）が詳しい。具体的に取組みについては、関満博編『6次産業化と中山間地域——日本の未来を先取る高知地域産業の挑戦』新評論、2014年、を参照されたい。

3）福田農場については、長崎利幸「熊本県水俣市／観光農園を通じ、地域のイメージを転換——湯の児スペイン村福田農場」（関満博・松永桂子編『農商工連携の地域ブランド戦略』新評論、2009年、第8章)、平田観光農園については、松永桂子「広島県三次市／魅力ある農業を発信する観光農園——新規就農者の学び舎『平田観光農園』」（関・松永編、前掲書、第7章）を参照されたい。

4）デリシャスファームについては、関満博『東日本大震災と地域産業復興Ⅱ』新評論、2012年、第8章を参照されたい。

5）長井市のレインボープランについては、大野和興編『台所と農業をつなぐ』創森社、2001年、菅野芳秀『生ゴミはよみがえる』講談社、2002年、本書補論3、がある。

6）「土建の帰農」については、『現代農業』2004年2月増刊の特集「土建の帰農——公共事業から農業・環境・福祉へ」で幅広く紹介、検討されている。

7）北海道の帯広、釧路あたりの「鮮度」に関する取組みについては、関満博『北海道／地域産業と中小企業の未来——成熟社会に向かう北の「現場」から』新評論、2017年、を参照されたい。

第9章　地域産業を豊かにする
――「農」と「食」、及び伝統産業

第1章の近世以来の長井の産業化の歩みを振り返ると、水稲栽培が基本にあり、そして、江戸後期の農業生産性上昇の中で、地元の資源（蚕糸）をベースにする農間余業としての織物が拡がっていったことがわかる。この農間余業の織物業は江戸末期から昭和戦前の頃までの長井を代表する地場産業となり、人びとの暮らしに深く浸透していく。農業、及び、農村の人びとの暮らしと織物業は一体となり、長井の近世から近代への移行の背景となっていった。

だが、その後、特に戦後の長井は戦前に誘致していたマルコン電子というコンデンサ・メーカーの大きな発展により、典型的な企業城下町を形成、兼業の中でむしろ農業が副業化し、さらに、全般的な生活の洋風化の中で、伝統的な和装織物であった長井紬は大幅に縮小していった。近代以前の長井を支えた農業、伝統織物は近代工業化の中で後景に退いていったのであった。

それから50年、地域の食を支えてきたはずの農業、そして、長い歴史の中で育まれてきた伝統産業、それらは現在、大きな転換点に立っているようにもみえる。近代以前のリーディング産業であったこれらの産業は、特に戦後の近代工業化、そして、消費生活の高度化、近代化などの中で、その比重を低下させ、かつてほどの存在感を示していない。農業は先の第7章、第8章でみたように、大きな構造変化に直面し、大規模経営、また、水稲至上主義から野菜、果樹栽培、畜産等の多様性に向かっている。また、一時代を築いた伝統産業は縮小し、役割を大きく変えようとしている。

だが、他方で近代工業化、消費の高度化が進んだ現在、「食」、あるいは「伝統」が新たな価値を帯び始めているようにもみえる。低農薬、低化学肥料栽培、オーガニックなどの自然回帰、地域性を濃厚に示すモノ、コトへの関心が拡がり、また、手仕事の伝統産業の価値が改めて問われるようになってきた。それはポスト近代化の一つのテーマでもあり、特に農と伝統産業の蓄積の深い長井において、新たな取組みがみられることも興味深い。それは地域の産業に新たな豊かさを導き出すものであるように思える。

この章においては、「農」と「食」、そして「伝統産業」のこれまでの歩みと現在に光をあて、これからの役割と可能性を論じていく。

1.「農」と「食」の新たな可能性

21世紀に入ってからの「農」と「食」をめぐる最大のテーマは「安心」「安全」である。少し前までの「量」を意識した農業は多農薬、多肥料の投下が基本であり、「安心」「安全」が深く意識されることは少なかった。だが、2007年12月から2008年1月にかけて起こった殺虫剤メタミドホスが混入した「中国製冷凍ギョーザ事件」により、一気に食の「安心」「安全」が意識されていくようになる。

これより先の1980年代の後半の頃から、長井市では循環型社会の形成を意識して、先駆的にレインボープランが形成され（補論3）、1997年から生ゴミ処理と堆肥生産プラントが稼動し、さらに、その堆肥による農産物の生産、地域消費が目指されていた。循環型社会の形成、食の「安心」「安全」は、高度経済成長が過ぎ、環境問題が意識され、農業や地域への関心が深まる中で、強く意識されるようになっていった。

そして、この「農」と「食」の世界に重大な影響を与えたものの一つが、農山村における農家女性たちによる「農産物直売所」「農産物加工」「農村レストラン」の3点セットというべきものであろう[1)]。さらに、農業における集落営農、大規模受託の推進が果たした役割も少なくない[2)]。男性主体の専業的な集落営農、大規模受託生産が進むほどに農家女性の手は空き、新たな自立的な野菜生産、農産物加工などが拡がっていった。また、地域の「食」への取組みの一つとして、6次産業化[3)]や各地でB級グルメへの関心が高まり[4)]、「農」と「食」、さらに「地域」が意識されたことの意義も大きい。1990年代の中頃から、全国的に「農」「食」「地域」をめぐり新たなうねりが始まっていることが痛感される。

この節では、長井市で取り組まれている「農」と「食」の動きに注目し、課題と今後の可能性をみていくことにしたい。

(1) 豊田地区時庭／元気な農業、みんなが関われる農業を目指す
——地域在来の農産物に注目（ひなた村）

長井市郊外の豊田地区時庭、平らな水田地帯に防風林、屋敷林に囲まれた農家が点在する散居村が拡がっている。その一角で「ひなた村（Sunny Side Village）」と称する取り組みが行なわれている[5)]。

▶フォークソング・グループ「影法師」

当主の遠藤孝太郎氏（1952年生まれ）は、置賜農業高校卒業後、地元に進出していた山形テックに3年ほど勤めた後、就農した。当時の遠藤家の経営面積は2.5 haほど。販売はJAであり、遠藤氏にとってあまり面白い仕事ではなかった。

遠藤氏をはじめ市内の横澤芳一氏、山口章氏たち農家の後継ぎたちは、当時、急速に進む農業の機械化に対応する資金を調達するため、現金収入を求めて冬季の出稼ぎとして都会に出ていた。その頃、都会はフォークソング全盛時代、「フォークソングとは、自分が生活する中で思うこと、感じたことを、自分の詞、自分の曲で歌うもの」と考え、地元の勤労青少年ホームの交流会で発表するため、急遽、グループを作る。1973年のことであった。これが、農村フォークソング・グループ「影法師」のスタートとなった。

その後、自作のフォークソングを歌い続ける影法師の活動は長井にとどまらず、全国規模へと発展していく。特に、1984年に高石ともや氏を招いた長井でのコンサートが一つの契機となり、農政批判のメッセージソングへと向かっていった。「ある農業青年の主張」「白河以北一山百文」などの曲が出来上がっていった。

この「白河以北一山百文」は1991年に作った歌だが、官軍が白河を超えた時の東北への侮蔑の言葉とされている。1987年の東北自動車道の全線開通により、東北各県に津波のように押し寄せてくる首都圏のゴミに業を煮やして作

遠藤孝太郎氏

遠藤家の入り口付近

られたものであり、遠藤氏は「あまりに憤りが強く、全編、我が母国語である長井弁で歌った」と語っていた。このような遠藤氏たちの影法師の活動は現在も続けられており、CDの発売、さらに、2010年11月には『「現場歌手」35年「影法師」という生き方』（発行ひなた村）を刊行するまでに至っている。現在でもほぼ毎週、年間30〜40回ほど全国で演奏活動を続けている。

▶米の直販から在来種の掘り起こし

この間、演奏活動等を通じて知り合った全国の人びとから、米の直販の依頼を受けることが多くなり、1990年の頃からJAに出すより、直販の比率が大きくなっていった。10年ほど前から全て直販となった。遠藤氏は地域（田舎）の活性化を主要テーマにし、「地域社会はそこに点在する農家によって成り立っているのであり、その農を中心とした結び付きを発展させて地域全体を活性化できる」と考えていた。そのため、1993年、意欲的な農家や活動の趣旨に賛同してくれる協力者を募り、「ひなた村」の活動を開始していく。

ひなた村の活動は、地域の特有の農産物に光をあてるものであり、良食味だが栽培に問題があり、消えてしまっていた土着の農作物や、全国的にはまだ普及していない長井で生まれた新たな品種の農作物に注目するものである。そして、影法師の活動で知り合った人びとに「村民」としてメンバーに入ってもら

行者菜の栽培

加工所「ひなた村」と遠藤夫人

うというものである。

1993年には良食味だが稲が倒れやすいとして栽培されなくなっていた在来種の「さわのはな」をもう一度食べたいということから、その復活に取り組み、この「さわのはな」から新たな品種を創り出すことに成功している。この新品種は「さちわたし」と命名され、当初、40aから始めたのだが、現在では山形県内で50haを栽培するまでになった。この「さちわたし」は2005年度、2006年度の全国米食味分析鑑定コンクールで2年連続金賞を受賞している。

ひなた村の活動は、近年廃れてしまった農作物の復活という地道な活動であり、その農作物の種子を探し、栽培協力農家に依頼し、試行錯誤を重ねながら栽培を続ける。そして、出来上がった農作物は影法師の活動と共に販路を拡げていく。これまでも、長井市花作地区に古くから伝わる小型のダイコン「花作大根」を復活させ、また、宇都宮大学元教授の藤重宣昭氏が開発した新品種「行者菜」の普及に努めている。この行者菜は行者にんにくとニラを交配したものであり、長井の土壌条件にも適し、2006年から試験栽培されている。

さらに、2008年には遠藤氏の敷地に農産物加工所の「ひなた村」を開設し、味噌、漬物、菓子類の製造にも入っていた。

▶1a（100 m²）単位でみんなが取り組む行者菜

遠藤氏は先行的に行者菜の栽培に踏み込んでいるが、生産量が少なく、市場の要請に応えられなかった。そのため、2015年には賛同する農家と個人の8

戸で本格スタートし、2016年末には「100人プロジェクト」を立ち上げている。10 m×10 m＝100 m^2（1 a）を基本単位（家庭菜園レベル）とし、説明会を開催したところ60〜70人が集まり、そのうちの16人が残った。リタイアした男性、主婦、子育て中の人などが参加している。現在では44戸（人）が参加している。3分の2は素人とされていた。

行者菜の苗は宇都宮の種苗業者から仕入れ、6月に定植する。収穫は翌年5月から9月まで（年3〜4回転）。4〜5年はもつ。ニラとほぼ同様で、刈取りしても30日ほどで再び刈取り可能な状態になる。なお、遠藤氏は開発者の藤重氏のパートナーとして、全国の栽培地への種苗量の割り当てを任されている。また、行者菜の販売は東京、大阪で開かれるアグリフードエキスポなどの出展で付き合い始める仲卸（約70軒）が多い。2015年には年産15トンであったのだが、2017年には20トン規模になってきた。1 a分の苗は約1万5000円（長井市が半額補助）ほどであった。

これら栽培された行者菜は、刈り取られた後、遠藤家に持ち込まれ、遠藤夫人が集荷・発送に任じていた。遠藤夫人は「5月から9月頃はパートタイマーを2人ほど頼んでいるが、まるで戦争状態」としていた。売上額の回収は出荷者に直接振り込んでもらう形にしていた。遠藤氏は「じじ、ばばに少しでもお金になるようにしたい」と語っていた。特殊な農作物の産地化を目指し、さらに、遠藤氏は「出口（販売先）がないと、どうにもならない」とし、農村地帯で高齢者や素人でも取り組める形を提供しているのであった。

▶楽しい農業を

現在の遠藤氏の経営面積は10 ha、水稲（7.5 ha）、その他としては在来種の大豆の「馬のかみしめ」（2 ha）、行者菜、ダイコン（0.5 ha）を栽培していた。この馬のかみしめとは、長井市郊外の伊佐沢地区を中心に栽培されていた大豆であり、表面に馬が噛んだような跡がある。すでに絶滅したと思われていたのだが、ひなた村で復活させた。この大豆とさわのはなを使った味噌の製造や、また、長井市の若手菓子職人集団「長井菓匠倶楽部」が馬のかみしめを使ったお菓子の製造販売に踏み出している。

遠藤氏の経営している10 haの農地は集落の約4分の1の面積であり、その他にも依頼が多い。その気になれば「20 haは集まる。でも、それでは楽しくない。自分で農地を集めるよりも、他の人と一緒にやるやり方を考えたい。今以上の面積はやらない」と遠藤氏は語っていた。作業受託はしていなかった。

米は減農薬栽培で、消費者への直接販売が500軒、小売店直が5軒であった。小売店は大阪の菊太郎（百貨店に十数店舗）、千葉県松戸の伊勢丹、山形の自然食の店などであった。このような取り組みの常だが、当初は関東圏しか売れなかったのだが、金賞を受賞したあたりから、山形県内、長井市内でも売れるようになってきた。現在、ひなた村の周辺には多くの賛同者が集い、さわのはな、馬のかみしめ、行者菜などの農産物ごとに生産グループが作られ、新たな取り組みを重ねていた。

遠藤家は8人家族、加工所を担っている夫人は「次から次へとよく」と語ると、遠藤氏は「前のものを捨てられない。赤字にならず楽しんでやる」と応えていた。1979年生まれの子息の遠藤孝志氏は隣の南陽市の郵便局に勤めていたのだが、2013年には就農してきた。

この長井、生ゴミ収集から堆肥生産、そして、地元農家による堆肥の利用と野菜栽培、直売といった地域の循環を意識する「レインボープラン」で知られている。かつて江戸時代に最上川の交易で栄えた歴史があり、人びとの意識が開けている。そのような土地で、ひなた村は独特の光を放っているのであった。

（2）中央地区宮／大規模専業農家の夫人がケーキを加工、販売
——農村女性起業に向かう（お菓子・パン工房 Jiem）

水稲と兼業中心で来た長井の農業は、現在、大きな構造転換期にある。大規模に農地を集約する専業農家や農家集団と、土地を手放し離農していく農家という方向にある。また、大規模農業に関しては、農事生産法人等の農業生産集団を形成していく場合と、個別の専業農家が10〜20 haほどの農地を集約していく場合が目立つ。そして、これらの専業の大規模経営のいずれにおいても、主力は水稲であり、それに大豆等の転作、そして、一部はいくつかの興味深い野菜栽培や畜産に向かっていく場合が少なくない。

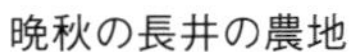

▶家族経営の専業農家の典型的な歩み

中央地区宮の工藤家は、従来は水稲を中心に、タバコ葉栽培に従事していたが、その後、タバコ葉の栽培は停止し、水稲専業として歩んできた。農地の面積は比較的広く、自有地が5haほどであった。現在の工藤家の家族構成は、一人娘の後継者である工藤望美さん夫妻を中心に祖母、父母（60歳前後)、子ども2人（男性8歳、女性7歳）の7人であった。望美さんの連れ合いは、飯豊町から来た婿であった。

水稲中心で来たのだが、祖母が小規模に畑を耕していた。その後、和裁に従事していた母も畑をやるようになった。現在では、水稲10ha、転作の大豆、キャベツが2ha、畑が1haの全体で13haほどの規模であった。なお、8haほどは借りていた。農地の賃借料は条件によって異なるが、1反（10a）あたり年間1万4000～1万7000円であった。現金で支払う場合と米を渡す場合とがある。

販売先は、米、大豆は地元のJA、野菜類は地元の農産物直売所の愛菜館（JA系)、菜なポート、道の駅「川のみなと長井」に加え[6]、JA、卸売市場とされていた。水稲中心の専業農家であったのだが、近年は経営面積を増やし、転作の大豆、キャベツから始まり、一部にネギ等の野菜栽培に踏み込んでいた。

ネギの出荷準備をする工藤望美さん夫妻

お菓子・パン工房 Jie m

受け皿としての直売所の普及がキャベツやネギ等の野菜への展開を促したようにみえる。長井の家族経営の専業農家の典型的な歩みということであろう。

▶専業農家の後継ぎ娘がケーキに展開

工藤家の一人娘の望美さんは、高校卒業後、地元のテクノ・モリオカに3年ほど勤めて退職、いくつか勤めを変えてから家に戻り、農業の手伝いをしていた。2010年頃から野菜を直売所に出していたのだが、さほどの収入にならず、2012年頃には趣味のケーキを直売所に出すことを考え、敷地の中に小さな加工所を建ててもらい、「お菓子・パン工房 Jiem」と名乗っていた。なお、「Jiem」は屋号の「次右衛門」からとっていた。望美さんはケーキの中でもシフォンケーキを中心に幾つかの種類のケーキ、パンなどを生産、直売所を中心にスーパー、コンビニにも出していた。

望美さんの名刺には、商品として米粉100%シフォンケーキ、米粉100%ガトーショコラ、米粉入りパン、季節のお菓子、バースデーケーキとあった。米粉のケーキ、パンを得意とし、米粉は山形県産の「はえぬき」を用い、長井市内唯一の製粉業の吉田製粉に挽いてもらっていた。加工は望美さん1人であり、早朝の4：00から夕方の17：00、18：00まで取りかかっていた。この間、子どもの世話、商品の配達もほぼ毎日行なっていた。1日の販売額は最大で15万円ほど。20万円行くこともある。ただし、夏になるとシフォンケーキは売れない。主力のシフォンケーキは1個120円で販売しているが、関係者からは

ここに雪が１ｍ以上積もり、３月に雪下キャベツとして掘り出す

「安すぎる。300円ぐらいでもいいのでは」といわれていた。

ケーキ、パンの販売先は、JA系の愛菜館（長井、南陽）、道の駅川のみなと長井、菜なポート南店といった地元の農産物直売所に加え、地元スーパーの「うめや」（長井北、南陽、川西）、色摩農園（九野本）、川西の森のマルシェ、コンビニのベニバーズ遠藤商店などに拡がっていた。加工を始めて５年、望美さんは「市街地に店を持ちたい。アチコチ物色中。子どもが小さいので、まだ早いかな」と語っていた。

▶農産物直売所が販売の可能性を拡げる

全体で13 haほどの水稲を中心とする専業農家の場合、また、男手が２人いる工藤家の場合、農業に女性を必要とする場面は少ない。望美さんの祖母、母のように趣味的に小さく野菜栽培をしている場合が少なくない。また、農産物直売所が広く設置されてきた現在、減反、転作による大豆、小麦の生産、あるいはキャベツ、ネギ等の生産に踏み込み、野菜類を直売所に出す専業農家も増えてきた。水稲単作といわれた長井の農業も、少しずつ変わり始めているようにみえる。

さらに、主力の水稲の機械化の体系が出来上がっている現在、農業で女性のすることが少なくなってきた。他方で、直売所の拡がりの中で、販売の可能性が出てきた。このような事情の中で、全国的に女性による農産物加工が広く行なわれるようになっている。多くは地元の農産物をベースにした味噌、漬物、惣菜等の加工品の生産だが、中には望美さんのようにケーキ、パン類に向かう女性も出てきている。このような文脈の中で、農村のケーキ屋、パン屋が登場してきているのであった。それは、農村女性、農家女性にとって新たな希望を与えることになろう。長井の水稲地帯の農家で興味深い取組みが重ねられていた。

そろそろ雪を迎える晩秋の11月中旬、散居の屋敷に一番近い畑には雪下キャベツが大きく育っていた。3月の野菜不足の時期には、1mを超える積雪から掘り出して直売所、市場に出すことになる。この雪下キャベツを掘り出す作業が一番キツイとされていた。この野菜のない時期に提供されるこの雪下キャベツ、長井では1個300円ほどだが、東京のそれなりの店に出すと1000円ほどになる。長井の規模の大きい専業農家は、このような展開になっているのであった。

(3) 中央地区高野町／地元の素材を使った商品開発に向かう
——馬肉ラーメン肉まんに展開（アイデアのおもちゃ箱）

近年、地元の食材を使った新たな商品開発、また、地元のソウルフードというべき食品の地域ブランド化等が推進されている。山形県長井市、かつては農耕馬も多く、また、草競馬も行なわれており、地域のソウルフードとして馬肉のチャーシューの乗った濃いめの醤油ラーメンが「長井ラーメン」として親しまれてきた。

他方、補助金をもらって雇用創造のための取組みが地元商店主などにより開始され、主要メンバーによる株式会社の設立と続き、興味深い商品が開発されていった。このような取組みには体を張っていく人が必要だが、調理、菓子製造などに携わってきた女性が興味深い取組みを重ねていた。

▶馬肉ラーメン肉まんの開発

6次産業化が地域産業振興、雇用創造等のテーマとなってきた2013年、長井市雇用創造協議会により、地域の商店主たち30人ほどが専門家の指導を受け、試行錯誤を重ねて地域性の濃厚な産物の開発に取り組んでいった。ただし、1年目は何もできず、2年目はテーマが馬肉となったが、提案された「おにぎり」はものにならなかった。この取組みの中で、ソウルフードの馬肉ラーメンを「片手で食べられないか」ということになり、馬肉ラーメン肉まんの開発に向かう。馬肉ラーメンを山形県産の小麦のふわふわ感のある皮で包み、麺、メンマ、馬肉チャーシュー、ネギ等を積層、めんつゆでジューシーにしていくというものであった。1カ月ほど毎日作り続け、2014年8月29日（バニクの日）に馬肉ラーメン肉まんの発表に至った。後に実用新案の認証を取得している。

だが、この補助金は3年で終わり、2016年3月には給付期間の満了となる。馬肉ラーメン肉まんはほぼすでに完成しており、イベントなどに出店して注目されていた。このまま止めるのはもったいないということになり、有志が結集、2016年6月に資本金150万円の㈱アイデアのおもちゃ箱を設立登記（出資者8人）していく。実働のメンバーは7組（8人）、レストランのジュアン（2人）が社長、丸川生肉店が副社長、後藤馬肉店が商品開発担当、そば屋の舟越が経理担当、和菓子屋の水上屋が総務・営業、そして、非役員の樋口菜穂子さんが

アイデアのおもちゃ箱

樋口菜穂子さん

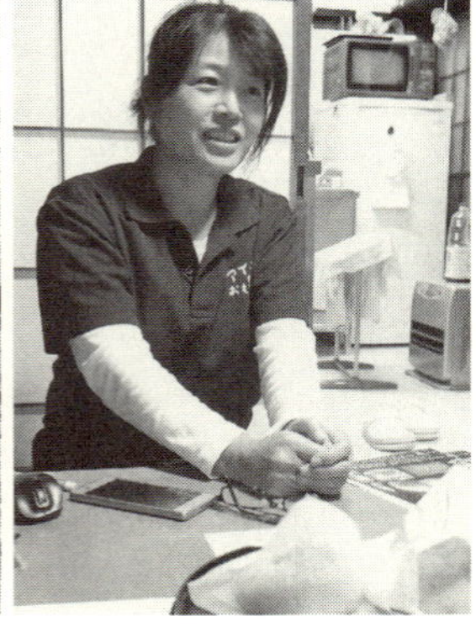

商品開発・製造・販売を担当ということになった。

樋口さんは長井の生まれ育ち、高校卒業後は池袋の調理師学校に通い、その後は吉祥寺の洋食屋ボングルドに2年、船橋の洋菓子屋に5年、そして、長井に戻ってきた。その後、結婚、そして、長井に進出してきた洋菓子製造のシャトレーゼに8年、長井駅前の喫茶店山の下に3年と重ねてきた。その頃に雇用創造協議会のプロジェクトがあり、それに参加していった。

▶イベント、道の駅で人びとの関心を呼ぶこと

株式会社設立後は、具体的な場所を探し、樋口さんの義理の母がやっていた市内のお茶屋（茶小売）が空いていたことからそこを借りてキッチンを改装していった。先の株式会社の登記もここにしていた。週に1回（夜）、役員会を開いているが、実質的な従事者は樋口さん1人。樋口さんは毎日8：30から17：30まで肉まんを作っていた。この間、2016年10月には新商品の「辛みそラーメン豚まん」、2017年1月には「米沢牛中華まん」を発売、ラインナップは大きく三つになってきた。なお、馬肉ラーメン肉まんは1個400円、辛みそサーメン豚まんも400円、米沢牛中華まんは500円に設定されていた。製造は全て手づくりであり、樋口さんが1日100～150個を作っていた。

また、2016年10月にはイベント出店用の中古の軽のキッチンカーを取得、改装して土日祭日には県内各地のイベントに向かっていた。店内には小さめの冷凍庫があり、—30℃で保管しているが、収用能力は十分ではない。店売りは温めたものと冷凍物であった。売上額の月の変動は大きく、イベントに大きく左右される。品物の性質上、夏季は厳しい。

2017年に入ってから、7月からは長井市のふるさと納税の返礼品（1000円、5000円）に採り上げられ、また、2014年4月にオープンした道の駅川のみなと長井で2017年10月からホカホカ、冷凍のいずれも販売できるようになった。冬季に向けて良い環境条件が形成されたことになる。

現状、パートタイマーを入れる余裕もなく、樋口さんが生産から販売までを1人で担っている。道の駅での販売は一つのキッカケになるものとみられ、評判を呼んでいくことが期待される。このような新商品は、本気で取り組んでい

長井のラーメン肉まん

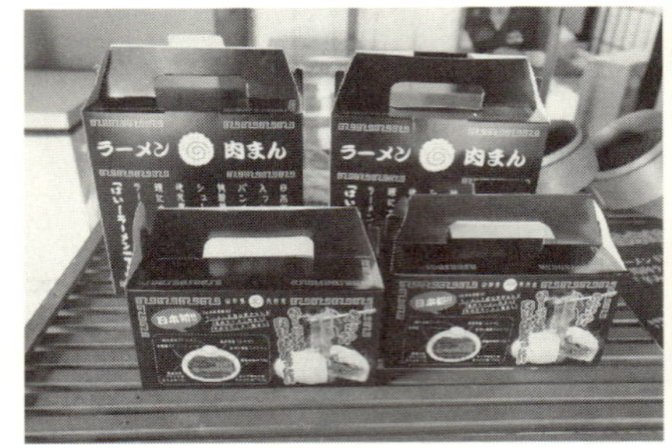

移動販売車でイベントに向かう

く人がいないと前に進まない。道の駅での販売を重点的に行ない、人びとの関心を呼ぶような商品になっていくことが期待される。

(4) 中央地区屋城町／原発事故の福島から定住、学習塾開設、市民農場に参加——福幸ファームから福幸ヴィレッジに（NPO法人レインボープラン市民農場）

長井市では、循環型社会の形成を目指し、1996年という早い時期から市民から提案されたレインボープランが推進されている。家庭生ゴミを収集、堆肥化し循環農業につなげていくというものであった[7]。このレインボープランが進められていく中で、2004年5月にはNPO法人レインボープラン市民農場が設立され、約1haの農地を借りて、市民参加による減農薬の水稲、野菜の栽培を開始している。

また、東日本大震災の際には特に福島県浜通りの人びとが大量に避難してきた。そのような事態に対して、長井市では先の市民農場を避難してきた人びとに開放、2012年3月から「福幸ファーム」として市民と交流しながら農産物の生産を行なっていった。この福幸ファームは被災後5年を経過したことから2016年3月には「福幸ヴィレッジ」と名称を変更している。なお、長井市への震災避難者は最大時330人（2011年12月）を数えたが、6年半が経った2017年11月9日現在、21世帯、55人に減少している。いわき市から避難してきた村田孝氏（1965年生まれ）夫妻は、長井市に定住（住民票を移動）し、

いわき市から避難、移住してきた村田孝夫妻

学習塾を開催、さらに、NPO 法人レインボープラン市民農場の活動に参加していた。

▶長井に定住、学習塾を開く

村田孝氏はいわき市で学習塾に23年にわたって勤めていた。村田氏の実家はいわき市常磐藤原、常磐ハワイアンセンターの近くだが、住居はJRいわき駅裏にある夫人の村田佳子さん（1970年生まれ）の実家の2階であり、1階では夫人が「キッチン&カフェ・アバンティ」を開いていた。パスタ、オムライス、カレー、ジェラート、パフェなどを出していた。

2011年3月11日の東日本大震災の時は、夫人は自宅にいたものの、村田氏は千葉県浦安に4人のメンバーで研修に出かけていた。地震発生後にはクルマでいわきに向かい、17時間をかけて12日の昼頃にいわきに戻った。その直後の15：30頃、福島第一原発が爆発、いわきの南側に位置する村田氏の実家に避難した。当時の村田家の家族は、村田氏夫妻、父母、98歳の祖父、3歳の長女、1歳の長男の7人家族であり、13日には二手に分かれ長井に向かった。村田氏の兄が長井の割烹の中央会館に婿入りしていた。

祖父は2012年元旦に他界し、その後、伊佐沢の中古住宅を取得、現在は6

人家族で暮らしている[8]。その間、長井市の緊急雇用の対象になり、2年半ほどNPO法人レインボープラン市民農場に所属し、農場関係の仕事、個配などの業務に就いていた。

長井に定住してしばらくは本業の学習塾を開く気にならなかったが、2015年11月、現在地を借りて学習塾の「総合学習指導塾七色学舎」をスタートさせた。塾は土日を除くウイークデイ、17：00〜21：30、小学生から高校生までを対象にしていた。村田氏がメインであり、夫人は小学生の国語、算数を教えていた。さらに1人、レインボープランに関心を寄せ長井にIターンしてきていた元コンピュータ・プログラマーの中里賢二氏（1993年生まれ）が開設当初から参加していた。村田夫妻は、土日、昼間は市民農場関係の仕事をしていた。

▶昼は市民農場の手伝いに従事

2004年にスタートした市民農場は田約60a、畑約40a、計約1haを借りている。田は飯米の「さわのはな」を栽培、学校給食用の他に福島県浪江町から避難移転してきた鈴木酒造店に酒米として提供しているが、鈴木酒造店では「甦る」の銘柄で年間2.4石（240升）を生産している。野菜は露地でジャガイモ、ニンジン、キャベツ、ミニトマト、ネギ、葉物等20種類ほどを生産し、市内の直売所への出荷、市民への個配（30件ほど）、さらに県外にも出荷していた。県外は村田氏の知り合いのいわきや鎌倉のレストランが多い。

NPO法人レインボープラン市民農場の理事長は野菜農家の竹田義一氏、理事は4人、会員は約30人で構成されていた。会員は高齢者が多く、「出来る人がやる」を原則にしていた。昼間はほとんどこの市民農場の個配に携わっている村田夫人は「楽しい仕事だが、採算は合わない」と語っていた。

このように、原発被災のいわきから避難してきた家族が長井に定住し、慣れた本業の学習塾を再開、そして、循環社会の形成を目指すレインボープランに感銘を受け、時間的に余裕のある昼間には畑仕事、個配などに従事し、地域の中で暮らしていた。原発被災、避難、定住、新たな生き方、暮らし方の軌跡が描かれているように思えた。

（5）中央地区／道の駅、農産物直売所、インキュベーション施設を展開
——川のみなと長井、菜なポート、i-bay（置賜地域地場産業振興センター）

1980年代中頃以降、各地に地域産業振興のための拠点施設を作る動きが活発化していった。山形県においても置賜地域の拠点施設として、1988年1月1日に置賜地域地場産業振興センターが長井市のつつじ公園の東側、国道287号沿いにオープンした。当時作製された『施設利用のごあんない』には、次のように記されている。

「当センターは、産業・経済、文化、交流の拠点施設として、高度な質の高い機能性を保有しており、地域特産品を紹介する展示、即売コーナーとしての『物産館』、各種展示会、ギャラリー利用としての『展示ホール』、各種大会、講演会、シンポジウム、大展示会、見本市等国際会議まで可能とする『コンベンションホール』、企業等研修、会議利用としての『各会議室』、研修、ビジネス、旅行宿泊利用としての『ホテル機能』、等各界のご利用に供していただける利便性が確保されています」「さらに、地域産業に関する新製品、新技術の研究開発及び調査、情報収集・提供、人材の育成・養成、デザイン・システムの開発、需要開拓等々地域産業経済の活性化を推進する中枢機関として事業の展開に努めております」としている。

私自身、初めて利用したのが1994年10月、アジア経営学会の時であったが、人口3万人の地方小都市にこれほどの施設があることに驚いた。その後、私の定宿（ハイマンタスホテル、現タスパークホテル）となり、講演会、シンポジウム等で利用してきた。

2018年は、この置賜地域地場産業振興センターがオープンして31年目となる。施設の老朽化が目立ち始め、また、施設の維持管理に関係各部門が頭を悩ませている。それでも、運営主体は当初の財団法人から2012年4月には一般財団法人に衣替えし、長井市の地域産業政策の推進の事務局として、地域地場産業センターの施設運営、道の駅「川のみなと長井」、農産物直売所の「菜なポート」、インキュベーション施設の「i-bay」の運営組織として位置づけられている。

置賜地域地場産業振興センター

市民直売所「菜なポート南店」

▶農産物直売所の意義

日本に農産物直売所が生まれたのは戦後すぐの頃とされるが、JA が引き取ってくれない数のまとまらない農作物、形の悪い農作物を農家が軒先に並べたところから始まる。このような無人の直売の経験を重ねた農村の女性たちは、1985 年前後から、もう少し本格的にやりたいとして有人の直売所を開始していく。当初はバラックを建て、戸板に農作物を並べたとされている。この直売所がブレークするのは 1990 年代の中頃、燎原の火のごとく全国に拡がっていった。現在では、有人の農産物直売所は全国で約 2 万 3000 カ所とされている。

この農産物直売所の意義は大きく三つ。一つは、農家の女性たちが銀行口座を保有したことにある。歴史上、日本の農家の女性は口座を持つことはなかった。だが、直売所は女性主体で行なわれ、その成果が直接女性に返ってくる。彼女たちは「これまでの人生の中で、こんなに嬉しいことはなかった」と語る。農業にも力が入っていくことになろう。

二つ目は、直接消費者とコミュニケーションが取れるという点に関連する。そこから新たな農産物を生産していく意欲も沸き立つ。

三つ目は、女性たちの「もったいない精神」に関連する。残り物の農産物を加工する、あるいは、食として提供する農村レストランを開くなどが広くみられるようになっていった。いわば、6 次産業化が進められ、雇用、付加価値が地域に拡がっていくことになる。

私は、農産物直売所、農産物加工、農村レストランを日本の農山村を豊かにする「3点セット」といっているが、2000年代に入ってから、そのような動きは全国各地でみられるようになってきた。それは農山村の人びとに希望を与え、新たな価値を創造することになろう。

▶長井の直売所と菜なポート

長井の農産物直売所は、伊佐沢の「伊佐沢共同直売場」(1999年開始)、JA系の「愛菜館」(2003年)、レインボープランの市民市場「虹の駅」(2004年)の3カ所が開かれていた。また、民間の有志による「長井村塾」(1998年)という小さな直売施設もあった。

2000年代中頃に、意識的に見て回ったが、全国の農産物直売所を見慣れた目からすると、季節により魅力的な果実が集まる伊佐沢共同直売場にしても、いずれも規模が小さく、あまり魅力的な農産物は見当たらなかった。長井の場合、本書の第7〜8章でみてきたように、圧倒的に水稲の比重が高く、野菜生産は低調であることがうかがわれた。

当時、私は市の産業担当に、「街中にもう少し規模の大きい農家の女性の参加の色合いの強い直売所をやったらどうか。彼女たちを刺激し、野菜生産の拡大、現金収入の拡大をしていく必要がある。市民にとっても鮮度の高い農作物を得られる。そのキッカケに直売所が機能する」と指摘してきたものであった。

このような事情の中で、長井市は2007年度から経済再生戦略会議市民直売所班を設置、直売所関係者、農家、市民などを交えた意見交換の場を開いていく。市民からは「直売所が欲しい」、農家からは「常設店が欲しい」という意見が出され、3年の検討を重ね、つつじ公園に面し、国道287号にも近い空店舗(元東京靴流通センター)でスタートしていく。

そして、その農産物直売所の目的を以下のようにしていった。

① 農業者の耕作、生産意欲を高め、技術的な向上を図るとともに、収益の増加を目指す。また、雇用の場としての、長井独自の農業の魅力創出を目指していく。
② 幅広い年齢層の市民の憩いの場、コミュニティの場をまちなかに設ける。
③ まちなか歩きの拠点箇所として、幹線国道に面する場所に観光客を引き

留める施設を設置し、商店街などに人を還流させる。

④ 大規模直売所開設を近い将来の目的とし、試験的な直売所として取り組む。

市民直売所「菜なポート（現南店）」は2010年4月16日にオープンしていった。

市内の直売所のメンバーが集まり、当初、場所取り争いもあったが、2年ほどで落ち着いていった。店長は緊急雇用の補助金で雇用していった。私は開店以来、何度も訪れているが、当初は寂しい感もあったが、次第に充実していくことが見て取れた。明らかに市民に歓迎されていた。菜なポートの売上額の推移をみると、初年度（約9カ月）の2010年は約7803万円、2年目以降は順調に拡大し、2016年は2億0059万円となっていった。

この菜なポート、2017年4月に道の駅川のみなと長井が出来る際には閉鎖の予定であったのだが、2016年2月に市の中心部にあったスーパーのヨークベニマル長井店が閉鎖となり、市民から存続の意向が強く出て、当面、道の駅川のみなと長井の直売施設「菜なポート」の南店として存続することになった。2017年の菜なポート南店の売上額は前年より低下したものの1億7078万円を計上した。道の駅の菜なポート本店の売上額1億3168万円と合わせると菜なポート全体で3億0246万円となった。前年の1.5倍であった。全体的な傾向として、本店では観光客の利用が多く、南店は地元の人びとが多い。また、ヨークベニマル長井店の閉鎖により、南店では精肉、日配品の販売もするように

春には山菜も出る／わらび

菜なポート南店には精肉、日配品も並ぶ

なっている。このような傾向は全国的なものである。人口減少、高齢化の中で食料品店が閉鎖され、買い物弱者問題もあり、農産物以外の精肉、鮮魚、日配品の販売も必要になっているのである[9)]。

▶道の駅「川のみなと長井」のスタート

道の駅の第1回目の登録が行なわれたのは1993年4月22日、当初、1000カ所を目標にしていたのだが、2018年4月25日現在、全国で1145カ所となっている。これだけクルマ社会になっているにも関わらず、トイレも休憩場所もない。「道にも駅があってもいいのでは」というところから開始された。当初の道の駅のイメージは、24時間使えるトイレと電話、駐車場が提供され、それに、道路（地域）情報センター、物販、レストランが基本の構成要素であった。その頃は、農産物直売所は付設されていなかった[10)]。

ところが、農家の人びとが道の駅の軒先を借り、あるいはテントを張って直売に踏み出すと人気が出てきて、最近設置される道の駅では不可欠の要素となってきた。お土産品の物販部門よりも農産物直売の方の人気が高い状況となっている。川のみなと長井は、まだ、1年ほどの実績だが、この1年で売上額は2億4850万円となり、部門別でみると、菜なポート部門（本店）1億3168万円（53.0％）、物販部門8389万円（33.8％）、飲食部門3038万円（12.2％）、その他となっている。明らかに、農産物直売の部門が人を惹きつけていることがわかる。

このように、道の駅でも農産物に人気があるのだが、個々の農家にすれば2カ所に出すことは容易でない。現在の出荷者は143人。両方の店に出している出荷者もいるが、本店に出している人が約50人、南店に出している人が約100人ほどであった。現状、南店の方が売れる。今後の課題としては出荷者の増加を促していく必要がありそうである。あるいは、高齢の農家のわずかな農作物を庭先集荷により集めていくことも重要であろう。それは、高齢の農家の人びとに勇気を与えていくことにもなろう。

道の駅「川のみなと長井」

川のみなと長井の物販施設

▶インキュベーション施設の「i-bay」

全国の各地で新規の独立創業支援のためのインキュベーション施設が設置されている[11]。長井市においては、2016年10月、置賜地域地場産業振興センターの2階にオープンした。元は物産館のあったフロアであり、道の駅川のみなと長井に引っ越した跡を利用してスタートした。名称はi-bay（あいべい）とされた。この「あいべい」とは、長井の方言で「行こう」を意味する「あいべ」から命名されている。

このi-bayのリーフレットでは、「ビジネスアイデアを孵化させて事業化する場を用意しています。落ち着いて仕事ができる個室、仲間と仕事ができるデスクスペースや打合せスペース。ビジネスに必要な情報が揃った情報スペースや会議室も、アイデアを事業化する環境がここにあります。」「起業・創業者等のメインオフィスとしてだけでなく、既存事業者のサテライトオフィスやワークスペースなど、様々な用途に応じてご活用いただけます。また、大型ディスプレイや3Dプリンター等も完備しており、商品の開発や既存商品のブラッシュアップにも便利な機能が満載です」としていた。

個室は7.3 m^2と10.8 m^2の2タイプの7室、利用料金は創業者と既存事業者とで異なり、また、創業者は創業予定者と新規創業者で異なっている。創業予定者は月3650円（7.3 m^2）と5400円（10.8 m^2）、新規創業者は各々7300円、1万0800円、既存事業者は1万0950円、1万6200円。この個室利用は2年、さらに延長も可能。その他に会員専用デスク、ロッカー、共有エリアの利用可

インキュベーション施設「i-bay」

個室の利用状況

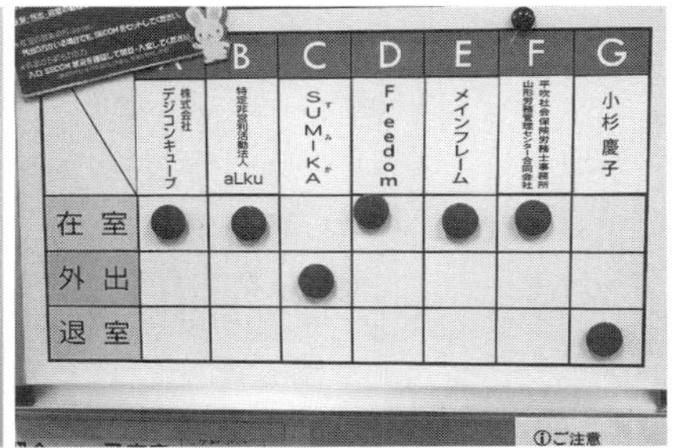

能なゴールト会員、共有デスクスペース、ロッカー、共有エリアの利用可能なシルバー会員があり、それぞれ安価で提供されている。また、創業支援を担う経験豊かなインキュベーション・マネージャーも配置されている。

2018年5月現在、個室は満室であり、設計（建築、機械）2件、子育て関連のNPO法人、教育系、デザイナー、社会保険労務士、制作プロダクション（本社山形市）のサテライトオフィスの7件が入居している。

スタートして2年ほどだが、すでに卒業生が出ていた。長井市生まれの竹田香織さん（1977年生まれ）は、歯科衛生士を経て介護福祉士、ケアマネージャーの資格を取得、2017年3月に地元の居宅介護支援事務所を退職し、i-bayに入居、2017年11月に自宅の隣に住居型有料老人ホームを開設した。さらに、長井で初めての24時間巡回介護サービスを開始している。老人ホームは2階建の新築、6〜8畳の11室、部屋代、食費（3食）などで月11万9000円からであった。

このように、置賜地域地場産業振興センターは、センターの運営をはじめ、道の駅川のみなと長井、菜なポート南店、さらに、インキュベーション施設のi-bayの運営等に携わり、長井の地域産業の下支えとしての機能を担っているのであった。

2. 長井の伝統産業の現在と未来

地域産業、地場産業には、地域の原材料資源を背景に生まれ、育っていくものと、地域の需要（市場）を対象に生まれ、育っていくものとがある。例えば、日本の織物業の多くは地域の蚕糸、綿糸などの原材料をベースに生まれ、発展していったものが少なくない。これに対し、友禅、小紋のような繊細かつ高度な奢侈的需要を満たす製品は、大都市で生まれ、育っていった[12)]。これらの関連事業部門が一定程度集積していくと、地場産業、地域産業といわれることになる。また、近世から近代の初めの頃に生まれ育ち、現在にも続いているものは伝統産業、伝統的工芸品産業などといわれる。あるいは、近代産業に対してそれらは在来産業と呼ばれることもある。ただし、これらの産業の多くは戦後の高度経済成長、生活様式の変化により、消え去り、また、大幅に縮小している場合が少なくない。

このような点から長井をみていくと、幾つかの在来産業、伝統産業が一部に残っていることが指摘される。一つに、江戸末期から蚕糸という原材料を背景に農間余業として成立し、西置賜郡全体に拡がった長井紬がある。この長井紬は明らかに原材料基盤に立脚し、一時期は4000事業者、生産量年間21万反にものぼる基幹的な地場産業として発展していった。当時の長井の地域外から所得をもたらす基幹産業として機能していた。ただし、大正時代の電力をベースにした動力織機化、工場生産といった織物産地・産業の産業革命に乗り遅れ、さらに、戦後は和装需要の激減に直面、一気に縮小していった。現在では長井紬を製織する織物事業者はわずか4事業者に減少した。すでに地場産業、地域産業というよりは、地域が生み出し、育ててきた地域の伝統工芸品としてみるべきであろう。

もう一つ、日本酒蔵、醤油・味噌蔵が複数残っていることも注目される。近世から近代にかけては、これらは農村地帯では自家製造された場合も多いが、地方の中小都市では地域市場を意識して専業的に成立する場合も少なくない。長井市の旧長井町は西置賜郡全体の中心地であり、近世には商業都市でもあったことから、地域市場を対象にした日本酒、醤油・味噌などの蔵が成立したのであろう。多くの在来的な産業、例えば、全国の各小都市に成立していた下駄、傘、桶などの製品分野は近代的な代替製品に駆逐され、ほぼ消滅しているが、地域の嗜好のベースになっている日本酒、醤油、味噌は縮小しながらも残っている場合が少なくない。長井には、日本酒蔵3軒、醤油・味噌蔵3軒が現在でも残り、人びとの嗜好に応えているのである。なお、長井の醤油・味噌蔵は2001年の頃には6軒あったのだが、現在は半減している。

この節では、このような在来産業、伝統産業が現在、どのような状況にあるのか、今後の課題と可能性はどのようなものなのかをみていくことにしたい。

（1）中央地区館町／糸商から機屋に、ハイマン電子の設立にも参画
――地域の事業家の事業転換の歩み（斎藤織物）

長井は元々、生糸の生産地であったのだが、織物業は、1776（安永5）年、米沢藩が越後から縮師を招き、米沢城下に工場を設置、縮織を開始したところから始まる。また、文化年中（1804～1818）には、浮浪者が訪れ、横飛白（横絣）の織方を伝えたとされる。その後、結城紬、京都、奄美大島紬等の技術を導入していった。明治中期以降は北関東で発展していた板締絣も導入、紬絣の領域に展開していった。その色合い、絣模様が琉球絣に似ていることから「米琉」ともいわれた。

江戸後期から明治にかけて織物生産は西置賜の農村一帯に拡がり、農間余業として、1921（大正14）年の頃には生産者は4000を数えた。だが、その後は激減、戦後の1953年に長井紬織物工業協同組合結成時（組合員の範囲は、長井市と白鷹町）には、組合員は26となっていた。なお、この組合員の他に出機が200～300軒は維持されていた。長井の場合は昭和の初めに伊勢崎から導入した解し捺染大絣を特色とし、白鷹の場合は板締めによる小絣が特色とされている。現在、長井の機屋は4軒、白鷹が2軒、そして、伝統的工芸品の「置賜紬」として同時に指定された草木染を特色とする米沢は4軒ほどに縮小している。なお、米沢の場合は広幅の服地、小幅の一般の着尺に展開している機屋が30軒ほど維持されている。

斎藤織物の工場／長井グンゼから移設

斎藤俊弘氏

▶**和装織物市場の縮小と、産地の機屋**

現在、長井で長井紬を生産している機屋は、斎藤織物、渡源、小松織物、長岡織物工房の４軒である。その中の一つ、斎藤織物は戦前までは糸商であったのだが、戦後に織物に入ってきた。織物に入ってからの初代は斎藤幸助氏、現斎藤織物社長の斎藤俊弘氏（1956年生まれ）で３代目にあたる。斎藤幸助氏は長井紬織物工業協同組合の初代理事長であった。初代の頃は従業員100人規模であったが、斎藤俊弘氏が家業に入った1970年代末の頃には従業員は約20人、織機15台、出機30台ほどの規模になっていた。特に、バブル経済崩壊後は縮小が著しく、現在の斎藤織物は、社内の織機は３台（十日町製、半自動）の他に、白鷹と米沢に出機を３台出していた。年の生産量は約1000反（1反＝12.5 m×38.5 cm）、かつては反物の他に羽織のアンサンブル（1疋）もあったのだが、近年は激減し、大半は１反単位で提供していた。斎藤織物の出し値（下代）は１反あたり５万円前後、これが小売店（上代）では5〜6倍の25万円から30万円ほどになる。ただし、最近はネットの通販業者が産地問屋等で仕入れし、8〜10万円前後で売っている場合もあり、価格破壊とされていた。

流通の基本形は、当社から米沢の買継商を経由して、東京、京都等の集散地問屋に行き、そこから全国の地方問屋、小売店（呉服屋）に流れていく。従来の流通は、製品企画、リスクは産地の機屋の側にあり、買継商、集散地と委託

斎藤織物の製品群

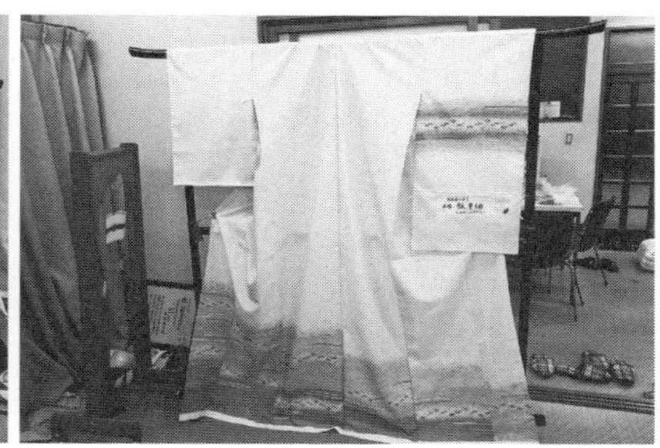
近年、淡い色が主流になっていた

で販売されるものであった。委託販売と返品自由の形であり、買継商、集散地問屋は販売手数料の買継口銭を受け取るものであった。現在ではそのような方式は一部に残っているが、市場が縮小し、機屋の力が落ちていることから、機屋企画の商品の注文生産に加え、買継商の企画、リスクによる買取りの形となってきていた。

長井紬の染色法は「結絣」「摺り込絣」「解し捺染」が主なものである。斎藤織物の場合は摺り込絣が多く、材料は真綿、玉糸、紡績糸、正絹を利用している。また、職人が減少し、昔の加工ができなくなっていた。現状では、摺り込絣職人、結絣職人が合わせて３人しかいない。現状の従業者は斎藤夫妻と数人のパートタイマーによって構成されていた。1980年の頃は日本の和装織物業の市場は２兆円とされていたのだが、現在では2500億円に減少しているのである。

▶織物、電子部品に展開して縮小、撤退

斎藤織物の２代目の斎藤良助氏は、米沢工業高校電気科を卒業、既に織物では「食えない」と考えており、戦後、大きく発展したマルコン電子に着目、マルコン電子の呼びかけに応じて電子部品組立の斎藤製作所を設立、さらに、1965年には竹田製作所、浅野製作所と３社でハイマン電子を設立していった。長井の一時代を築いたハイマン電子の足跡は第３章２―(5) に示してあるが、1990年代後半には失速し、2003年３月には加賀電子に営業譲渡されていった。

出資していた斎藤家には何も残らなかった。

戦前に糸商として出発し、戦後の祖父の時代に織物に入り、さらに、1960年代以降のマルコン電子の大発展に刺激され、電子部品組立の斎藤製作所の設立、さらに、ハイマン電子の設立に参画するなど、地域の名門事業者として多様な取組みを重ねてきたのだが、いずれも縮小、撤退となった。このような事情の中で、斎藤俊弘氏はバブル経済崩壊後のあたりから、事業継続は難しく、子どもには「好きなように」と伝えていた。

地域の産業は時代と共に変わっていく。新たに生まれ、そして消えていく。だが、マルコン電子以降については、よくみえない。斎藤家のような事業家の家系は、新たな時代を受け止めて、改めて甦えって来ることが期待される。それが、全く新しい産業なのか、あるいは伝統の織物業に新たな命を与えていくものなのか、それが問われていくことになろう。

(2) 致芳地区成田／基本は茶黒の米琉、子ども２人が入る ——半自動織機で絣紬を織る（渡源）

長井に残る長井紬の生産者（機屋）は4軒、その一つ渡源（わたげん）が郊外の致芳地区成田の農村地帯に立地していた。1階は機場と横糸づくり、2階は縦糸づくりに従事していた。1階の機場には木製の織機も置いてあったが、半自動の鉄製小幅織機4台が動いていた。織機は50年以上前の東京八王子の高橋機械のものであった。この織機、縦横絣織のために開発されたものであり、特に、八王子の近くの武蔵村山市の村山大島紬の生産に広く利用されたものであった。私自身、40年ほど前に村山大島紬の研究をしており[13)]、懐かしい思いがした。

▶渡源の歩みと渡邊徹氏

渡源の２代目当主の渡邊徹氏（1949年生まれ）は、長井高校を卒業後、東京都中央区堀留の問屋に修業に出ている。この堀留のあたりが和装織物の集散地であり、一時期は織物問屋が600軒ほど集積していた。日本の和装織物の頂点はこの堀留と京都の室町とされ、全国の和装織物はこの二つの集散地に集まり、そして、地方問屋、小売店を経て消費者の手に渡っていった。18歳で入

渡邊徹氏

長井郊外の渡源の社屋

り、25歳まで修業し、主として百貨店、小売店への営業に就いていた。当時はすでに和装織物は陰りをみせ始めていたが、まだ規模の大きな産業の一つであった。渡邊氏が家業に戻った1970年代中頃は第1次オイルショック後の狂乱物価の時代であり、和装織物もそれなりに売れていた。

渡源の創業は1946年、渡邊氏の両親が撚糸から始め、村山大島紬に使われていた絣織用の半自動の高橋式織機を入れ、長井紬生産に入っていった。東京郊外の武蔵村山市の東京都立繊維工業試験場村山分場の研究員の夫人が長井の人であり、戦時中、家族で長井に疎開していたことから村山大島紬に出会った。その人に教えてもらい、高橋式の織機を入れていった。渡源の長井紬の一つの特色は、タンニンを軸にする茶黒の紬であり、小さな絣柄を入れていた。染色の一部は社内で行なっているが、大半は地染、絣染のいずれも米沢の染色業者に依存していた。材料の真綿、玉糸等は糸商を通じて、現在では中国産に依存していた。現在では国産の材料は高すぎて使っていない。

渡邊氏が戻った頃は、従業員は10人ほど、出機も6〜7軒出していた。戻った少し後の1976年3月には当時の通産省の「伝統的工芸品」の指定も受け、産地がやや盛り上がっている時代であった。その後は和装需要の激減の中で、産地の同業者の廃業が相次ぎ、長井紬の生産者は現在ではわずか4軒に減少している。

▶渡源の生産、販売の現状

現在の渡源の従業者は渡邊夫妻とその子ども2人（双子の男女、1989年生まれ）の家族4人に加え、7～8人の女性従業員であった。社内の織機は8台（小幅織機）、米沢の2軒の出機に8台を預けていた。最近の月間の生産量は300～400反ほどであった。渡源の出し値は1反あたり5～7万円、上代価格はその10倍ほどの50～60万円とされていた。全国の紬織物の中で、上代価格で80～100万円とされる結城紬に次ぐ位置につけているようであった。

従来の長井紬の流通は、機屋が企画し、買継商、集散地を経由する委託販売であったのだが、現在はそのような色合いは薄れている。渡源の場合は、30年ほど前から米沢の買継商2軒と組んで、オリジナル商品を開発、リスクを分担する方式としていた。この場合、売れない場合は、リスクを双方で折半することになる。ただし、一度受け取った売上額から返却することは難しく、実際には次々と新しい商品を押し出している状況であった。

また、最近の販売のスタイルは、従来の買継商主催の展示会に加え、やはり買継商主催の「移動市」の形が多くなっている。東京や京都などで2日ほど会場を借りて、リピーターのお客を呼び集めるスタイルであった。渡源の場合も、近年、ネット通販による安売りに直面し、困っていた。京都の問屋がネット通販業者を呼び込み、現金で安く売り、そのままネットで通販されている。通常の百貨店、小売店の価格の半分前後で販売され、一般のユーザーからの苦情も寄せられていた。これに対しては、点数を減らし、顧客を見定めて高級なもの

縦糸の準備工程

半自動織機による製織工程

を販売していくことを目指していた。

▶若い兄妹による新たな可能性

和装織物は、この40年ほどの間に市場は大幅に縮小したが、高級品から普及品までの階層構造の中でクラスの下のものから縮小、撤退が重ねられてきた。この点、結城紬の次の評価とされる長井紬は相当に縮小したものの、かろうじて一部に維持されている。かつてのウール着尺、銘仙などの低価格の大衆着はすでに存在していない。今後、縮小はさらに続くものとみられるが、残された長井の機屋の今後の取組みが興味深い。

渡邊氏の子どもは双子の兄妹。妹は早い時期から現場に入り、製織、その他の工程を一通りこなしていた。兄は病気療養のつもりで3年ほど前に帰郷していたが、現在は家業に入り、現場で働いていた。伝統織物の世界では、現在、後継者はほとんど見当たらないのだが、渡源は家族規模で興味深い取組みとなっていた。

これまでの織物生産は各工程の分業化と専業化、そして、その組織化によって成り立っていたのだが、今後は下職層が消え去り、続けていくならば全工程の内部化が必要になってくる。伝統織物の中では、唯一全工程をやってきた結城紬の評価は高く、長井紬もそのような方向に向かうことが必要なのかもしれない。若い兄妹による若い感性による今後の取組みが期待される。

(3) 中央地区十日町／100年を超す長井の有形文化財の酒蔵
――小規模な蔵で特色を出す（長沼合名会社）

アルコール飲料が多様化し、また、国内のアルコール消費市場が縮小しつつある近年、伝統的な日本酒は厳しい状況に置かれている。生産量をみると（国税庁資料)、1980年には1193千kℓを数えていたのだが、2015年には432千kℓへと63.8%の減少になっている。ほぼ35年間で約3分の1になったということであろう。そして、日本酒メーカー（製造免許場）は1980年には2947蔵を数えていたが、2016年には1495蔵へと半減した。

このような状況の中で、日本酒をめぐっては興味深い動きが観察される。衰退気味の産業なのだが、品質の向上が著しいこと。杜氏が高齢化する中で、蔵元杜氏が増加していること。併せて季節雇用から通年雇用のスタイルに変わってきたこと。また、国内市場が縮小しているものの、近年の世界的な和食ブームにより、海外輸出が増加していることなどが指摘される。この長井には、長沼合名会社、鈴木酒造店、そして寺嶋酒造本舗（桶買い）の三つの蔵が存在している。

▶若夫婦２人が杜氏に

酒蔵は地域の文化の象徴であり、各地で地元の人びとに愛されてきた。一時期は全国で3000を超える蔵が存在していた。だが、江戸期の舟運、その後の織物業で栄えた長井の場合、大正時代の頃には酒蔵がなく、呉服商であった10代目長沼惣右衛門氏が、1916（大正5）年、呉服商を閉め、酒造業を開始している。以来、100年強、現在は12代目（酒蔵としては３代目）長沼惣右衛門氏（1945年生まれ）が当主（社長）となっている。

長沼合名会社の伝統的な酒は普通酒の「小桜」「雄國」であったのだが、2009年、12代目長沼惣右衛門氏が「惣邑（そうむら）純米吟醸 羽州誉」を発売し、全国販売に踏み込んでいる。2007年、13代目を予定されている若夫婦が酒造りを引き継ぎ、2010年以降、「惣邑シリーズ」を展開、全国的にも注目されるようになってきた。

12代惣右衛門氏の後継は４人姉妹の４女の長沼真知子さん（1980年生まれ）、長じて東京農業大学応用生物科学部醸造化学科を卒業している。伴侶の長沼伸行氏（1976年生まれ）は東京都杉並区の出身、酒造りとは無縁の経歴であったのだが、真知子さんと結婚、杜氏となることを決意し、高知市の酔鯨酒造に２回（二造り）研修に入り、学んできた。現在は長沼合名会社の蔵元杜氏として酒造りをリードしていた。従業者は長沼夫妻の他には、正社員２人（男性）、冬季に２人ほど蔵人として雇用、さらに、通年でラベル貼り等に女性のパートタイマー２人を雇用していた。

長沼合名会社の生産量は年間約250石（１石＝100升）と小規模であり、昔ながらの手仕事、手造りにこだわっている。洗米は手洗い、麹は麹蓋を使用、

長沼真知子さん（左）と長沼伸行夫妻

長沼合名会社の看板

酒搾りの舟

タンク群

特定名称酒は全て700 kg以下の小仕込みで行ない、搾りは二つの槽（舟）だけで行なっていた。小規模な蔵の良さが漂っていた。酒質については、「香りが穏やかで食事との相性が良い酒を造ること、そして単なる食中酒で終わることなく、飲む人の心に響く酒にすることです」と記してあった。

▶幾つかの課題

銘柄は大きく三つ。純米大吟醸の「惣右衛門」、純米吟醸の「惣邑」、普通酒の「小桜」であり、さらに細かく約30種類に及ぶ。販売方法は、小桜の場合は酒問屋経由、惣邑は小売店直の形態をとっていた。量的には半々だが、価格は倍ほど違う。また、地元産の酒造適性米の出羽燦々（さんさん）を利用して、地元の小売店の要請により「直江杉」の銘柄の純米吟醸酒を提供していた。

若い世代になって、惣邑シリーズの展開、小売店直の流通、直江杉のような特別な依頼への対応など、新たな取組みを重ねているのだが、幾つかの課題もある。蔵自体が老朽化し、特に麹室のリニュアル、保管用の冷蔵庫の拡大・改善が急がれているようにみえた。なお、長沼合名会社の店舗、主屋、蔵は、2008年、長井で初めて国の有形文化財に登録された歴史的建造物である。その良さを活かしながら、酒造りに関しては、幾つかの改善が必要なのであろう。

豊かな歴史と自然に恵まれた長井の地で、丁寧な酒造りが重ねられているのであった。

(4) 中央地区四ツ谷／福島の原発被災地から長井の蔵に入る
――酒づくりの新しい形を目指す（鈴木酒造店）

福島県浪江町、東日本大震災に加え、福島第一原発の爆破により、原発から6㎞の請戸港近くは立ち入ることもできなかった。この請戸に立地していた鈴木酒造店は1840年頃（天保年間）の創業であり、全国の中で最も海に近い蔵として知られていた。創業以来、地元漁師と共に歩み、縁起を重んじ、皆で祝う「壽ぐ（ことほぐ）、言祝ぐ」とされ、鈴木酒造店の「壽」は祝い酒、暮らしの酒として親しまれてきた。

2011年3月11日は鈴木酒造店の2011年最後の仕込日だったが、津波で全てを流された。鈴木家は山形県米沢に避難していく。たまたま、福島県ハイテクプラザ（工業試験場）に「酒母」を研究用に預けてあったことから、再開を決意、最終的に山形県長井市の東洋酒造に入り、新たな一歩を踏み出している[14)]。

▶山形県長井市の蔵に入る

2011年4月21日に東京池袋のホテルメトロポリタンで、山形県酒造組合は「がんばります！東北酒蔵」というイベントを開催している。その場で山形県工業技術センターの小関敏彦研究員と出会う。そして5月末に、小関氏から山形県長井市の東洋酒造を紹介されていく。最上川上流の白川水系の水質は良く、その伏流水により醸造が行なわれている。市内には、酒造メーカー3軒が展開している。

その3軒のうちの一つである東洋酒造が廃業の意向を示し、2010年度は醸造を停止していた。この東洋酒造を小関氏が大介氏に紹介してきた。大介氏自身は福島県にこだわっていたのだが、酒造りの環境が整っており、また、山形県の支援もあった。大介氏は「思い切って、外でやる」意思決定を下していく。

東洋酒造は一通りの設備を備え、年生産能力は800〜900石であったのだが、他方でかなりの負債（銀行借入［山形銀行］）を抱えていた。この資産と負債を相殺し、鈴木酒造店が引き継ぐ形をとった。山形銀行長井支店が負債分を鈴木酒造店に融資する形となった。この間、現金は全く動かずにことはスムーズに運んだ。10月25日に契約が成立、同時に、新たに㈱鈴木酒造店長井蔵を設立している。

東洋酒造の主要銘柄の「一生幸福」は結婚式等の祝いの場に用いられていた。また、鈴木酒造店の主要銘柄は「壽」、これも祝い酒として親しまれてきた。これまでの鈴木酒造店の生産能力は年500石。この間、閉鎖する東洋酒造からは3人の従業員を引き取っていた。2人が蔵人、1人が営業担当であり、東洋酒造の酒造りのノウハウと販売経路が確保されていく。また、新たに若い人を1人雇用した。

なお、鈴木家の家族は両親の鈴木市夫氏（1939年生まれ）夫妻、鈴木大介氏（1973年生まれ）夫妻と子ども、大介氏の弟の鈴木荘司氏（1976年生まれ）夫妻と子どもの計8人で構成されていた。家族規模の小さな良質な蔵であった。現在の従業者は大介夫妻、荘司夫妻、蔵人3人、営業関係3人の実質11人となっていた。

なお、大介氏と荘司氏夫妻のうちの3人は東京農業大学の出身。大介氏と荘司氏が蔵元杜氏として働き、荘司氏の夫人が大介氏の夫人と共に酵母の培養などに取り組んでいた。近年、全国的に農家兼業の杜氏が高齢化し、蔵元自身が杜氏となっていく「蔵元杜氏」の形態が増えてきたが、鈴木酒造店は若い兄弟2人が蔵元杜氏となっていた。

鈴木大介氏

復刻された看板

▶新たな蔵のあり方を求めて

日本の蔵の場合、早いところでは10月中旬から開始し、3月初旬頃までに1年分の仕込みを終える。この間、農閑期となった農村から杜氏、蔵人がやってくる。いわば農家の人びとにとって杜氏、蔵人は副業ということになろう。これまでは蔵元自身が酒造りに従事することはなかった。ただし、杜氏が高齢化している現在、蔵元自身が酒造りに踏み込まざるを得ない。特に、若い世代の多くは東京農業大学応用生物科学部醸造学科に学び、自ら蔵元杜氏となって酒造りに従事していく。また、蔵人の通年雇用も課題になってきた。

このような事情から、酒造りの通年化が課題とされている。大介氏はこうした点を強く意識し、長井蔵の設立を契機に仕込み場を中心にかなりの部分を冷蔵庫化し、さらに、仕込みタンクを小型の3㎘タンク（3000ℓ）ほどのものに換え、少人数で長期間酒造りをするスタイルを模索していた。年間10カ月操業をイメージしていた。通年で少量ずつ良い酒を造っていくことが目指されていた。日本の蔵の新たな形となることが期待される。オープン1カ月後の2011年11月20日に訪問すると、大介氏は「浪江に戻れるようになれば、ここと浪江の2拠点にしたい」と語っていた。

2017年12月7日、6年ぶりに鈴木酒造店を訪れた。鈴木氏はこの間、多様な取組みを重ねていた。販売のメインは「壽」と「一生幸福」、それと以前か

全体が冷蔵庫になっている仕込蔵

小さな３kl タンク

らの銘柄である「親父の小言」であり、販売地域は山形10%、福島30%、その他の地域60% になっていた。

長井市のNPO法人レインボープラン市民農場が地元米を復活させた「さわのはな」を栽培しているが、飯米なのだが、酒造適性が高く、鈴木酒造店で「甦る」の銘柄で毎年3月11日に2500本（4合瓶）を発売、1本あたり100円を浪江町に寄付していた。さらに、浪江で試験的に米の栽培が行なわれているが、その米と浪江の水を使い「希」「望」銘柄2種類2000本（4合瓶）を醸造していた。

また、2016年からは「カストリ焼酎」と「みりん」を手掛け始めていた。浪江町の復興の状況はかなり厳しいが、地元の材料を使ったリキュールは出来るとみており、大介氏は「自分たち40代がやらないと」と語っているのであった。

(5) 致芳地区成田／15代続く醤油・味噌製造業
——国産、県産素材にこだわり、地元に愛される（大千醤油店）

醤油、味噌といえば、代表的な日本の調味料であるが、ソース、ケチャップ、マヨネーズ等も加わり、醤油、味噌の市場は縮小している。例えば、1991年の全国の醤油消費量は100万klとされたのだが、2015年には75万klに縮小、味噌は2000年頃には55万トンであったのが、2017年には41万トンに減少している。この醤油、味噌の世界、一方では醤油のキッコーマン、ヤマサ、味噌のマルコメ味噌などの全国展開をしている大手があるものの、地域的な嗜好も強く、各地で依然として歴史のある小規模な醤油・味噌の製造が行なわれている。そのような事情から転廃業も多く、例えば、長井を中心にした西置賜地域は、1945年の頃には約50軒とされていたのだが、現在、長井に残っている醤油・味噌製造業は、ここでみる大千醤油店に加え、貿上醤油店、山一醤油の3軒になってしまっている。なお、全国では醤油、味噌の専業のところもあるが、長井の場合はいずれの蔵も醤油と味噌の両方を手掛けている。

▶醤油、味噌と大千醤油店の歩み

酒蔵、醤油蔵等は長い歴史を重ねた地域の旧家である場合が多いが、大千醤油店の歴史は江戸時代後期に遡り、現在の当主の飯澤敦司氏（1968年生まれ）は15代目となる。過去帳を納めていた寺院が焼失したため、初代から4代目までの家業は不明だが、代々「半右衛門」を襲名し、5代目が紬織の先進地である茨城県結城に学びに行き、米沢藩から紬問屋として名字帯刀を許されていた。10代目は早世し、11代目の頃には危機的状況に陥り、川西町の紬・醤油問屋の丁稚奉公に入った。ここで20年勤め上げて暖簾分けを許され、1891（明治24）年に長井の成田で醤油製造に踏み出していった。この醤油業を始めるにあたり、店名を現在の大千醤油店としている。「大千」とは、仏教に「三

新装なった大千醤油店

飯澤敦司氏

千大千世界」という言葉があり、「森羅万象、宇宙空間に存在する数限りない一切のものを指す」が、そこから採っていった。11代目の半右衛門は質素堅実に努めた。醬油醸造業としてスタートした。次の12代目から味噌の醸造にも入っていった。

醬油、味噌は地域的な原材料の違いにより、独特なものになり、それが地域の嗜好を形作っている。醬油は、関東を中心に東日本に拡がる「こいくち」、関西生まれの色の淡い「うすくち」、主として中部地方で作られる濃厚な旨みのある「たまり」、うすくちよりもさらに淡い愛知県生まれの琥珀色の「しろ」、山陰から九州で作られる色、味、香りの濃厚な「さいしこみ」の大きく五つに分けられる。

味噌は大豆を煮るか蒸して柔らかくし、それに麴、食塩を添加し、発酵・熟成させていく。使う麴の種類（米、麦、豆）によって分類されるが、味や色による分類もある。麴の原料による分類では、米味噌、麦味噌、豆味噌があり、味による分類では甘味噌、甘口味噌、辛口味噌、色による分類では赤味噌、淡色味噌、白味噌などがある。長井の大千醬油店の味噌は米味噌の赤味噌とされていた。なお、味噌の場合、特に地方の農村地帯では家庭で作っていた場合も多く、専業としての味噌屋はそれほど古いものではない。醬油醸造業がその後に味噌の製造にも踏み出していくという場合が多い。大千醬油店のケースもそのようなものであった。

麴場

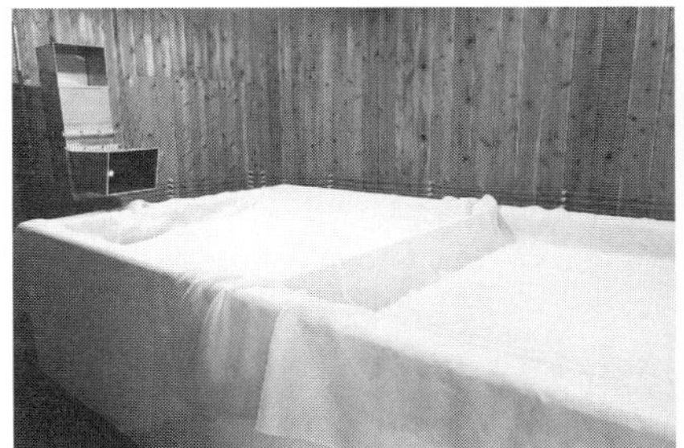

醬油のタンク群

▶醤油、味噌、つゆ、漬物が４分の１ずつ

15代目の飯澤敦司氏は明治大学農学部農芸化学科卒、ミツカン酢に入り、5年半ほどの仙台、名古屋勤務を経て、家業に戻っている。入社２年後に14代目の父が事故死し、30歳で社長に就いた。この２年の間に父からは作り方の基本を教わったと語っていた。社長暦が既に20年になる。この間、醤油・味噌の市場は縮小、激変してきた。

現在の従業者は飯澤氏夫妻と母、それに従業員３人（男性２人、女性１人）の構成であった。日本酒と異なり、醤油、味噌の場合、春先が多いものの通年で計画的に生産できるが、近年取り組んできた漬物は、季節性が強い。11月頃からが繁忙期となる。その時にはパートタイマーを数人雇っていた。現在の売上額の構成は、醤油、味噌、つゆ、漬物がそれぞれ４分の１ずつとなっていた。かつて、家庭でも醤油は１升瓶5～6本のまとめ買いが多かったのだが、現在は豪雪地帯の地元西置賜ではまとめ買いがあるものの、大半は必要な分を買っていく形に変わってきた。大千醤油店の醤油の市場はほぼ山形県内、味噌、つゆ、漬物は関東中心に全国に拡がっている。出身者などが口コミで拡げてくれていた。また、かつては、置賜の範囲で配達（10～11月頃）が400～500軒ほどあったのだが、現在では十数軒になっていた。こうした点を背景に、大千醤油店は原料にこだわり、国産、県産を極力使い、特に米は山形県産を100％使用していた。漬物用野菜も地場産を心がけていた。

▶地方の醤油・味噌店の課題

醤油、味噌をベースに飯澤敦司氏の代につゆ、漬物と範囲を拡大してきたが、基幹の醤油、味噌の市場縮小と購買スタイルの変化が、大千醤油店のこれからの課題として受け止められていた。

一つは、醤油の容器の問題としていた。現在、世帯人口が減少する中で、特に都会では１升瓶などは全く売れず、1000ccほどのペットボトルもあまり売れなくなってきた。主流は200cc前後の「ちょいかけボトル」といわれるものになりつつある。現状は瓶、ペットボトルを購入し、工場でボトリングしているが、ちょいかけボトルの場合、充填器その他の設備投資がかかり、中小企業

では対応が難しいことが指摘されていた。

第2は、作り手、特に材料の作り手の高齢化が指摘されていた。例えば、紫蘇の実などの調達が難しいものになりつつある。大千醤油店の場合は、紫蘇の実は地元に加え、青森、秋田、新潟から仕入れているが、高齢化により今後の懸念が大きい。

第3は、全体が縮小している中での競争が著しく、価格勝負には対応できない。そのため、原材料の地元産などで差別化を図っている。

醤油、味噌、漬物などは極めて地域性が強く、また、全体的には縮小傾向にある。そのような枠組みの中で、地域の文化でもある味覚に関わるところで、原料の地元産にこだわり、伝統的な製造法にこだわり、大千醤油店は興味深い足取りを重ねているのであった。

(6) 中央地区横町／父子二人で伝統の醤油、味噌、漬物を作る ――西置賜の地元消費が大半(貿上醤油)

戦後すぐの頃には、西置賜地域で約50軒とされた醤油・味噌醸造業は、現在では、貿上醤油店、大千醤油店、山一醤油の3店になってしまった。調味料の種類が増えたこと、キッコーマン、ヤマサなどのなどの全国展開する醤油メーカーの低価格戦略が浸透したことなどから、地方の小規模の醤油・味噌メーカーは戦後一貫して減少してきた。醤油の低価格化の最大のポイントは、アメリカ製の安価な脱脂大豆の利用にあるとされている。

この間の醤油の価格の低下は著しい。明治、大正期の頃は、「醤油1升、男の散髪代」といわれたものだが、通常の男性の散髪代約4000円前後に対し、醤油1升の価格は安いものでは1000円ほどのものもある。また、最近では1000円床屋も拡がり、両者が低価格のところで接近している部分もある。

▶醤油、味噌から味噌漬へ

貿上醤油店の前身は養蚕業であったようだが、醤油醸造業としてのスタートは1918(大正7)年とされている。現在は3代目の井上長太郎氏(1941年生まれ)が当主となっている。貿上醤油店の「貿上」の意味は、近くの名刹遍照

井上雅晴氏

貿上醤油店

寺の門前町にあり、僧侶が通る道として坊町（丁）といわれていたことに関連する。醤油醸造業を開始するにあたり、坊丁の字をもじって「貿上」としたとされていた。また、井上の「上」も意識していた。

ご多分にもれず、売上額は右肩下がりであり、現在の醤油の生産量は１万3000ℓ、味噌はもろみで20石とされていた。醤油は石数でいうと約72石ということになる。地方の小規模醸造業ということになろう。現在は、井上雅晴氏を中心に父子で対応し、母が少し手伝っていた。仕込みの時期にはパートタイマーを２人頼んでいた。

４代目を予定される井上雅晴氏（1970年生まれ）は、長井高校を卒業後、東京農業大学応用生物科学部醸造科学科に進んだ。当初から自分は長男であり、継ぐのは当たり前と考えていた。大学卒業後は醤油、味噌、漬物大手の会津天宝醸造に入社、東京営業所に３年勤め、家業に戻った。井上氏の子どもの頃には、従業員が3〜4人いたようだが、戻ったときには父しかいなかった。以来、父子２人でやってきた。この20年を振り返ると、リーマンショックはほとんど影響なし、東日本大震災では物流がストップし、動きが悪かったとしていた。この20年、右肩下がりで来た。

戻った頃に、すでに簡単な漬物はやっていたが、井上氏が入ってからは積極的に漬物にも取り組んでいた。甘口の味噌漬、菊芋の味噌漬などが評判を呼ん

工場の中の麹室

店先には多様なものが展示

でいた。漬物は全て味噌漬であり、天然味噌漬、ダイコン、キュウリ、ナスなどの甘めの味噌漬、菊芋の味噌漬、食材をきざんだきざみ味噌漬などを展開していた。

▶地域の文化の象徴の醬油、味噌、漬物

醬油、味噌の仕込みは毎年１回、かつては２月に仕込んでいたものだが、現在は５月の連休の前に実施していた。醬油が７日間、味噌が５日間であり、自然発酵させ、１年後に出荷となる。醬油はこいくち、うすくち、味噌は赤辛としていた。また、漬物は主として12月に漬け込む場合が多い。醬油の場合はアメリカ製の脱脂大豆を問屋から仕入れている。味噌の大豆は中国産と山形県産の丸大豆を利用していた。また、味噌に使う米は山形県産を使っていた。

販売については、醬油の90％は西置賜地域であり、１升瓶６本ケース入りで配達していく場合が少なくない。かつては400〜500軒も配達したものだが、現在では100軒ほどに減少している。味噌の販売は長井が大半であり、ほとんど西置賜の範囲となる、なお、当店の味噌には防腐用のアルコールを添加していないため、スーパーは取り扱ってくれない。そのため、味噌は個人ユーザー直ということになる。自店、道の駅でもよく売れる。

井上氏の現在の悩みは、両親が元気すぎて、なかなか実権を渡してくれないことにある。帳面は全て手書きであり、新商品、新分野展開も反対にあう。井上氏は「近代化したい。情報の整理がしたい」と語っていた。

醬油、味噌の同業がここまで減ってくると、むしろ、新たな可能性がみえてくる。無添加、自然発酵、そして、地元にこだわって醬油、味噌、漬物を高め、さらに、全国を視野に入れることを目指していた。2017年4月にオープンした道の駅川のみなと長井には多種多様な醬油、味噌、漬物を並べ、買い手の反応をうかがっていた。真摯なモノづくりと若い感性による新商品開発などを進め、漬物の里でもある山形県、あるいは長井市の人びとの蓄積を受け止めたレベルの高い商品開発が期待される。日本酒、醬油、味噌、漬物は地域の文化なのである。

3. 新たな価値を創造する地域産業

地域の産業は多様な形態をとり、また多様な機能を演じていく。長井の少し前のリーディング産業であったコンデンサ生産は、巨大な生産力を形成し、地域の人びとに雇用の場、創造する場を提供、そして、その製品（部品）は全国から世界に届き、魅力的な製品の一部を構成、それを手にする人びとを幸せにしていく。併せて、地域に外貨（所得）をもたらしてくれる。電機、自動車等の近代工業製品を担う産業は、世界とつながり、地域に雇用、就業の場、そして、所得をもたらしてくれるのである。

また、農業は人びとの生活の基本であり、地域の農産物は地域の人びとばかりでなく、周辺の人びとにも供給されていく。これまでの食料不足の時代を継承する農業政策、JAを軸とした生産・流通の仕組みは、一通りの役割を演じていたのだが、経済社会の成熟化、人口減少、少子高齢化等の中で役割が変わりつつある。むしろ、これからは農業者自身が自立的に栽培品目、栽培法を選択し、魅力的な農産物を生産し、自身も楽しめる農業であることが求められていく。特に、近年、集落営農、大規模受託が拡がり、一方では農業の事業的展開が期待され、他方で、大規模専業化が女性の役割を変え、女性自身が新たな事業展開に踏み込むことが可能な時代にもなってきた。農産物の直売が新たな農作物の幅を拡げ、また、農産物加工や農村レストラン、カフェ等の可能性も拡がっている。

また、長井のような歴史的に興味深い歩みを重ねてきた地方小都市には、伝統的な産業、企業が残されている。それら伝統的な産業が生み出す製品は、高度経済成長時代には古いものとして置き去りにされた場合が多いのだが、成熟社会となり、価値観が多様化していく中で、新たな価値が生じている場合も少なくない。近年の酒類の市場縮小の中での地酒への注目などはそのような時代状況を反映している。伝統で磨き上げられたものは、この新たな時代に新たな価値を生み出していくことが期待される。

このように、まだ貧しかった少し前の時代とは異なり、生み出す製品・サービスの意味が変わり、そして、それを受け取る側も新たな価値を見出していく場合が少なくない。提供する側も、受け取る側も成長し、価値のないものは排除されていくことになろう。地域産業、そして、それを担う中小企業、農業者にはそのような点が求められているのである。私たちは少し前の時代とは異なった時代に生きている。

そのようなことを受け止めながら、地域産業を担う人びとは真摯に新たな可能性に向けて取り組んで行かなくてはならない。興味深い歩みを重ねてきた東北内陸の地方小都市の長井は、その先端に位置していることになろう。そこから新たな地域産業が生まれていくことが期待される。

1）「農産物直売所」「農産物加工」「農村レストラン」の３点セットの内容と意義については、田中満『人気爆発 農産物直売所』ごま書房、2007年、関満博・松永桂子編『農産物直売所／それは地域との「出会いの場」』新評論、2010年、同編『「農」と「食」の女性起業――農山村の「小さな加工」』新評論、2010年、関満博『「農」と「食」のフロンティア――中山間地域から元気を学ぶ』学芸出版社、2011年、関満博・松永桂子「栃木県で進む〈農村レストラン〉の展開」（『商工金融』第59巻第8号、2009年8月）、を参照されたい。

2）「集落営農」については、楠本雅弘『進化する集落営農』農山漁村文化協会、2010年、関満博『「農」と「食」のフロンティア――中山間地域から元気を学ぶ』学芸出版社、2011年、関満博・松永桂子編『集落営農／農山村の未来を拓く』新評論、2012年、を参照されたい。

3） 6次産業化については、今村奈良臣「『今、注目される農業の6次産業化』～動き始めた、農業の総合産業化政策」（財団法人21世紀村づくり塾『地域に活力を生む、農業の6次産業化――パワーアップする農業・農村』1998年）が詳しい。具体的に取組みについては、関満博編『6次産業化と中山間地域――日本の未来を先取る高知地域産業の挑戦』新評論、2014年、を参照されたい。

4） B級グルメ、「食」の地域ブランド化については、関満博・及川孝信編『地域ブランドと産業振興』新評論、2006年、関満博・遠山浩編『「食」の地域ブランド戦略』新評論、2007年、関満博・古川一郎編『「B級グルメ」の地域ブランド戦略』新評論、2008年、同編『中小都市の「B級グルメ」戦略――新たな価値の創造に向かう10地域』新評論、2008年、同編『「ご当地ラーメン」の地域ブランド戦略』新評論、2009年、を参照されたい。

5） ひなた村の2012年頃の状況については、関満博『地域産業の「現場」を行く 第6集』新評論、2012年、第175話を参照されたい。

6） 農産物直売所については、本章1）を参照されたい。

7） レインボープランについては、本書補論3を参照されたい。

8） 福島県いわき市の震災の被災状況、人びとや企業の状況等については、関満博『東日本大震災と地域産業復興 Ⅳ、Ⅴ』新評論、2014年、2016年、を参照されたい。

9） 買い物弱者問題については、杉田聡『買物難民』大月書店、2008年、関満博『中山間地域の「買い物弱者」を支える』新評論、2015年、を参照されたい。

10） 道の駅については、関満博・酒本宏編『増補版 道の駅／地域産業振興と交流の拠点』新評論、2016年、を参照されたい。

11） インキュベーション施設については、関満博・吉田敬一編『中小企業と地域インキュベータ』新評論、1993年、関満博・山田伸顕編『地域振興と産業支援施設』新評論、1997年、関満博・三谷陽造編『地域産業支援施設の新時代』新評論、2001年、関満博・関幸子編『インキュベータとSOHO』新評論、2005年、を参照されたい。

12） このような地域産業、地場産業については、関満博『地域経済と中小企業』ちくま新書、1995年、同『地域産業に学べ！――モノづくり・ひとづくりの未来』日本評論社、2008年、を参照されたい。

13） 村山大島紬の研究については、東京都商工指導所『業種別診断報告書（村山織物業）』1976年、関満博「都市化の進展と伝統産業の生産構造変化――村山織物業の研究」（『経済研究』成城大学、第57号、1977年3月）を参照されたい。

14） 浪江町と鈴木酒造店の被災の状況、その後の取組みについては、関満博『東日本大震災と地域産業復興 Ⅱ』新評論、2012年、第4章を参照されたい。

終章　地方小都市の産業振興の課題

江戸期の米沢藩以来、産業振興に努めてきた長井。1995年の頃までは、戦前に誘致したコンデンサ・メーカーのマルコン電子の企業城下町として歩み、就業機会を拡げ、高度経済成長後も1990年代中頃までは人口が3万3000人ほどで安定している地方小都市として知られていた。だが、1990年代の後半に入る頃から、基幹企業の縮小が始まり、従業者数が減少、それに歩調を合わせて人口も減少局面に入ってきた。1995年頃までの人口減少を食い止めていた製造業部門のダム効果が一気に崩壊し、むしろ、その後の人口減少は凄まじい。製造業部門の従業者数は、ピーク時の1990年の8003人から2015年には5215人と2788人の減少であり、減少率は34.8%となった。この25年間で製造業から約3分の1の就業機会が失われたことになる。

日本全体が人口減少、高齢化する中で、大都市圏への人口の集中、条件不利な地方圏の衰退が懸念されている。東北の内陸に位置する小都市の長井は、戦後の高度経済成長期以来の企業城下町的展開をベースにする繁栄の時期が長かったことから、近年の急速な経済縮小、人口減少に戸惑っているようにみえる。明らかに、産業、働く場がなければ人は暮らせない。また、人材がいなければ産業、企業も成り立たない。長井の人びとは、この四半世紀ほどの地元の産業、企業の縮小から産業振興を強く意識するようになっている。

本書を締めくくるこの章においては、長井が豊かで持続的であるための課題と可能性を、長井の人口動態、基幹の機械金属工業集積の可能性、構造転換に直面する農業、そして、豊かな地域産業社会の形成に着目していくことにする。

1. 人口減少、高齢化の中の長井地域産業

高齢化先進地域とされる中国山地や四国山地等の地方圏の経験からすると、

図終―1　前期高齢地域社会と後期高齢地域社会

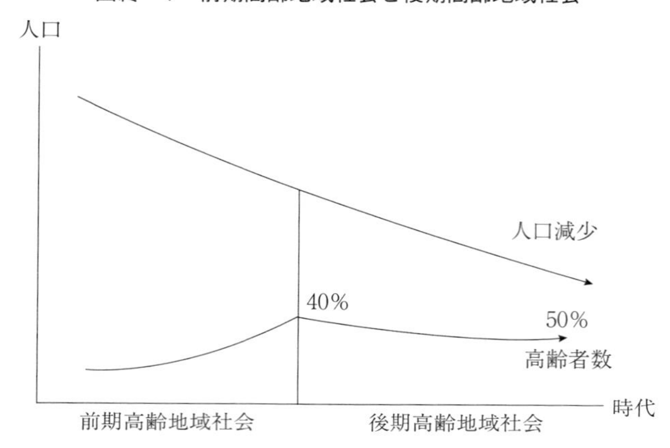

人口減少過程に入ると、まず、小学校が統廃合され、次に中学校、そして、高校が統廃合されていく。この10年ほどの間に全国で約5000の小中学校が姿を消した。そして、これと同時に起こるのが高齢者（65歳以上人口）数の増加となる。人口減少の中で高齢者が増加することから、高齢化率が一気に40%前後にまで上昇する。この段階を「高齢化の第1段階＝前期高齢地域社会」ということにする。日本の地方圏の町村の多くはこの段階にある。特に、日本の特殊事情として、人口の多い団塊世代が65歳を超えたことから、この数年で高齢化率は急上昇してきた。

この点、長井市の状況をみると、1990年の高齢化率（国勢調査）は、すでに17.5%と全国平均の12.0%、山形県平均の16.3%をそれぞれ5.5ポイント、1.2ポイント上回っていた。それが、2015年になると高齢化率は32.9%と全国平均の26.6%を6.3ポイント、山形県平均の30.8%を2.1ポイント上回ってきた。高齢化のテンポは全国、山形県を上回って進展している。今後、長井市の場合、一気に高齢化率が40%に向かうことが予想される。

このような状況が続き、高齢化率40%前後になると、今度は人口減少の中で高齢者の絶対数が減少する。高齢化率の上昇はやや減速するであろう。そして、高齢化率はゆるやかに40%台から50%前後に向かっていく。高齢化の著しい中国地方や高知県の山間部のあたりは、この「高齢化の第２段階＝後期高齢地域社会」というべき未経験ゾーンに入ってきた。そして、このような人口動態が地域産業、中小企業にどのような影響を与えることになるのかが問われてこよう[1)]。

▶人口減少、高齢者社会と事業所数の減少

戦後しばらくの日本は起業の活発な国であり、急速な事業所数の増加をみせた。その多くは小規模零細であり、当時の日本の産業社会は「過小過多」といわれていた。「過小」は「少」ではなく、「小」と示されていた。要は、「小さ過ぎる企業が多過ぎる」というのであった。そのため、当時の日本の中小企業政策は「大規模化」「協同化」を推進してきた。

だが、1980年代の中頃を屈折点に、その後、日本の事業所数は減少局面に入る。そして、この30年の間に事業所、特に製造業事業所数は半分に近いものになった。いつの間にか、「過小過多」は死語になった。市場から退出する事業所ばかりが多く、逆に、その頃から国が起業を叫んでも、新規創業は著しく停滞している。社会の成熟化、大規模スーパー・チェーン店等の登場、製造業における機械設備投資の高額化などが、新規参入の壁を厚いものにしている。特に、一国の基盤産業である機械金属系部門の新規創業は、この20年ほどはほとんどゼロに近い。この「失われた20年」の間に、そのような時代になっているのである。

この点、長井市の場合は、事業所数（事業所統計、経済センサス）は1991年の2201から2014年は1647へと554事業所の減少、減少率は25.2％、製造業事業所はこの間、351から215事業所へと136事業所の減少、減少率は38.7％となった。全国平均よりやや緩やかだが、特に、製造業の減少が目立つ。だが、全国的に新規創業がほとんどないとされる2000年代以降、長井の製造業においては2000年代４社、2010年代に入ってからも４社の機械金属系中小企業の創業は注目に値する。

▶前期高齢地域社会と後期高齢地域社会

先に、高齢地域社会を「前期」と「後期」に区分したが、前期の場合は高齢化率が40％程度に達し、人口減少に伴う商店の閉鎖が続き、買い物弱者、ガソリン弱者が意識されるようになっていく。中国山地、四国山地の町村はほぼこの段階に達している[2)]。さらに、このような状況になると、流動性の高い若者はさらに都会に流れ、帰ってこない。そのような事情は地域の事業者の市場を縮小させ、また、雇用サイドからみても、人材不足、人手不足を招くであろう。それは、さらに事業の縮小に結びついていく。

そして、高齢化率は50％に向かって上昇していくが、この段階では地域で農業に従事する人がいなくなる。現実に、2015年の国勢調査で高齢化率55.9％を示した高知県の大豊町（人口3962人）では、自力で耕作できる農家がいなくなり、水稲栽培は町の第3セクターの農業公社が一括して引き受けている。町内のほぼ全域を対象としているため、刈り入れの時期を逸する場合もあると指摘されていた。この後期高齢地域社会になると、地域経済社会が従来のような形では機能しなくなることが懸念される。

図終—2　人口減少、少子化の地方小都市の年齢モデル

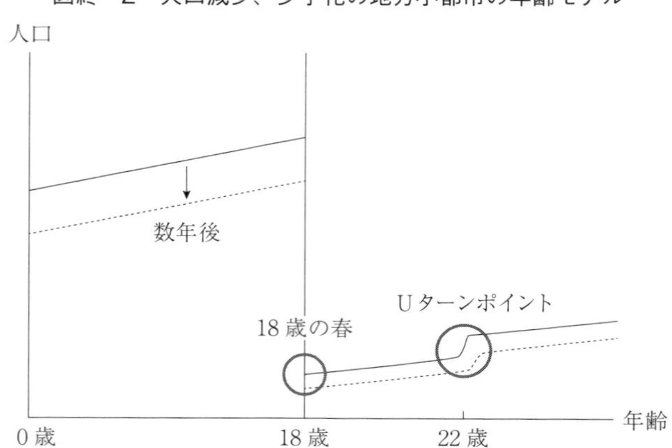

▶18歳人口の90％が流出する地方圏

図終―2は、地方小都市の年齢別人口モデルである。縦軸が人口、横軸が年齢である。このモデルにはいくつかの前提がある。年々、出生数は減少する。地元に大学、専門学校がなく、高卒での就職先も限られているとする。また、18歳人口は全人口の約0.9％程度であることから、人口2万7000人の長井市では240～250人ほどとなる。高校2校を維持することが難しくなりつつある規模であろう。長井市の場合には、普通高校の長井高校と、西置賜全域を意識した長井工業高校の2校が維持されている。

そして、18歳の春に大きな変動が起きる。彼・彼女たちは都会の大学、専門学校、就職先に向かっていく。地元就職は10～20％程度であろう。20％も地元就職が可能な地域は相当に地域産業、中小企業が活発な場合であり、人口1000人程度の町村では1人も残れない場合もある。

そして、大学を卒業する22～23歳になると、一般的には都会に進学した約200人のうちの半数程度は地元就職を希望する。だが、地元の受け皿は市町村役場の5～10人、信用金庫、信用組合の3～5人、地元スーパーの3～5人の計15～20人程度であろう。なお、近年の各市町村の事業所は激減しているものの、一つだけ増加している部門がある。それは福祉系事業所であり、そこも大卒数人を受け入れてくれる。また、高卒を受け入れてくれた中小企業に「大卒も採って欲しい」というと、「ウチは大卒は要らない」と応えてくるであろう。大卒が地元就職を希望しても、ほとんど地元に職を得ることはできない。若者の流出を食い止めるためには彼らが希望するような就業の場の提供が必要なのだが、現実の地域ではそのようにはなっていない。

▶「人材立地の時代」をどう受け止めるか

全国の各地に地域産業の育成を意識した商工業・農林・水産などの専門高校があるが、卒業生の大半は県外就職とされている。地元に勤める場がないのである。新たな地域産業・中小企業を興す、あるいは見合った企業を誘致するなどの取組みが不可欠であろう。長井工業高校の場合は、地元、県内就職の比率が高いことが知られているが、全国的にみると、長井市は相対的に産業化が進み、就業機会も比較的多いということになる。

現在の家庭は長男長女の子供２人という場合が少なくない。かつてのように地元に就業の場を得られない次男、三男が都会に就職していくという時代ではない。働きたくなるような就業の場があれば長男たちは戻ってくる。むしろ、現在は若者の「流動性」はかつてよりかなり低下し、地元志向が強い。若者を育て、企業が進出したくなるような環境を整備していくことが必要であろう。

かつての企業立地は若者の流動性が高いことを前提に、立地の最大の要件を「輸送費」に置いていた。だが、人材の調達が難しくなり、若者の流動性が低下している現在、企業立地の最大の要件は、人材のいる所に向かう「人材立地」となってきた。地元の側がどのような「人材」を供給できるかが問われているのである。地域政策として、そのような観点からの取組みが求められていくであろう。

2. モノづくり産業集積の次の課題

長井のモノづくり産業の系譜をたどると、江戸後期の生糸、織物業に行き着く。また、濃密で丁寧な稲作も日本のモノづくり産業のベースという見方もある。このような農業、繊維産業を基幹に明治に入ってからも器械製糸工場を独自に展開、大正時代には製糸大手のグンゼの誘致、さらに、戦前期には東芝系コンデンサ大手のマルコン電子を誘致している。そして、このマルコン電子は1960年代にブレークするが、それが地域のモノづくり産業に与えた影響は大きい。当初は組立、部品加工を地元に出すために受け皿企業を育成、長井の人びとの起業精神に火をつけた。1960年代には、現在の長井の機械金属工業の中心的な存在になっている中小企業を大量に生み出している。

また、当初のコンデンサ生産は女性主体の労働集約的な事業であったのだが、コスト低減圧力などの中で、自動化、機械化の要請が強まり、マルコン電子の周辺に自動化機械設備業、専用機メーカーを生み出していった。鉄鋼、造船等の企業城下町の場合、自動機等の専用機メーカーは生まれにくいが、電子部品の組立という事情が、そのような企業を生み出していったように思う。さらに、長井から置賜郡一帯の産業化の高まりは、東北内陸の小都市でありながらも、京浜地区などから優れた中小企業を惹きつけ、機械金属工業の興味深い集積を形成してきた。ただし、1990年代の中頃以降、基幹のマルコン電子、ハイマン電子が低調になり、その後、それらは縮小、さらに、譲渡されていった。

このような事情の中で、機械金属工業の事業所数も激減したが、残された中小企業の多くは個性的なものであり、独特の光彩を放っていることはまことに興味深い。この節では、このような事情を受け止め、長井の機械金属工業のこれからをみていくことにしたい。

▶長井のモノづくり産業の特質

2014年現在の長井市の機械金属系事業所の数は、従業者4人以上規模で117、3人以下を含めても150事業所前後であろう。そして、その内面をみると、いくつかの特徴があることがわかる。一つは、自動機、専用機といった機械設備を受注し、設計・開発・加工・組立する専用機メーカーが少なくとも14社を数えていることであろう。機械金属系事業所の約10%ということになる。全国の機械金属工業地域をみても、これほど専用機メーカーの比重の高いところはない。また、高速プレスという自社製品を保有している世界的プレス機械メーカー（能率機械製作所）の存在は大きい。地域の機械金属工業の象徴となり、周囲に与える影響は極めて大きい。これらの機械・専用機メーカーは受注力と多様な加工機能等をまとめあげる組織力、総合力が期待される。この点が長井機械金属工業の一つの大きな特徴であろう。

第2に、鍛造、プレス、鋳造、機械加工などに優れた中小企業が存在している。特に、重量級の鍛造、プレス、鋳造は機械金属工業の要素技術の中でも、近年、減少傾向がみられ、また、新規の創業はほとんどない。このような重量級の要素技術の存在は、もう一つの長井機械金属工業の特色となろう。ただし、全体の集積規模が小さいことから、熱処理、メッキ等の表面処理が乏しく、また、カバーできる範囲が狭い。さらに、機械加工系業種においては、幾つかの優れた企業はあるが、研削、研磨あたりに課題が残っているようにみえる。また、精密鈑金も手薄であろう。今後、このような領域を充実させていく課題は大きい。

第3に、1960年代以降、新規の独立創業、企業の誘致が積極的に繰り広げられてきたが、2000年代以降、減少してはいるものの、一定の数は維持されている。他の機械工業集積地の場合、新規の独立創業はほぼ皆無であり、新たな企業進出も少ない。この点は、長井の一つの成果、特徴としてみていく必要がある。地域の人びとの起業精神はいまだ旺盛ということであろう。

▶技術の高度化と視野の拡がり

以上のような点からすると、機械金属工業の次の課題は、以下のようになろう。

第1に、長井の域内の集積の内面の高度化を進めることであろう。それは一つには、現在立地している企業のレベルアップ、集積の厚みをつけていくための企業誘致、新規の独立創業の推進が求められよう。大都市及びその周辺の立地環境、人的環境は悪化しており、長井の集積の厚さをイメージし、系統的に企業誘致を進めていくことが求められる。

第2に、長井で新規に独立創業しやすい環境の整備も必要とされる。空スペースの提供、創業資金の提供、受注支援、技術支援などが課題になる。また、長井工業高校は地域の産業化に有益な人材を提供してきたが、その機能をさらに高めていく必要がある。先にも指摘したが、物流条件、通信条件が劇的に改善してきた現在、企業立地の最大のテーマは「人材立地」となっている。そのような点を受け止めた多様な取組みが、産業界、教育界、そして、自治体が一体となって進められていくことが求められる。

第3に、このような長井の固有の取組みに加え、少なくとも置賜圏域において、技術の高度化、受発注関係の形成、そして、それらの交流の濃密なネットワークを形成していくことが望まれる。早い時期から電機・電子部品の企業進出がみられた置賜圏域は、全体でみるとかなりの幅の広い技術集積、企業集積を示している。これらの機能の充実と新たな関係性を形成することにより、置賜圏域工業集積の意義はさらに高まっていくことが期待される。さらに、長井、置賜から東北、東日本全体の機械金属工業ネットワークが意識されていけば、やや陰りのみえ始めた日本のモノづくり産業に新たな可能性を導き出していくことになろう。それは、日本ばかりでなく、東アジアのモノづくりの一つの焦点として独特の輝きを放っていくことが期待される。

そして、第4に、市場を近間だけに求めるだけではなく、東日本、全国、そして、アジア、世界を意識していくことが求められる。近年、世界の展示会等で日本の中小企業の製品、加工技術等が高く評価されることが少なくない。物流条件、通信条件が劇的に進化してきた現在、視野を大きく拡げていく必要がある。この点、中小企業の人びとも海外の実態にふれて認識の幅を拡げ、新たな取組みを重ねていくことが求められる。

3. 構造転換に直面する長井農業の課題

零細な農地に閉じ込められていた長井の農家の場合、戦前から戦後の高度経済成長期の初期の頃まで、農家の男性の冬季の出稼ぎは不可避なものであった。マルコン電子の大発展と地域全体の近代工業化により、一気に事情が変わっていく。長井の農家の人びとは工場勤めとの兼業、共働きの機会を得て、出稼ぎからは解放されていく。その場合、農業は機械化の体系が出来上がってきた水稲栽培に傾斜していくことになる。

それから30〜40年が経過した2000年代以降になると、事情が大きく変わっていく。企業城下町の基幹的な企業は、アジア、中国の近代工業化により、一気に生産の海外移管を余儀なくされ、国内の事業を縮小させていった。長井などの企業城下町では、夫婦で工場勤めをしていくという構図は成り立たなくなっていった。そして、アジア、中国といった対外的な要因に加え、国内的には人口減少、高齢化が進んでいく。若者は都会に向かい、高齢の人びとは離職、定年帰農となるが、転作、水稲栽培への意欲を失い、耕作放棄のケースも増えていった。

このような状況の中で、近年、長井の農業をめぐっては大きな構造調整というべき動きが顕著になってきた。小規模零細化し、高齢化している農家の大量発生、少数だが専業農家として新たな可能性を求める農家という構図の中で、一つには、転作、水稲を軸にする大規模受託経営が登場し、二つに家族経営ながらも 20 ha 前後規模の農地を集約し、水稲をベースに野菜、果樹栽培、あるいは畜産にも向かい、いわば複合経営といわれるものに向かう専業農家が登場してきた。これらは事業的にも成り立つ経営であり、全体的には後継者の不安も少ない。

さらに、もう一つの方向として郊外の伊佐沢地区、西根地区あたりに顕著にみられるのだが、条件不利の山間地域において、野菜のハウス栽培やリンゴ、ブドウ、スイカ等の付加価値の大きい果樹栽培に向かい、事業的に成り立つ農業を展開していく場合もみられるようになってきた。これら三つが、現在から近い将来までの長井の農業を牽引していくことが予想される。農業も事業的な可能性が実感され、儲かるものであるならば、後継者も期待できる。「捨てづくり」とまでいわれた零細で兼業の水稲栽培、転作の時代から大きく変わりつつあることが実感される。

その場合、中長期でみた長井の農業の課題は、いかに事業的なものにしていくか、高齢で零細な農家の人びとのあり方をどのようにしていくかが問われることになろう。

▶儲かる農業、付加価値をあげ、通年の事業に

2018 年度から減反は廃止され、今後、水稲と転作に縛られていた農家が、自主的な判断の下に農作物の選定等を進めていく可能性がみえてきた。これからは、事業を意識する農業が拡がっていくことが期待される。生産品目の選定、販売先の模索が基本的な条件になっていく。それらのベストミックスが問われてくる。従来の JA を軸にした水稲、転作に制約されたしがらみから解放され、事業としての新たな農業が期待される。農業も生産から販売までの経営が意識されていくことになろう。

その点、長井の場合、一定規模の専業的な家族経営と専業農家集団による大規模経営が基本となっていくであろう。先の第 7~8 章のケースでみてきたように、家族規模で 20 ha 前後の農地をベースに複合経営に向かう農家と伊佐沢地区あたりで果樹・花木専業に向かう専業農家の場合、明らかに担い手、後継

者の存在が認められた。他方、50～100 ha 規模の専業農家集団による大規模経営の場合は、担い手、後継者の見通しの立っていない場合が少なくなかった。このあたりは、長井の農業の大規模化に関わる一つの課題となろう。事業的に見通しがあることを明示し、後継者、従事者となるべき若者に、農業の可能性をみせていく必要があろう。農地が流動化し始め、大規模化が可能になってきた現在、事業としての農業がみえ始めているのである。

また、農業は季節性に左右される場合が少なくないが、事業としてみた場合、通年化していくことが不可欠となる。栽培品目の選定、冬季におけるハウス栽培、あるいは6次産業化は基本となろう[3)]。そのような取組みで一定の成果がみえてくれば、就農意欲も高まってこよう。長井にもすでにそのような実績をあげる農家も登場しているのであり、地域農業全体の地域的雰囲気として盛り上げていくことが求められる。

▶**地域産業振興、地域経営の新たな見方**

農山村地域のもう一つの問題として、高齢離農、高齢家族、高齢者の一人暮らしに関わる点が指摘される。日本の農山村の場合、老齢基礎年金を満額で受け取ることができない人びとも少なくない。少しの自給的な水稲栽培、野菜栽培で家計支出を補っている場合もあるが、それもできない場合も目につくようになってきた。買い物弱者、ガソリン弱者問題等が各地から報告されている[4)]。

このような人びとの暮らしを守るための取組みも、これからの地域産業政策の一つの大きな領域になってきている。山間部の小さな畑で高齢者が栽培する農作物を、丁寧に軒先集荷して直売所で販売していくなどの取組みも課題となる。それらは高齢な人びとの暮らしを豊かにしていくであろう。また、買い物弱者問題に関しては、移動販売、買い物代行、街の中心部への送迎、さらに地域の小さな拠点としての店舗の設置などの配慮が必要とされてくるであろう。これらの仕組みが事業として可能な方向を模索していく必要がありそうである。

これらを含めての地域全体の産業振興、地域経営が求められているのである。

4. 豊かな地域産業社会の形成

以上の地域産業集積の充実、地域農業構造転換の課題に加え、長井には「豊かな域産業社会の形成」というテーマがある。近代工業化、企業城下町形成により、明らかに経済的に豊かになり、まちも整備されてきた。だが、企業城下町以後の時代に入り、経済力、地域産業は縮小し、次の地域産業化の方向にうまく踏み出しえていない。さらに、それを基礎づけている産業、企業はいまだ「生産の場」という色合いが強く、必ずしも、新たなものを生み出す創造的、内発的なものにはなっていない。次の課題は創造的、内発的な産業集積の形成、人びとの創造性を刺激し、新たなものを生み出していく活力のある地域産業社会の形成ということであろう。

▶若者が向かいたくなる地域産業社会

その場合、活力の源泉になるのは若者であろう。現状の地方小都市の場合、18歳の春になると、大半の若者は大都市に向かう。そして、22〜23歳の頃になると、地元に戻りたくとも、戻れる場がない。長井のように相対的に近代工業化が進んだまちでも、若者を惹きつける職場は乏しい。それは、長井の企業、工場は全体的に生産の現場的な要素が強く、若者の創造性を発揮できる場が乏しいことによる。産業集積、企業集積の内面が問われることになろう。

この点、近年、幾つかの変化の方向がみてとれる。最大の変化は若い世代の経営者、後継者が大量に登場し始めたという点であろう。いわば、長井産業の未来に向けた第2世代の登場ということになる。本書に登場していただいた方だけでも、山口製作所の山口直人・昌輝兄弟、四釜製作所の四釜雅之・英則兄弟、吉田製作所の吉田重成・将成兄弟、光洋精機の斎藤光太郎氏、長井製作所の横山和彦氏、フューメックの近野竜也氏、ファースト・メカの横澤好宣氏氏、テクノ・モリオカの吉田圭樹氏、エスケイ・ドリームの赤間和也氏などを筆頭に、各社に若い経営者、後継者が登場しつつある。この点は農業部門でも指摘される。Nファームの若林敦氏、権三郎農園の片倉堅二氏、寒河江忠氏の長男の寒河江翔万氏、横澤フルーツ園の横澤剛氏、安部ぶどう園の安部真理・陽太夫妻、河井葡萄苗園の河井智寛氏、はなひかり農園の鈴木秀人・かおり夫妻、菅野農園の菅野春平氏、ひなた村の遠藤孝志氏、農家の後継者の工藤望美さん、アイデアのおもちゃ箱の樋口菜穂子さん、鈴木酒造店の鈴木大介・荘司兄弟夫妻、長沼合名会社の長沼伸行・真知子夫妻など、各所に若い力が登場しつつある。女性が多く、兄弟、夫妻が中心になっている場合も少なくない。長井のこれからの地域産業、中小企業、農業に新たな可能性を呼び起こしていくことが期待される。

そして、このような取組みが増え、それが長井の地域産業、農業の創造性、内発性を高めていくならば、若者の関心を惹きつけていくことが期待される。このような動きが地域的な雰囲気となることが若者に勇気を与え、新たな創造性に満ちた地域産業社会を形成していく基本となる。生産や農業の現場から創造性を発揮できる場への進化が求められているのである。

▶新しい仕事が生まれる地域産業社会

戦後しばらくの間は、経済の拡大の中で新たな事業機会が見通せ、日本は新規創業の活発な国であった。次々と新たな企業が生まれ、切磋琢磨していくことが技術レベルを高め、社会的に有用性の高い事業を生み出してきた。だが、日本は1980年代の中頃以降、経済社会が成熟化し、一気に新規創業の乏しい国に転化していった。この点、世界的には新規創業が進まないと、地域社会は活性化しないとの認識が高まっていった。以来、日本においても、新規創業、起業が社会的な課題となり、政策的にも起業のための支援的な措置がとられているものの、事態は期待するようには進んでいない。

この点、長井においては、全国的に新規創業が停滞しているこの20年においても、数は1970～1980年代頃に比べて減少してはいるものの、全国的には珍しく新規の独立創業が一定程度みられることが注目される。本書で採り上げたケースをみても、進出企業の光洋精機から独立創業した佐藤機工、同じ進出企業の丸秀から独立創業した白斗機械、地元中小企業のエル・トップから独立創業したスズプラ、飯豊町のレペック（機械加工）から独立したエスケイ・ドリームなどがある。また、経営破綻した企業を引き継ぎ、再生させたケースとしては、加賀マイクロソリューション、エル・トップがある。

経済が縮小している社会では、従来型の新規創業は起こりにくい。他方、縮小し、少子高齢化、女性の社会進出などが進むと、新たな社会課題も生まれてくる。そこには当然、新たな事業機会も生まれ、また、地域に密着した事業の必要性も大きくなる。このような領域での新規創業、起業が求められているように思う。それが地域の豊かさを深めていくことになろう。

そのような意味で、新たな社会課題に向かう新規創業、起業が進みやすい環境づくりも必要になってきている。従来型事業の誘致、強力な工業集積の形成に主眼を置いてきた長井は、次の課題として、豊かな地域産業社会を形成していくためにも、若者、高齢者、女性が積極的に関わる新たな事業化を促進していくための取組みが求められているように思う。

▶持続的で豊かな田園都市の形成

先の第2章の表2―2でみたように、長井市内の地区別の人口動態は相当に跛行性が大きい。郊外の人口減少が際立ってきた。特に、伊佐沢、西根といった長井のヒンターランドというべき郊外の人口減少が著しい。これらの地区はいずれも10年間で15%以上の人口減少となった。そして、このような郊外の人口減少は高齢化をいっそう促していく。近代工業化に成功したとされ、比較的最近まで人口規模も維持できていた長井市においても、内部ではこのような格差が構造化されているのである。

まず、このような地域では15歳の高校進学の段階で長井市街地の高校に通い、18歳になると大半は大都市に向かう。彼、彼女たちは地元に働く場もないことから、地元に戻ることはない。このような地域では18歳で若者はいなくなる。長井の市街地にダム効果が働いていないのであろう。そのため、ますます郊外の人口減少、高齢化が進む。

そのような地域では、次に商店街の中から次々廃業が出てくる。これまでの全国の経験からすると、食料品店がなくなり、ガソリンスタンドがなくなるあたりから問題は深刻化する。買い物弱者、ガソリン弱者の問題が発生する。豊かな地域産業社会を目指す長井としては、こうした問題に対して、どのように対応していくのかが問われ始めている。このような課題に対しては、全国、特に西日本で多様な経験が蓄積されている。長井としては、長井らしいやり方で、地域産業問題としてこの問題に応えていかなくてはならない。

以上のように、戦後、企業城下町としての道を歩み、また、積極的な企業誘致により、興味深い産業集積を形成してきた長井も、新たな段階に踏み込みつつある。これまでの長井産業をリードしてきた基幹企業は縮小し、次の基幹産業をどのようにしていくか、いまだその道筋はみえない。さらに、通信、物流条件が大きく改善されつつある。このような大きな変化を次にどのようにつなげていくかは今後の大きな課題であろう。特に、モノづくり系産業の内面の高度化は不可避であろう。付加価値の高いあり方の模索、人材育成、ネットワークの拡がりなどが課題とされる。いずれにおいても、自立的かつ内発的な産業展開のあり方が問われている。

また、地域社会に目を転じると、ここにきて人口減少が著しく、高齢化も一気に高まることが予想される。また、就業の場は相対的にはあるものの、必ずしも若者を惹きつけることはできていない。さらに、地域内の格差も際立ち始めている。これらの新たな課題に対しては、地域全体を見通した新たな地域産業社会の形成を意識した取組みが必要とされる。その場合、それらの社会課題に対して挑戦していくという新たな事業意識が不可欠であろう。企業城下町の時代から、近未来に向かう長井は、将来に向けて豊かなで持続的な田園都市の形成という新たな課題に応えていかなくてはならないのである。

1） 人口減少、高齢化の進展と、それが地域産業、中小企業に与える影響等については、関満博「復興３年の地域産業、中小企業——「所得」「雇用」「生活支援」の三つの側面」（『しんくみ』第61巻第３号、2014年３月）、同「人口減少、高齢化を迎えた地域社会と信用組合」（『しんくみ』第62巻６号、2014年９月）を参照されたい。

2）中国山地の島根県の事情については、関満博編『地方圏の産業振興と中山間地域——希望の島根モデル・総合研究』新評論、2007年、関満博・松永桂子編『中山間地域の「自立」と農商工連携——島根県中国山地の現状と課題』新評論、2009年、同編『「農」と「モノづくり」の中山間地域——島根県高津川流域の「暮らし」と「産業」』新評論、2010年、高知県の事情については、関満博編『6次産業化と中山間地域——日本の未来を先取る高知地域産業の挑戦』新評論、2014年、を参照されたい。

3）6次産業化については、田中満『人気爆発 農産物直売所』ごま書房、2007年、関満博『「農」と「食」のフロンティア——中山間地域から元気を学ぶ』学芸出版社、2011年、関満博・松永桂子編『農商工連携の地域ブランド戦略』新評論、2009年、同編『農産物直売所／それは地域との「出会いの場」』新評論、2010年、同編『「村」の集落ビジネス——中山間地域の「自立」と「産業化」』新評論、2010年、同編『「農」と「食」の女性起業——農山村の「小さな加工」』新評論、2010年、関満博編『6次産業化と中山間地域——日本の未来を先取る高知地域産業の挑戦』新評論、2014年、を参照されたい。

4）買い物弱者、ガソリン弱者問題については、杉田聡『買物難民——もう一つの高齢者問題』大月書店、2008年、岩間信之『フードデザート問題』農林統計協会、2011年、関満博『中山間地域の「買い物弱者」を支える——移動販売・買い物代行・送迎バス・店舗設置』新評論、2015年、を参照されたい。

補論 1　1998 年／高度技術集積都市の形成に向けて
――山形県長井市の地域産業と中小企業

私は 1994 年 10 月に初めて長井を訪れ、1995 年 1 月 18 日、長井市地域政策研究専門委員の委嘱を受けた。この頃は戦前に誘致し、戦後の長井経済の根幹を担っていたマルコン電子がコンデンサ大手の日本ケミコンに譲渡（1995 年 4 月）されるという時期であり、長井の産業経済の今後に不安が走っていた頃であった。長井市及び長井の産業界には緊張感が漂い、1995 年 2 月 17 日には平成 6（1994）年度第 1 回産業立地指針策定委員会が長井商工会議所などが参加し、開催されている。

その後、1996 年、1997 年と議論を重ね、1997 年度には山形県による「長井市電気機械関連製造業地域特定産業経営構造改善事業」、通称「産地診断」事業を進めていくことになる。電気機械産業を中心に長井市の機械金属工業の本格的な構造分析を行なうものであり、長井市役所、長井商工会議所が全力を上げて地元企業の訪問調査、統計分析等を重ねていった。特に、日本の産業分類における「製品基準」とされる分類では、機械金属工業の加工機能の集積の実態を明らかにすることは難しいことから、独自に「加工機能による独自の類別」を行ない、集積の構造を明確にすることを試みた。

このような「加工機能別の集積構造分析」は、東京都大田区（東京都大田区『大田区における高度工業集積の課題』1986 年）と墨田区（東京都墨田区『墨田区機械金属工業の構造分析』1986 年）で私自身が行なってきたものだが、地方圏の工業都市では初めて採用してみた。地方小都市の長井は興味深い集積構造を形成していることが明らかにされた。

そして、その後の長井市の産業政策は、この分析結果を踏まえ、中小製造業に焦点を合わせるものになっていった。地方工業都市の地域工業構造分析に新たな視野を与えたのではないかと考えている。そのような点を意識し、その全文を再掲していくことにする。1990 年代中頃の長井の工業集積構造を明示するものであり、それは現在につながっているであろう。さらに、他の地域の地域工業構造分析への一つの試金石となることも願っている。

なお、本報告は、『平成 9 年度長井市電気機械関連製造業地域特定産業経営構造改善事業報告書 高度技術集積都市の形成に向けて』1998 年 3 月、として関係者に配布されている。

I 地方小都市の産業構造
——産業空洞化と地域産業

「産業空洞化」の懸念が深く拡がっている。この「空洞化」の議論は、日本企業の海外進出に伴い大幅な雇用調整が進むといったものから、成熟化した日本ではサービス化が進み、これまでの日本を支えた製造業は衰微するといったもの、さらに、人びとの心の中に忍び寄る「空洞化」に至るまで、実に多様な色合いを帯びてきた[1)]。

また、国内の「空洞化」の現場をみると、極めて「地域」的性格が強いことが痛感される。東京で議論される「空洞化」は日本産業全体の「高度化」への契機とされているようだが、「空洞化」の現場である「地域」では、まず雇用調整が実施され、中高年婦人は家庭に戻り、教育費の捻出のために家計を切り詰める。また、京浜地区などでは、大企業の海外進出の声を聞きながら、他方で、老齢化する従業員と後継者難に悩み、さらに周辺の工場跡が駐車場等に変わる現実に不安を募らせている。「空洞化」の議論を一歩進めるならば、実際の「地域」に目を向け、その「痛み」を共有しながら、次に向かうことが求められよう。

さらに、「技術の空洞化」の議論では、国内における技術集積の偏在の問題も重要性を帯びてくる。これまでの日本は効率主義を前提に、技術集積のコアを京浜地区を中心とする大都市圏に集積させ、地方圏を「生産の現場」としてきた。そして、この二極化された構図の中で、ある時期までは大都市圏と地方圏という循環体系が効果的に働いていた。だが、こうした構図にアジアが加わり、特に地方圏はアジアとの直接的な競争の場に立たされている。このことは、地方圏では、一見、近代的な工場が立地しても、技術が「地域化」していなかったことを意味する。以上のような状況の中で、「空洞化」の議論は「技術」と「地域」を焦点とするものになってきた。

図補 1―1　技術集積の三角形モデル

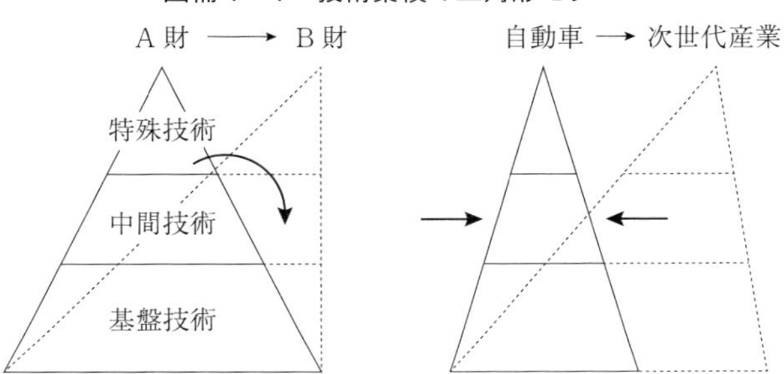

（1）技術の集積構造と空洞化

技術の見方は多様だが、ここでは、一つの製品を作り上げていく際に、「特殊技術」「中間技術」「基盤技術」という大きく三つに大別される技術群が積み重なり、相互に深い関係を形成していると仮定する（図補 1―1）[2)]。

まず、三角形の下の部分を「基盤技術」とする。この部分は、製缶、鍛造、プレス、鋳造、機械加工、メッキ等の機械金属工業の基盤的な要素技術から構成される。これらは近年の技術革新によって加工方法も多様化、高度化し、素材も大きく変化しているが、機械金属工業の最も基本的な要素技術群であり、依然として、その重要性を失うことはない。

また、日本機械金属工業の「基盤技術」をより詳細に眺めると、京浜地区と地方とでは、その発展のベクトルは異なっている。日本の機械金属工業の中枢である京浜地区では、特定企業による「下請＝系列」の色合いは意外に薄い。これに対し、地方の場合、特定大企業による企業城下町であることが多く、特定企業に必要なもの以外の機能は成立しにくい。そして、受注は特定企業に限られることから、企業間の結合関係は緊密であり、他を排除しがちである。さらに、「基盤技術」の幅を狭めていくことが、むしろ特定発注企業に好都合に働いていた。この間の事情を図示すると、図補 1―1 の右図のようになろう。

特に、図補 1―1 で注目すべきは、特定大企業が何らかの事情で消えてしまう場合であろう。そうした場合、昨今の状況では先端産業に目が向く。ハイテク部門を呼び込まなければ将来が期待できないなどの緊迫感が地域に覆い被さる。そして、必死の思いの取り組みが功を奏し、何らかのハイテク企業を呼び込むことに成功したとしよう。ただし、その喜びに浸る暇もないうちに、意外な事実に直面する。誘致した先端技術部門と地元中小企業との距離は大きく、また、地域の技術集積の幅の狭さを実感するであろう。いわば、日本の多くの企業城下町などでは、元々、技術は特定の領域に固まり「空洞化」していたのである。

次に、図補1—1の三角形の一番上の層を「特殊技術」と呼ぶ。これらは「ハイテク技術」に関連する。こうした新たな技術部門の発展が「基盤技術」や「中間技術」に強い影響を与え、全体のレベルを引き上げていく。これら「特殊技術」に関しては、一般に理論的発展が具体的な技術として現れやすい。近年の台湾のコンピュータ産業の発展などは、アメリカで学んだ技術者が、日本の部品等を組み合わせて製品化したものだが、こうしたことが「特殊技術」の性格を浮き彫りにしている。ただし、「特殊技術」だけでは「産業化」は実現できない。具体的な「モノ」に置き換えるための「基盤技術」が整い、「中間技術」が媒介することが不可欠である。

また、「中間技術」とは、とりあえず「モノ」を作るために必要な技術群のうち、「基盤技術」「特殊技術」に入らないものを想定する。これら「中間技術」の中で最も重要な要素は、「モノ」を作るための技術である「生産技術」、複雑な装置群を「操作する技術」、さらに、装置群を「メンテナンスする技術」などである。これらは、近代工業技術の中核を占めており、技術革新による「特殊技術」を産業化に結び付け、「基盤技術」の機能を十分に発揮させる役割を担っている。そして、日本は「中間技術」が特徴的に発展し、一時期までの「製造技術は世界一」などの評価を得ていた。

(2) 地域空洞化と技術空洞化

これまで、「空洞化」の議論は、海外進出に伴う生産力削減、特に雇用への影響を重視するものが多かったが、むしろ日本の「技術構造」が抱える問題を重視すべきではないか。特に、京浜地区という国土の極端に狭い範囲に高密度の技術集積を形成してきた日本は、そうしたあり方を今後とり続けることが難しく、全く新たな角度から「技術の集積構造」を構想しなければならない。その場合、今後、国内の「地域問題」としてどう考えていくのか、さらに、急速な発展プロセスにある「東アジアとの関係」をどう考えていくのかといった、大きく二つの側面からの議論が不可欠である。この点、ここでは、東アジアとの関係は別の機会に譲り、国内の「地域問題」、特に、全国の圧倒的大多数を占める人口3〜5万人の地方小都市を念頭に問題の構造をみていく。実は、こうした地方小都市の問題が、日本の最大の問題の一つとして浮かび上がっているのである。

日本の三千数百の市町村は人口3〜5万人の地方小都市を形成している場合が圧倒的に多い。そして、その多くは農業を基盤にしているようだが、実はここ数十年の間に必死で誘致した特定の工場に依存している場合が少なくない[3)]。その多くは低付加価値の労働集約的な電気・電子系の組立工場であった。それでも、地方小都市にとって低迷する農業部門を補うものとして、その重要性は高く、いずれの地方小都市も、いつの間にか新たな「企業城下町」を形成していたのである。

他方、こうした誘致企業の大半は大都市圏から進出してきたが、輸出向けの低価格量産部門である場合が多かった。いわば「広大で安価な土地」と「安くて豊富な労働力」求めて地方進出した。全国のどこの小都市の農村地帯を歩いても、名前も知らない電気・電子系の組立工場が点在している。だが、こうした輸出向きの量産品の組立に従事している誘致工場は、1985年頃からの円高に悩まされ、東アジアへの移管を余儀なくされていく。東アジアの高まりと日本の小都市の必死の思いが交錯し、「地域」と「産業」をめぐる議論は、現在、地方小都市において最も先鋭的な形で現れている。

人口約3万3000人の長井市は、かつては稲作や養蚕が中心であったが、農業だけでは生活できず、早い時期から企業誘致に踏み出し、1920（大正9）年には郡是製糸を誘致、1942（昭和17）年には東芝を誘致した[4)]。東芝は、その後、マルコン電子へと名称を変えながら地域の基幹的企業となっていく。従業員も一時期は約1450人を数え、長井の最大企業として関連中小企業も市内に幅広く展開するなど、長井はマルコン電子の企業城下町を編成してきた。

ただし、アルミ電解コンデンサ・メーカーという事情からコスト圧力は大きく、1973年頃には韓国に進出（1980年代中頃に撤退）、1984年にはマレーシア工場を建設する。この間、長井工場は次第に縮小している。以上のような意味で、マルコン電子の歩みは、日本の電気・電子工業の立地展開の典型的なパターンを示している。

そして、このマルコン電子は1995年にアルミ電解コンデンサ大手の日本ケミコンに譲渡される。日本ケミコンが国内のマルコン電子を買収したのは、その長井工場に魅力があったというよりも、海外、特にASEAN展開の遅れを取り戻すべく、軌道に乗っているマルコン電子のマレーシア工場に関心があったとされている。つまり、こうした経営権の委譲は、電子部品をめぐるアジア規模の再編成の中で生じたのであった。

長井の製造業事業所数はほぼ300工場程度で推移し、機械関連企業は約150工場程度である。これらの大半は先のマルコン電子と深く関わっており、マルコン電子の動向は地域産業に重大な影響を及ぼす。マルコン電子の主要製品群は、アルミ電解コンデンサ、セラミックコンデンサ等であり、部品展開としては、金属プレス部品、プラスチック部品、端子、フィルム、セラミックス等と少なく、むしろ、低価格量産に対応するための生産技術に重点が置かれている。そのため、必要とする加工機能の拡がりは乏しい。ただし、自動機械の要請は大きく、地元に数社の自動機メーカーが育っている。いわば、長井の基本的な技術構造は、コンデンサに関わる加工機能と、一部の自動機メーカー、そして、低価格量産に向けた生産技術ということになる。

この点を先の「三角形モデル」でみると、図補1―2のようになろう。製品分野はある程度技術的に確立されており、「特殊技術」に関わる条件は乏しい。また、「基盤技術」に関しては小物プレス加工、切削加工、プラスチック成形、金型等にすぎない。そして、「中間技術」の部分は小物の低価格量産に関連して一定の蓄積が認められる。日本の大半の地方小都市の誘致企業に頼った地域では、ほぼ同様の「技術の集積構造」を形成している。

図補 1―2　地方小都市の技術集積構造

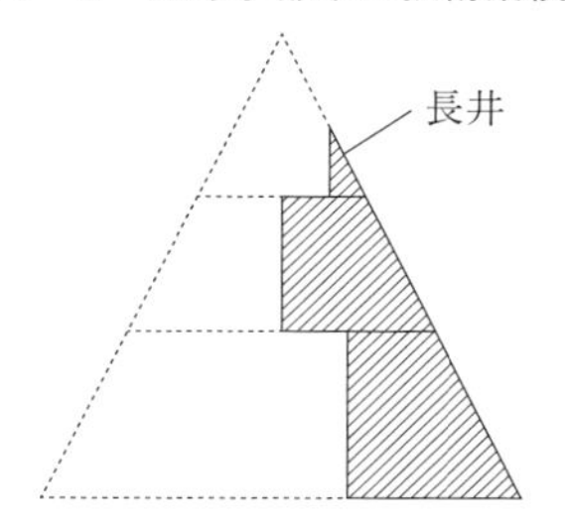

(3) 新たな地域技術高度化のための課題

こうした中で、長井はマルコン電子自身の東アジア進出、従業員規模の縮小、そして、資本関係の変更などにより、時代の変化を痛感させられている。そうした状況を受けて、長井は新たな『産業立地指針[5)]』の策定に踏み出した。その主要な狙いは「今後、産業構造の変化に対応した地域産業振興のため、研究開発型、先端技術型、情報、環境関連産業など多様な業種構成を模索し、併せて、高学歴化、UJI ターンなどの就労需要を吸収する地域づくり」を進めていくとしている。ただし、こうした意向は長井だけのものではなく、全国のどこの中小自治体にも共通している。東アジア諸国への進出が活発化している反面、日本の地方への進出が全体的に停滞している現在、全国の各地域は企業誘致をめぐって激しい誘致合戦が繰り広げていくことになろう。

この点、先に長井の限られた「技術集積上の特徴」を指摘したが、そうした構図の中にも、明らかに次世代に向けた新たな芽が育ちつつある。十数年来の地域工業をめぐる地殻変動を敏感に感じ取り、独自な方向に向かおうとする中小企業が地域に生まれつつある。地域の中小企業の中からは、「マルコン電子の比重は 20% 程度に下げる」「全国から仕事を取る」「独自製品の開発に踏み出す」などを明言する中小企業が登場しつつあることが注目される。地域としては、そうした中小企業を大事に育てていかなくてはならない。

また、長井には、いつの間にか京浜地区から独特の技術力を備える中小企業が進出している。京浜地区の中小企業が長井のような地域に進出するなどはここ10年ほどの傾向である。大都市圏の人材不足が、京浜地区の有力な中小企業を地方に引き寄せている。こうした中小企業の進出はこれまで「安価な労働力」だけに着目して進出してきた電気・電子系の組立工場とは全く事情が異なる。むしろ「人材」を求めての進出である。

そして、「人材」を求めてきた中小企業は地域に定着し、技術の地域化に大きく貢献していく可能性が高い。しかも、大都市と直結していることから市場情報、技術情報に優れ、地域に新たな風を送り込んでくれるであろう。さらに、新たな地元の若い人材の養成の場としても重要な役割を演じよう。ただし、地元とこうした中小企業との距離感は大きく、彼らから新たな息吹を吸収していくという構図が形成されていない。むしろ、これからは、地元の側が彼らを積極的に受入れ、さらに彼らと深い交流を重ね、多様な要素を吸収しながら新たな刺激を受け、地域の「技術の集積構造」を豊かなものにしていかなくてはならない。

Ⅱ 企業類型別の活性化の方向
――「多様な機能の集積」を目指して

企業を類別する方法は幾つかあるが、「電子部品」産地からの飛躍の道に入ってきている長井は、特定製品分野を主軸にする発展のスタイルから、今後は「高度な技術集積」をベースにする「高度技術集積都市」、幅の広い「機械金属工業都市」への変貌を迫られている。そうした流れを重視し、ここでは、長井の実態に則した形で、企業を類別し、それぞれの課題というべきものを提示していく。

1. 誘致企業の「地域化」と活性化

先にみたように、誘致企業をめぐっては新たな課題が明確になりつつある。長井の誘致の歴史は1920（大正9）年の郡是製糸、1942（昭和17）年のマルコン電子以来のものだが、長い誘致の歴史により、誘致企業にも幾つかのタイプが観察され、それぞれに新たな課題がみえつつある。

(1) マルコン電子関連企業

表補1—1によると、マルコン電子関連とは、1942年に長井に進出してきたマルコン電子と、その後、関連企業2社が知られていたが、1995年にその関連2社が合併し、現在では、マルコン電子本体と山形マルコンの2社となっている。

このマルコン電子に関しては、1995年に資本が東芝から日本ケミコンに移った。当初、この資本関係の変更が地域に与える影響が心配されたが、当面、大幅な事態の変化はなさそうである。やはり、マルコン電子の場合は長井における時間が長く、経営がかなり「地域化」していることをうかがわせる。人的

表補1—1　長井の誘致企業

区分	立地年	立地形態	従業員数（人）	売上高（万円）	主要製品（構成比）	機能
①マルコン電子	1942	現法	776	2,226,852	アルミ電解コンデンサ（39%）	開発、生産
②東芝ライテック	1966		178	374,945	電球（100%）	生産
③旭電機長井工場	1967	○	197	419,232	配変電用機材（100.0%）	開発、生産
④ぶんぶく長井工場	1969		27	178,442	文化塵取り（9%）その他	生産
⑤東金工業山形工場	1970	○	44	69,161	照明器具（80%）	生産
⑥山形日信電子	1970	現法○	111	70,039	電子機器組立（67%）	組立
⑦世田谷工業	1971	現法○	106	196,894	カメラ交換レンズ（98%）	生産
⑧丸秀	1972	○	103	185,549	トラック、バス部品（80%）	加工
⑨光洋精機	1973	○	80	116,000	半導体関連機械加工（70%）	加工
⑩東亜電子光学	1974	現法	175	361,165	カメラ組立（73%）	組立
⑪マーク長井工場	1976		82	198,312	FAX用レンズ（50%）	生産
⑫東芝照明プレシション	1977		33	605,038	樹脂成形部品（34%）	部品加工
⑬山形精密鋳造	1986	現法○	79	153,900	ロストワックス（100%）	加工
⑭能率機械製作所	1989		44	113,590	金属プレス機械（100.0%）	生産
⑮オプテス	1991	現法○	23	53,599	光学機器用プリズムミラー（80%）	生産
⑯山形マルコン	1995	現法○	481	452,600	アルミ電解コンデンサ（97%）	開発、生産

注：○は当該企業にとっての唯一の生産拠点
　　⑮⑯は二次展開
資料：1997年度、産地診断資料

にも経営の中枢に長井出身者も多く、そうした側面からも、「長井の地域企業」ということなのであろう。

そうした点も含めて、今後の「マルコン電子関連企業」に期待される点は以下のようなものである。

マルコン電子、山形マルコンを合わせて1250人の雇用を抱える地域最大の企業であり、今後も雇用の維持が求められる。所有が日本ケミコンに変わったとはいえ、マルコン電子には独特の技術の蓄積があり、さらに、企業としての「展開力」「自己革新力」も備わっている。従来事業に止められることなく、常に新たな企業として自己革新していくことが求められる。地域のリーディング企業としての役割が依然として期待されている。マルコン電子はかなり以前から「誘致企業」ではなく「地元企業」となっているのである。

海外との競合、資本関係の変更などにより、マルコン電子はやや身を縮めているようにみえる。だが、この数年の歩みにより、やはり長井のものであることが明白になった。何よりも、マルコン電子を支えているのは長井の人びとだということである。その長井の人びとがマルコン電子は「私たちの企業」だという気概と自信を持って仕事に励んでいくことが期待される。それが本当に誘致企業が「地域化」したということになろう。

長い間にわたって、マルコン電子が長井の中核企業として歩み、地域の各所に重大な影響を及ぼしている。例えば、人口３万人程度の地方小都市の長井に「省力機械」のメーカーが一定の数成立していること、また、世界レベルの競争に直面していたマルコン電子関連の仕事に従事することにより、部品加工の部分で優れた「生産技術」を身に着けた朝日金属工業、サンリット工業、トップパーツ等が成立していることも興味深い。明らかに、マルコン電子の半世紀は長井の工業技術に重大な影響を与えてきた。今後も、そうした良い影響を是非与え続けていくことが望まれる。それが、地域最大の企業の責任でもある。

長井には近年、新たな企業が内発的に生まれつつある。そうした企業にマルコン電子が蓄積してきた技術を継承していくことが期待される。新たな企業の「里親」として、仕事を提供し、技術を指導していくことが臨まれる。また、地域が活性化していくためには、新たな新規創業が不可欠である。社内の有能な若手が新たな起業することなどに深い関心を寄せていくことが期待される。マルコン電子で鍛えられた若者が創業し、活発に活動していくなどが、地域に新たなうねりを導くであろう。

（2）東芝関連照明具集団

1966年の東芝ライテックの進出以来、関連の東金工業（1970年）、さらに、東芝照明プレシジョン（1977年）が長井に進出している。3社合わせて約250人の雇用が創出されている。だが、この東芝関連照明具集団の長井における存在感は意外に乏しい。電球生産という事業の性格上、仕事の広がりに乏しく、クローズになりがちなのであろう。実際、地域の工業集積、技術集積をみていく場合、東芝関連照明具集団はさほどの影響力を発揮しているようにはみえない。何らかの形で地域工業の新たな動きに参加していくことが望まれる。現状の東芝関連照明具集団に期待できるのは以下のようなところであろう。

コンデンサを軸に歩んできた長井の場合、見応えのある工場は少なくないが、他方、私たちの日常の身の回りにある製品を作っている企業は少ない。東芝関連照明具集団の製品こそ、実感の抱けるものの一つであろう。こうした工場こそ、子供たちが直接的に「モノづくり」への関心を抱けるのではないかと思う。そうした役割を演じることが、企業が地域にいるということなのである。

東芝ライテックの長井進出以来、30年以上を経過しているが、地元中小企業との関連は乏しい。当初の進出の目的は「安くて豊富な労働力」と「安価な土地」にあったと思うが、事情は大きく変わってきている。「安くて豊富な労働力」と「安価な土地」を国内に求めるのは既に時代遅れである。効率だけを求めて渡り歩く時代ではない。「地域で仕事をする」ということは、地域全体に受け入れられ、深い関わりを持つということだと思う。地域の動きに無関心ではなく、力のある企業として、地域の一員として、さらに、力のある市民として、新たに立ち上がろうとする長井の地域産業に関心を抱いていくことが求められる。

(3) 唯一の生産拠点を形成している企業群

長井を多くの「生産場所」のワン・オブ・ゼムとしてみている企業に加え、事実上、長井に唯一の「生産拠点」を形成している進出企業も少なくない。旭電機（1967年）、東金工業（1970年）、山形日信電子（1970年）、世田谷工業（1971年）、丸秀（1972年）、光洋精機（1973年）、山形精密鋳造（1986年）などはその典型である。これらの中でも、経営の実態をみる限り、送変電機材の旭電機、半導体関連部品機械加工の光洋精機、自動車部品の丸秀、ロストワックスの山形精密鋳造あたりは、ほぼ完全に「地域化」した企業といえそうである。また、唯一の「生産拠点」ではなくとも、マーク（1976年）、能率機械製作所（1989年）あたりは、長井を「生命線」とみているようである。そして、むしろ、こうした「地域化」した企業を依然として「誘致企業」として扱っている地元のサイドにも意識の変革が求められる必要がありそうである。

このように、「地域化」に努めながらも、必ずしも十分に地域に認知されない「誘致企業」をめぐっては、以下のような課題があろう。

長井に唯一の「生産拠点」を設けている企業も、本社機能、営業機能、そして、研究開発機能は依然として東京などに置いている場合が多い。日本最大の情報集積地である東京にそうした機能を置く必要性は否定できない。長井の地場の企業でさえも、営業、研究開発拠点を東京に置くことを検討すべきであろう。

ただし、それでも地域の側にとっては、誘致企業に「研究開発拠点」を作って欲しいと願っている。頭脳がやってきて初めて「地域化」が実感されるであろう。それは地域の人びとに大きな「自信」を与え、そして、そのことが地域の「人材育成」に弾みをつけるであろう。

かつての「農繁期になると人が出てこない」などの東北でよく聞かれたセリフは、ほぼ完全に忘れ去られ、東北の各地域は日本の重要な生産地帯になっている。この間の一つの大きな課題は「経営の地域化」といわれ、地元の人材の育成が重大視されてきた。だが、いつの間にか、進出工場の管理はほぼ完全に地域化されるケースが増えている。例えば、進出経験の長い丸秀は100人前後の従業員を抱えているが、設計、金型から生産まで全て地元出身者で対応している。

このように、すでに「経営管理」のレベルの問題は解決されている。かつて「農業地帯」といわれた東北地方は、現在では「工業地帯」なのである。そして、問題は次のレベルの「経営戦略」上の問題を地元の側からどう提起していくかということであろう。このレベルの問題が意識されて初めて、経営の地域化が完成される。こうした問題を担う人材が育ち、定着して、地域は「自立性」を獲得していくことはいうまでもない。

(4) 単純労働集約型企業の今後

長井あたりの誘致企業の多くは、すでに地域化は相当に進み、駐在していた人材が、退職後も夫妻で長井に定住するなどもみられるようになってきた。いよいよ本格的な「地域化」の時代が到来しているのであろう。だが、進出企業の中には、依然として「安くて豊富な労働力」と「安価な土地」のイメージを

図補1—3　機械金属工業の相互関係概念図

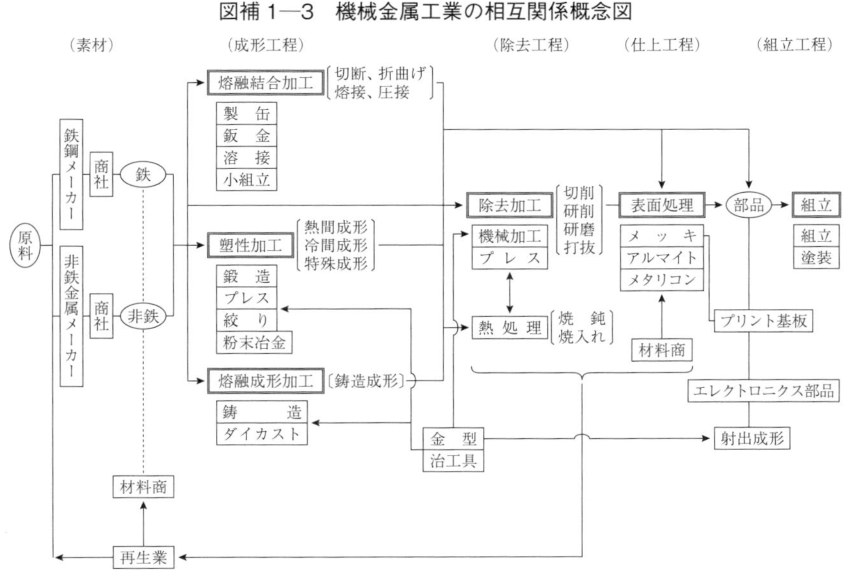

脱しきれない企業も少なくない。安価な中高年婦人を大量に雇用し、単純作業に従事させているという形が広範にみられる。

こうしたスタイルの場合には、雇用している側も「地域への思い」も深まらず、また、雇用されている側、さらに地域の側も、その「企業に対する思い」は深まらない。将来とも、こうした形が維持されるとは思えない。こうしたタイプの企業は、もう一つ「地域」に踏み込む姿勢が必要とされよう。

この場合、「もう一つ『地域』に踏み込む」とはどういうことか。それは何らかの形で、地域に定着することであろう。例えば、経営者自身が住宅を構え、その土地にできるだけ生活する、東京の管理部門に希望する地域の人材が十分に登用される、あるいは、それなりの投資を行なうなどであろう。いわば、地域の人びとに安心感を与えるものでなくてはならない。こうした安心感が得られなければ、その企業自身、地域からの支持を得ることは難しいであろう。いつまで経っても、「誘致企業」として神棚の上に置かれ、信頼をかちとることはできない。そうした「信頼」が生まれなければ、次の展開も期待しにくいことはいうまでもない。

「安くて豊富な労働力」を前提にしたやり方を取り続ける限り、次第にアジアとの競争に疲れ、アジアに向かって浮草のごとく展開していかなくてはならない。そうしたあり方に地域は敏感になっており、自分の作業台の上を通り過ぎる品物がいつまで続くのかと不安が蓄積されていく。これからの企業は、そうした「思い」を踏みにじって突き進もうとするのだろうか。そうしたあり方は次第に受け入れられないものになる。企業自身が常に成長し、関係する人びとに「希望」を与えるものでなくてはならない。

この点は、先に指摘した「気概と自信を持って」「地域に良い影響を」「地域の現在と将来に『共感』を」といったことに相通じるであろう。経営者自身、「希望」を語り、地域の人びとと共に「実践」していく姿勢を常に表現していくことが不可欠であろう。なによりも、「信頼」と「希望」のあることが出発点となるのである。

表補1—2　長井市電気機械関連工業の加工機能別類型

長井企業 企業類型	長井市電気機械関連工業 企業数 (件)	(%)	従業者数 (人)	(%)	地場企業 企業数 (件)	(%)	従業者数 (人)	(%)	誘致企業 企業数 (件)	(%)	従業者数 (人)	(%)
開発型企業	13	10.2	1877	38.7	10	8.9	423	20.8	3	18.8	1,454	51.5
重装備型企業	26	20.3	753	15.5	23	20.5	544	26.8	3	18.8	209	7.4
製缶・溶接	8	6.3	50	1.0	8	7.1	50	2.5				
鈑金	3	2.3	27	0.6	3	2.7	27	1.3				
プレス	11	8.6	571	11.8	9	8.0	441	21.7	2	12.5	130	4.6
鋳造	3	2.3	95	2.0	2	1.8	16	0.8	1	6.3	79	2.8
鍛造												
塗装	1	0.8	10	0.2	1	0.9	10	0.5				
表面処理												
機械加工型企業	40	30.3	577	11.9	36	32.1	265	13.1	4	25.0	312	11.0
切研削	32	24.2	516	10.6	28	25.0	204	10.1	4	25.0	312	11.0
金型・治工具	8	6.1	61	1.3	8	7.1	61	3.0				
周辺的機能	49	38.3	1,647	33.9	43	38.4	797	39.3	6	37.5	850	30.1
プラスチック成形	2	1.6	76	1.6	2	1.8	76	3.8				
プリント基板	3	2.3	20	0.4	3	2.7	20	1.0				
賃加工組立	33	25.8	913	18.8	31	27.7	627	30.9	2	12.5	286	10.1
一般	20	15.6	723	14.9	18	16.1	437	21.5	2	12.5	286	10.1
電子部品	13	10.2	190	3.9	13	11.6	190	9.4				
その他	11	8.6	638	13.1	7	6.3	74	3.6	4	25.0	564	20.0
合計	128	100.0	4,854	100.0	112	100.0	2,029	100.0	16	100.0	2,539	100.0

注：「その他」には、電球関係、配電盤、配線等の企業が含まれている。
資料：1997 年度、産地診断資料

2. 開発型企業と地域産業の活性化

地域の中心的な企業であったマルコン電子の海外展開（韓国、マレーシア)、さらに、日本ケミコンによる買収と続き、地域の中小企業は自立的な展開の方向を模索し、試行錯誤を続けている。そして、こうした中小企業の中からは、独自的な方向を目指す企業も現れ、長井の工業は大きな変革期とでもいうべき段階に踏み出している。先に、長井の産業構造、技術構造上の特質と課題を指摘したが、ここでは、さらに細部に降り、幾つかの企業類型ごとに、今後の課題と方向性を指摘していくことにしたい。

まず、長井の地場の「開発型」ともいうべき企業は、大きく三つのタイプに分けることができる。

第1は「生産技術型」というべきであり、アルミ電解コンデンサ用端子板のトップパーツや、コネクタ用端子の朝日金属工業などが典型である。これらの企業は部品生産に特化しながら、その生産工程の効率化努力を通じて常に「自己革新」を遂げようとしている。

第2は「省力機械型」というべきであり、吉田製作所、三浦エンジニアリング、ウルテック、あるいはコンデンサ自動組立装置のフューメックなどが典型的である。これらの企業はユーザーからの要請に基づいて開発設計を行ない、独特な装置を完成させる。いわば一品の受注生産を基本的な特質にしている。

そして、第3のスタイルが「受託開発型」、あるいは「自社製品型」というべきものであり、チップマウンターの四釜製作所、半導体製造装置のサンユー技研、さらに、オリジナルなパソコン生産に向かっているハイラックシステム、純水装置関係のテクノ・モリオカなども、こうした範疇に入れることができる。

表補1—3　長井の開発型企業

区分	従業員数（人）	売上高（万円）	主要製品（構成比）
トップパーツ	161	418,000	アルミ電解コンデンサ用端子板（45%）
朝日金属工業	75	122,826	コネクタ用端子（35%）
テクノ・モリオカ	62	46,868	電子部品組立（37%）、精水装置関係（31%）
フューメック	32	50,618	コンデンサ自動組立装置（24%）
四釜製作所	28	86,127	半導体機器部品加工（32%）、チップマウンター（28%）
吉田製作所	25	21,209	省力機械
サンユー技研	20	45,409	半導体製造装置（77%）
三浦エンジニアリング	9	15,280	精密鈑金加工品（35%）、省力機械（17%）
ハイラックシステム	5	12,500	パーソナル・コンピュータ（50%）
ウルテック	3	8,000	省力機械（80%）
○マルコン電子	776	2,226,852	アルミ電解コンデンサ（39%）
○山形マルコン	481	452,600	アルミ電解コンデンサ（97%）
○旭電機長井工場	197	419,232	配変電用機材（100.0%）

注：○は誘致企業
資料：1997年度、産地診断資料

ここでは、それぞれについて、若干の問題指摘と今後の基本方向を提示しておくことにしたい。

(1)「生産技術指向型」企業

長井にトップパーツや朝日金属工業のような「生産技術」に優れる部品メーカーが登場したのは、明らかに地域の中核企業であったアルミ電解コンデンサのマルコン電子というトップレベルの企業があったからにほかならない。マルコン電子を通じて低コスト生産の必要性が痛感され、地域の人びとの努力が結集して「生産技術」指向型の企業が生まれた。そして、このような指向は長井の一つの特徴になっているのだが、今後に向けての課題も少なくない。

このタイプの企業は合理化、低コスト生産が至上命令であり、あくなき追求を続けていく。それが人間の英知でもあるのだが、そうした生産技術は次第に標準化、機械化され、一つの確立された技術になっていく。この過程に「グローバル化」というファクターを投ずれば、標準化、機械化されたものであるほど、普遍性を持ち、世界のどこで生産してもそれほど変わりないものになる。他方、ユーザーが世界適地生産の要請の中で果敢に海外に進出するとなれば、基本的なインフラコスト、人件費の高い日本で生産することは不利にならざるをえない。こうした局面にどう応えていくのかが問われている。自らアジアに進出するのか、あるいは長井で頑張るのか。長井で頑張るためにはどうするのかが問われているのである。

アジアに進出することは一つの対応の仕方であろう。近年、日本の中小企業のアジア進出も活発であり、従来ほどの困難はない。ただし、それでも、海外経験の乏しい地方の中小企業とすれば、相当の負担がかかる。まず、海外に対応できる「人材」の養成と、経営陣自身が頻繁に海外に足を運び、状況を体で認識していく必要がある。そして、このタイプの中小企業は、それほど遠くない時期に海外に進出せざるをえないと思う。そのための準備はしておく必要がある。むしろ、アジアに出ることは「新たな可能性を求める」ほどの気概がなくして成功はおぼつかない。

国内で「頑張る」とすれば、あくなき「技術の高度化」を追求する姿勢が不可欠である。常に、世界よりも「一歩前に出る」ことが求められる。実際には「一歩」では不十分であり、「二歩」前にでるほどの意欲が必要となろう。誰も追いつけないというほどの独自性の追求となろう。実際に、そうした取り組みをみせ、国内で十分な成果を上げている中小企業も少なくない。「アジアに進出する」にしても、「国内で頑張る」にしても、いずれも、「新たな可能性」にかけるほどのエネルギーが必要である。その「エネルギー」さえあれば、いずれにも「道」があろう。

(2)「省力機械型」企業

「省力機械型」企業とは、一品の受注生産が基本であり、機械技術の全てが結集される興味深い事業形態となる。ユーザーの要望に応じて際立った「工夫」が求められ、それを一式の機械装置にまとめ上げていくことになり、総合的な力が求められる。それは、「省力機械型」企業自身の総合力も不可欠だが、要望が個別性に富んでいるため、「省力機械型」企業の周囲に機械技術の全ての要素が準備されていることが必要になる。このため、「省力機械型」企業は京浜工業地帯のような幅が広く、奥行きの深い工業集積地には成立し易いが、全体の規模の小さい地方工業地域にはなかなか成立しにくい。

この点、機械金属関連企業がわずか百数十社の集積にすぎない長井において、省力機械型の企業が4〜5社成立していることは興味深い。長井の工業集積の可能性を示すものであろう。今後とも、こうした「省力機械型」企業が軸になって、長井の工業集積、技術集積の厚みが増していくことが期待される。

省力機械には、製缶・溶接、鈑金、プレス、鍛造、鋳造、熱処理、メッキ、機械加工、プリント基板など、機械金属工業に関わる全ての要素技術が不可欠になる。しかも、ある程度の繰り返しが期待できる汎用の工作機械、産業用機械等とは異なり、常に必要となる機能の組み合わせが変わってくる。

こうした要請に応えるための技術蓄積を単独の企業で行なうのは現実的ではない。幅の広い、奥行きの深い工業集積、技術集積が求められる。事実、長井の省力機械メーカーは、少なくとも置賜の範囲、場合によると、山形から福島、東京の企業の技術を利用している。情報通信、物流の事情の改善がこうしたことを可能にしているが、やはり負担は大きい。むしろ、こうした省力機械メーカーの域外発注の頻度の高いものこそ、長井に育成すべき機能と受け止め、地域として対応していく必要がある。それが、地域技術の高度化につながっていこう。

省力機械メーカーは「ユーザーに育てられる」。多様かつ厳しいユーザーに応えて、はじめて技術レベルが上昇する。この点、長井の省力機械メーカーの活動範囲は狭い。ユーザーも大体決まっている。こうしたあり方は、発展途上の現在ではあまり好ましいとはいえない。むしろ、現段階はまだ学ぶ段階であり、難度の高い、厳しい要求の多い東京方面に果敢に挑戦し、実力を高めていく必要がある。長井の省力機械メーカーはいずれも年齢が若く、当面、コスト競争力がある。今のこの発展途上の時代に果敢に新たな可能性に飛び込むことが必要であろう。

(3)「受託開発型」「自社製品型」企業

「自社製品」を持つことは企業の「夢」というべきであり、中小企業はこのために努力を重ねている。長井の機械関連の中小企業の中では、四釜製作所、サンユー技研、さらに、ハイラックシステム、テクノ・モリオカなどが「受託開発型」から「自社製品型」に向かいつつある。「受託開発型」の場合はリスクが比較的小さいものの、「自社製品型」となればリスクは大きく、相応の販売力が必要とされる。いわば「自立性」を求められる。そして、こうした開発力に優れ、多様な加工機能をまとめあげる企業が近くにいることは、他の中小企業の「希望」となり、また、周囲の企業と深い関わりを持ってくる。つまり、地域工業集積にとって影響力の非常に大きい企業ということである。

長井の「自社製品型」企業は、いずれもまだ「受託開発」のレベルが多いが、開発力の拡充が注目される。むしろ、これからの企業であり、製品の開発から生産、販売にいたる全過程においてたいへんな努力を重ねている。こうした企業が成功することが地域工業の活性化に非常に重大な影響を与えることから、地域全体で支援していく必要がある。

例えば、公共の技術開発補助金をつけたり、助言者を紹介したり、さらに、地域の金融機関も一体になって応援するなどが求められる。また、行政がマスコミにうまくつないでいくなども必要であろう。一つの成功が地域に「希望」を与えることになる。是非、こうした企業の成功を期待したい。

「製品開発」はある1人の人間のアイデアと集中力と、それを現実化するための幅の広いネットワークが不可欠になる。特に中小企業においては、経営資源が限られていることから、多方面にわたるネットワーク形成が不可欠になろう。長井の地域の中で、そして、山形から全国、世界にかけてのネットワークが効果的に働いて、見事な成果を獲得することができる。1人の力、中小企業1社の力では十分ではない。

狭い「むら社会」である長井の場合は、「足のひっぱりあい」が多いとされる。それは成功体験が少ないからだと思う。そうした課題を克服し、牽引するほどのエネルギーが必要であろう。広範なネットワークの中心を求め、周囲の関心を一身に集めるほどの集中力によって新たな「世界」が拡がってくる。是非、こうした領域に踏み出した企業は、臆することなく、次のステップに踏み込んでいって欲しい。それが地域を活性化させる一つの大きなきな「道筋」なのである。

3. 重装備型企業の充実と育成

機械金属工業関連業種の中でも、製缶・溶接、鈑金、プレス、鋳造、鍛造、塗装、熱処理、メッキ等の「重装備型企業」は、いわゆる3K職種の典型的なものである。こうした業種には、近年、全国的な傾向として若者が入ってこない。日本最大の工業集積地である京浜地区などでは、これらの業種のいずれの企業においても、平均年齢が50歳を超えている場合が少なくない。京浜地区では、鍛造、鋳造、メッキ、熱処理、大物製缶などのように3K職の色濃い順番に、企業数が減少傾向を深めている。

だが、工業製品は、こうした機能が十分に働かない限り、納得のいくモノにならない。代替技術が十分に発展する場合においてのみ、伝統的な技術は役割を終えるであろう。ただし、ここまでの機械金属工業の発展の歩みをみる限り、先の加工機能を完全に代替できる技術は登場していない。それぞれの技術のある一定部分を代替するにすぎない。したがって、現状では、以上のような「重装備型企業」の重要性は依然として大きい。むしろ、そうした機能を工業集積の中にキチンと備えていることが、新たな可能性を生み出す基礎となっている。

しかも、全国の工業集積地をみる限り、こうした機能が十分に成立しているのは、京浜地区、中京地区、阪神地区などの集積の規模の大きいところのみである。地方工業集積地として知られている浜松地区[6)]、諏訪・岡谷地区[7)]においてさえ、必ずしも十分ではない。このことは、「重装備型企業」が自然発生的に十分発展するためには、相当の集積規模が必要であることを示唆する。だが、京浜地区などの大都市工業集積地の脆弱化が懸念される現在、特定の工業集積地が、地域の意思として意識的に「重装備型企業」の育成に取り組む必要も出てきた。むしろ、そうした機能を備えることが、工業集積地としての「優位性」にもつながるであろう。

長井のような小規模工業集積地においても、その特色を際立たせていくために、こうした「重装備型企業」の集積に新たな視野を切り開いていく必要があろう。むしろ、それは「戦略的」な意義さえあるといってよい。

(1) プレスと鉄工所への傾斜

長井の「重装備型企業」をみると、明らかに、「プレス」と伝統的な鉄工所形態の「製缶・溶接」に類別される企業が多いことがわかる。逆に、「鍛造」「熱処理」「メッキ」は欠落し、長井以外の地域に依存している。

プレスが多いのは、長井の伝統のコンデンサのキャップ、端子等の部品の必要性が高かったことによる。したがって、薄板の打ち抜き、絞りと、小物の量産技術には長けている。トップパーツや朝日金属工業、サンリット工業などはその頂点にあろう。

また、どこの地域でもみられることだが、長井でも鉄工所的な形態が目立つ。厚板の切断、打ち抜き、若干の機械加工、そして溶接して形に仕上げるなどは、旧来型の鉄工所の典型的なパターンである丸八鉄工所、坂工業所、丸正産業などは、こうした形態の延長上にある。地域にとって、こうした形態の企業の必要性は高く、その役割は減じていない。

だが、「重装備型企業」類型として、「鍛造」「熱処理」「メッキ」が欠落し、また、鈑金、鋳造、塗装も手薄であるということは、工業集積全体の「展開力」を大きく阻害する。特に、この「重装備型企業」類型においては、近年のハイテク産業との関連で、とりわけ「メッキ」「精密鈑金」「熱処理」の意義が大きくなっている。こうした点を含めて、この「重装備型企業」類型に関しては、以下のような取り組みが必要であろう。

小物プレスで頂点に立っているトップパーツと朝日金属工業などは、すでに先にみたように、生産技術における「開発型企業」的色あいを強めている。これらの課題については先に指摘した。他方、従業員数人レベルのプレス加工業者の多くは、市内の有力企業である朝日金属工業、長井製作所、さらに、昌和製作所、四釜金属工業への依存の度合いが高い。また、誘致企業であるぶんぶく、丸秀もあたりは、むしろ、発注サイドに立っている。つまり、これらの企業が域外から仕事を取ってきて、その他の零細プレス加工業者を組織化するという構図になっている。こうした点からすると、長井のプレス加工業者は「プレス」の枠の中でほぼ完結しているとみてよい。金型部門を除いて、他の開発型企業、加工業種との関連は実に乏しい。長井には、量産のプレス部品を多用する開発型の企業は存在しない。

したがって、当面のプレス関連企業に関しては、域外へのルートを持っている長井製作所、昌和製作所、四釜金属工業などが外からいかに多くの仕事を取ってくるかにかかっている。さらに、規準の厳しい三菱重工の建機部門の仕事をしている丸秀の仕事をできるほどの技術的な努力と意欲も求められよう。プレスの仕事が増えれば、当然、金型需要も増し、金型業界にも刺激を与えることはいうまでもない。

厚物鋼板の切断、折り曲げ、穴開け、溶接といった「製缶」部門と精度の荒い「機械加工」を組み合わせたいわゆる「鉄工所」のスタイルが、長井の「重装備型企業」の一つの主流であろう。丸八鉄工所、坂工業所、丸正産業などはその典型である。さらに、こうした企業の一つ下の層に従業者1～3人レベルの企業が存在している。こうした類型の企業は、機械の筐体から構造物までの基本的な部分を担い、工業集積にとっては全体の下支えとしての機能を演じている。例えば、省力機械のメーカーなどはフレーム（架台）をこうした企業に依存することになる。

長井の「製缶・溶接」企業8社をみると、平均年齢が40歳代の中頃であり、20歳代、30歳代の従業員も目立ち、従業員規模1～3人の一人親方的な企業（5社）はいずれも30～40代である。全体として意外に若い。このことは大いに期待できる。

今後の課題としては、こうした企業に光をあてることであろう。特に、こうした仕事は一見、3Kにみえるが、創造性を必要としており、ある意味で「モノづくり」の原点的なところがある。こうしたことを若者達に伝えていく努力が必要であろう。

(2) 鈑金、鋳造、塗装、メッキ、熱処理等の将来

「製缶・溶接」「プレス」以外の「重装備型企業」としては、長井には「鈑金」が3社、「鋳造」が3社、「塗装」が1社のみである。これらは地域工業集積にとって重要性が極めて高い。ロストワックス鋳造の山形精密鋳造、アルミダイカストの飯沢製作所、鈑金の東北金属金型工業、塗装のエンドウなどは特に重要性が高い。こうした企業が集積していくことが、地域工業集積の力となろう。

さらに、メッキ、熱処理の企業が存在しないことは、長井の工業集積の現状を象徴している。メッキは公害発生型業種の典型とされ、地域になかなか受入れられない。だが、かつて防錆と装飾に終始していたメッキは、いまや先端産業に不可欠な機能となっている。半導体や電子部品はメッキなくして完成されない。また、近年のメッキの公害防止技術は飛躍的に発展し、ほぼクローズに廃水処理が可能になっている。それでも、メッキは公害のイメージを取り除くことはできず、新規創業や新規立地は困難を極めている。

こうした現状では、むしろ、レベルの高いメッキ工場を保有していることが工業集積の実力を高めることにもなっている。事実、工業後発地域であった岩手県北上市は、工業集積の充実の中にメッキは不可欠との認識に立ち、早い時

期に横浜などから3社のメッキ工場を誘致し、北東北で最も充実した工業集積を形成した[8]。工業後進地域の東北地方では、むしろ、メッキ工場を保有することは、ハイテク産業の視線を引きつけることにもなる。それは工業集積全体にとっても「戦略的」な意味を帯びよう。

この点は、熱処理も似たところがある。熱処理の問題は、相当数のユーザーがいないと成り立たないという点にある。熱処理のユーザーとは、金型、治工具、あるいは、自動車等の重要保安部品を製造しているプレス、機械加工などである。しかも、ユーザーサイドとしても、常に熱処理が必要とされるわけではない。この事が熱処理の特殊な性格を浮き彫りにしている。重要保安部品の多い大規模な自動車関連のプレス加工業者などは自ら熱処理部門を保有しており、専業の熱処理業者が成立する余地は乏しい。50とか100のユーザーが見通せないと、熱処理専業の加工業者は成立しにくい。

こうしたことから、小規模の工業集積地には熱処理専業はみられない。だが、広域的にみる限り、熱処理や、先のメッキがまとまって成立しているならば、かなり広範囲からの受注を引きつけることが可能になる。このあたりの「戦略的」な意味をどのようにみていくのかが問われよう。メッキ、熱処理等の存在は求心力を備えているということである。長井の工業集積の将来を考えるならば、是非、誘致、育成を考えるべき部門といえる。

4. 機械加工型企業類型の充実

切削、研削、さらに金型治工具などから構成される「機械加工型」企業類型とは、旋盤、フライス盤、研削盤、さらに近年ではマシニングセンター(MC)、NC旋盤、放電加工機、ワイヤーカット放電加工機などの先端的な機械設備を軸にして、金属等を一定の形状、精度に仕上げるものをいう。そして、この「機械加工型」企業類型こそ、機械金属工業の基幹をなすものである。この部門の充実が機械金属工業集積地の力量を決定するといっても過言でない。表補1—4でみるように、日本最大の機械金属工業地域である大田区[9]、あるいは、小規模ながらも農村機械金属工業化に成功したとして世界的な注目を集

表補1—4　長井市と坂城町、大田区の機械工業の比較

地域	長井市電気機械関連工業				坂城町機械金属工業				大田区機械金属工業			
	企業数		従業者数		企業数		従業者数		企業数		従業者数	
企業類型	(件)	(%)	(人)	(%)	(件)	(%)	(人)	(%)	(件)	(%)	(人)	(%)
開発型企業	13	10.3	1,877	38.7	14	7.7	2,749	48.6	318	10.6	19,642	40.3
重装備型企業	26	20.3	753	15.5	25	13.8	664	11.7	871	28.8	10,237	21.2
製缶・溶接	8	6.3	50	1.0	9	5.0	59	1.0	86	2.8	923	1.9
鈑金	3	2.3	27	0.6	4	2.0	95	1.7	280	9.2	2,434	5.0
プレス	11	8.6	571	11.8	7	3.9	236	4.2	246	8.1	2,889	6.0
鋳造	3	2.3	95	2.0					74	2.4	982	2.0
鍛造									19	0.6	539	1.1
塗装	1	0.8	10	0.2	5	2.8	275	4.9	63	2.1	532	1.1
熱処理									15	0.5	175	0.4
表面処理									88	2.9	1,763	3.7
機械加工型企業	40	31.3	577	11.9	86	47.5	1,288	22.8	1,349	44.5	11,114	23.0
切研削	32	25.0	516	10.6	57	31.5	1,009	17.8	1,110	36.7	8,754	18.2
金型・治工具	8	6.3	61	1.3	29	16.0	279	4.9	239	7.9	2,360	4.9
周辺的機能	49	38.3	1,647	33.9	56	30.9	958	16.9	491	16.2	7,416	15.4
プラスチック成形	2	1.6	76	1.6	33	18.2	365	6.4	148	4.9	2,054	4.3
プリント基板	3	2.3	20	0.4					4	0.1	244	0.5
賃加工組立	33	25.8	913	18.8	8	4.4	161	2.8	60	2.0	901	1.9
一般	20	15.6	723	14.9								
電子部品	13	10.2	190	3.9								
機械要素									69	2.3	740	1.5
その他	11	8.6	638	13.1	15	8.3	432	7.6	210	6.9	3,477	7.2
合計	128	100.0	4,854	100.0	181	100.0	5,659	100.0	3,029	100.0	48,409	100.0

注：長井市はほぼ全数、坂城町の機械工業関連はおよそ300社。
資料：長井市は1997年度の産地診断調査、坂城町は㈶長野経済研究所資料（1995年）、大田区は1985年調査（有効回答数は36.8%）

めている長野県坂城町[10]などでは、明らかに「機械加工型」企業類型の集積が顕著にみられる。

また、この「機械加工型」企業類型は、機械設備数台で操業が可能であることから、従来から新規の独立創業の焦点とされてきた。かつては旋盤1台、ボール盤1台での独立創業が広範にみられた。だが、近年は当初から高額なMC等の導入が不可欠になっており、独立創業は容易ではなくなっている。この「機械加工型」企業を充実させ、さらに新たな創業を促していくことが、長井の工業集積、技術集積の高度化にとって極めて重要である。

(1) 長井の「機械加工型」企業類型の特質

長井の「機械加工型」企業類型に含まれる企業は40社ほどだが、他の企業類型に類別される企業の中にも、かなりの機械加工職場を保有している企業も多い。これらは長井の技術的な広がりと奥行きに重要な役割を演じている。電子部品に関連する「プレス加工」と「賃加工組立」を主な企業類型としていた長井は、近年、機械金属工業のベースとなる「機械加工型」企業類型を急速に充実させている。

表補1—5から各社の創業年を観察する限り、「新たな」独立創業の多いことに気づく。1981年以降が21社と全体（39社）の54%を占めている。特に、1986年以降のこの約10年の間に11社と全体の28%が集中していることも興

表補1—5 「機械加工類型」企業の従業員規模別の創業（操業開始）年

年 規模	合計	1945 以前	46〜 50	51〜 60	61〜 70	71〜 80	81〜 85	86〜 90	91 以後	不明
1人	12					4	3	4	1	
2〜 3人	8					5	1	1	1	
4〜 9人	11					2	5	2	1	1
10〜19人	1						1			
20〜49人	5	1		1	1	1		①		
50人以上	3					③				
合計	40	1		1	1	15	10	8	3	1

注：○数字は誘致企業の長井における操業開始年
資料：1997年度、産地診断資料

味深い。「長井は、ここに来て、『機械加工型』企業の新規創業が活発」と評価することができる。この点、全国的にみると、1980年代中盤以降は新規創業の停滞した時期といわれていたのだが、長井は新たな工業化の高まりを象徴するかのように、近年、新規創業が進んでいる。この点はおおいに注目すべきである。「長井の起業マインドは非常に高い」ということであろう。

また、この「機械加工型」企業類型の中には誘致企業が4社集計されている。交換レンズの世田谷工業、FAX用レンズのマーク、半導体関連の光洋精機、プレス機械の能率機械製作所である。これらは、本来、企業としては独自製品を保有する開発型のメーカーというべきものだが、長井工場で行なっている事業は「機械加工」を主とするものであることから、この類型に集計した。これらの他にも、トラック、バス部品の丸秀なども社内にかなり充実した機械加工職場を保有している。特に、光洋精機や能率機械製作所の機械設備は第一級のものであり、長井の機械加工技術の今後に重大な影響を与えていくことが期待される。

長井の「機械加工型」企業類型の企業は小規模零細なものが多い。だが、地場企業の中にも力のある有力な企業もいないわけではない。比較的規模の大きなところでは、アルミ、亜鉛のダイカストも兼業し、ハードデッスク・モーター部品、フロッピーディスク・シャーシなどの加工を行なっている椎名製作所（従業員44人）、機械加工に関する一通りの設備を充実させている山口製作所（37人）、平面研削盤を20台も装備している寺嶋製作所（28人）、あるいは、プラスチック射出成形を兼業している金型の斉藤金型製作所（46人）などは、全国的にみても一定のレベルにあるといってよい。こうした企業群は、長井の機械金属工業集積の先導的な役割を演じていくことが期待される。事実、こうした有力な企業が域外から仕事を受注し、域内の小規模零細企業に仕事を振っているようである。

以上のように、長井の「機械加工型」企業類型の企業の中にはかなりの有力な企業も含まれているが、大半は発展途上にある小規模零細なものである。例えば、従業員3人以下の企業は20社と全体の50%を占めている。ただし、これらのうち11社は1981年以降の創業というものであり、経営者の年齢も若く、今後に期待されるものは大きい。この層の中には、1人当たりの加工高（付加価値）でみて年間1000万円を越えるところが数社みられ、事業意欲の高まっている企業が散見されるのは心強い。今後とも積極的に事業意欲を高め、技術レベルの向上に努めて欲しい。

(2)「新規創業」の促進と「小規模企業」の育成

従来から、一つの地域がそれなりの機械金属工業集積地域として発展していく場合、明らかに「機械加工型」企業類型の充実が観察される。京浜工業地帯の中心である東京都大田区がそうであり、地方機械金属工業地域の雄である長野県の諏訪・岡谷地域、さらに、近年話題の長野県坂城町、そして、岩手県北上川流域などがその典型であろう。そうした過去の経験からしても、長井にはそのうねりを感じさせるものがある。是非、こうした流れを大事に育て、山形県内の「技術基盤」として成長していくことが期待される。ここでは、「機械加工型」企業類型のこれからのあり方について、若干の提言を行なっておく。

起業意欲の停滞したこの時代に、長井ではかなりの数の「機械加工型」企業類型の企業の創業が観察されることは重要である。それは、長井の工業集積地としての質的転換が底流で始まっていることを意味する。「電子部品産地」から、バランスのとれた「機械金属工業地域」への転換ということであろう。そこに新たな可能性を感じられるからこそ、創業が目立つのであろう。行政、商工会議所、有力企業等の関係者は自信を持って新たな事態に向かっていくことが期待される。その場合、なすべきことは何か。それは二つある。

一つは、いっそうの「新規創業企業への注目」ということである。今回の産地診断により、こうした事態が明白になったのであり、そうした企業に注目していくこと、さらに、地域の人びとに広く広報していくことである。そのことにより、希望と不安に揺れ動いている「新規創業企業」に「勇気」を与えることである。彼らに関心を抱き、共に歩もうとすることが地域を変えていくのである。

二つ目は、「起業意欲の喚起」であることはいうまでもない。地域の中に新たな企業が生まれ、成功したという事実をみていくことが大きな刺激となる。

「彼にできるなら」といったエネルギーが地域の隅々にまで浸透し、物事に対して積極的になることが大切である。関係者は若い人びとに積極的に語りかけ、「勇気」を共有していくことが何よりである。

また、そうした環境を整えていくためには、別に立派なインキュベーション施設[11]などが必要なわけではない。使われていない空き倉庫などが用意できれば十分なのである。要は、地域の経営の担い手である行政や商工会議所が「語りかけ」、共に「考え」、「行動」していくことであろう。

さらに、有力企業も優秀な従業員の独立創業にも積極的であって欲しい。意欲的な若者が独立創業し、必死の思いで活動していくことが地域工業全体のレベルを上げ、技術的な幅と奥行きを深めていく。かつて新規創業が活発であった坂城町やインキュベーション施設を整備してきた富山市[12]では、有力企業の経営者が自己の体験を振り返り、意欲的な若者に手を貸したなどが伝えられている。是非、そうしたことに関心を抱いていくことが求められる。活発に活動する若者たちが大量に登場し、切磋琢磨していくことが有力企業にも刺激を与え、全体の活性化につながっていくのである。

5. 賃加工組立型企業の今後

長井の電気・電子関連の「賃加工組立型」企業類型の企業は33社を数え、全体の25.8%を占めている。表補1—3の大田区（2.0%）や坂城（4.4%）に比べ、その比重は際立って高い。東北の各地はいずれも、こうした電気・電子関連の「賃加工組立型」企業を大量に抱えている。長井のマルコン電子のような電気・電子関連の部品メーカー、あるいは家電、音響、カメラ等のセットメーカーの組立工場が1970年の前後から大量に東北地方に展開してきた。そして、その関連下請として中小の「賃加工組立型」企業が大量に発生し、地域の雇用の受け皿となってきたのである[13]。

長井の場合は、そうした電子部品関連の影響が次第に減少しているとはいうものの、やはり依然として、その影を色濃く残している。そうした点を考慮しながらも、ここでは、長井の「賃加工組立型」企業の現状と課題をみていくことにする。

（1）長井の「賃加工組立型」企業の特質

長井の「賃加工組立型」企業に関しては、大きく二つのタイプを指摘できる。一つはコンデンサ、トランス、モーター等のいわゆる「電子部品」の組立に従事するもの（13社）であり、もう一つは、カメラ、携帯電話等の製品の組立に従事するもの（20社）であろう。前者はマルコン電子以来の地域の伝統を受け継ぐものであり、後者は比較的新しい場合が少なくない。こうした点を意識しながら長井の「賃加工組立型」企業の特質を指摘するならば、以下のようなものであろう。

従業員の規模からすると、数人レベルから200人を超える企業で構成されている（表補1—6）。平均は27.7人であり、最大は地場企業のハイマン電子（214人）、100人を越す企業は全体で3社である。他の2社はいずれも誘致企業（山形日信電子［111人］、東亜電子光学［175人］）である。この3社のいずれも3分の2は女性従業員で占められている。この女性従業員は20歳代の人も少なくないが、主力は30〜40歳代であり、この3社とも平均年齢は40歳前後であり、中高年女性の就業の場として重要な役割を果たしている。

創業の時期をみると、1960年代中盤から1970年代が多く、ほぼ半数がその

表補1—6　「賃加工組立型」企業の従業員規模別の創業（操業開始）年

規模＼年	合計	1951〜60	61〜70	71〜80	81〜85	86〜90	91以後
1〜 4人	7			2	1	3	1
5〜 9人	7		2	1	1	1	2
10〜19人	9		2	2	1	2	2
20〜49人	6		3	1	1		1
50〜99人	1			1			
100〜199人	2		①	①			
200〜250人	1	1					
合計	33	1	8	8	4	6	6

注：○数字は誘致企業の長井における操業開始年
資料：1997年度、産地診断資料

時期に集中している。誘致企業の2社もその時期である。多分、その頃が長井の電子部品を中心する一つの盛り上がりの時期であったのだろう。先の二つのタイプの企業のうち、第1のタイプ（電子部品組立）の大半はこの時期に創業している。

他方、1980年代中頃以降の創業が12社と全体の3分の1強を占めていることも興味深い。先の二つのタイプのいずれも単純作業としての性格が強いものの、1980年代中頃を境に、やや性格が異なってきたようにもみえる。また、先の「機械加工型」企業類型の場合もそうであったが、世間の創業意欲の低下した1980年代中頃以降に創業が目立つ点は、長井の工業集積への可能性を示すものとして興味深い。さらに、1980年代以降、「賃加工組立型」の誘致企業の進出がみえないことは、アジア事情などが影響しているのであろう。

また、これらの「賃加工組立型」企業の1人当たりの加工高（付加価値）をみると、全体的にかなり低い。データ的に算出が可能であった30社の中で、1人当たりの加工高が年間200万円以下という企業が9社、200〜300万円が7社であった。300万円以下が半数以上を占めることになる。逆に500万円以上は5社のみである。特に、先の第1のタイプ（電子部品組立）において付加価値の低い企業が多い。これら付加価値の低い企業も地域の中高年婦人に雇用の場を提供するものとしての役割を果しているのだが、それでも、やはりもう少し付加価値のある仕事、ないしは仕事のやり方を考えていく必要がある。

(2)「賃加工組立型」企業の将来

単純労働集約型、低付加価値、中高年女性利用などといわれる「賃加工組立型」産業は、いずれの時代にも存在している。おそらく今後もなくなることはない。大量に低賃金労働力を利用するなどのスタイルはアジア、アフリカなどの発展途上国地域に移行しようとも、ある一定部分は国内に残る。量の少ないもの、納期の厳しいもの、難しいもの、機械に置き換えるほどではないもの等が、依然として国内の就業機会の乏しい地域に残っていくであろう。

問題はそうした性格はあるものの、従来のようなままでよいのかという点であろう。ギリギリまでの低コスト、低賃金を求められ、他に選択の余地の乏しい地方の中高年女性が就業している。しかも、他に就業機会がないならば、地域にとっても貴重なものとなる。こうした構図の上で「賃加工組立型」の職場は成り立っている。

長井の「賃加工組立型」の企業をみると、大半の企業は非常に低い付加価値に甘んじている。だが、中にはかなり高い付加価値を上げているところもある。そうした企業の場合、優良な得意先の開拓、原材料費の削減、生産システムの改善などに積極的に取り組んでおり、内職の集合体のような多くの「賃加工組立型」企業とは異なっている。

そうした意味で、やはり、まだ工夫する余地はあるのだろう。月並みだが、そうした意識を抱きうるかの積極性が問われている。こうした事業分野に生きる以上、そうした努力は欠かせない。特に、こうした仕事のまとまったものはアジア移管がいっそう進む。残された厳しい、難しい仕事に挑戦していく気概が必要なのであろう。是非、付加価値の生み出せる企業に常に変身し、地域に貢献していってもらいたいと思う。

昨今の「賃加工組立型」産業の状況をみていると、実際に国内で組み立てられるものは非常に特殊なものに限られてきた。むしろ、特殊であるが故に、工夫する余地が大きくなっていく可能性がある。そこが一つのチャンスであろう。さらに、アジア依存が深まるほどに、品質管理の重要性が高まり、日本国内は「検査」部門の拡充が期待されている。日本で開発し、アジアで加工組立し、いったん日本に入れて全数検査を行なうなどが普通になってきた。日本は今後、あたかも「検査」の国になっていくかのようである。そこには新たなビジネス・チャンスがあるのかもしれない。そうした流れをどのように受け止めていくのかも重要であろう。

その場合、新たな仕事に対する積極的なアプローチ、仕事の仕方の工夫などが重要性を帯びてこよう。就業機会の乏しい地方にとって、「賃加工組立型」の仕事はやはり不可欠である。ただし、世の中の環境は大きく変わりつつある。そうしたことに敏感になり、少しでも付加価値のあがる形を模索していかなくてはならない。

6. その他の「周辺的機能」の充実の課題

機械金属工業は、ここまで検討してきたような、「開発型企業」「重装備型企業」「機械加工型企業」「組立型企業」を基幹とするものの、その他に多方面にわたる機能を必要とする。例えば、プラスチック成形、ゴム成形、プリント基板、あるいは、バネ・ボルト・ナットなどの機械要素などがあり、さらに、素材開発や技術革新が進むならば、新たに多様な機能を広げていく。時代と共に、機械金属工業の周辺はにぎやかなものになっていく。そうした意味で、一つの工業集積地の中に分類のしにくい多様な要素がどれだけ含まれているかは、新たな可能性を示すものとなろう。例えば、日本最大の工業集積地である京浜地区などでは、日々刻々に分類に悩む新たな機能が誕生している。多様性の追求こそが、工業集積地のダイナミズムを象徴している。そうした視点から、長井の機械金属工業の周辺的機能群をみていく。

長井の機械金属工業の「周辺的機能」を観察すると、プラスチック成形（2社）、プリント基板（3社）、東芝の電球関係（3社）、配電盤・配線関係（3社）、検査（2社）、機械組立、プリズム・プラスチックレンズ、注射針製造が各1社ということになる。集積全体の規模が120社程度であることから、周辺的機能は十分な発達をしていない。これらの多くも、特定の企業向けとして成立している場合が多く、汎用性をもっている企業は少ない。特殊な機能を幅広く提供するという形にはなっていない。

以上のような事情は、地域の工業集積の現状を象徴する。工業集積の規模が大きくなり、多様性に富んではじめて「周辺的機能」群の充実が始まる。そうした点からすると、工業振興を図ろうとする側としては、このような「周辺的機能」の動向は、地域の工業集積の現状を示すものであることから、常に注意深く見守っていく必要がある。

また、新たな「周辺的機能」は、従来の枠の中に収まりにくい部分があり、地域の中に成立しても、孤立してしまう場合も少なくない。特に、地方の規模の小さい工業集積地においては、ユーザーは限られ、地域にいながらも地域とはあまり関わりのないことになってしまうことも生じる。その結果、全くみえないものになってしまう。だが、こうした「周辺的機能」の充実が地域工業の可能性の幅を広げるものであることから、地域の側は常に注意を払い、重要な存在として位置づけていかなくてはならない。

例えば、今回の産地診断の現場調査の中で、初めて地域に「真空成形」のプラスチック成形企業が存在していることが判明した。こうした企業はおそらく東北でも限られたものであり、その存在意義は大きい。そうした機能を地域の側に引き寄せ、工業集積、技術集積の厚みを一段と増していくことが求められているのである。

Ⅲ　長井地域産業の振興戦略
――地域経営の新たな展開

長井には、現在、新たな「うねり」が起こりつつある。行政が目覚め、経済団体等と一体になって地域の企業に働きかけ、共に「語り合う」場を積極的に作りつつある。長引く不況に苦しめられている企業の側は、行政の動きに戸惑いながらも、次第に関心を寄せつつある。ある意味で、長井は新たな階段を登りつつあるといってよさそうである。先に提示された長井市の『産業立地指針』はその一つの大きなキッカケとなった。

さらに、今回の『産地診断』事業を通じて、電気機械関連企業約120社の全社を長井市、長井商工会議所、山形県が一体になって訪問したことの意義は大きい。特に、長井市が職制を離れた若手職員による「プロジェクト・チーム」を編成し、企業訪問に当たったことは重大である。地域の企業との接触を肌で感じ、これから「自分たちが何をしなければならないのか」をじっくりと噛みしめて欲しい。「地域の産業振興」は、そこから始まるのである。

ここでは、ここまでの検討を踏まえ、「長井地域産業の振興戦略」、あるいは、今後の「長井の地域経営」という側面から、幾つかの課題指摘を行なっていくことにしたい。

1. 人材の育成

「地域産業の振興戦略」「地域経営」を考えて行く場合、何よりも重大なのは「人材の育成」ということになろう[14)]。「地域を愛する」多様な「人材」が生まれ、相互に深く交流し、コトを起こしていかなくてはならない。その場合の「人材」とは、一つに、企業を支える「現場技術者」が指摘される。こうした「人材」がいなければ、企業は成り立たない。昨今の企業の立地選択の最大の要件は「人材立地」といわれるほどになっているのである。

第2は、そうした「人材」をまとめ上げ、企業をリードしていく「若手経営者、企業家」の育成が課題となろう。新たな事態に挑戦する「企業家」が求められている。

第3は、地域の将来を見据え、地域産業全体に深い目配りをしながら、全体をリードしようとする「地域経営の担い手」としての「人材」が求められる。いわば「地域経営のプロデユーサー」というべきであろう。

かつての産地の時代には、経験の深い地域の有力な経済人がそうした役割を担ってきたが、枠組み全体が大きく変化していくこれからは、「地域を愛する若手」が「地域経営のプロデユーサー」として登場してくることが期待される。次の時代の地域を担う人びとに常に深く語りかけ、共に行動していく人びとということになろう。

(1) 工業高校と現場技術者への目配り

今後、長井が「高度技術集積都市」を目指すのであれば、特に、機械金属工業のベーシックなところで、キチンとした仕事ができる「現場技術者」の供給、養成が不可欠となろう。その場合、これまでの地域に重要な役割を果たしてきた「県立長井工業高校」、また、地域の片隅で努力している若い「現場技術者」に光を当てていくことが必要であろう。全国的に工業高校の地盤沈下は著しく、企業側の期待も減退し、また工業高校生自体が希望を失っている。日本産業のこれまでを支えたのは明らかに「工業高校」の卒業生ではなかったのか。改めて、そうした役割と意義を振り返る必要がある。

この点、長井では「工業高校」を大切にしようとの運動が開始され、1995年、地域の経済団体を中心として「山形県立長井工業高等学校建設促進期成同盟会」(会長長井市長、会員132名)が組織され、新たな動きを示し始めた。こうした動きは全国に先駆けるものであり、今後の動きが注目される。「地域を支える学校があります」というキャッチコピーの「テレホン・カード」を作成して、求心力を高めている。是非、地域の総力を結集して、「工業高校」を地域産業振興の一つの焦点にしていって欲しい。それが、「工業高校生」に新たな希望を与えることになろう。

長井工業高校の改築を契機にこうした動きが出てきたが、具体的には以下のような取り組みが求められる。

一つは、同窓会、産業界、行政が高校側と一つのテーブルに着き、地域の学校としてどうあるべきかの議論を深めていくことであろう。

第2に、改築に伴って、産業界側も何らかの役割を果たすことであろう。例えば、「測定室」を寄贈するなどを検討すべきであろう。その「測定室」は高校生が自由に使い、また、企業側も日常的に出入りして、自由に使うなどが検討される必要がある。高校側としては、高価な測定器は有り難いものであり、また、地域の共同施設的な「測定室」は中小零細企業にとって有り難いものになろう。

第3に、大学生に対する「インターン」制度が模索されているが、高校レベルでも取り組む必要がある。高校2年生の夏休みあたりに、地元企業に「インターン」に入るという仕組みはどうだろうか。それは単なるアルバイトではなく、現場を理解し、地元の企業を理解するためのものとして取り組まれていく必要がある。全国的に、まだ、「インターン」に対するノウハウはないが、長井から取り組まれていくことの意義は大きい。

また、最近の若者(現場技術者)については、一つの職場で日常を過ごしている限り、将来に対する「希望」を抱くことは難しい。彼らが「仕事」と「将来」に希望を抱いていくためには、多様な新たな「風」に当たらせていかなくてはならない。他の企業の「現場技術者」との交流の機会を用意する、色々なセミナーにも出やすい環境を作る、などが求められている。市内に「技術支援のセンター」でもあれば、実習を兼ねた交流が促進され、若者たちも「希望」を抱くことが可能になっていこう。そうした若者の中から、将来、「独立創業」しようとする「人材」でも生まれれば、地域は一段と活性化してこよう。後にふれるが、「技術支援のセンター」とはそうした役割が期待される。また、先の工業高校内の「測定室」なども、測定技術の習得をベースに若手現場技術者の研鑽、交流の場として位置づけることも有用であろう。

(2) 二世、若手経営者の育成

長井の場合、意外に二世や若手経営者が多い。このことは長井の産業界の将来が明るいことを期待させる。ただし、こうした若手の場合、孤立分散的である場合が多く、また、世間の技術革新の方向、産業界全体の動き等からは隔絶されている場合が少なくない。是非、彼らに新たな「風」をあて、「希望」と「志」を高めていくことが求められる。つまり、「広い視野」と「企業家精神」の醸成が求められるということである[15)]。

長井ではすでに取り組み始められたが、「若手経営者塾」を積極的に推進していって欲しい。現状、企業メンバー 7〜8 人、市役所関係が 7〜8 人で構成され、試行錯誤が続けられているが、企業サイドにやや戸惑いがみられる。こうした「塾」は決まったものなどなく、試行錯誤の積み重ねの中から、固有のやり方を見出していかなくてはならない。何よりも重要なのは、その集まりに「希望」がみえるということだと思う。企業群の中にまだ強力なリーダーシップが形成されていないのが実態であり、そこまでもって行くためには、しばらくは行政側が多様なメニューを用意していかなくてはならない。

こうした活動は、行政の若手自身の「エネルギー」を蓄えていく非常に大きな機会にもなる。諦めず、プラスの発想で「工夫」し、継続していくことである。

長井のような地方の企業は、若手経営者、後継者は自社の中に閉じ込められ、外部との接触は受発注関係だけという場合が少なくない。視野が非常に限定されている。多様なものを見聞し、自社の位置を相対化する視点が必要である。

そのためには、まず、お互いの企業の中をみることである。そして、お互いに問題の指摘を行ない、高まっていくことである。さらに、そうした活動を続けながら、地元以外の地域との接触を深め、常に新たな「刺激」を獲得していかなくてはならない。社内で忙しく仕事をしているだけでは、現在のような大きな構造変革期には対応できない。外への関心を高め、自己の位置を相対化し、そして、新たな課題を鮮明にして、全精力を投入していくことが求められているのである。そうした機会を用意するものとして、先の「塾」が一定の役割を演じていくことが求められる。それは同時に、行政の若手との共同作業となることが重要であろう。地域の若い「エネルギー」が皆で育っていくことが大事なのである。

(3) 新たな地域の「担い手」＝地域「プロデューサー」の形成

いずれにしても、長井の新たな流れをリードする担い手が登場してくる必要がある。いわば、地域振興のプロデューサーとでもいうべき存在であろう。長井にそうした地域の「プロデューサー」を生み出していかなくてはならない。

実際、全国の中でも活性化している地域を訪れると必ず「元気なリーダー」が存在し、その周辺には「志」にあふれた若者が参集している。彼らは地元では「変わり者」「はみ出し者」などと言われながらも、実は、地元の期待を一身に集めている。人一倍地元を愛している彼らはプラスの発想で地域の常識に挑戦し、全ての精力を地域の活性化に傾けていく。たった一人の挑戦が次第に若い同調者を生み、常識の壁に跳ね返されながらも、次第に存在感を高め、長老からも一目置かれるようになる。長老に「あの連中はなかなかやる」とのお墨付きをもらう頃には、彼らの活動は一段と迫力を増していく。地域がこうした「人材」を生み出せるかどうかが、将来を決する。

ところで、こうした「人材」はどこから生まれてくるのか。全国の実態をみる限り、出身は市役所等の行政機関、商工会議所等の経済団体、地元の金融機関、あるいは地元の企業の若手経営者（二世）などであり、どこからでも登場している。いわば、こうした「地域プロデューサー」ともいうべき「人材」は潜在的にはどこにでもいる。問題はどうして火をつけるかであろう。

もちろん、地域の内側から自然にそうした「人材」が登場することが期待されるが、それはレアケースであり、外からの刺激をキッカケにしている場合が少なくない。「あの地域が活性化しているのに、自分のところはダメだ」との悔しい思いがエネルギーになっている。こうしたキッカケを作るのは、全国的な視野を持ちやすい行政や経済団体、地域金融機関だと思う。他地域の視察などで刺激を受けないようでは地域の将来はない。自分の地域の不甲斐なさに怒りを覚え、夜を徹して周りに語りかけ、働きかけていくことが全ての出発点であろう。

世間にはすでに地域活性化のための豊富なメニューがある。そして、成功している地域もある。後は「体が熱くなって」のめり込めるかにかかっている。そして、そこで「血沸き、肉踊る」世界であることに感動することになろう。是非、そうしたことに関心を抱き、一歩、踏み込んで欲しい。それが、地域活性化に残された唯一の道筋なのである。

2. 地域の工業集積、技術集積の充実

工業集積、技術集積の必要性、戦略的な意味については、先のⅠ、Ⅱで述べた。長井が「高度技術集積都市」を目指すならば、その姿勢を世間に鮮明に示し、戦略的な対応を重ねていく必要がある。ここでは、先の議論を整理しながら、長井の実情に即して、当面、手掛けなくてはならない点について指摘していく。

(1) 系統的な企業誘致

長井のこれまでの企業誘致の実情と、当面している課題等については先に述べたが、長井の今後の工業集積、技術集積の充実にとっては、依然として、企業誘致の重要性は高い。ただし、従来のように知名度の高い企業に引きずられるのではなく、長井の技術集積上、不可欠といえる部分に重点を置き、戦略的な取り組みを重ねていく必要がある。

高度に技術集積を実現していくためには、多方面にわたる基盤技術を身につ

けていくことが不可欠である。そして、それが集団としてのイメージを形成できれば、むしろ、ハイテク産業は後からついてくる。このあたりは、近年、基盤産業の充実が顕著な岩手県北上市あたりの動きが示唆的であろう。

特に、日本の場合、優れた基盤産業は京浜地区の中小企業の集積の中にある。ただし、現在、京浜地区では「人」（若者）の問題で将来が不安視されている。先に指摘したように、企業立地の最大の焦点は「人材」となっており、その「人材」のいる所にしか企業は立地できない。先に指摘した「工業高校」「現場技術者」こそ、「基盤産業」形成の最大の要件となっている。「人材」を育成しながら、「基盤技術」の充実を図っていくべきであろう。

また、京浜地区の中小企業は非常に狭い範囲での「専門化」に特色があり、集団の中でしか存立しえない。そのため、個別での地方展開には限界がある。むしろ、多様な機能の中小企業が集団で動けるならば、地方展開は新たな局面を迎えよう。そのためには、中小の基盤産業の集団が立地しやすい「工業団地」の造成、環境づくりが求められる。地方の工業団地の一区画は大き過ぎて、京浜地区の中小企業は戸惑っている。こうした点も含めて、京浜地区の中小企業の集団が関心を持てるような環境整備と、具体的な取り組みが求められている。

既に、長井では能率機械製作所のケースで経験があるように[16)]、長井工業高校の卒業生が企業を連れてくるなどが考えられる。現状のように長男長女の時代には、仮に東京に出ても、数年でＵターンする場合が少なくない。また、一般的な傾向だが、京浜地区の中小企業の場合、地方の工業高校の生徒を１人採用すると、その後、次々とつながっていく場合が多い。そして、彼らは長井に戻りたがる。この流れを利用し、長井に誘致したい企業に重点的に長井工業高校の生徒を送り込むなどはどうであろうか。長井の人材が多くなれば、否応なく長井に進出してくることになる。こうした点も一つの地域産業の振興戦略上、考慮してもよいのではないかと思う。

(2) 工業団地の整備と起業支援

長井のような地方都市にとって、工業振興を図る意思を鮮明に主張するためには、「工業団地」の整備は不可欠なものである。むしろ、そうした「工業団地」をキチンとした形で用意できるのかによって、行政の意欲もみえてくる[17]。

また、工業団地整備と共に、新規創業支援のための環境整備も必要であろう。いわゆるインキュベーション施設の整備も必要になってくる。この10年ほどをみても、長井は新規創業意欲がかなり高い。そうした意欲のある層を支援していくものとして、「インキュベーション施設」と、その次の飛躍のための「工業団地」の整備の必要性は高い。

現在の長井の北工業団地はインフラ整備が十分ではなく、工業団地としての機能が十分に満たされていない。この点は入居企業から常に指摘されている。企業の行政への信頼が十分ではないのは、このあたりに理由がある。早急に必要とされるインフラを整備し、企業の信頼を回復していかなくてはならない。

「工業団地」には、大きく二つある。一つは、外から企業を誘致するためのものであり、もう一つは、市内工業の環境整備のためのものである。そして、全国の自治体が整備する「工業団地」はそれぞれ別のものとして建設されている場合が少なくない。むしろ、混合することにより、相互の交流が深まり、刺激的な関係が形成され、地元企業の技術レベルの向上、また、誘致企業の地域化も促進されるであろう。今後の「工業団地」は「混合団地」として形成していくことが望ましいように思う[18]。区画の作り方も、フレキシブルなものにしていく必要がある。販売する側とすれば、大ロットで売却した方が楽だが、そうした姿勢では技術集積、工業振興などは期待できない。3000 m^2 程度の小ロットの要求にも丁寧に応えていく姿勢が不可欠であろう。

また、近年、工場だけの「工業団地」は若者に人気がない。付帯の施設が考慮される必要がある。例えば、運動施設、集会施設、コンビニ、さらに、喫茶軽食などの施設は不可欠になってきた。これも「工業団地」のインフラの一つとして考慮する必要がある。「工業団地」の中に、こうした施設を入れる余裕がないとするならば、「工業団地」の立地も辺鄙なところでなく、市の運動施設等に近接して建設するなどの配慮が必要である。「工業団地」だけの計画などは、今や受入れ難いものになっている。

長井ほどの新規創業の活発な地域では、なおさらインキュベーション施設の必要性は大きい。インキュベーション施設から次々に創業が進めば、それは一つのイメージになり、新たな「うねり」を引き起こす。インキュベーション施設も十分機能することが期待される。簡易な中古の倉庫を改造したようなものでよい。そうした施設を皆で大事にしていくことが必要である。

なお、インキュベーション施設を事業として展開するためには、施設を作ればよいのではない。独立創業予備軍との接触を密に重ね、背中を一押しできるような関係を作っていくことが必要である。それだけ、行政のサイドに地域の「人材」に対する関心と、日常の付き合いが求められる。

（3）誘致企業の地域化、地元企業との交流促進

長井に定着した誘致企業の中には、十分に地域化が進んでいる企業もあるが、全体的には、誘致企業の地域化は長井の技術集積の高度化をイメージする場合の重要なポイントとなる。誘致企業と地元企業との間には大きな「ミゾ」があるようであり、そこを埋めていくことも大きな課題であろう。

一旦、進出すると、地元自治体との付き合いが急速に減退するというのが、企業誘致に伴う一般的な傾向であり、誘致企業自身も地元への関心を失っていく。こうしたことは好ましいことではない。誘致企業を「地域化」させていくためにも、企業と行政との日常的な接触が求められる。市の商工担当の職員は月に一度くらいは訪問し、意見交換することが望まれる。また、年に一度くらいは定期的に市長と誘致企業の懇談会を開催し、意見交換していくことが必要である。

こうした接触と改善への努力が好意的に受け入れられるならば、誘致企業の地域との関わりは深まり、その「地域化」が期待される。さらに、地元への好意を抱いた誘致企業は長井のセールスマンとして、新たな企業を引き寄せてくる可能性もある。企業誘致は「地元の熱意」といわれているが、「熱意」は誘致する時だけではなく、日常的な「もの」である必要がある。

現状、長井では誘致企業と地元企業とが同じテーブルに着く機会がない。地元企業からは「市は誘致企業だけみている」などの指摘もあるが、これまでは、

いずれに対しても、十分な日配りがされていたとは言い難い。ようやく、この2～3年前から、地域工業への関心を高めてきたというレベルである。この『産地診断』を契機に地域工業への関心がいっそう高まり、効果的な取り組みの行なわれることが期待される。

その場合、まず、誘致企業と地元企業の垣根を取り除いていくために、行政、商工会議所が間に入り、共同でできることを模索する必要がある。例えば、地域工業の展示会などを開くなども効果的であろう。展示会というと「製品」を展示することが一般的だが、「部品」の展示会などは実際には非常に効果的である場合が多い。例えば、長野県坂城町などでは町内企業の「部品展示会」によって求心力が高まっていった。そうしたことに、まず、関心を抱くことが求められる。そこから始まって、お互いの工場を視察し、意見交換できるところまで来れば、状況は一気に変わっていくであろう。

（4）広域置賜工業ネットワークの形成

長井に新たな工業化の「うねり」が生じてきても、人口3万人の都市では、単独で十分な工業集積、技術集積が成立するとは考えにくい。人口わずか1万7000人の長野県坂城のケースがあることから、やりようによっては不可能ではない。そうした努力を重ねながら、さらに、置賜地域程度の範囲で「広域的なネットワーク」を形成していくことが現実的であろう。事実、白鷹、飯豊、南陽あたりまでの受発注関係には濃密なものがある。しかも、周辺の市町村においても産業振興、工業振興は重大な課題となっているはずであり、相互の情報交換等を通じて、「広域置賜工業ネットワーク」の形成などが議論されてもよいと思う。是非、「広域置賜工業ネットワーク」の中心として長井が一定の役割を演じていくことが求められる。

企業は必要に応じて、行政の地理的範囲の枠を越えて受発注の関係を取り結んでいる。これに対し、行政は意外なほど周辺との実質的な交流に乏しい。昨今の状況からすれば、人口数万レベルの都市が単一で十分な工業集積、技術集積を形成することは難しい。数万人の人口の枠の中で実施すべきことと、10～20万人程度の人口規模の枠の中で行なうべきことは異なる。そうした重層的な取り組みの中で、新たな可能性を模索すべきであろう。

そうしたことを地元の一つのコンセンサスにしていくためには、意欲的な広域的交流が不可欠である。当初は商工担当者レベルで意見交換会等を定期的に開催し、企業を巻き込んだ実質的な交流会、共同の展示会、さらに、シンポジウムなどを実施し、全体の意欲を高め、「希望」を抱けるような仕組みを考えていく必要がある。その場合には、置賜地域の範囲では長井が担わなくてはならない役割は大きい。特に、この種の事業推進の中心として取り組んでいくことは、長井の行政、企業に大きな自覚と自信を与えることになろう。是非、そうしたことに積極的になって欲しい。

以上のような広域的な交流を深めながら、次のステップとしてよりスケールの大きなものを共同で実施できることを模索すべきであろう。この点、すでに長井工業高校の存続をめぐって形成された「建設促進期成同盟会」は、周辺市町村も参加するものになっている。こうした流れを地域産業振興全体の問題に敷衍し、個々の地域特性と現状の工業集積等を考慮しながら、将来にわたった機能の分担なども視野に入れていく必要がある。それぞれが個性的な工業集積、技術集積を形づくり、より大きなスケールで相互補完関係を形成できるならば、可能性は一段と拡がるであろう。そして、そうした競争と協調を意識したシンボル的な共同施設が展開できるならば、全体の求心力は一段と高まるであろう。

3. 新たな産業化の「うねり」をつくる

以上のような「人材育成」「技術集積」を中長期の目標にしていくならば、より身近なところで、果敢に踏み込んでいかなくてはならない課題がある。2～3年前から開始された『産業立地指針』の検討、今回の『産地診断』、そして、『若手塾』の模索などを通じて、地域のエネルギーが次第に結集している現在、早急に手をつけていかねばならないものがあろう。それらは、現在蓄積されつつあるエネルギーをいっそう高め、地域全体の「新たな産業化の『うねり』をつくる」というほどのものでなくてはならない。

(1)「新産業化戦略会議」の形成

現在、やや先行的に行政の中にエネルギーが高まりつつある。これを地域の多様な要素に敷衍し、具体的なものにしていくためには、英知を結集し、地域全体で一歩踏み込んでいかなくてはならない。そのための一つの有力な方法が、「新産業化戦略会議」の形成となろう。

長井が新産業化を意識し、具体的に踏み出していくためには、長井の将来の「高度技術集積都市」形成を見通した「戦略会議」を形成していく必要がある。従来からどの自治体においても、地域の産業界の有力者を集めての懇談会が持たれている。その実態は、業界の利益の代弁に過ぎないものが多く、地域産業の将来を見据えた議論になりにくい。

そこから大きく踏み出していくためには、メンバーを刷新し、若手の経営者、元気の良い二世などを起用していくべきである。しかも、その会議は単なる懇談会の場ではなく、そこで議論されたことが「政策」として取り上げられるものでなくてはならない。それだけの緊張感と達成感があって初めて、議論に深みが出てくるであろう。必ず実行することが必要である。もちろん、そこには、市、商工会議所の若手職員、さらに地域の金融機関等の若手が参加し、自分たちのなすべきことを十分に認識していかなくてはならない。

また、この「会議」は意見をまとめ上げるだけではなく、そこに参加するメンバー（若手経営者、市・商工会議所の若手等）の研鑽の場として機能することが求められる。ここに出席することが、自分の日常の中で、最も勉強になると実感できるほどの場であることが不可欠である。こうした場であって初めて具体的な意見が提出され、「会議」は活性化していくであろう。全国的にみて、こうした「会議」が形成されているのは、今のところ、東京の墨田区だけであろう[19)]。墨田区の場合は「産業振興会議」といい、区内若手経営者10人ほど、区職員5人（オブザーバーは7〜8人）、学識経験者2人で構成されている。毎年、具体的な政策が提言され、実施されていく。若手経営者の任期は3年とされ、3年を経過する頃には、「志」に富んだ経営者として巣立っていくのである。

先の『産業立地指針』検討会議がややそれに似た状況を形成していた。今回の『産地診断』の企業訪問により、意欲的な若手の存在もみえてきた。そうした人びとを組織し、効果的な『新産業化戦略会議』が持たれることを期待する。

(2)「新産業技術センター」の模索

新規創業も活発であり、若い経営者も多い長井にとって、工業集積、技術集積を充実させていくには、シンボル的な求心力に富む施設が必要ではないかと思う。世の中は「ソフト」重視の時代だが、「ソフト」ではなかなかイメージがわかない。具体的に目にみえる「ハード」は、やはりイメージが鮮明化する。また、一つの「ハード」を作り上げていくための苦労は、それに携わった人びとに大きな自信を与えていく。そうした意味では、「ハード」は相当に重要なものなのである。

このような「ハード」の施設として長井には、山形県唯一の「地場産業振興センター」が建設されている。ホテル、スポーツ施設、宴会場等との合築の施設である。人口3万人規模の都市としては非常に立派な施設として、市民からの支持も高い。

だが、「地場産業振興」という点からすると、問題が多すぎる。何よりも、地域の中小企業の「モノ」になっていないという点が指摘される。施設が立派すぎて、中小企業には敷居が高すぎるのであろう。また、中小企業が利用する余地が乏しい。宿泊や食事、あるいは、株主総会のパーティ利用などに使われることはあろうが、日常の生産や経営に関わる支援施設として利用できる範囲が少ない。情報センターとしても不十分であり、技術支援センターとしての機能はない。むしろ、地域の産業の支援センターであるならば、ホテルと入口は別にして、作業靴で入れる「技術支援センター」「情報センター」「相談センター」としての役割を果たすべきだと思う。

「地場産業振興センター」の成り立ちが、地域の伝統産業を焦点にしている以上、その見直しが難しいのならば、現在の長井の基幹産業になってきた「機械金属工業」をターゲットにする「新産業技術センター」を別途考えていく必要がありそうである。それは、工作機械群、測定器群を投入し、そして、レベルの高い民間の技術畑で経験を深めたベテランの指導員を配置し、地域技術の高度化を促進するほどのものである必要がある。そこでは、新鋭の機械による技術指導、機材の開放利用などが行なわれ、地域の中小企業が気軽に利用できるものであることが求められる。しかも、それは長井だけのものではなく、置賜地域程度の範囲を視野に入れ、中小企業の経営者、技術者が集うものでなくてはならない。地域の中小企業、現場技術者の拠り所となることが期待される。こうした施設を是非、構想していって欲しい。

長井の場合、「地場産業振興センター」が重荷になっているようだが、問題の後ろ向きの解決ではなく、次の時代の長井を構想しながら、必要な施設を展開していく積極性が求められると思う。もちろん、こうした構想は行政単独で行なわれるべきではなく、地域の中小企業の間の盛り上がりとして取り組まれることが望ましい。それが、地域中小企業の「モノ」になっていく不可欠な要件であろう。

(3) 新規創業支援と「長井学会」の創設

新たな企業の登場が産業を活発化させる基本的な要件だが、長井にはその兆しがみえる。このことに「自信」を持って、地域の新たな産業化に取り組んで欲しい。新規創業支援に関しては、先に「インキュベーション施設」という「ハード」な側面についてふれた。ここでは、その「ハード」と新規創業支援の両輪をなす「ソフト」な側面について、幾つかの課題提起をしておきたい。

新規創業に踏み込み、地域産業を活性化させる担い手は「人材」である。そうした「人材」は地域の中に隠れている。ただし、そうした「人材」も、具体的な独立創業にまで踏み込むのは容易でない。多くは、そのためのチャンスを見出せないまま消えていく。地域とすれば、そうした「人材」が能力と意欲を発揮できる条件整備を行なっていくことが必要であろう。

それには、あらゆる機会を通じて、地域の多様な人びとと接触していくことが求められる。地域の企業に勤めている技術者、盆暮に帰郷する技術者等と交流し、地域で新たな産業の創出に関わることの「希望」を語りあっていくことが必要である。そして、「語り合い」、お互いに新たな可能性を見出し、地域の側も可能な限りの支援をしていくことが必要であろう。先のインキュベーション施設の提供、資金的な協力、県の試験場、山形大学を通じる技術的な支援、さらに、多方面の人材を通じる受発注の協力などが求められよう。そして、一つの成功を何としてでも作り上げ、その成功体験を広く広報し、地域の若者に「希望」を与えていくことが何よりであろう。岩手県の花巻市では、こうしたプロセスを経ることにより、地域全体が「新たなうねり」を作りだしているのである[20]。

新規創業、インキュベータなどというと、すぐ「ハイテク」「ソフト開発」等の関心が向きがちである。そうした部門の新規創業を促すことも必要だが、長井の場合は、「基盤技術」の部門の新規創業にも十分な目配りが必要である。事実、長井ではそうした部門の創業が目立っている。それを一つの大きな流れとして定着させていくことの意義は大きい。「インキュベーション事業」で成功したとして全国的に注目を浴びている富山市のハイテクミニ企業団地の場合は、大半が「基盤技術」の部門である。是非、厚みのある「地域技術」を形成していくために、多方面にわたる「新規創業」を促し、既存の企業にインパクトを与えていって欲しい。新たな企業が登場し、果敢に事業を行なっていくということが、地域の活力を高めていくことはいうまでもない。

このような「新規創業」、あるいは「新産業化」を意図するならば、是非、「長井学会」といった地域学会を創設することを提案したい。「学会」などというと堅苦しいが、これは、長井の産業・企業に関わった多方面の人材を広く組織し、長井の新たな産業化のための支援組織、応援団としていくということである。例えば、長井出身の大企業の役員、大学等の研究者、文化人などに加え、長井に講演などで来たことのある専門家等を「長井学会」の会員としてお願いし、定期的な情報交流を重ねるなどをイメージしている。

別に、通常の学会のように大会を開催して、報告するなどはあまり考える必要はない。多方面の人材を長井に魅きつけておくための「仕掛け」と考えればよい。こうした中から、新規創業者の里親が出たり、あるいは、技術的な支援、具体的な受注につながることが期待される。当面は、幅の広い「長井の応援団」を組織するくらいで十分であろう。要は、影響力のある人材の頭の片隅に、常に「長井」のことを置いてもらえればよいのである。そうした新たな可能性に関心を抱いて欲しい。

(4) 技術集積のデータベース化と情報発信

情報通信と宅配便の発達により、企業の立地的な障害は劇的に取り除かれてきた。長井のような地方都市こそ、こうした流れに敏感に反応していかなくてはならない。交通体系上の不利などで言い訳していてはならない。新たなツールを積極的に活用し、次の時代を切り開いていかなくてはならない。これからの企業展開にとって、何よりも重要な「人材」が長井には豊富に存在している。あとは積極的になれるかどうかにかかっている。

今回の『産地診断』を通じて、長井の企業の基本的なデータは揃った。これをデータベース化し、広く世界に情報発信していくことが求められる。CD—ROMにして全国に配付する。インターネットに乗せて、情報発信する。さらに、小綺麗な冊子にして全国に配るなどが必要である。特に、最近では地域の工業のデータベースをネット化し、工業地域間で交流しているケースも目立ってきた。どの方法がベストかは検討の余地があるが、とにかく踏み込むことが必要である。個々の企業では出来ることは限られており、地域工業全体で取り組んでいくことが必要であろう。

今回の『産地診断』の企業訪問でも、課題として「人材の育成」に次いで「受注支援」が上げられていた。閉塞された地域にいる長井の企業にとっては、「受注」が何よりも気になる点であろう。何処に向かっていけばよいのか、何をすればよいのかわからないというのが本音であろう。

こうした事情の中にあるならば、地域がまとまって営業活動をしていくことも必要である。かつてスプーン、フォークからの転換を迫られた新潟県燕は、市の第3セクターの「燕新産業誘致機構」に市職員を出向させ、燕の「技術マップ」を抱えて全国に営業に回ったとされている[21)]。円高に痛めつけられた燕の危機感がそうした行動を促したのであろう。長井にはまだ、それほどの危機感がないのかもしれない。こうした点も十分に検討していく必要がありそうである。

人口3～5万人の都市でも、近年は東京事務所を設置し、企業誘致、営業活動に従事するケースも増えてきた。東京事務所というと旅行会社の代行のような場合もあるが、徹底的に企業誘致と営業活動に終始し、地元に貢献できるものにしていく必要がある。

さらに、長井に進出している誘致企業の東京本社の利用も考えていく必要がある。市長や商工担当職員が東京に出張に出た時には、必ず東京本社を訪問し、密接な関係を形成していくことが必要である。誘致企業の東京本社も長井の地域工業にとっての重要な「経営資源」として受け止めていく必要がある。そこから新たな情報を仕入れていくほどの取り組みが求められる。

先に置賜地域レベルでのネットワークの形成を論じたが、さらに、全国的なレベルでの工業地域間のネットワーク形成に深い関心を寄せて欲しい。時代はそうした方向に動いている。例えば、各地の見本市、シンポジウム等に積極的に参加し、交流の輪を広げていく、長井の異業種交流グループが他の地域のグループと広域交流を進める等が模索されるべきである。最近、長井の場合は若手グループが東京都墨田区の共同受注グループ「ラッシュすみだ」との交流に踏み出しているが、それをより太い流れにし、全国的な視野を身につけていくことが求められている。

現在は手持ちの駒だけで生きていける時代ではない。全国から世界に向けて「新たな可能性」を追求することが求められている。そうしたことに深い関心を抱き、地域の企業、行政、経済団体、地域金融機関が一体になり、積極的に「新たな可能性」に踏み込んでいくことが必要とされているのである。

1） 地域と技術の空洞化については、関満博『空洞化を超えて――技術と地域の再構築』日本経済新聞社、1997年、を参照されたい。

2） 技術の集積構造については、関満博『フルセット型産業構造を超えて――東アジア信時代の中の日本企業』中公新書、1993年、及び、関、前掲『空洞化を超えて』を参照されたい。

3） 河北新報社編『むらの工場――産業空洞化の中で』新評論、1997年、がそのような事情に光を当てている。

4） このような事情については、横山照康「企業城下町から人材育成に——山形県長井市の取組み」（関満博・横山照康編『地方小都市の産業振興戦略』新評論、2004年、第2章）を参照されたい。

5） 長井市『長井市産業立地指針策定委員会のまとめ』1997年。

6） 浜松地区については、関満博『地域中小企業の構造調整』新評論、1991年、第7章を参照されたい。

7） 諏訪・岡谷地区については、関満博・辻田素子編『飛躍する中小企業都市——「岡谷モデル」の模索』新評論、2001年、を参照されたい。

8） 北上については、関満博・加藤秀雄編『テクノポリスと地域産業振興』新評論、1994年、関満博『「地方創生」時代の中小都市の挑戦——産業集積の先駆モデル・岩手県北上市の現場から』新評論、2017年、を参照されたい。

9） 東京都大田区の中小機械金属工業の集積については、関満博・加藤秀雄『現代日本の中小機械工業——ナショナル・テクノポリスの形成』新評論、1990年、を参照されたい。

10） 長野県坂城町の中小機械金属工業の集積については、関満博・一言憲之編『地方産業振興と企業家精神』新評論、1996年、を参照されたい。

11） インキュベーション施設については、関満博・吉田敬一編『中小企業と地域インキュベータ』新評論、1993年、関満博・山田伸顕編『地域振興と産業支援施設』新評論、1997年、関満博・三谷陽造編『地域産業支援施設の新時代』新評論、2001年、関満博・関幸子編『インキュベータとSOHO』新評論、2005年、を参照されたい。

12） 富山市では、近隣の長野県坂城町の活発な独立創業に刺激され、富山ハイテクミニ企業団地（45棟）という名称の機械金属工業向けのインキュベーション施設を早くも1986年にスタートさせている。詳細は、関満博『地域産業の開発プロジェクト』新評論、1990年、補論を参照されたい。

13） 電気・電子系メーカーの東北進出とその後の経緯については、河北新報社編、前掲書を参照されたい。

14） 地域産業振興と人材育成に関しては、関満博『現場主義の人材育成法』ちくま新書、2005年、関満博編『地域産業振興の人材育成塾』新評論、2007年、を参照されたい。

15） このような若手経営塾については、関編、前掲『地域産業振興の人材育成塾』、関満博『二代目経営塾』日経BP社、2006年、を参照されたい。

16） 能率機械製作所（当時、本社は東京都江戸川区、現在は千葉県浦安市）は、LEM

（Laboratory of Efficient Machines）のブランドで世界最高レベルの高速プレス機械を生産している。このような小さな世界企業であっても首都圏では人材を集めることは容易でなく、ふとした縁から長井工業高校卒の人材が継続的に入ってきていた。その後、長男である彼らは長井へのＵターンを希望するようになったことから、1989年、長井に工場を進出させた。工業高校生が世界的な企業を引き連れてきたとして注目された。

17）工業団地整備と企業誘致に関しては、岩手県北上市の取組みを扱った、関、前掲『「地方創生」時代の中小都市の挑戦』第２章を参照されたい。

18）岩手県はそのような取組みを進めている。例えば、北上市の飯豊西部中小企業工業団地、花巻市の花巻機械金属団地は、そのような発想の下で推進され、興味深い成果を上げている。詳細は、関、前掲『「地方創生」時代の中小都市の挑戦』第２章を参照されたい。

19）東京都墨田区は地域産業振興、中小企業振興に意欲的に取り組んでいる。詳細は、関満博『地域経済と中小企業』ちくま新書、1995年、を参照されたい。

20）岩手県花巻市の取組みについては、佐藤利雄「インキュベータの運営ノウハウ——花巻市起業化支援センターの取組み」（関・関編、前掲書、第９章）を参照されたい。

21）新潟県燕については、関満博「輸出型地場産業と中小企業——燕・三条にみる地方工業集積地の構造問題」（関満博『地域中小企業の構造調整——大都市工業と地方工業』新評論、1991年、第５章）、関満博・福田順子編『変貌する地場産業——複合金属製品産地に向かう"燕"』新評論、1998年、を参照されたい。

補論2　2006年／工業高校は地域の「宝」
——地域のモノづくりの担い手を育成する

地元産業への人材供給機関として設立されてきた工業高校、農業高校、商業高校、水産高校等の専門高校、近年の少子化の中で定員割れを起こしている場合が少なくない。そのため、統廃合が各地で進められている。近間の工業高校どうし、あるいは工業高校と商業高校等が統合されていく場合もある。

山形県長井市の県立長井工業高校、設立は1962年、団塊世代が高校進学の頃に設立され、その後、長井の地域工業に有益な人材を送り出してきた。ただし、1980年代の中頃を過ぎる頃から定員割れを起こし始め、1990年代の中頃には、地域の名門工業高校である県立米沢工業高校との統廃合が検討されていった。このような動きに対し、当初、地元産業界、商工会議所、市役所等はあまり関心を寄せていなかったのだが、その後、長井の工業化における長井工業高校の意味を痛感するようになり、官民一体となった反対運動を展開、存続に加え、校舎の改築、学科の再編となり、2002年に新たな船出となった。

そして、このような取組みの中で、高校、産業界、市役所が新たな交流関係を生み出し、多様な取組みを重ねていく。その一つが厚生労働省の技能検定であり、産業界の支援を受けながら3級技能士に合格する高校生を生み出していく。そして、それは長井工業高校の特色の一つとなり、地域の人気校となっていった。地元就職率も高く、近代工業化を根幹としている長井市の産業経済に重要な役割を演じていくことになっているのである。

なお、本報告は、関満博『地域産業の「現場」を行く 第1集』新評論、2008年、第22話を再掲したものである。

2006年9月16日（土）、山形県長井市の置賜地域地場産業振興センターで、第10回ROBO—ONEの全国大会が開催されていた。この「ROBO—ONE」とは、二足歩行ロボットだけが集まった格闘技大会である。二足歩行ロボットはロボット大国日本で独特に発展したものであり、少し前のホンダのアシモなどの流れをくむものである。当日、参戦してきたチームは113、アメリカ、韓国からの参加もみられた。

▶統廃合に向かう工業高校

長井市は知能型ロボットのマイクロマウス東北大会を20年前から毎年受け入れ、地元の長井工業高校が優秀な成績を収めるなど、ロボット開発に地域全体が関心を寄せている地域である。また、長井には機械加工、精密鈑金、金型、プレス等の機械金属加工業に加え、自動機、専用機、省力化機器のメーカーも多いことも注目されている。16日には各チームの資格審査が行なわれ、審査を通過した74チームが予選に臨んだ。地元長井工業高校チームは2チーム参戦し、同校の機械システム科のチームが予選に残った。

山形県立長井工業高等学校の設立は、1962年、団塊世代が高校進学する頃であった。全国の工業高校はこの時期に設立されたところが少なくない。そして、その卒業生は日本の高度成長、モノづくりを「現場」で支えてきたのである。

だが、1980年代の中頃を過ぎた頃から、工業高校、専門高校（実業高校）離れが進み、さらに、1990年代以降の少子化により、定員割れを起こすなど、その存続が危ぶまれている。実際、近年、全国の各地では高校の再編の中で、工業高校等の専門高校の統廃合が進められている。数年中には半分に減らされるなどといわれている。

レース用のクルマ作り

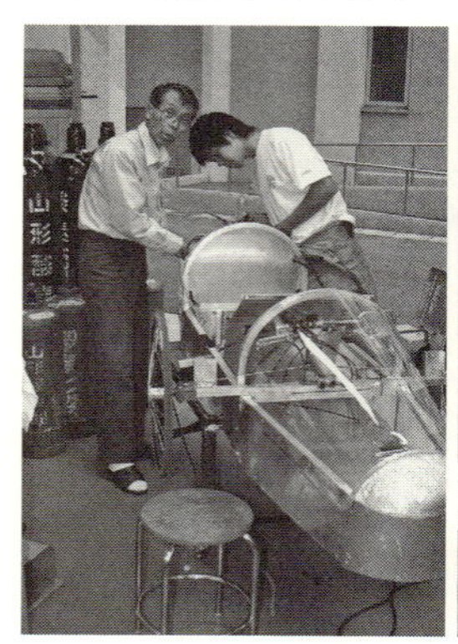

ROBO—ONEにも出場

▶卒業生が企業を背負って帰って来た

今から10年以上前の1995年1月、長井市役所の職員の方が訪れてきて、地域産業振興に本格的に取り組みたいので指導して欲しいと要請してきた。人口3万1000人の長井市は、戦前に誘致した大手コンデンサ・メーカーの企業城下町なのだが、その様子が奇怪しく、この先「自前の産業振興を推進していかないと地域が危ない」というのであった。

1995年春先から、私の長井通いが始まるが、意外なことに、長井は小規模ながらも省力化機械、金型、機械加工などの「基盤技術系」の企業集積がみられた。有力コンデンサ・メーカーがそうした部門を長い時間をかけて育ててきたのであろう。さて、このような枠組みの中で、次の時代の長井をどのようにしていくのかが課題となった。

また、この草深い小さな町に、特殊高速プレスの世界的メーカーである能率機械製作所（江戸川区）、1980年代のベンチャーの星であった横浜のMCL（倒産）の流れをくむロストワックス鋳造の山形精密鋳造が立地していることも注目された。

当時、能率機械を訪れると「長井工業高校の生徒を求めてやってきた」と語

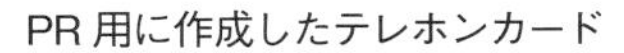
PR用に作成したテレホンカード　　3級技能士に挑戦

っていた。この少子化の時代、地方から都会にやってきた従業員は、適当な年齢になると地元にＵターンしていく。長井工業高校の卒業生たちは、東京から優れた企業を背負って帰って来たのであった。

▶建設促進期成同盟会の運動を展開

以上のような事情を観察する限り、長井の将来にわたる最大の「資産」は「工業高校」であることが確信された。少子化の時代には、長男たちは故郷に戻る。地域がキチンとした「人材」を育てていけば、企業がやってくる時代であることが痛感された。

市の委員会で「長井工業高校が地域の将来にわたる最大の資源」と主張したが、当初は、全く理解されなかった。また、高校側と接触すると、長井工業高校は統廃合の対象であり、近くの名門米沢工業高校に吸収されるというのであった。

この点を地元の企業経営者たちに伝えると、何人かの経営者が反応してきた。自分もOBであるのに、母校への関心を失っていたことを大きく反省したようであった。そこから、興味深い動きが生じていく。長井市、商工会議所を中心に130以上の組織や人びとが参加し「山形県立長井工業高等学校建設促進期成同盟会」を設立、統廃合の反対運動を繰り広げ、統廃合の阻止と校舎の改築まで勝ち取っていくのであった。

▶技能士検定に合格者を出す

2002年10月には素晴らしい新校舎が竣工する。合わせて、機械科、電子科の募集を停止し、新たに、機械システム科、電子システム科、環境システム科、福祉情報科の4学科、定員160人として再編された。4階建の校舎の各フロアに各学科が張りつくという魅力的な構成になっている。

この間、工業高校、地元産業界、市役所が密接な仲になり、多様な取り組みが重ねられていく。高校生のインターンの受け入れはもちろん、産業界による測定機の寄贈、さらに、「町工場から技能五輪の選手を育てよう」という動きまで生じている。これまでの技能五輪の日本代表選手の大半は、大企業の特訓選手で占められている。それを地域から生み出そうというのである。

その手始めに、労働省（現厚生労働省）認定の技能検定の3級を取得しようということになり、地元の企業も協力していくことになった。そして、1998年、1人の生徒が3級技能士（普通旋盤）に山形県内の高校生としては初めて合格する。以来、技能士検定が生徒たちの一つの目標となり、年々、合格者が増え、2005年には3級は22人合格、さらに、2級にも5人が合格するという快挙となった。なお、未確認だが、2級合格は高校生としては全国初ではないかと思う。

▶生徒たちが目標を持って取り組む

また、20年ほど前から、長井市役所の若手のボランティアにより、マイクロマウスの東北大会を長井で開催してきた。これに応えて、工業高校の若手の先生たちが、生徒たちにマイクロマウスの製作を指導し、大学生のチームに混じって大会に出場してきた。好成績を残す生徒もいて、ロボット製作が地域の一つの雰囲気にもなっていた。

このような条件が重なり、全国の工業高校が定員割れを起こしているにも関わらず、長井工業高校の応募者は定員を超えている。ロボット製作や技能士の資格を求めて入学してくる生徒も少なくない。目標を持った子供たちが集まり始めている。就職率も100%であり、また、山形県内での就職が90%を超えているのである。

ROBO―ONEの前日、長井工業高校を訪れると、通りすがる生徒たちは、全員、礼儀正しく「こんにちは」と挨拶をかけてくれた。また、明日の大会のためにロボットを調整している生徒たちは「今日は徹夜です」と応えていた。同行していた私の若い友人たちも、「こんな工業高校があるのか。子供をこういう高校に入れたいものだ」と語っていた。

▶工業高校が地域の「宝」

ROBO―ONEの会場には市民、親子連れが大量に押しかけ、熱心に声援を送っていた。とりわけ、長井工業高校のチームが演技を始めるといっそう熱が上がり、大歓声を浴びせていた。みている私も興奮した。立派な演技であった。結果は残念ながら72位、決勝トーナメントの36チームには入れなかった。高校生たちは爽やかな顔をしていた。

新幹線や高速道路網から離れた草深い長井の地で、工業高校、地元産業界、市役所が連携する興味深い取り組みが重ねられているのであった。高校の校舎の正面には「長工生よ、地域を潤す源流になれ！」という垂れ幕が掲げられ、また、市民や産業界の人びとは「長井工業高校は地域の『宝』」と語っているのであった。

全国の地方は条件不利地域が少なくない。地域における最大の「資源」は「人材」なのであり、特に、若者が「希望」と「目標」を抱いて一歩踏み出すことが求められているのである。

補論3　2009年／10年を重ねたレインボープラン
——「生ゴミ収集〜堆肥生産」は成功、「野菜生産〜販売」に課題

戦後、マルコン電子による企業城下町、近代工業都市の形成に成功した山形県内陸の小都市長井市、中心市街地の中央地区（旧長井町）の周囲は広大な農村地帯を形成している。農業と工業がバランス良く発展し、豊かな田園都市を形成してきた。だが、1990年代に入ると、日本の電子産業のアジア、中国展開が活発化し、1990年代中頃にこの長井市の発展を基礎づけていたコンデンサのマルコン電子が縮小し、コンデンサ大手の日本ケミコンに買収されることになる。

その少し前の1988年、長井市の『基本構想』が策定されることになり、策定にあたり、97人の市民委員からなる「まちづくりデザイン会議」が開催されていく。そして、この会議のメンバーの中から、取りまとめた内容が総花的になり、もう一歩踏み込むべきということで、1989年、自主的に「《いいまち》デザイン研究所」が開催される。ここからレインボープランという循環型社会の形成を目指す取組みが始まっていった。

1996年に念願のコンポストセンター（生ゴミ処理と堆肥生産プラント）が竣工。さらに、その後の推進母体となる「レインボープラン推進協議会」が1997年に設立され、長井市役所の中にも「レインボープラン推進室」が設置され、同年、コンポストセンターの運用が開始されていった。

このレインボープランの特徴は、市民から提案され、事業化されていったところにある。そして、事業的には「家庭生ゴミの回収と堆肥化」と「堆肥の利用による農産物の生産と地域消費」が目指されていた。本報告はデザイン研究所のスタート以来20年、コンポストセンター運用開始後10年という節目の時期に、レインボープランの検証を行なおうというものである。農村工業都市を形成した長井において、次のテーマとして循環型社会の形成が強く意識されたレインボープランが推進されていたのであった。

なお、この報告は、関満博「山形県長井市／レインボープランの現状と課題」（関満博編『「エコタウン」が地域ブランドになる時代』新評論、2009年、第8章）を再掲したものである。

山形県長井市は、江戸期においては米沢藩（上杉藩）の前衛として、最上川

舟運の最上流の船着場とされ、物資流通の拠点として栄えた。だが、近年の高速交通体系には恵まれず、山形新幹線、高速道路からも距離を置かれている。人口約３万人、面積約214㎢、市の中心を南北に最上川が走り、その周辺は市街化され、さらに、広大な水田地帯が拡がっている。可住面積は30％とされている。また、長井は富山県礪波、島根県斐川と並ぶ日本の「三大散居村」の一つとされ、里山に囲まれた水田と最上川、そして、歴史的建造物などが多い穏やかな魅力的な地方小都市を形成している。

産業的には水稲に加え、戦前に誘致したコンデンサメーカーを軸にする企業城下町を形成し、興味深い機械金属工業の集積を形成してきた。ただし、1990年前後から興味深い動きが生じてきた。一つは、かつての企業城下町が事実上解体し、「人づくり」を焦点にする新たな産業化のうねりが生じてきたこと[1]、もう一つが、「循環型地域社会」の形成を目指す「レインボープラン」の推進[2]ということであろう。

本補論３では、これらの中から、地方小都市の「循環型社会」形成の先駆的なものとして全国の注目を浴びた長井の「レインボープラン」に着目し、その成り立ち、仕組み、現状、そして、今後の課題というべきものをみていくことにしたい。

1. レインボープランの成り立ちと歩み

レインボープランの歩みをまとめたレインボープラン推進協議会の『台所と農業をつなぐ[3]』の「はじめに」で、レインボープラン推進協議会会長（当時）の横山太吉氏は「なぜ、レインボープランはこれほどの反響を呼んだのだろうか。この事業が掲げている理念の確かさ、立ち上げまでの手法と市民と行政のパートナーシップ、生ゴミの分別の良さに表れている市民の自覚の高さなどがその理由としてあげられよう」としている。

▶レインボープランの始まり

レインボープランの「レインボー」は、「台所と土」「まちとむら」「現在と未来」をつなぐ「希望のかけ橋」の意味とされている。推進協議会から渡されたパンフレット[4]の冒頭には、現在、長井では「土・農・食という『いのちの根幹』に化学肥料や農薬の大量投入が深い影を落としている中、食といのちの安全を未来につなげる基盤、循環づくりに『官』も『民』もなく、市民一体となった取り組みを進めてい（る)。台所と農地と農業の健全化の一翼を担い、対して、農業が市民の台所と食の健康を守る仕組みです」と記されてあった。

レインボープランが具体化していくプロセスについては、先の『台所と農業をつなぐ』や視察者向けの『パンフレット』に詳細に記されているが、ここでは、大まかな流れを整理しておく。

ことの起こりは、1988年、長井市の『基本構想』策定にあたり、97人の市民委員からなる「まちづくりデザイン会議」が開催されたことにある。「水と緑と花のながい 活力とやすらぎのまち」を掲げたものであった。だが、取りまとめた内容が総花的になり、参加した市民の間から、もう一歩踏み込むべきということで、1989年、自主的に「《いいまち》デザイン研究所」が開催される。先の98人のうちから意欲的な18人が参加するものであった。

この「研究所」の集まりでは、長井の農業を「自然と対話する農業」と位置づけ、「有機肥料の地域自給（生ゴミのリサイクル）システム」が提案された。その後、市長の交代などがあったが、メンバーの意欲は高まり、発案者3人（農業者の菅野芳秀氏、竹田義一氏、幼稚園長の木村晃氏）が奔走して、1991年には「レインボープラン調査委員会」が設立されていく。消費者、生産者、商工団体、農業団体、医師などまでの広範な人びと26人の参加を得ていくことになる。

そこでは、農薬や肥料の大量使用により「土が疲れている」、消費者が「地元の野菜を食べられない」などが議論され、また、市の「ゴミ焼却炉が老朽化」していることなどが注目されていく。そして、その場で「生ゴミのリサイクルの可能性」について、市が調査を委託するところまで発展していった。

▶調査委員会の提案とコンポストセンターの建設

調査委員会では1991年8月から1992年3月までの間に200回を超える会議

コンポストセンター

コンポストセンターの処理設備

を重ね、「生ゴミの分別の方法」「家庭からの搬出方法」「収集方法」「堆肥の生産と利用方法」「堆肥の品質管理」「農産物の流通」など多岐にわたる議論が行なわれ、1992年3月には、その後の「レインボープラン」の骨格となる「答申書」を長井市長に提出している。

この過程を通じて、「豊かな農地が消費者を支え、農家が市民の食と健康を支える相互扶助と、安心と安全が裏打ちされた一級の田舎まちづくりのために、官も民もない協力体制の構築が提起され、………参画者それぞれが、この地域で生き死んでいく者として対等の関係で討論し、体制づくりに向けた取り組みが熱心に行なわれ、新しい時代の住民自治の仕組みが一連の組織化の中で形作られていい[5]」ったとされている。

1992年、レインボープラン推進委員会の設立。1993年、長井市農林課の中にレインボープラン推進係を設置。1995年、長井市環境保全型農業推進方針の策定。そして、1996年に念願のコンポストセンター（生ゴミ処理と堆肥生産プラント）が竣工する。さらに、その後の推進母体となる「レインボープラン推進協議会」が1997年に設立され、長井市役所の中にも「レインボープラン推進室」が設置され、同年、コンポストセンターの運用が開始されていった。

コンポストセンターの設置は長井市郊外の最上川に沿った場所。市が用地（9690 m^2）を取得し、農林水産省の「農業生産体制強化総合推進対策地域資源リサイクル推進整備事業（建設費2分の1補助、県9% 補助）」を利用し、総事業費6億2900万円（コンポストセンター建設費約3億8500万円）で建設された。建物は2359 m^2 であった。

2. レインボープランの仕組み

このレインボープランは、「家庭生ゴミの回収と堆肥化」と「堆肥の利用による農産物の生産と地域消費」をテーマにするものであるが、前者が先行的に推進されていく。なお、後者については後に検討を加えるが、今後にまだ大きな課題を残しているようにみえる。まず、ここでは、レインボープラン全体の仕組みをみていく。

▶生ゴミの投入から堆肥の生産

人口約3万人の長井市は約9800世帯から構成されているが、生ゴミ回収は中心市街地約5000世帯を対象に行なわれる。郊外の世帯の大半は農家であり、自分で処理している場合が少なくない。そして、中心市街地を鉄道路線を境に二つに分け、各地区週2回の回収にあたる。各家庭には水切りバケツが用意され、収集日にゴミ収集所（約230カ所）に置いてある専用バケツコンテナに生ゴミを排出する。このバケツは3台の回収車で委託業者により、コンポストセンターに搬入される。

なお、この収集から堆肥生産までのシステムでポイントとなるのは、徹底した分別回収であり、長井の場合は1年間をかけて、住民の意識を高めることに努力を重ねていった。スプーン、金属タワシなどの異物が混入しないよう、さらに、後に堆肥として利用するために、防腐剤などが塗布されている可能性の高い輸入果物などが混入しないような指導を重ねていった。現在、回収される生ゴミ量は年間1000トン前後、この事業が開始されてから、ゴミの減量化がかなり進んだと報告されている。また、金属の混入は年間で70 kgほどとされていた。

コンポストセンターでは、この生ゴミに畜糞と籾殻を合わせて投入し、約80日をかけて堆肥に熟成させていく。2007年度の生ゴミ投入量は927トン、畜糞446トン、籾殻164トンであり、生産された堆肥は352トンであった。な

図補3—1　レインボープランの仕組み

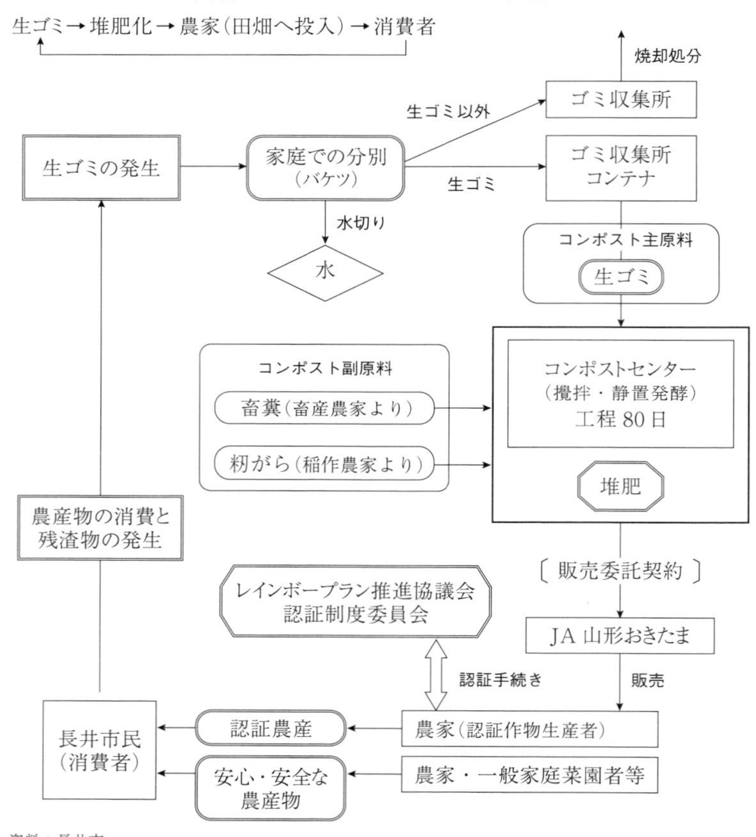

資料：長井市

お、長井には畜産農家は数十戸あるが、多くは自家堆肥生産をしており、コンポストセンターに投入されているのは1戸のみである。この畜糞は畜産農家自らがコンポストセンターに搬入し、トン当たり500円を長井市に支払い処理してもらっている。また、籾殻についてはコンポストセンター側が毎年10月に市内の稲作農家を回り無料で回収している。後にみるように、堆肥の増産が課題になっているのだが、今後、生ゴミが増えることは予想しにくく、また、畜

回収所に持ち込む市民

糞の量の拡大も期待しにくい点が問題にされている。レインボープランに限らず、リサイクル事業の最大の課題の一つは、原材料の調達とされているのである。

▶堆肥の販売

完成した堆肥は、JA 山形おきたまに販売を委託している。農家からの大量な購入希望に対しては、JA に注文を入れてもらい、トラックでコンポストセンターに受け取りに来てもらう。価格はトン当たり 4200 円とされていた。また、10 kg の袋売りもあるが、これは 241 円で長井市内の JA のグリーセンターで販売していた。2007 年度の販売実績では、バラ売り 305 トン、袋売り 47 トンであった。袋売りは小規模農家、家庭菜園で利用されている。この全体の年売上額は 220 万円ほどであった。

これらの事業収入が 250 万円程度であることから、多くの議論を呼んでいる。ただし、生ゴミを焼却する場合の費用（3000 万円程度）を考慮する必要があること、また、将来の循環型社会形成に向けた基礎的事業として、今後、波及するものが大きいことが期待されること、そして何よりも市民の意識の高揚に深く寄与するものであることも考慮していく必要がある。当然、事業意識も必要だが、このレインボープランのような事業は、単純に短期的な収支で判断すべきではない。

3. 認証野菜の生産と販売

生ゴミを回収して堆肥を生産するというレインボープランの前半の部分は、市民全体の意識の高まりの中で見事に推進されている。長井の生ゴミの回収とリユースは日本の自治体の中で最も徹底しているものと評価されている。だが、生産された堆肥の販売と農産物の生産・販売という後半の部分は、必ずしも思い通りにはいっていない。

この点、レインボープラン推進協議会会長の江口忠博氏による「レインボープランは、地域内循環を意識し、農家の所得向上をうたっていなかった」点が基本に横たわっているようにみえる。また、長井の農業の場合、全体的には水稲単作地帯であり、野菜農家は少数派であったという点も重要であろう。

▶認証野菜と販売の実態

レインボープラン推進協議会は「化学肥料を従来の半分以下にしよう」とし

虹の駅の店舗

レインボープランの堆肥

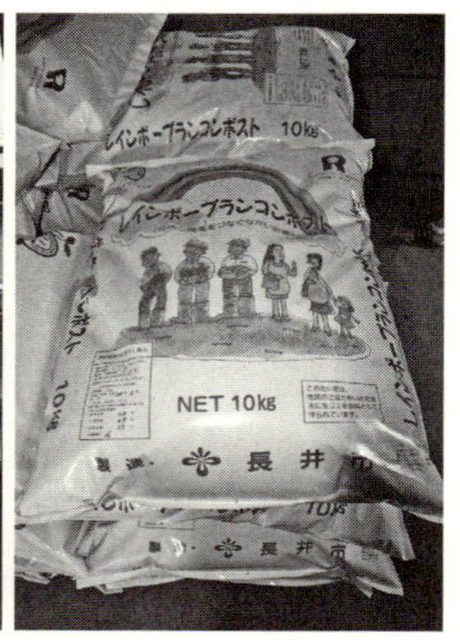

て独自の認証基準を設定し、レインボープランにより生産された堆肥を使用し、化学肥料、農薬を削減した野菜に「長井市こだわり認証農産物」のシールを貼っている。当初はやまがた農業支援センターの認証基準に沿うもので行なっていたが、参加農家が2002年度の44戸から2006年度18戸へと減少したことを受け、2007年度からはやや規準を緩めた長井市独自の「普及促進型」の認証基準を作っている。その結果、2007年度の参加農家は合わせて37戸となった。この認証農家のレインボープランで作った堆肥を使用した農作物には「認証シール」を貼ることができる。なお、シールは1枚1円50銭であった。

そして、このような認証野菜は、市内のいくつかの店舗で売られている。レインボープラン推進協議会から分離したNPO法人「レインボープラン市民市場『虹の駅』」、民間の直売所の「長井村塾」、JAの農産物直売所の「愛菜館」、さらに、一部は地元スーパーの「サンプラザうめや」のインショップで販売されている。

これらの販売所は、レインボー認証野菜だけではなく、地産地消を意識した多様な農作物、加工品を販売していた。全国の農産物直売所を見慣れた目からすると[6]、いずれも意識が高いことは痛感されるものの、規模が小さいという印象であった。長井のあたりは水稲単作地帯であり、野菜生産はそれほど盛んではないことがうかがわれた。実際、認証野菜を作ろうとする農家の多くは、高齢者が庭先で小規模に野菜を作っている場合などとされていた。

▶「虹の駅」と「市民農場」の展開

レインボープランにおいて、前半部分である「生ゴミの収集から堆肥の生産」までは見事な展開をみせるものの、後半部分である「認証野菜の生産と販売」は思い通りにはいっていない。この点は、2002年頃の東京大学経済学部の現地調査でも指摘されていた[7]。

このような事態に対し、レインボープラン推進協議会は販売組織を分離し、2004年にNPO法人「レインボープラン市民市場『虹の駅』」を立ち上げている。現在までに2カ所を移動し、2007年11月からは市内中心部の現在地に着地していた。以前は新聞社の支局であり、しばらく空いていたビルの1階を賃借していた。

課題であった「直売」の施設展開、さらに、生産者と消費者の「交流」の場の設置、そして、レインボープランの「視察」への対応の三つを目的にしていた。売場の面積は約 30 m^2、出荷者は 80 人ほど、大半は農業の現役を退き、一部の畑で野菜栽培している高齢者であった。女性が 70% を占めている。9 時から 15 時までの開店、手数料は 20% となっていた。なお、販売しているものはレインボー認証野菜に加え、地元の農作物、加工品からなっていた。事務局を預かる東京から I ターンしてきたという小林美和子さんは「地産地消を意識している。売上額は年間 2000 万円ほど」と語っていた。

なお、この NPO 法人にはボランティアの市民が 20 人ほど参加している。虹の駅のレジはこのようなボランティアであり、2 人ずつの半日（3 時間）シフトで、年配の婦人が楽しそうに対応していたことが深く印象に残った。

また、2004 年 5 月からは、NPO 法人「レインボープラン市民農場」がスタートしていたことも興味深い。これは遊休農地 102a を借りて、生産者と市民が共同でレインボー認証野菜を作ろうというものである。会員は 48 人、生産者が 4 人、市民が 44 人であった。市民の大半は女性であり、男性は 8 人とされていた。米の他に野菜を 25 種類も作っていた。

市民農場で生産された米は全量（25 俵）を長井市内の学校給食に提供し、野菜は虹の駅などの直売所に加え、地元スーパーのうめやのインショップに出していた。リーダーの理事長はレインボープランの初期からの推進者であった竹田義一氏、元々、野菜中心の専業農家であり、会員に対する生産指導に加え、重機が必要な大きな作業を請け負っていた。竹田氏は「現在の年間売上額は 700 万円。将来は 1 億円を目指す」と語っていた。

レインボープランの循環体系のうち、「生ゴミ収集から堆肥生産」はほぼ完成の域にあるが、後半の「野菜栽培から地元消費」という部分が次の課題とされている。そうした点に対応するものとして、直売所の「虹の駅」、さらに、市民参加の農園づくりである「市民農場」が開始されていたのであった。

4. 次の世代に向けた新たな課題

地域循環の輪の前半部分を見事に作り上げたレインボープランも、ほぼ10年の月日を重ね、新たな段階に踏み込んできているようにみえる。「生ゴミ収集」における市民の意識の高さは賞賛されるべきであり、この運動を推進してきた市民、行政の取り組みはまことに見事なものであった。ただし、取り組みを開始してからほぼ20年を経過し、次の課題が浮き彫りにされているようにみえた。

取り組みの担い手はすでに50〜70代となり、次の担い手がなかなかみつからない点は最大の課題というべきであろう。この後継者問題はこのような事業の最大の課題である。新たなことを作り上げた人びとは「燃焼」できたが、出来上がった仕組みを与えられた次の世代は、なかなか「燃え上がる」ことができない。おそらく、これまでとは違った新たな課題がみえなければ、次の世代が登場することもないのであろう。ただし、長井の場合は、この点、後にみるように新たな課題が大きく立ちはだかっていることが興味深い。

また、コンポストセンターも操業開始してからすでに十数年が経ち、塩分の強い生ゴミ等の影響から施設の老朽化が目立つものになってきた。当初から関わってきた長井市役所農林課レインボープラン推進主査の蒲生雅之氏は「設備をステンレス製にすべきであった。鉄で作ったため錆が来ている」と語っていた。今後、厳しい財政状況の中で、設備の更新を進めていかなくてはならない。そのためには、市民全体に対してこれまでの取り組みと、今後の可能性を理解してもらう新たな「メッセージ」が必要なのではないか。

そして、特に、地域循環の中でも前半の部分の「生ゴミ収集から堆肥生産」に重点を置いてきたために、「野菜生産から販売」といったところが十分に取り組まれていない。農家にしてみれば「収入の増加になるのか」、消費者にしてみれば「価格が高いのではないか」などがよくわからないままに推移している。「理念」が高すぎるために、こうしたことを口にすることが憚れる雰囲気があるのかもしれない。また、生ゴミの量が漸減し、今後とも増えることは考えにくいことも気になる。リサイクル事業の最大のポイントは「原材料の確保」とされているのである。

スタートして10年、事業採算性を考えるならば、原材料の調達、堆肥の販売の仕組み、堆肥を利用した栽培の拡大、野菜の販売の仕組み等を新たに考えていかなくてはならない。生ゴミ収集でこれだけの成果をあげた長井市民であれば、新たな課題もよく理解できるのではないかと思う。

中山間地域の活性化をテーマに全国を歩いてきた身からすると、長井の可能性は際立っているようにみえる。最大の財産はこれまでのレインボープランの取り組みであり、もう一つは、それによって市民の「循環社会」への意識が大きく高まってきたということであろう。

であるならば、例えば、原材料の調達に関しては、事業系生ゴミの収集もテーマになろうし、また、里山の「落ち葉さらい」によってバクテリアの豊富な落ち葉を材料にしていくことも考えていく必要がある[8)]。落ち葉さらいによる年配者の収入の増加、里山の管理も期待されるであろう。特に、長井は1989年に全国初の「不伐の森条例」を制定し、20 haの市有林を永久保存としている。そのあたりの管理はどうなっているのかも興味深い。

また、認証野菜の栽培量が少ないことから、直売所もやや脆弱な感を否めない。また、直売所をはじめとする販売の機会にあまり魅力がないためか、生産者の意欲も高まらないのかもしれない。そのため、消費者の目を惹きつけることも少ないのかもしれない。この動きの乏しい連鎖をどこかで断ち切っていく必要がある。

この点、現在、認証野菜と馬肉のチャーシューを利用した「長井ラーメン」に関心が向き始めているようだが、具体的な「食」は人びとの関心を寄せる大きな要素である。そうした「地域ブランド」を形成していくための取り組みも、次の世代を「熱くしていく」大きな要素となりうる[9)]。さらに、認証野菜を軸にした魅力的な「農村レストラン」の設置も検討していく必要があるのではないかと思う。現在、全国の中山間地域を歩くと、不思議な活力に戸惑うことがある。その多くは、地元の農家婦人による「農産物直売所」の展開、そして、地元の農産物を利用した「加工場」、さらに「農村レストラン」が折り重なっている場合が少なくない[10)]。

「循環型地域社会」を目指したレインボープランの理念は、長井の人びとのこころに深く刻み込まれている。そして、10年が経ち、「生ゴミ処理から堆肥生産」の流れを見事に形成してきた長井の人びとの次に向かうべきは、自慢の認証野菜を軸にした「販売」と「飲食」による地域の活性化ではないかと思う。一つ前の世代の「理念」を受け継ぎながら、「持続的な地域社会」「活力のある、希望のある地域社会」を形成していくためにも、次の世代に新たな課題を伝えていかなくてはならない。

その次の世代の組みにより、レインボープランは完成度を高め、人びとに「未来」に対する「希望」と「勇気」を与えていくことは間違いなさそうである。長井はレインボープランの十数年の取り組みを重ねることにより、次の世代に向けた興味深い課題を浮かび上がらせているのであった。

1）　この点については、横山照康「企業城下町から人材育成へ——山形県長井市の取組み」（関満博・横山照康編『地方小都市の産業振興戦略』新評論、2004年、第2章）を参照されたい。

2）　レインボープランについては、大野和興編・レインボープラン推進協議会『台所と農業をつなぐ』創森社、2001年、菅野芳秀『生ゴミはよみがえる』講談社、2002年、安藤裕「生ごみリサイクルで農地と市民を結ぶ『レインボープラン』を推進」（『アカデミア』第76号、2006年）が詳しい。

3）　大野和興編・レインボープラン推進協議会、前掲書。

4）　長井市／レインボープラン推進協議会『《レインボープラン》』（視察対応用パンフレット）2008年5月改訂版。

5）　前掲パンフレット。

6）　全国の農産物直売所については、田中満『人気爆発 農産物直売所』ごま書房、2007年、関満博・松永桂子編『農産物直売所／それは地域との「出会いの場」』新評論、2010年、を参照されたい。

7）　矢坂雅充「山形県長井市レインボープランの理念と課題」（東京大学講義『環境の世紀』2002年5月8日）。http;//www.sanshiro.ne.jp/activity/01/k01/schedule/5_18b.htm

8） このような「落ち葉さらい」をベースにする里山管理、堆肥生産としては、栃木県茂木町のケースが注目される。この点については、関満博「栃木県茂木町／「農」と「食」の連鎖による集落の活性化」（関満博・遠山浩編『「食」の地域ブランド戦略』新評論、2007年、第9章）を参照されたい。

9）「地域ブランド」の形成に関しては、関満博・及川孝信編『地域ブランドと産業振興』新評論、2006年、関・遠山編、前掲『「食」の地域ブランド戦略』、関満博・古川一郎編『「B級グルメ」の地域ブランド戦略』新評論、2008年、関満博・古川一郎編『中小都市の「B級グルメ戦略』新評論、2008年、関満博・古川一郎編『「ご当地ラーメン」の地域ブランド戦略』新評論、2009年、を参照されたい。

10）「農産物直売所」「加工場」「農村レストラン」の意義については、関満博「中山間地域で始まる新たな価値の創造」（『IRC調査月報』第243号、2008年9月）、同「農商工連携と地域再生」（『しんくみ』第55巻第9号、2008年9月）、同「私たちの「未来」を示す中山間地域の取り組み」（『ARC』第472号、2009年2月）を参照されたい。

補論4　2010年／集落でそば屋と農産物直売所を展開
——中山間地域、伊佐沢地区の取組み——

1990年代の中頃から、全国の農山村地域、中山間地域に農産物直売所が目立つものになってきた。これは戦後のJAを軸にして固まっていた農産物の生産流通に、新たな可能性を付け加えるものとして注目された。JAが受け取らない不揃いな農産物や形の良くない農作物を農家の女性たちが持ち寄って直売するものであった。そして、この農産物直売所を起点として、農産物加工、さらに飲食の提供（農村レストラン）にまで拡がっていった。それは、農家に閉じ込められていた女性たちに新たな希望を与えるものであった。

この点、長井の場合には水稲が優越的であり、野菜などが乏しく、農産物の直売がなかなか成り立たなかったのだが、山間部の伊佐沢地区で興味深い取組みが開始されていった。伊佐沢地区は長井の中でも条件不利な山間地域であり、水稲の比重は低く、かつてはタバコ葉栽培、現在ではリンゴ、ブドウ、スイカ等の果樹栽培が盛んになっている。このような事情を背景に、そば栽培農家がそば屋を開店、さらに、農産物直売所の設置に向かっていった。このような取組みは農家の人びと、特に女性たちに新たな希望を与えることになっているのである。

なお、本補論は、関満博『地域産業の「現場」を行く 第3集』新評論、2009年、第64話を再掲したものである。

山形県長井市伊佐沢地区といえば、高校の『日本史』の教科書の昭和戦前のあたりに掲載されていた「娘売ります」の掲示物の写真の撮影場所として知られている。当時の村長が世間の関心を引くために故意にやったとも言われているが、真相はわからない。当時の東北地方は疲弊していたことだけは間違いない。

その伊佐沢地区2010年の戸数は約370戸、人口約1400人から構成されている。長井市郊外の中山間地域の農村地域として、リンゴ、ブドウ、スイカ、ホップなどの産地になっている。そこに、古民家を使った「蔵高宿（ぞうこうじゅく）」と言う農家レストランの「そば屋」がある。また、隣には簡易な建物の「小径の駅いさざわ 伊佐沢共同直売場」という農産物直売所が始まり、人びとを惹きつけていた[1)]。

▶地区の友人たちで「そば屋」を始める

事は、地元の農協に勤務していた金子宣興氏（1941年生まれ）の周辺で起こってきた。農協で電気関係の仕事をしていた金子氏は、1997年に55歳で早期退職をしている。農業の経験はなかったが、第2の人生として農家を引き継ぐことになった。当時、山形県は山形を象徴するものとして紅花の栽培を奨励していた。金子氏を中心に伊佐沢の友人たち10人がそれに応え、その後作に4人で「そば」を蒔いた。その頃はこの4人で県内各地（天童、川西など）のそば屋をめぐり、そば打ちの体験などを重ねていた。その後、本格的にそば打ちを習い、イベントの際などに出店し好評を博するようになっていった。

そのような経験を重ねるうちに、金子氏の敷地の中には以前に住んでいた古民家があったことから、地域の活性化にならないかと考え、そこを使ったそば屋を始めることになる。そば打ちの4人が中心となり、伊佐沢の年配の男性10人が出資し、1998年に「蔵高宿」の開店にこぎつけている。1人6万円を出資してのスタートであった。

当初は冬から春にかけて、予約を受け付けて「そば」を提供していた。金子氏自身、退職後も農協の仕事を手伝っていたのだが、2001年には完全に勤めを辞めて、農業と「蔵高宿」専業となっていった。2003年からは、冬季も毎日操業する体制となっていった。

材料のそばは全て自分で栽培したものを使っている。そば畑は1.5 ha 、収穫は年によって異なるが、2007年は45俵（1俵45 kg）、2008年は40俵ほどとなっていた。この量は、店でほぼ使い切る量とされている。なお、金子氏は現在、2.4 haほどの畑を使っているが、大半は借りたものである。

近年の伊佐沢の状況では、耕作放棄地は無料で貸し出されている場合が少なくない。「荒れると困るので、使って欲しい」という要望も多い。金子氏自身「金になるものはなにもない。楽しんでやっているだけ」と語っていた。中山間地域の農地は、ほぼこのような状況にある。

金子宣興氏

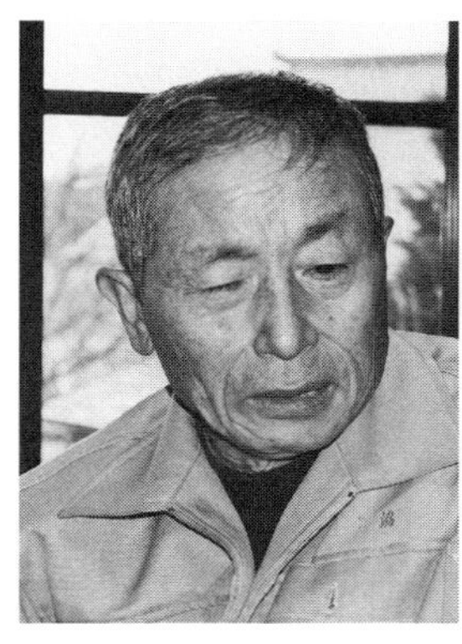

そば処「蔵高宿」

▶地元のものしか置かない

「蔵高宿」が、集落の人びとのたまり場となり、「何か面白いことができないか」ということで、1999年、各地の農産物直売所がブームになっていたことに刺激され、隣の敷地にあった3坪のバラックを借り、無人販売所をスタートさせた。メンバーは10人ほど、1人5万円の出資金であった。初年度の売上額は200万円。2年目には椅子を置き、売上額は800万円になり、その後、倍々で進んでいくことになる。

その後、建て増しを続け、2008年現在の出資者は11人、会員は90人（夫妻で入っている場合もあり、実質80人）となっている。入会金は2000円、年会費は3000円、手数料12%、シール代1枚1円とされていた。積雪地帯であることから、開店は4月10日頃から12月いっぱい。開店時間は夏は9時から18時、それ以外は9時から15時とされていた。搬入は早朝の6時30分から7時30分とされているが、追加は自由である。出荷は全て持ち込みであった。夏のスイカの時期には混雑がすごいとされていた。お客は置賜地域一円であり、スイカの時期には福島や仙台からも来ている。なお、伊佐沢のもの以外は一切置いていないことも大きな特徴になっている。

小径の駅「伊佐沢共同直売場」

▶進化をし続ける農村レストランと直売所

レジはパートタイマー5〜6人が交代で対応している。夏は2人体制、冬は午前中2人、午後1人であった。この中には出荷者自身が1人加わっている。毎月1日と15日に締めて、銀行口座に振り込んでいる。なお、会計は金子氏の夫人が担っていた。年間売上額は5000〜5600万円であり、年間1億円を目標にしていた。売上額トップの出荷者は500万円であり、ブドウを出荷していた。その他300万円クラスは2人、餅や漬物といった加工品を出荷していた。比較的価格の高いスイカ、ブドウ、リンゴなどの果物が多いという印象であった。

私自身、ここのところ、年に1度ほど訪れているが、その度に簡易ながらも建物が拡大していることに興味深く思っていた。建物の外に屋根だけの休憩所が置かれ、そのうち、アイスクリームが売られ、2008年7月からは地区の女性2人が起業し、2坪ほどのプレハブで「いさざわお休処　マンマはうす」という店を開店していた。各種ドリンク（200円〜）、ピザトースト（280円）、田舎しるこ（300円）、かぼちゃプリン（250円）を提供していた。

男性たちによる農村レストランのそば屋の「蔵高宿」から始まり、農産物の直売所に拡大し、さらに、婦人たちによる「軽食喫茶店」が付設されてきたと

農家レストラン「まんまハウス」

92歳のおばあちゃんも出品

いうことであろう。集落の活動の拡がりをみる思いがした。

▶Iターン夫妻が定住

また、以前から、「蔵高宿」の2階は、体験、宿泊、交流の場として提供されており、東京農業大学の実習、その他の体験学習の拠点としても機能している。そうして訪れた人の中から、この場所が気に入り、定住していく若者も出てきた。2003年に実習で訪れた若い女性が定住し始め、2004年から直売所の事務などの手伝いをするようになる。そして、その女性に惹かれて若い男性が定住してくることになる。2人は佐藤仁敬氏夫妻となった。

佐藤氏は金子氏に師事してそば打ちを学び、次第に「蔵高宿」の中心的な存在になっていった。2008年4月からは、蔵高宿の当初のメンバーは退き、若い佐藤氏が通年で蔵高宿を運営する体制となっている。蔵高宿は無料で佐藤氏に貸し出され、離れの小さな住宅を月2万円の家賃で貸している。また、玄そばは全て金子氏が収穫したものを使っているが、金子氏の製粉の時給、トラクターの修理の際の部品代、燃料代は徴収しているものの、そば粉は無料で提供されていた。製粉もこれからは佐藤氏が行なうことになっていた。

金子氏は「家賃も、材料費も払えるようになったら、払えばよい」と語っていた。そば打ちは佐藤氏が行ない、嬰児を背負った夫人が配膳等に従事していた。山間の交通の便のよくない山間地域であるが、訪れる度に賑わいを増しているようにみえた。

▶地区の「希望」の拠点に

そば屋と農産物直売所が隣接し、地元の婦人たちが農産物や加工品を持ち込み、そして、Ｉターンの若い夫妻が古民家を使った農村レストランを運営するという興味深い取り組みが重ねられていた。そして、バラックの直売所は拡大し、さらに地元の婦人２人の起業による軽食喫茶店（カフェ）が付設されていくなど、中山間地域における興味深い取組みとなっていった。

そして、直売所で品物をみていくと、次々と年配の婦人たちが漬物などの加工品を持ち込んでいた。さらに、飾られている出荷者の写真を眺めていると、92歳のおばあちゃんが農産物と手芸品を出荷しているのであった。

このように、この伊佐沢の蔵高宿、直売所は地域の人びとの「思い」を受け止めた拠点的な性格を強め、人びとに「希望」と「勇気」を与えるものとして興味深い歩みを重ねていた。買って帰った漬物は、「思い」のこもったものであった。

1）農産物直売所は戦後直ぐの頃から、農家の女性たちがJAに出せない不揃いの野菜などを軒先に並べ、無人販売所として開始したことから始まる。その後、もう少し本格的にやりたいとして、1980年代の中頃から各地で有人の直売所が開始されていく。掘っ建て小屋に戸板といったスタイルであったとされる。その後、1990年代の中頃からブレークして全国に拡がっていった。この農産物直売所の意義は、農村女性に現金獲得の機会を与えたこと、消費者と直接コミュニケーションを取り、新たな作物の栽培などに向かわせたこと、さらに、余った作物の加工、あるいは飲食の提供（農村レストラン）にまで進んだことなどが指摘される。これまで閉塞されていた農村の女性たちに新たな可能性を提供したものとして評価される。農産物直売所、農産物加工、農村レストランは農山村地域を豊かにさせる「3点セット」として拡がっているのである。

これらについては、田中満『人気爆発 農産物直売所』ごま書房、2008年、関満博・松永桂子「栃木県で進む『農村レストラン』の展開」（『商工金融』第59巻第8号、2009年8月）、関満博・松永桂子編『農産物直売所／それは地域との「出会いの場」』新評論、2010年、同編『「農」と「食」の女性起業——農山村の小さな「加工」』新評論、2010年、関満博『「農」と「食」のフロンティア——中山間地域から元気を学ぶ』学芸出版社、2011年、を参照されたい。

著者紹介

関　満博（せき　みつひろ）

1948年　富山県小矢部市生まれ
1976年　成城大学大学院経済学研究科博士課程単位取得
　　　　専修大学助教授、一橋大学大学院教授等を経て
現　在　一橋大学名誉教授　博士（経済学）
著　書　『地域を豊かにする働き方』（ちくまプリマー新書、2012年）
　　　　『鹿児島地域産業の未来』（新評論、2013年）
　　　　『6次産業化と中山間地域』（編著、新評論、2014年）
　　　　『震災復興と地域産業 1〜6』（編著、新評論、2012〜2015年）
　　　　『中山間地域の「買い物弱者」を支える』（新評論、2015年）
　　　　『東日本大震災と地域産業復興 Ⅰ〜Ⅴ』（新評論、2011〜2016年）
　　　　『地域産業の「現場」を行く 第1〜10集』（新評論、2008〜2017年）
　　　　『「地方創生」時代の中小都市の挑戦』（新評論、2017年）
　　　　『北海道／地域産業と中小企業の未来』（新評論、2017年）
　　　　『日本の中小企業』（中公新書、2017年）他
受　賞　1984年　第9回中小企業研究奨励賞特賞
　　　　1994年　第34回エコノミスト賞
　　　　1997年　第19回サントリー学芸賞
　　　　1998年　第14回大平政芳記念賞特別賞

農工調和の地方田園都市

——企業城下町山形県長井市の中小企業と農業——

2018年8月25日　初版第1刷発行

著　者　関　満　博
発行者　武　市　一　幸

発行所　株式会社　新　評　論

〒169-0051 東京都新宿区西早稲田 3-16-28
http://www.shinhyoron.co.jp

TEL 03（3202）7391
FAX 03（3202）5832
振替 00160-1-113487

落丁・乱丁本はお取り替えします。
定価はカバーに表示してあります。

装　丁　山田英春
印　刷　理　想　社
製　本　松　岳　社

Printed in Japan
ISBN978-4-7948-1099-1